卓越系列·21世纪高职高专精品规划教材
国家骨干高等职业院校特色教材

注塑模具设计

主　编　鹿洪荣　尚新娟
副主编　庞继伟　庞恩全　孙召瑞
主　审　罗竟珍

内 容 简 介

本书根据注塑模具的分类，选取典型塑件作为模具设计项目，从塑件图纸到注塑模具结构，每个设计项目均包含塑件工艺性分析、注塑工艺设计、模具结构设计、零件图和装配图的绘制。全书以完成每套注塑模具的设计过程为主线，详细介绍了两板模、三板模、侧抽芯及斜顶注射模具结构的组成、特点、工作原理及设计技巧，有关模具设计的相关理论，分散在每一副模具设计过程中学习，打破传统的按各种机构讲解的模式。本书的编写思路较好地体现了课程改革的新理念，着力培养实践能力。本书的理论知识讲授以够用为度，文字阐述浅显易懂。

本书可作为高等职业院校、高等专科学校、成人高校、民办高校及本科院校举办的二级职业技术学院模具专业、数控专业以及其他机械类相关专业的教学用书，还可作为相关社会从业人员的业务参考书及培训用书。

图书在版编目(CIP)数据

注塑模具设计／鹿洪荣，尚新娟主编. —天津：天津大学出版社，2017.6

(卓越系列)

21世纪高职高专精品规划教材　国家骨干高职院校特色教材

ISBN 978-7-5618-5093-0

Ⅰ. ①注…　Ⅱ. ①鹿…②尚…　Ⅲ. ①注塑－塑料模具－设计－高等职业教育－教材　Ⅳ. ①TQ320.66

中国版本图书馆CIP数据核字(2015)第289039号

出版发行　天津大学出版社
地　　址　天津市卫津路92号天津大学内(邮编:300072)
电　　话　发行部:022－27403647
网　　址　publish.tju.edu.cn
印　　刷　廊坊市海涛印刷有限公司
经　　销　全国各地新华书店
开　　本　185mm×260mm
印　　张　14.75
插　　页　4
字　　数　384千
版　　次　2017年6月第1版
印　　次　2017年6月第1次
定　　价　36.00元

前　言

塑料模具作为工业生产的基础工艺装备，对提升我国制造业水平及增强我国制造业的国际竞争力具有不可替代的作用，因此培养塑料模具技术方面的高级人才，已成为高职教育不可忽视的一项重要任务。编写本书的目的是顺应机械及其相关专业学科的建设和发展，对机械及其相关专业的传统课程体系进行改革，拓宽学生的知识面，培养学生的创新能力。

本书强调实践能力和创新意识的培养，具有以下主要特色。

(1)理论够用为度，突出应用性：通俗易懂，着眼于实际问题，具有较强的实用性；融相关专业知识为一体，突出综合素质的培养，强调综合性；加强专业知识的广度，积极吸纳新技术，体现先进性；注意教学内容的分工协调、相关联系，体现教学适用性。

(2)以典型模具的设计工作过程为导向，通过案例引入、任务驱动，完成单个项目的训练，用工作项目统领整个教学内容。特别重视塑料模具国家标准与塑料模具设计知识的衔接，着重于应用，同时全面搜集整理了模具设计的必备资料，依托本书就可以进行模具设计。

(3)教学内容强化职业技能和综合技能的培养，与职业技能鉴定相融合，因此在教学时，要求教师在“教中做”、学生在“做中学”，使学历教育与职业资格证书相结合。

(4)附有大量的模具结构图和来自于企业的模具工程图，用形象、直观、浅显易懂的图形语言来讲述复杂的理论和操作问题，以降低学习难度，使复杂问题简单化、抽象内容形象化，提高学生的学习兴趣和改善教学效果。

作者在编写过程中力求理论联系实际和反映国内外先进水平，在借鉴国内外现有研究成果的基础上，结合自己多年科研和教学的成果及经验，编写了此书。本书内容新颖丰富、由浅入深，并附有大量图片，使阅读更轻松，具有较强的实用性和系统性。

本书由山东职业学院鹿洪荣、尚新娟任主编，山东职业学院庞继伟、山东劳动职业技术学院庞恩全、莱芜职业技术学院孙召瑞任副主编，由苏州大智资讯配件有限公司塑模研发部经理罗竟珍担任主审。此外，在编写过程中得到了山东职业学院陈玲芝老师的帮助，在此表示感谢。

本书在编写过程中引用了很多有关专业书籍内容，在此表示深切的谢意。由于水平和经验的限制，尽管编者尽了最大努力，不当之处难免存在，敬请读者批评指正。

编者

目　　录

项目一　塑料成型工艺

一、知识目标

1. 掌握塑料成型的工艺性及塑料使用的性能；
2. 正确确定塑件的尺寸精度和表面结构；
3. 掌握加强筋和圆角的设计要点；
4. 掌握塑料零件成型方法与注塑模具类型。

二、能力目标

1. 具备认识塑料与分析塑料特性的能力；
2. 能根据所提供的塑料产品，选择合适的塑料品种；
3. 具备分析塑件工艺性的能力；
4. 能正确设计塑件的形状，能选择塑件的脱模斜度及合适均匀的壁厚；
5. 能根据课堂上所学的知识，判断给定塑件的结构是否合理，并能提出初步的改进措施。

任务一　塑料与塑料成型工艺性

一、塑料的工艺性

1. 塑料的组成

塑料是以合成树脂为主要成分，再加入改善其性能的各种各样的添加剂（也称助剂）制成的。在塑料中，树脂起决定性的作用，但也不能忽略添加剂的作用。

（1）树脂

树脂是塑料中最重要的成分，它决定了塑料的类型和基本性能（如热性能、物理性能、化学性能、力学性能等）。在塑料中，它连接或胶黏着其他成分，并使塑料具有可塑性和流动性，从而具有成型性能。树脂包括天然树脂和合成树脂。在塑料生产中，一般都采用合成树脂。

（2）填充剂

填充剂又称填料，是塑料中重要的但并非每种塑料必不可少的成分。填充剂与塑料中的其他成分机械混合，它们之间不起化学作用，但与树脂牢固胶黏在一起。填充剂在塑料中的作用有两个：一是减少树脂用量，降低塑料成本；二是改善塑料的某些性能，扩大塑料的应用范围。在许多情况下，填充剂所起的作用是很大的，例如，在聚乙烯、聚氯乙烯等树脂中加入木粉后，既克服了它的脆性，又降低了成本；用玻璃纤维作为塑料的填充剂，能使塑料的力学性能大幅度提高；而用石棉作填充剂则可以提高塑料的耐热性。有的填充剂还可以使塑料具有树脂所没有的性能，如导电性、导磁性、导热性等。常用的填充剂有木粉、纸浆、云母、石棉、玻璃纤维等。

(3)增塑剂

有些树脂(如硝酸纤维、醋酸纤维、聚氯乙烯等)的可塑性很小,柔软性也很差。为了降低树脂的熔融黏度和熔融温度,改善其成型加工性能,改进塑件的柔韧性、弹性以及其他必要的性能,通常加入能与树脂相熔的、不易挥发的高沸点有机化合物,这类物质称为增塑剂。

在树脂中加入增塑剂后,增塑剂分子插入到树脂高分子链之间,增大了高分子链间的距离,因而削弱了高分子间的作用力,使树脂高分子容易产生相对滑移,从而使塑料能在较低的温度下具有良好的可塑性和柔韧性。常用的增塑剂有邻苯二甲酸二丁酯、邻苯二甲酸二辛酯等。

(4)着色剂

为使塑件获得各种所需色彩,常常在塑料组分中加入着色剂。着色剂品种很多,但大体分为有机颜料、无机颜料和染料三大类。对着色剂的要求:着色力强,与树脂有很好的相溶性,不与塑料中其他成分起化学反应,成型过程中不因温度、压力变化而分解变色,在塑件的长期使用过程中能够保持稳定。

(5)稳定剂

为了防止或抑制塑料在成型、储存和使用过程中,因受外界因素(如热、光、氧、射线等)作用引起性能变化,即所谓“老化”,需要在聚合物中添加稳定剂。稳定剂可分为热稳定剂、光稳定剂、抗氧化剂等。常用的稳定剂有硬脂酸盐类、铅的化合物、环氧化合物等。

(6)固化剂

固化剂又称硬化剂、交联剂。成型热固性塑料时,线型高分子结构的合成树脂需发生交联反应转变成体型高分子结构。添加固化剂的目的是促进交联反应。如在环氧树脂中加入乙二胺、三乙醇胺等。

塑料的添加剂还有发泡剂、阻燃剂、防静电剂、导电剂和导磁剂等。并不是每一种塑料都要加入全部这些添加剂,而是依塑料品种和塑件使用要求按需要有选择地加入某些添加剂。

2. 塑料的分类

塑料的品种较多,分类的方式也很多,常用的分类方法有以下两种。

(1)根据塑料中树脂的分子结构和热性能分类

①热塑性塑料

这种塑料中树脂的分子结构是线型或支链型结构。它在加热时可塑制成一定形状的塑件,冷却后保持已定型的形状。如再次加热,又可软化熔融,可再次塑制成一定形状的塑件,如此可反复多次。在上述过程中,一般只有物理变化而无化学变化。由于这一过程是可逆的,在塑料加工中产生的边角料及废品可以回收粉碎成颗粒后重新利用。

聚乙烯、聚丙烯、聚氯乙烯、聚苯乙烯、聚酰胺、聚甲醛、聚碳酸酯、有机玻璃、聚砜、氟塑料等都属热塑性塑料。

②热固性塑料

这种塑料在受热之初分子为线型结构,具有可塑性和可溶性,即可塑制成一定形状的塑件。当继续加热时,线型高聚物分子主链间形成化学键结合(即交联),分子呈网状结构,分子最终变为体型结构,变得既不熔融,也不溶解,塑件形状固定下来不再变化。上述成型过程中,既有物理变化又有化学变化。由于热固性塑料具有上述特性,故加工中的边角料和废品不可回收再利用。

属于热固性塑料的有酚醛塑料、氨基塑料、环氧塑料、有机硅塑料、硅酮塑料等。

(2)根据塑料性能及用途分类

①通用塑料

这种塑料是指产量大、用途广、价格低的塑料。主要包括聚乙烯、聚氯乙烯、聚苯乙烯、聚丙烯、酚醛塑料和氨基塑料六大品种,它们的产量占塑料总产量的一半以上,构成了塑料工业的主体。

②工程塑料

这种塑料常指在工程技术中用做结构材料的塑料。除具有较高的力学强度外,这类塑料还具有很好的耐磨性、耐腐蚀性、自润滑性及尺寸稳定性等。它们具有某些金属特性,因而现在越来越多地代替金属来做某些机械零件。

目前,常用的工程塑料包括聚酰胺、聚甲醛、聚碳酸酯、聚砜、聚苯醚、聚四氟乙烯等。

③增强塑料

在塑料中加入玻璃纤维等填料作为增强材料,以进一步改善塑料的力学性能和电性能,这种新型的复合材料通常称为增强塑料。它具有优良的力学性能,比强度和比刚度高。增强塑料分为热塑性增强塑料和热固性增强塑料。

④特殊塑料

特殊塑料指具有某些特殊性能的塑料。如氟塑料、聚酰亚胺塑料、有机硅树脂、环氧树脂、导电塑料、导磁塑料、导热塑料以及为某些专门用途而改变性质得到的塑料。

3. 热塑性塑料的工艺性能

(1)收缩性

塑件自模具中取出冷却到室温后,其尺寸或体积会发生收缩变化,这种性能称为收缩性。

塑件成型收缩值可用收缩率表示,由于成型模具与塑料的线膨胀系数不同,收缩率可分为实际收缩率($S_{实}$)和计算收缩率($S_{计}$)两种,可用下式计算:

$$S_{实}=\frac{a-b}{b},S_{计}=\frac{c-d}{c} \tag{1-1}$$

式中 $S_{实}$——实际收缩率,%;

$S_{计}$——计算收缩率,%;

a——塑件在成型温度时的单向尺寸,mm;

b——塑件在室温下的单向尺寸,mm;

c——塑模在室温下的单向尺寸,mm。

实际收缩率表示塑件实际所发生的收缩。因成型温度下的塑件尺寸不便测量以及实际收缩率与计算收缩率数值相差很小,所以模具设计时常以计算收缩率为设计参数,来计算型腔及型芯等的尺寸。但在大型、精密模具成型零件尺寸计算时则应采用实际收缩率。

引起塑件收缩的原因除了热胀冷缩、脱模时的弹性恢复及塑性变形等原因产生的尺寸线收缩外,还会按塑件形状、料流方向及成型工艺参数的不同产生收缩方向性。此外,塑件脱模后残余应力的缓慢释放和必要的后期处理工艺也会使塑件产生后收缩。影响塑件成型收缩的因素主要有以下几种。

①塑料品种

各种塑料都有其各自的收缩率范围，同一种塑料由于相对分子质量、填料及配比等不同，其收缩率及各向异性也不同。

②塑件结构

塑件的形状、尺寸、壁厚、有无嵌件、嵌件数量及布局等对收缩率有很大影响，如塑件壁厚越大收缩率越大，有嵌件的收缩率小，等等。

③模具结构

模具的分型面，加压方向，浇注系统的形式、布局及尺寸等对收缩率及方向性影响也很大，尤其是挤出和注射成型更为明显。

④成型工艺

挤出成型和注射成型一般收缩率较大，方向性也很明显。塑料的装料形式、预热情况、成型温度、成型压力、保压时间等对收缩率及方向性都有较大影响。例如，采用压锭加料，进行预热，采用较低的成型温度、较高的成型压力，延长保压时间等均是减小收缩率及方向性的有效措施。

由上述分析可知，影响收缩率大小的因素很多。收缩率不是一个固定值，而是在一定范围内变化。收缩率的波动将引起塑件尺寸波动，因此模具设计时应根据以上因素综合考虑选择塑料的收缩率，对精度高的塑件应选取收缩率波动范围小的塑料，并留有试模后修正的余地。

(2)流动性

在成型过程中，塑料熔体在一定的温度、压力下填充模具型腔的能力称为塑料的流动性。塑料流动性小，就不容易充满型腔，易产生缺料或熔接痕等缺陷，因此需要较大的成型压力才能成型。相反，塑料流动性大，可以用较小的成型压力充满型腔；但流动性太大，会在成型时产生严重的溢边。

流动性的大小与塑料的分子结构有关。具有线型分子而没有或很少有交联结构的树脂流动性大。塑料中加入填料，会降低树脂的流动性，而加入增塑剂或润滑剂，则可增加塑料的流动性。

热塑性塑料流动性可用相对分子质量大小、熔体指数、螺旋线长度、表观黏度及流动比等一系列指数进行分析。相对分子质量小、熔体指数高、螺旋线长度长、表观黏度小、流动比大的流动性好。热塑性塑料的流动性分为三类：流动性好的，如聚乙烯、聚丙烯、聚苯乙烯、醋酸纤维素等；流动性中等的，如改性聚苯乙烯、ABS、聚甲醛、氯化聚醚等；流动性差的，如聚碳酸酯、硬聚氯乙烯、聚苯醚、聚砜、氟塑料等。

影响流动性的因素主要有以下几种。

①温度

塑料温度高，则流动性大，但不同塑料各有差异。聚苯乙烯、聚丙烯、聚酰胺、聚甲基丙烯酸甲酯、聚碳酸酯、醋酸纤维素等塑料流动性受温度变化的影响较大；而聚乙烯、聚甲醛的流动性受温度变化的影响较小。

②压力

注射压力增大，则熔料受剪切作用大，流动性也增大，尤其是聚乙烯、聚甲醛较为敏感。

③模具结构

浇注系统的形式、尺寸、布置(如型腔表面质量、浇道截面厚度、型腔形式、排气系统)、冷却系统设计、熔料流动阻力等因素都直接影响熔料的流动性。

凡促使熔料温度降低、流动阻力增大的因素(如塑件壁厚太薄、转角处采用尖角等),流动性就会降低。

④相容性

相容性是指两种或两种以上不同品种的塑料,在熔融状态下不产生相分离现象的能力。如果两种塑料不相熔,则混熔时制件会出现分层、脱皮等表面缺陷。不同塑料的相容性与其分子结构有一定关系,分子结构相似者较易相容,例如高压聚乙烯、低压聚乙烯、聚丙烯彼此之间的混熔等;分子结构不同时较难相容,例如聚乙烯和聚苯乙烯之间的混熔。塑料的相容性俗称为共混性。

通过塑料的这一性质,可以得到类似共聚物的综合性能,是改进塑料性能的重要途径之一。

⑤吸湿性

吸湿性是指塑料对水分的亲疏程度。塑料大致可分为两类:一类是具有吸湿或黏附水分倾向的塑料,如聚酰胺、聚碳酸酯、ABS、聚砜等;另一类是既不吸湿也不易黏附水分的塑料,如聚乙烯、聚丙烯、聚甲醛等。

凡是具有吸湿或黏附水分倾向的塑料,若成型前水分未去除,则在成型过程中由于水分在成型设备的高温料筒中变为气体并促使塑料发生水解,成型后塑料出现气泡、银丝等缺陷。这样,不仅增加了成型难度,而且降低了塑件表面质量和力学性能。因此,为保证成型的顺利进行和塑件质量,对吸湿性和黏附水分倾向大的塑料,在成型之前应进行干燥,使水含量控制在0.2%以下。

⑥热敏性

热敏性是指某些热稳定性差的塑料,在料温高和受热时间长的情况下就会产生降解、分解、变色的特性,热敏性很强的塑料称为热敏性塑料,如硬聚氯乙烯、聚三氟氯乙烯、聚甲醛等。热敏性塑料产生分解、变色实际上是高分子材料的变质、破坏,不但影响塑料的性能,而且分解出气体或固体,尤其是有毒气体对人体、设备和模具都有损害。有的分解产物往往又是该塑料分解的催化剂,如聚氯乙烯分解产物氯化氢,能促使高分子分解作用进一步加剧。因此,在模具设计、选择注射机及成型时都应予以注意,可选用螺杆式注射机,增大浇注系统截面尺寸,模具和料筒镀铬,不允许有死角滞料,严格控制成型温度、模温、加热时间、螺杆转速及背压等措施,还可在热敏性塑料中加入稳定剂,以减弱热敏性能。

二、常用塑料

1. 热塑性塑料

常用热塑性塑料的性能与用途见表1-1。

表 1-1　常见热塑性塑料的性能与用途

塑料品种	结构特点	使用温度	化学稳定性	性能特点	成型特点	主要用途
聚乙烯（PE）	无毒、无味，呈白色或乳白色，柔软、半透明的大理石状粒料，结晶	一般高压聚乙烯的使用温度在 80 ℃，低压聚乙烯为 100 ℃	化学稳定性好，能耐大多数酸碱的侵蚀	吸水量小，不易潮湿，有绝缘性能，质软，表面硬度低	成型性能好，黏度与剪切速率关系较大，成型前可不预热	保鲜膜、背心式塑料袋、塑料食品袋、奶瓶、提桶、水壶等
聚丙烯（PP）	典型的主体规整结构，为结晶聚合物，密度小，无色，无毒，无臭，无味，可燃，外观为白色固体	模具温度低于 50 ℃时，塑件不光滑，易产生熔接不良和流痕，90 ℃以上易发生翘曲变形	具有良好的导电性能和高频绝缘性，不受湿度影响，但低温时变脆、不耐磨、易老化	力学性能好，化学性能较稳定，在常温下不受无机盐、碱、酸及多种化学物质的腐蚀	加工成型和使用性、熔融流动性好，加工适应强，挤出、注塑、中空、吹塑、真空成型等加工方法都能实现	户外使用的休闲椅、桌、沙滩椅等大部分都是使用聚丙烯制造的
聚氯乙烯（PVC）	微黄色半透明状，有光泽，纯的聚氯乙烯的密度为 1.4 g/cm³	使用温度一般为 −15 ~ 55 ℃	具有较好的抗拉、抗弯、抗压和抗冲击能力，化学稳定性好	有较好的抗拉、抗弯、抗压和抗冲击能力，有较好的电气绝缘性能	由 43% 的油和 57% 的盐合成出来的一种塑胶制品	利用挤出机可以挤成软管、电缆、电线等；还可制成凉鞋、鞋底、拖鞋、玩具、汽车配件等
聚苯乙烯（PS）	无色、透明的热塑性树脂	在约 95 ℃开始软化，在 190 ℃成为熔体，在 270 ℃以上出现分解	具有良好的光学性能及电性能，容易加工成型，着色性能好	吸水性较低，受温度和压力影响较大，收缩率较低	成型性能很好，成型前可不干燥，但注射时应防止淌料，制品易产生内应力、易开裂	世界上应用最广的热塑性树脂，是通用塑料的五大品种之一
丙烯腈－乙丁二烯－乙苯乙烯（ABS）	一般是不透明的，外观呈浅象牙色，无毒、无味，兼有韧、硬、刚的特性	允许使用温度范围较宽（−100 ~ 130 ℃）	有极好的冲击强度，尺寸稳定性好，电性能、耐磨性、抗化学药品性、染色性、成型加工和机械加工性能较好	耐水、无机盐、碱和酸类，不溶于大部分醇类和烃类溶剂，而容易溶于醛、酮、酯和某些氯代烃中	成型性能很好，成型前原料要干燥	具有广泛用途，主要用于机械、电气、纺织、汽车和造船等工业
丙烯腈－乙苯乙烯共聚物（AS）	一种坚硬、无色透明的热塑性树脂，具有耐高温性、出色的光泽度和耐化学介质性	维卡软化温度约为 110 ℃，载荷下挠曲变形温度约为 100 ℃，收缩率为 0.3% ~ 0.7%	耐热性、耐油性、耐化学腐蚀和抗应力开裂性能好	无定型塑料，吸湿性大，热稳定性好，不易分解	浇口处易出现裂纹	电气（插座、壳体等）、日用品（厨房器械、冰箱装置、电视机底座、卡带盒等）、家庭用品、化妆品包装等

续表

塑料品种	结构特点	使用温度	化学稳定性	性能特点	成型特点	主要用途
聚甲醛（POM）	一种没有侧链、高密度、高结晶型的线性聚合物，表面光滑，有光泽的硬而致密的材料，呈淡黄或白色	可在 -40 ~ 100 ℃温度范围内长期使用	有良好的耐油、耐过氧化物性能，很不耐酸，不耐强碱和不耐太阳光紫外线的辐射	吸水性好，抗热强度、弯曲强度、耐疲劳性强度均高，耐磨性和电性能优良	成型收缩率大，流动性好，熔融凝固速度快，注射时速度要快，注射压力不宜高，热稳定性较差	广泛应用于电子电器、机械、仪表、日用轻工、汽车、建材、农业等领域
聚碳酸酯（PC）	一种非晶体工程材料，线型结构，非结晶型	干燥条件为100 ~ 200 ℃，熔化温度为 260 ~ 340 ℃，模具温度为 70 ~ 120 ℃	耐弱酸，耐弱碱，耐中性油，不耐紫外光，不耐强碱	耐磨性差，耐冲击性能好，折射率高，加工性能好	成型加工性能良好，可用注射、挤出等方法制成各种制品，又可用吹塑或流延法制成薄膜，以适应各种需要	电气和商业设备（计算机元件、连接器等），器具（食品加工机、电冰箱抽屉等），交通运输行业（车辆的前后灯、仪表板等）
聚酰胺（PA）	乳白色或微黄色不透明粒状或粉状物，密度为 1.02 ~ 1.15 g/cm^3，吸水率为 0.3% ~ 9.0%	通常在 180 ~ 280 ℃使用，长期使用温度一般不宜超过 100 ℃，若在 100 ℃以上的温度下长期与氧接触	大多数聚酰胺具有自燃性，少数品种具有可耐溶剂性和优良可燃性，具有较高的电阻值，但随着温度的升高和吸水率的增加有明显的降低	聚酰胺的抗拉强度、弯曲强度和硬度随温度和吸水率的增大而降低，而冲击强度则随温度和吸水率的增大而明显提高	熔点高，熔融温度范围较窄，成型前原料要干燥，熔体黏度低，要防止流延和溢料，制品易产生变形等缺陷	主要用于制造各种机械、汽车、化工、电子和电器装置的零部件，特别用于高强度或耐磨制件，在包装上可制成薄膜
聚砜（PSU）	略带琥珀色非晶型透明或半透明聚合物，强度高，耐磨	范围为 -100 ~ 150 ℃，长期使用温度为 160 ℃，短期使用温度为 190 ℃	耐水解，热稳定性高，成型收缩率小，无毒，耐辐射，耐燃	无定型料，吸湿性大，流动性差，冷却快，宜用高温高压成型	可进行注塑、模压、挤出、热成型、吹塑等成型加工，熔体黏度高，控制黏度是加工关键，加工后宜进行热处理，消除内应力	汽车航空领域，适用于制作防护罩元件、电动齿轮、蓄电池盖、雷管等，日用品主要为耐热耐水解的产品
聚对苯二甲酸丁二醇酯（PBT）	工程力学性能优异、刚性大的热塑材料之一，半结晶材料	熔化温度为 225 ~ 275 ℃，建议温度为 250 ℃	有非常好的化学稳定性、机械强度、电绝缘特性和热稳定性	强度高，耐冲击性能好，尺寸精度好，表面质量好	由于结晶速度很快，因此黏性很低，塑件加工的周期时间一般也较短	电子电器、汽车工业、机械设备

续表

塑料品种	结构特点	使用温度	化学稳定性	性能特点	成型特点	主要用途
氟塑料	线型结构结晶型	-195～250 ℃	优异的耐高温、耐低温性能,优异的耐腐蚀性,能耐各种酸、碱、盐和有机溶剂、强氧化剂等	加工成型性好,物理性能均衡,机械韧性好,硬度高,耐低温性、尺寸稳定性优异	成型方法有模压、传递模塑、注射、挤出、吹塑等	电线电缆、化工、汽车、不粘涂料、航空航天、化学品制造等

2. 热固性塑料

常用热固性塑料的性能与用途见表1-2。

表1-2　常见热固性塑料的性能与用途

塑料品种	结构特点	使用温度	化学稳定性	性能特点	成型特点	主要用途
酚醛塑料(PF)	无毒、无味,呈白色或乳白色,柔软、半透明的大理石状粒料,为结晶型塑料	小于200 ℃	不耐浓硫酸、硝酸、高温铬酸、发烟硫酸、碱和氧化剂等腐蚀	力学强度高,坚韧耐磨,尺寸稳定,耐腐蚀,电绝缘性能优异	成型前应预热,成型过程中应排气,不预热则应提高模温和成型压力	广泛用做电绝缘材料、家具零件、日用品、工艺品等
氨基塑料	无毒、无臭、坚硬、耐刮伤、无色、半透明	成型温度为160～180 ℃	耐水,耐溶剂,耐燃,耐污染,耐老化,有高强度、高光泽的优异性能	耐电弧性和电绝缘性良好,耐水、耐热性较好,适于压缩成型以及制作耐电弧的电工零件和防爆电器绝缘件	流动性好,硬化速度快,故预热及成型温度要适当,涂料、合模及加压速度要快	主要用于餐具的制造
环氧树脂(EP)	含有环氧基的高分子化合物	耐热性一般为80～100 ℃	耐化学药品,耐热,电气绝缘性能良好	最突出的特性是黏结能力强,是常用的"万能胶"的主要成分,收缩率小,比酚醛树脂的力学性能好	流动性好,硬化收缩率小,热刚性差,不易脱模	广泛应用于国防、国民经济各部门,作浇注、浸渍、层压料、黏结剂、涂料等用途

任务二　塑件的工艺性分析

一、塑件的尺寸及精度分析

1. 塑件尺寸及精度

塑件尺寸的大小取决于塑料的流动性。对于流动性差的塑料(如玻璃纤维增强塑料、布基塑料等)或薄壁塑件,在进行注射成型和压注成型时,塑件的尺寸不可过大,以免不能充满型腔或形成熔接痕,从而影响塑件的外观和强度。此外,压缩和压注成型的塑件尺寸还会受到压力机吨位及工作台尺寸的限制,注射成型的塑件尺寸也会受到注射机注射量、锁模力和模板尺寸及脱模距离等的限制。

塑件的尺寸精度不仅与模具制造精度和机器使用磨损有关,而且还与塑料收缩率的波动、成型工艺条件的变化、塑件成型后的时效变化和模具的结构形状有关。可见,塑件的尺寸精度一般不高,因此在保证使用要求的前提下尽可能选用低精度等级。

目前我国已颁布了工程塑料模塑件尺寸公差的国家标准(GB/T 14486—2008),见表1-3。模塑件尺寸公差的代号为MT,公差等级分为7级,每一级又可分为a、b两部分,其中a为不受模具活动部分影响尺寸的公差,b为受模具活动部分影响尺寸的公差(例如由于受水平分型面溢边厚薄的影响,压缩件高度方向的尺寸);该标准只规定标准公差值,上下偏差可根据塑件的配合性质来分配。

塑件公差等级的选用与塑料品种有关,见表1-4。

对孔类尺寸可取表中数值冠以“+”号作为上偏差,下偏差为零;对轴类尺寸可取表中数值冠以“-”号作为下偏差,上偏差为零;对中心距尺寸可取表中数值之半冠以“±”号。

2. 表面结构

塑料制件的表面结构是决定其表面质量的主要因素。塑件的表面结构主要与模具型腔的表面结构有关。一般来说,模具的表面结构参数值要比塑件低1~2级。塑件的表面结构一般为$Ra0.2\sim0.8\mu m$。模具在使用过程中,由于型腔磨损而使表面结构参数值不断加大,所以应随时给予抛光复原。透明塑件要求型腔和型芯的表面结构相同,而不透明塑件则根据使用情况来决定它们的表面结构参数值。

二、塑件的结构工艺性分析

塑件的结构工艺性分析包括以下内容。

1. 设计原则

塑件设计不仅要满足使用要求,而且要考虑塑料的结构工艺性,并且尽可能使模具结构简单化。这样,既可使成型工艺稳定,保证塑料制品的质量,又可使生产成本降低。在进行塑件结构工艺性设计时,必须遵循以下几个原则。

①在保证塑件的使用性能、物理性能与力学性能、电性能、耐化学腐蚀性能和耐热性能等的前提下,尽量选用价格低廉和成型性能较好的塑料,并力求结构简单、壁厚均匀、成型方便。

②在设计塑件时应考虑其模具的总体结构,使模具型腔易于制造,模具抽芯和推出机构简单。

③在设计塑件时,应考虑原料的成型工艺性,如流动性、收缩性等,塑件形状应有利于模具分型、排气、补缩和冷却。

④当设计的塑件外观要求较高时,应先造型,而后逐步绘制图样。

表 1-3　塑件公差表(GB/T 14486—2008)

公差等级	公差种类	基本尺寸 >0~3	>3~6	>6~10	>10~14	>14~18	>18~24	>24~30	>30~40	>40~50	>50~65	>65~80	>80~100	>100~120	>120~140
标准公差的尺寸公差值															
MT1	a	0.07	0.08	0.09	0.10	0.11	0.12	0.14	0.16	0.18	0.20	0.23	0.26	0.29	0.32
	b	0.14	0.16	0.18	0.20	0.21	0.22	0.24	0.26	0.28	0.30	0.33	0.36	0.39	0.42
MT2	a	0.10	0.12	0.14	0.16	0.18	0.20	0.22	0.24	0.26	0.30	0.34	0.38	0.42	0.46
	b	0.20	0.22	0.24	0.26	0.28	0.30	0.32	0.34	0.36	0.40	0.44	0.48	0.52	0.56
MT3	a	0.12	0.14	0.16	0.18	0.20	0.22	0.26	0.30	0.34	0.40	0.46	0.52	0.58	0.64
	b	0.32	0.34	0.36	0.38	0.40	0.42	0.46	0.50	0.54	0.60	0.66	0.72	0.78	0.84
MT4	a	0.16	0.18	0.20	0.24	0.28	0.32	0.36	0.42	0.48	0.56	0.64	0.72	0.82	0.92
	b	0.36	0.38	0.40	0.44	0.48	0.52	0.56	0.62	0.68	0.76	0.84	0.92	1.02	1.12
MT5	a	0.20	0.24	0.28	0.32	0.38	0.44	0.50	0.56	0.64	0.74	0.86	1.00	1.14	1.28
	b	0.40	0.44	0.48	0.52	0.58	0.64	0.70	0.76	0.84	0.94	1.06	1.20	1.34	1.48
MT6	a	0.26	0.32	0.38	0.46	0.52	0.60	0.70	0.80	0.94	1.10	1.28	1.48	1.72	2.00
	b	0.45	0.52	0.58	0.66	0.72	0.80	0.90	1.00	1.14	1.30	1.48	1.68	1.92	2.20
MT7	a	0.38	0.46	0.56	0.66	0.76	0.86	0.98	1.12	1.32	1.54	1.80	2.10	2.40	2.70
	b	0.58	0.66	0.76	0.86	0.96	1.06	1.18	1.32	1.52	1.74	2.00	2.30	2.60	2.90
未注公差的尺寸允许偏差															
MT5	a	±0.10	±0.12	±0.14	±0.16	±0.19	±0.22	±0.25	±0.28	±0.32	±0.37	±0.43	±0.50	±0.57	±0.64
	b	±0.20	±0.22	±0.24	±0.26	±0.29	±0.32	±0.35	±0.38	±0.42	±0.47	±0.53	±0.60	±0.67	±0.74
MT6	a	±0.13	±0.16	±0.19	±0.23	±0.26	±0.30	±0.35	±0.40	±0.47	±0.55	±0.64	±0.74	±0.86	±1.00
	b	±0.23	±0.26	±0.29	±0.33	±0.36	±0.40	±0.45	±0.50	±0.57	±0.65	±0.74	±0.84	±0.96	±1.10
MT7	a	±0.19	±0.23	±0.28	±0.33	±0.38	±0.43	±0.49	±0.56	±0.66	±0.77	±0.90	±1.05	±1.20	±1.35
	b	±0.29	±0.33	±0.38	±0.43	±0.48	±0.53	±0.59	±0.66	±0.76	±0.87	±1.00	±1.15	±1.30	±1.45

公差等级	公差种类	>140~160	>160~180	>180~200	>200~225	>225~250	>250~280	>280~315	>315~355	>355~400	>400~450	>450~500	>500~630	>630~800	>800~1000
标准公差的尺寸公差值															
MT1	a	0.36	0.40	0.44	0.48	0.52	0.56	0.60	0.64	0.70	0.78	0.86	0.97	1.16	1.39
	b	0.46	0.50	0.54	0.58	0.62	0.66	0.70	0.74	0.80	0.88	0.96	1.07	1.26	1.49
MT2	a	0.50	0.54	0.60	0.66	0.72	0.76	0.84	0.92	1.00	1.10	1.20	1.40	1.70	2.10
	b	0.60	0.64	0.70	0.76	0.82	0.86	0.94	1.02	1.10	1.20	1.30	1.50	1.80	2.20
MT3	a	0.70	0.78	0.86	0.92	1.00	1.10	1.20	1.30	1.44	1.60	1.74	2.00	2.40	3.00
	b	0.90	0.98	1.06	1.12	1.20	1.30	1.40	1.50	1.64	1.80	1.94	2.20	2.60	3.20
MT4	a	1.02	1.12	1.24	1.36	1.48	1.62	1.80	2.00	2.20	2.40	2.60	3.10	3.80	4.60
	b	1.22	1.32	1.44	1.56	1.68	1.82	2.00	2.20	2.40	2.60	2.80	3.30	4.00	4.80
MT5	a	1.44	1.60	1.76	1.92	2.10	2.30	2.50	2.80	3.10	3.50	3.90	4.50	5.60	6.90
	b	1.64	1.80	1.96	2.12	2.30	2.50	2.70	3.00	3.30	3.70	4.10	4.70	5.80	7.10
MT6	a	2.20	2.40	2.60	2.90	3.20	3.50	3.90	4.30	4.80	5.30	5.90	6.90	8.50	10.60
	b	2.40	2.60	2.80	3.10	3.40	3.70	4.10	4.50	5.00	5.50	6.10	7.10	8.70	10.80
MT7	a	3.00	3.30	3.70	4.10	4.50	4.90	5.40	6.00	6.70	7.40	8.20	9.60	11.90	14.80
	b	3.20	3.50	3.90	4.30	4.70	5.10	5.60	6.20	6.90	7.60	8.40	9.80	12.10	15.00
未注公差的尺寸允许偏差															
MT5	a	±0.72	±0.80	±0.88	±0.96	±1.05	±1.15	±1.25	±1.40	±1.55	±1.75	±1.95	±2.25	±2.80	±3.45
	b	±0.82	±0.90	±0.98	±1.06	±1.15	±1.25	±1.35	±1.50	±1.65	±1.85	±2.05	±2.35	±2.90	±3.55
MT6	a	±1.10	±1.20	±1.30	±1.45	±1.60	±1.75	±1.95	±2.15	±2.40	±2.65	±2.95	±3.45	±4.25	±5.30
	b	±1.20	±1.30	±1.40	±1.55	±1.70	±1.85	±2.05	±2.25	±2.50	±2.75	±3.05	±3.55	±4.35	±5.40
MT7	a	±1.50	±1.65	±1.85	±2.05	±2.25	±2.45	±2.70	±3.00	±3.35	±3.70	±4.10	±4.80	±5.95	±7.40
	b	±1.60	±1.75	±1.95	±2.15	±2.35	±2.55	±2.80	±3.10	±3.45	±3.80	±4.20	±4.90	±6.05	±7.50

注:(1)a 为不受模具活动部分影响的尺寸公差值;b 为受模具活动部分影响的尺寸公差值。

(2)MT1 级为精密级,只有采用严密的工艺控制措施和高精度的模具、设备、原料时才有可能选用。

表 1-4 常用材料模塑件尺寸公差等级的选用(GB/T 14486—2008)

材料代号	塑件材料		公差等级		
			标注公差尺寸		未注公差尺寸
			高精度	一般精度	
ABS	(丙烯腈-丁二烯-苯乙烯)共聚物		MT2	MT3	MT5
CA	乙酸纤维素		MT3	MT4	MT6
EP	环氧树脂		MT2	MT3	MT5
PA	聚酰胺	无填料填充	MT3	MT4	MT6
		30%玻璃纤维填充	MT2	MT3	MT5
PBT	聚对苯二甲酸丁二酯	无填料填充	MT3	MT4	MT6
		30%玻璃纤维填充	MT2	MT3	MT5
PC	聚碳酸酯		MT2	MT3	MT5
PDAP	聚邻苯二甲酸二烯丙酯		MT2	MT3	MT5
PEEK	聚醚醚酮		MT2	MT3	MT5
PE-HD	高密度聚乙烯		MT4	MT5	MT7
PE-LD	低密度聚乙烯		MT5	MT6	MT7
PESU	聚醚砜		MT2	MT3	MT5
PET	聚对苯二甲酸乙二酯	无填料填充	MT3	MT4	MT6
		30%玻璃纤维填充	MT2	MT3	MT5
PF	苯酚-甲醛树脂	无机填料填充	MT2	MT3	MT5
		有机填料填充	MT3	MT4	MT6
PMMA	聚甲基丙烯酸甲酯		MT2	MT3	MT5
POM	聚甲醛	≤150 mm	MT3	MT4	MT6
		>150 mm	MT4	MT5	MT7
PP	聚丙烯	无填料填充	MT4	MT5	MT7
		30%无机填料填充	MT2	MT3	MT5
PPE	聚苯醚、聚亚苯醚		MT2	MT3	MT5
PPS	聚苯硫醚		MT2	MT3	MT5
PS	聚苯乙烯		MT2	MT3	MT5
PSU	聚砜		MT2	MT3	MT5
PUR-P	热塑性聚氨酯		MT4	MT5	MT7
PVC-P	软质聚氯乙烯		MT5	MT6	MT7
PVC-U	未增塑聚氯乙烯		MT2	MT3	MT5
SAN	(丙烯腈-苯乙烯)共聚物		MT2	MT3	MT5
UF	脲-甲醛树脂	无机填料填充	MT2	MT3	MT6
		有机填料填充	MT3	MT4	MT6
UP	不饱和聚酯	30%玻璃纤维填充	MT2	MT3	MT5

2. 设计内容

塑料结构设计的主要内容包括塑件形状、壁厚、脱模斜度、加强肋、支承面、圆角、孔、螺纹、齿轮、嵌件、文字、符号及表面装饰等。

(1)形状

塑件的内外表面形状应在满足使用要求的情况下尽可能易于成型。由于侧抽芯和瓣合模不但使模具结构复杂,制造成本提高,而且还会在分型面上留下飞边,增加塑件的修整量。因此,塑件设计时在不影响使用性能的前提下,可适当改变塑件的结构,尽可能避免侧孔与侧凹,以简化模具的结构。表1-5所示为改变塑件形状以利于塑件成型的典型实例。

表1-5 改变塑件形状以利于塑件成型的典型实例

序号	不合理	合理	说明
1	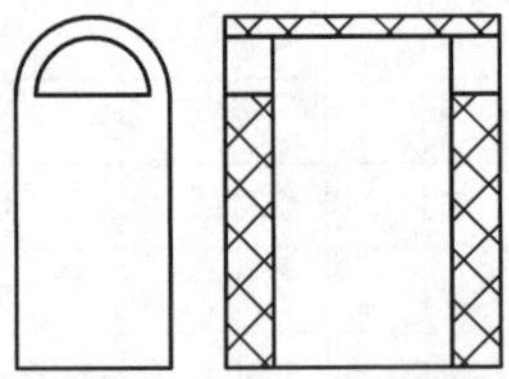	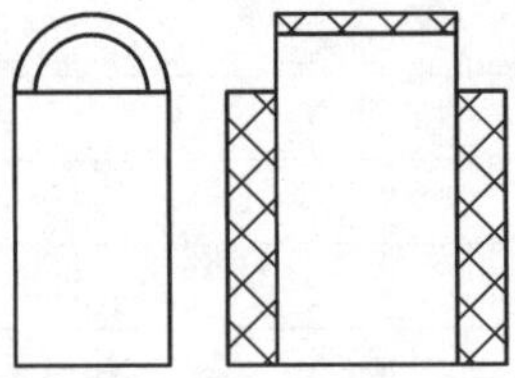	改变形状后,不需采用侧抽芯,使模具结构简单
2	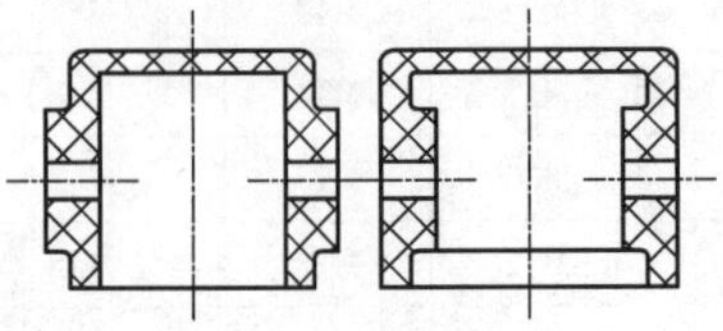	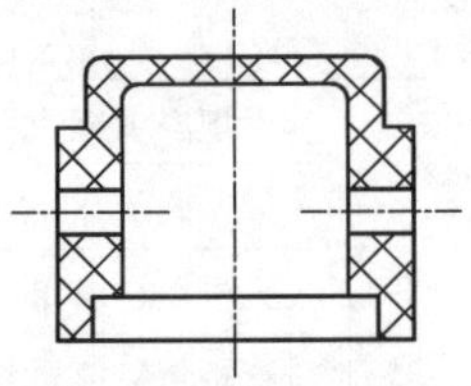	应避免塑件表面横向凸台,以便于脱模
3	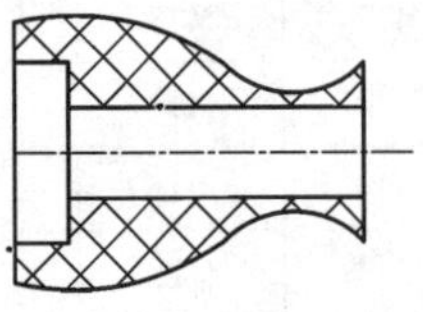	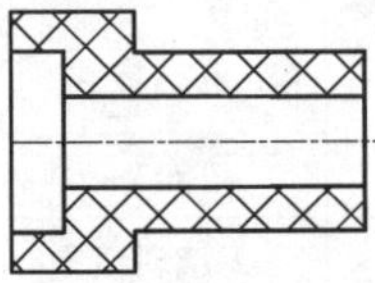	塑件有外侧凹时必须采用瓣合凹模,故模具结构复杂,塑件外表面有接痕
4	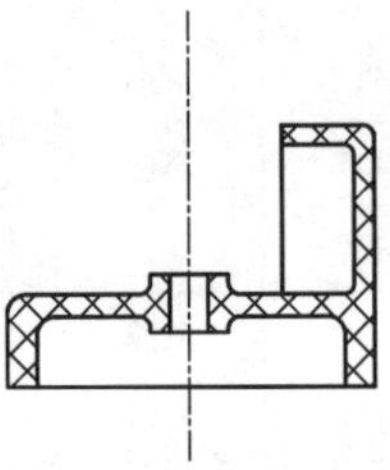	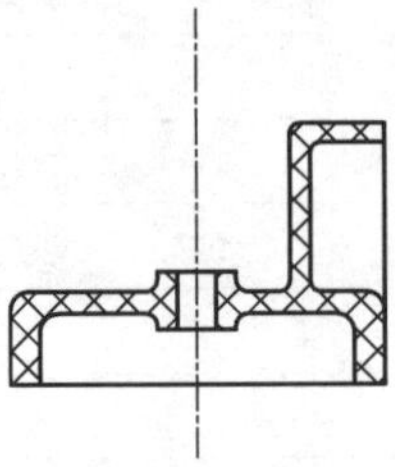	内凹侧孔改为外凹侧孔,有利于抽芯
5	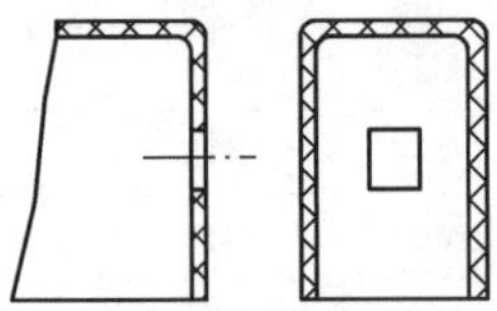	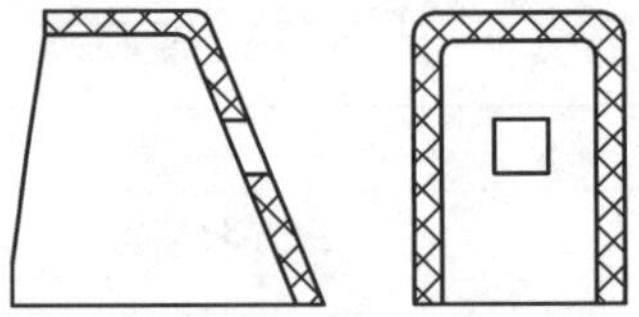	改变塑件形状可以避免侧抽芯

续表

序号	不合理	合理	说明
6			横向孔改为纵向孔可避免侧抽芯

(2)脱模斜度

塑料冷却后产生收缩故会紧紧包在凸模抽芯型芯上,或由于黏附作用,塑件紧贴在凹模型腔内。因此,为了便于从塑件中抽出型芯或从型腔中脱出塑件,防止在脱模时擦伤塑件,在设计塑件时必须使塑件内外表面沿脱模方向留有足够的斜度,在模具上即称为脱模斜度,如图 1-1 所示。

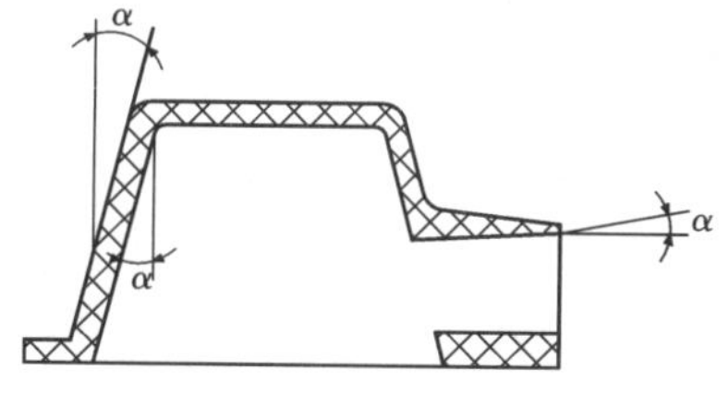

图 1-1　脱模斜度

脱模斜度的大小取决于塑件的性能、几何形状(如高度或深度、壁厚)及型腔表面状态(如表面结构、加工纹路等)。硬质塑料比软质塑料脱模斜度大;形状较复杂或成型孔较多的塑件取较大的脱模斜度;塑件高度较大、孔较深,则取较小的脱模斜度;壁厚增加,内孔包紧型芯的力大,脱模斜度也应取大些。

脱模斜度的标注根据塑件的内外尺寸而定:对于塑件内孔,以型芯小端为基准,尺寸符合图样要求,斜度沿扩大的方向取得;对于塑件外形,以型腔(凹模)大端为基准,尺寸符合图样要求,斜度沿缩小的方向取得。一般情况下,脱模斜度不包括在塑件的公差范围内。表 1-6 所示为常见塑料脱模斜度的选用值。

表 1-6　常见塑料脱模斜度的选用值

塑件名称	脱模斜度	
	型腔	型芯
聚乙烯(PE)、聚丙烯(PP)、软聚氯乙烯(LPVC)、聚酰胺(PA)、氯化聚醚(CPT)	25′~45′	20′~45′
硬聚氯乙烯(HPVC)、聚碳酸酯(PC)、聚砜(PSU)	35′~40′	30′~50′
聚苯乙烯(PS)、有机玻璃(PMMA)、ABS、聚甲醛(POM)	35′~1°30′	30′~40′
热性塑料	25′~40′	20′~50′

(3)壁厚

塑件的壁厚对塑件质量有很大影响。壁厚过小成型时流动阻力大,大型复杂塑件就难以充满型腔。塑件壁厚的最小尺寸应满足以下方面要求:具有足够的强度和刚度;脱模时能经受推出机构的推出力而不变形;能承受装配时的紧固力。塑件最小壁厚值随塑料品种和塑件大小不同而异。

壁厚过大,不但造成原料的浪费,而且对热固性塑料成型来说增加了模压成型时间,并易造成固化不完全;对热塑性塑料则增加了冷却时间,降低了生产率,另外也影响产品质量,如产生气泡、缩孔、凹陷等缺陷。所以,塑件的壁厚应有一个合理的范围。

热塑性塑料易于薄壁塑件成型,其壁厚一般不宜小于0.6~0.9 mm,常取2~4 mm。热固性塑料的小型塑件,壁厚取0.6~2.55 mm,大型塑件可取3.2~8 mm,表1-7为根据外形尺寸推荐的热塑性塑件壁厚值。

表1-7 热塑性塑料塑件最小壁厚及推荐壁厚 mm

塑料种类	制件流程50 mm的最小壁厚	一般制件壁厚	大型制件壁厚
聚酰胺(PA)	0.45	1.75~2.60	>2.4~3.2
聚苯乙烯(PS)	0.75	2.25~2.60	>3.2~5.4
改性聚苯乙烯	0.75	2.29~2.60	>3.2~5.4
有机玻璃(PMMA)	0.80	2.50~2.80	>4.0~6.5
聚甲醛(POM)	0.80	2.40~2.60	>3.2~5.4
软聚氯乙烯(LPVC)	0.85	2.25~2.50	>2.4~3.2
聚丙烯(PP)	0.85	2.45~2.75	>2.4~3.2
氯化聚醚(CPT)	0.85	2.35~2.80	>2.5~3.4
聚碳酸酯(PC)	0.95	2.60~2.80	>3.0~4.5
硬聚氯乙烯(HPVC)	1.15	2.60~2.80	>3.2~5.8
聚苯醚(PPO)	1.20	2.75~3.10	>3.5~6.4
聚乙烯(PE)	0.60	2.25~2.60	>2.4~3.2

同一塑件的壁厚应尽可能一致,否则会因冷却或固化速度不同产生应力,使塑件产生变形、缩孔及凹陷等缺陷。当然,要求塑件各处壁厚完全一致也是不可能的,因此为了使壁厚尽量一致,在可能的情况下常常是将厚的部分挖空。如果在结构上要求具有不同的壁厚,不同壁厚的比例不应超过1:3,且不同壁厚应采用适当的修饰半径使厚薄部分缓慢过渡。表1-8为改善塑件壁厚的典型实例。

表 1-8　改善塑件壁厚的典型实例

序号	不合理	合理	说明
1	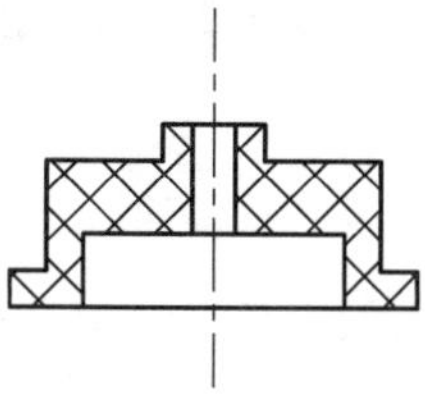	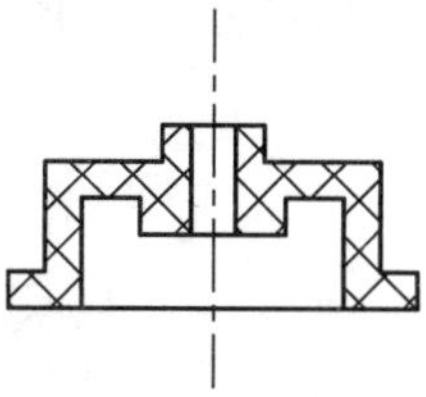	左图壁厚不均匀，易产生气泡、缩孔、凹陷等缺陷，使塑件变形；右图壁厚均匀，能保证质量
2	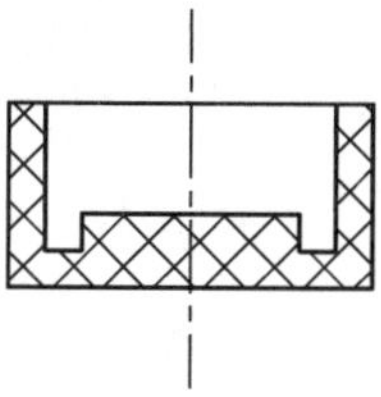	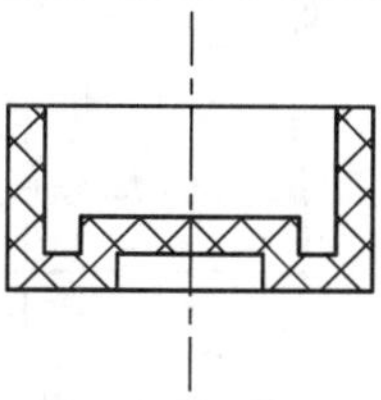	
3	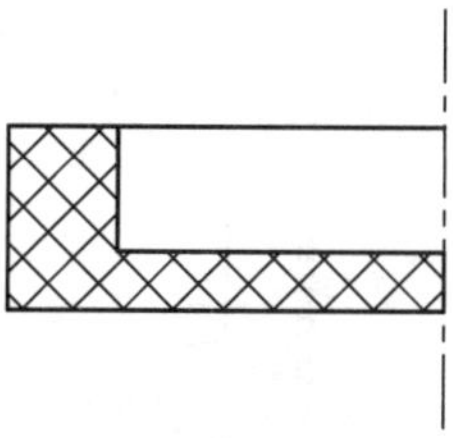	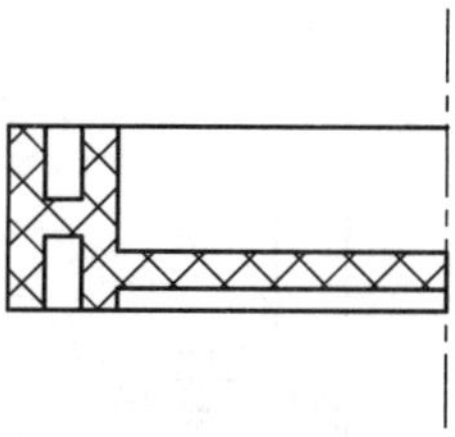	
4		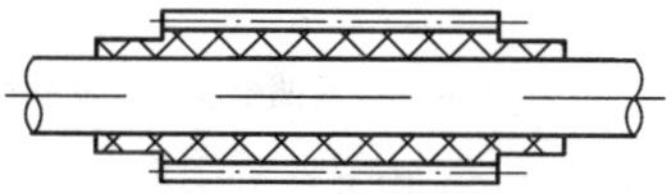	全塑齿轮轴应在中心设置钢芯
5	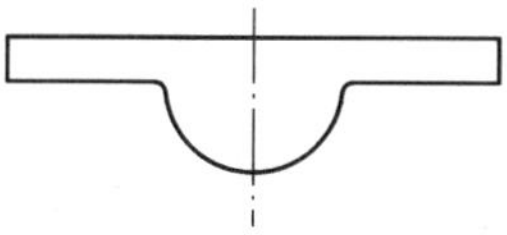	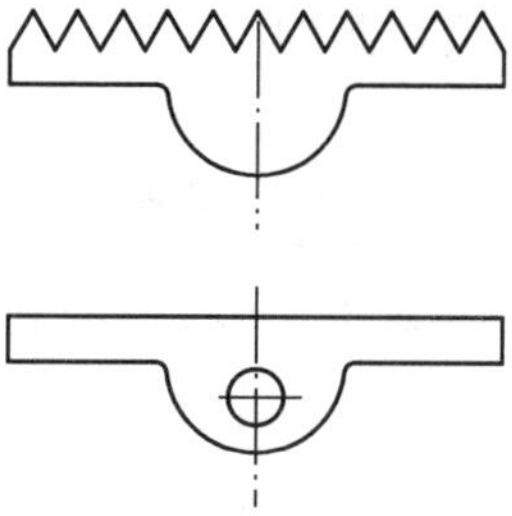	壁厚不均塑件，可将易产生凹痕的表面设计成波纹形式或在厚壁处开设工艺孔

(4)加强肋

加强肋的主要作用是在不增加壁厚的情况下，加强塑件的强度和刚度，避免塑件翘曲变形。此外，合理布置加强肋还可以改善充模流动性，减少塑件内应力，避免气孔、缩孔和凹陷等缺陷。

在塑件上设置加强肋有以下要求：

①加强肋的厚度应小于塑件厚度，并与壁用圆弧过渡；

②加强肋端面高度不应超过塑件高度，宜比塑件高度低 0.5 mm 或更多；

③尽量采用数个高度较矮的肋代替孤立的高肋，肋与肋间距离应大于肋宽的两倍；

④加强肋的设置方向除应与受力方向一致外，还应尽可能与熔体流动方向一致，以免料

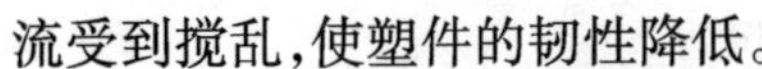
流受到搅乱，使塑件的韧性降低。

加强肋的形状和尺寸如图 1-2 所示。若塑件壁厚为 δ，则加强肋高度 $L=(1\sim3)\delta$，宽度 $A=(1/4\sim1)\delta$，底部过渡圆角半径 $R=(1/8\sim1/4)\delta$，脱模斜度 $\alpha=2^\circ\sim5^\circ$，顶部圆角半径 $r=\delta/8$，当 $\delta\leqslant2$ mm时取 $A=\delta$。

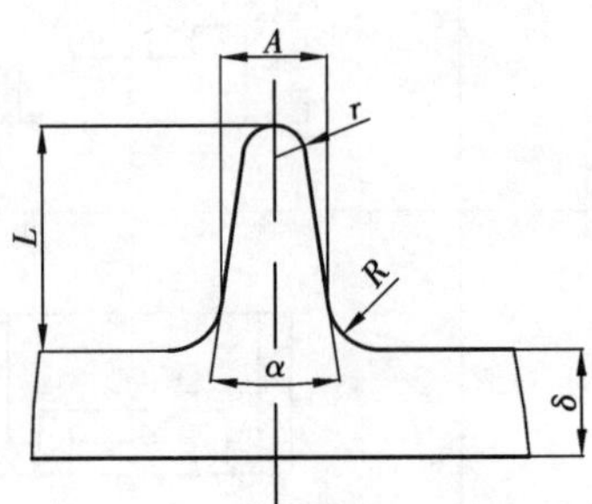

图 1-2　加强肋的形状和尺寸

加强肋常常会引起塑件的局部凹陷，可用某些方法来掩饰这种凹陷，如图 1-3 所示。

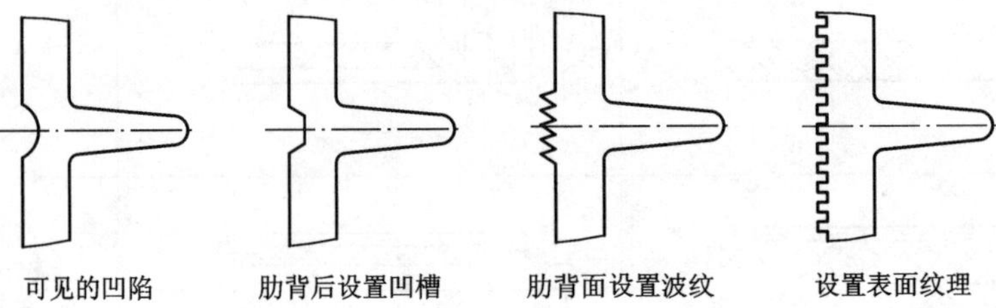

图 1-3　采用各种方法来掩饰加强肋引起的凹陷

表 1-9 为加强肋设计的典型实例。

表 1-9　加强肋设计的典型实例

序号	不合理	合理	说明
1			过厚处应减薄并设置加强肋以保持原有强度
2			过高的塑件应设置加强肋，以减小塑件壁厚

续表

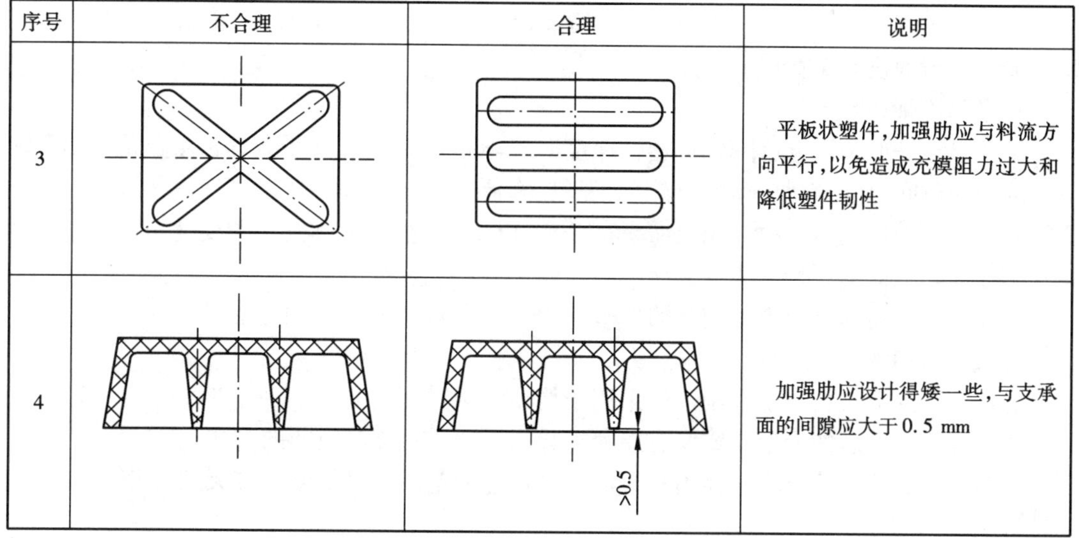

序号	不合理	合理	说明
3			平板状塑件，加强肋应与料流方向平行，以免造成充模阻力过大和降低塑件韧性
4			加强肋应设计得矮一些，与支承面的间隙应大于0.5 mm

(5)圆角

为了避免应力集中，提高塑件的强度，改善熔体的流动情况和便于起模，在塑件内外表面的连接处均应采用圆弧过渡。此外，圆弧还使塑件变得美观，且模具型腔在淬火或使用时也不致因应力集中而开裂。如图1-4所示为内圆角 R 与壁厚 δ 的关系，从图中可知理想的内圆角半径应为塑件壁厚的1/3以上。

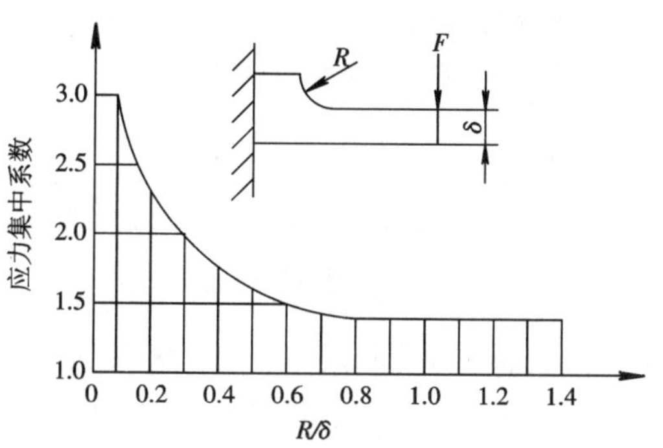

图1-4　R/δ 与应力集中系数的关系

常见塑料塑件壁厚及圆角设计如下。

1）ABS

①壁厚。一般用于注射成型的塑件厚度为1.5～4.5 mm，壁厚小于此范围的用于塑料流程短和细小的部件，典型的壁厚约2.5 mm。壁厚为3.8～6.4 mm时可使用结构性发泡。

②圆角。建议最小圆角半径是塑件厚度的25%，最适当的半径与壁厚比例是3:5。

2）聚碳酸酯(PC)

建议PC类塑件的最大壁厚为9.5 mm，最小壁厚为0.75 mm左右，短塑料流程的可以小到0.3 mm。若要成型效果好，则壁厚应不超过3.1 mm，壁厚由厚的地方过渡到薄的地方要尽量使其顺畅。

3)液晶聚合物(LCP)

由于 LCP 类塑件在高剪切情况下有高流动性,所以可以做到比较小的壁厚,最薄可为 0.4 mm,一般厚度在 1.5 mm 左右。

4)聚苯乙烯(PS)

①壁厚。一般来说,设计 PS 类塑件厚度时应不超过 4 mm,太厚会延长生产周期,需要更长的冷却时间,且塑料收缩时会有中空现象,降低塑件的物理性质。当壁厚需要变化时,要除去过渡区内的应力集中。如收缩率在 0.01 以下,则壁厚可有突然的变化;若收缩率在 0.01 以上,则只能有缓慢的改变。

②圆角。圆角的半径应为壁厚的 25% ~75% ,一般建议在 50% 左右。

5)聚酰胺(PA)

①壁厚。尼龙材料的塑件设计应采用结构所需要的最小厚度,可以节省材料。壁厚尽量一致以消除成型后的变形。壁厚有厚薄差异时需要采用逐渐变薄的方式。

②圆角。建议圆角最小半径为 0.5 mm,在可能的范围内尽量使用较大的 R 值。

6)聚砜(PSU)

常用于大型和长流距的塑件,壁厚最小为 2.3 mm。小的塑件壁厚可以为 0.8 mm,而流距不可超过 76.2 mm。

7)聚对苯二甲酸丁二醇酯(PBT)

典型的壁厚为 0. 76 ~3. 2 mm。壁厚要求均一,若有厚薄变化的地方,以 2∶1 的锥度渐次由厚的地方过渡至薄的地方。

(6)塑件的支承面与凸台

塑件的支承面应保证其稳定性,不应以塑件的整个底面作为支承面,因为塑件稍许翘曲或变形将会使底面不平。塑件通常采用的支承形式是几个凸起的脚底或凸边,如图 1-5 所示。

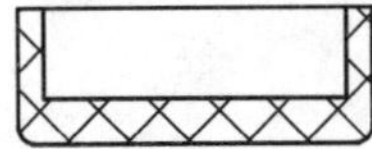 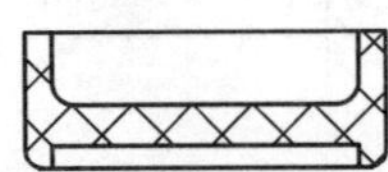 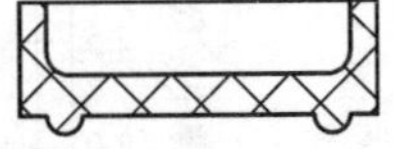

图 1-5　塑件的支承面

凸台是塑件上突出的锥台或支承块,可用于装配产品、支承塑件,空心凸台可以用来嵌入其他零件等。凸台尽量不要单独使用,应与加强肋一同使用,可加强凸台的强度及使熔料流动更顺畅。凸台设计可参考表 1-10 中的实例。

表 1-10　支承面凸台的设计实例

不良	良	不良	良
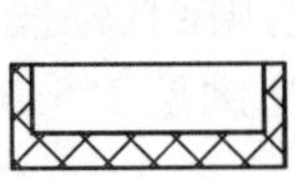	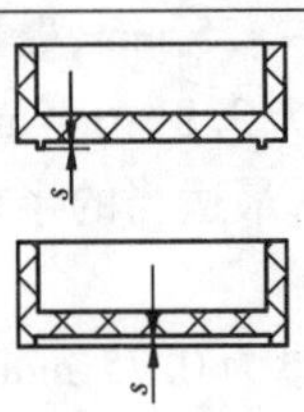 s s	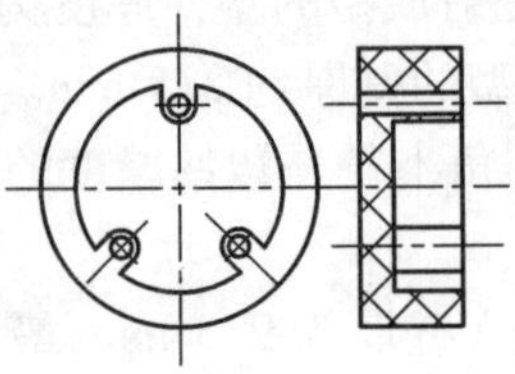	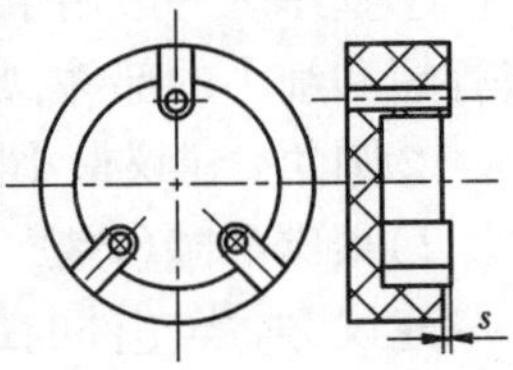 s

续表

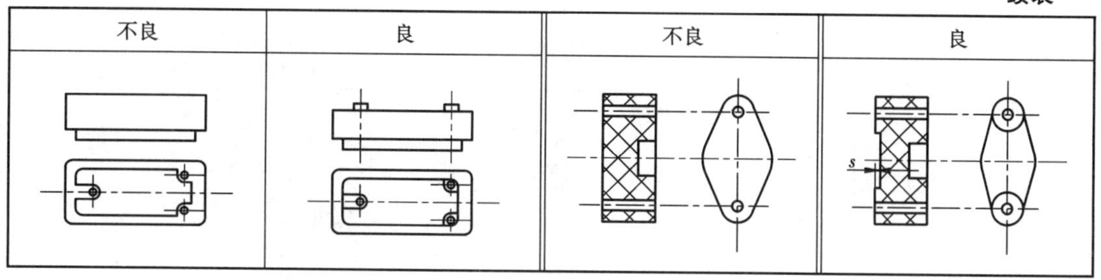

注：支承面凸台 s 取 0.3 ~ 0.5 mm。

设计凸台时应遵循以下原则：

①凸台应尽可能设置在塑件边角处；

②应有足够的脱模斜度；

③侧面应设有角撑，以分散负荷压应力；

④凸台与基面接合处应采用圆弧过渡；

⑤凸台直径至少应为孔径的两倍；

⑥凸台高度一般不应超过凸台外径的两倍；

⑦凸台壁厚不应超过基面壁厚的 3/4，以 1/2 为好。

(7)孔

塑件上常见的孔有通孔、盲孔、异型孔（形状复杂的孔）和螺纹孔等。这些孔均应设置在不削弱塑件强度的地方，孔与孔之间、孔与边壁之间应留有足够的距离。热固性塑料两孔之间、孔与边壁之间的间距与孔径的关系见表 1-11，当两孔直径不一样时，按尺寸小的孔径取值。热塑性塑料两孔之间、孔与边壁之间的间距与孔径的关系可按表 1-11 中所列数值的 75% 确定。塑件上固定用的孔和其他受力孔的周围可设计凸边或凸台来加强，如图 1-6 所示。

表 1-11　热固性塑料孔间距、孔边距与孔径的关系

mm

孔径	~1.5	>1.5 ~ 3	>3 ~ 6	>6 ~ 10	>10 ~ 18	>18 ~ 30
孔间距、孔边距	1 ~ 1.5	>1.5 ~ 2	>2 ~ 3	>3 ~ 4	>4 ~ 5	>5 ~ 7

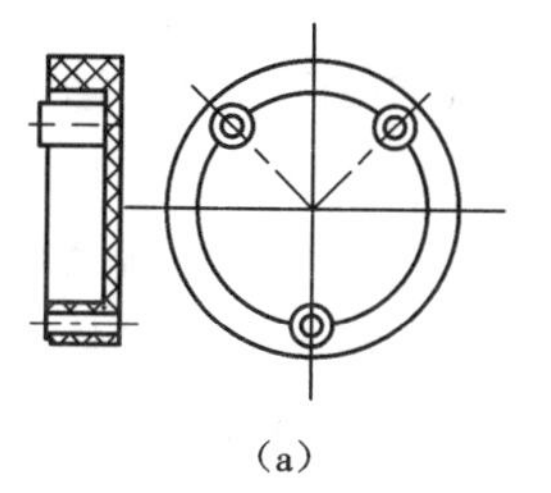

(a)

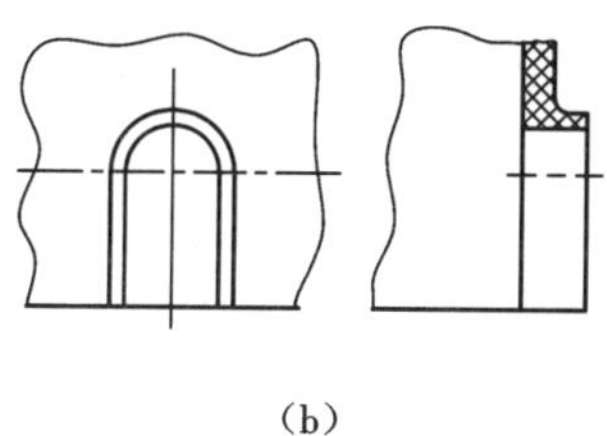

(b)

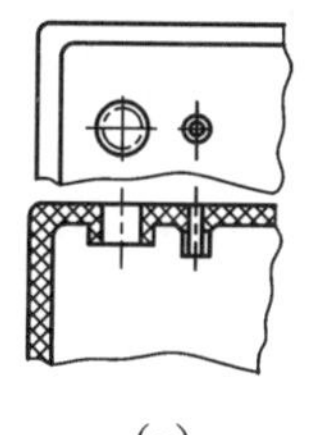

(c)

图 1-6　孔的加强

①通孔。成型通孔的型芯一般有以下几种安装方法，如图 1-7 所示。

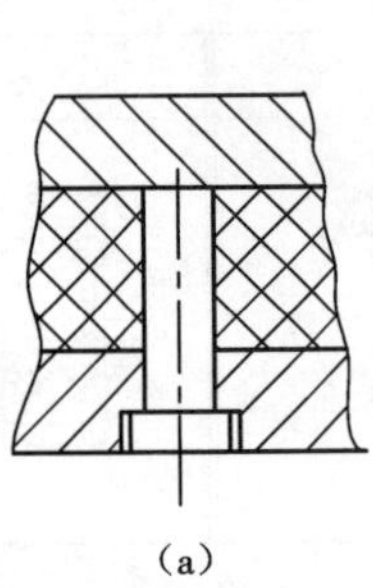

(a)

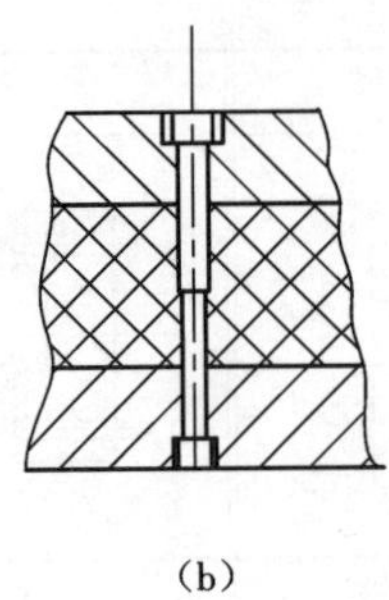

(b)

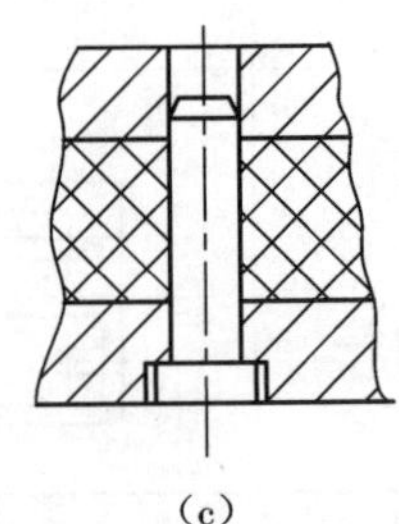

(c)

图 1-7　通孔的成型方法

如图 1-7(a)所示,型芯一端固定,这种方法简单,但会出现不易修整的横向飞边,且当孔较深或孔径较小时型芯易弯曲。

图 1-7(b)中用一端固定的两个型芯来成型,且一个型芯径向尺寸比另一个大 0.5 ~ 1 mm,这样即使两个型芯稍有不同心,也不会引起安装和使用上的困难,其特点是型芯长度缩短一半,稳定性增加。这种成型方式适用于孔较深,且孔径要求不高的场合。

图 1-7(c)中型芯一端固定,一端导向支承,这种方法使型芯具有较好的强度和刚度,较为常用,但如导向部分因导向误差发生磨损,会产生圆周纵向溢料。

成型通孔的型芯不论用什么方法固定,孔深均不能太大,否则型芯易弯曲。压缩成型时尤应注意,通孔深度应不超过孔径的 3.75 倍。

②盲孔。盲孔只能用一端固定的型芯来成型,因此其深度应浅于通孔。根据经验,注射成型或压注成型时,孔深应不超过直径的 4 倍。压缩成型时,孔深应浅些,平行于压制方向的孔一般不超过直径的 2.5 倍,垂直于压制方向的孔一般不超过直径的 2 倍。直径小于 1.5 mm 的孔或深度太大(大于以上值)的孔最好用成型后再机械加工的方法获得。如果成型时在钻孔位置压出定位浅孔,会给后加工带来很大方便。

③异型孔。当塑件的孔为异型孔(斜度孔或复杂形状孔)时,常常采用型芯拼合的方法来成型,这样可避免侧向抽芯,如图 1-8 所示为几个典型例子。

任务三　注射成型原理及设备

一、注射成型原理

注射成型原理如图 1-9 所示(以螺杆式注射机为例)。加入到料斗中的颗粒状或粉状的塑料被送至外侧安装电加热圈的料筒中塑化。螺杆 7 每次前进注射结束后,螺杆在料筒前端原地转动,被加热预塑的塑料在转动着的螺杆作用下通过其螺旋槽输送至料筒前端的喷嘴附近,螺杆的转动使塑料进一步塑化,料温在剪切摩擦热的作用下进一步提高并得以均匀化。当料筒前端的熔料堆积对螺杆产生一定的压力时(称为螺杆的背压),螺杆就在转动中后退,直至与调整好的行程开关接触,具有模具一次注射量的塑料预塑和储料(即料筒前部熔融塑料的储量)结束。接着注射液压缸开始工作,与液压缸活塞相连接的螺杆以一定的速度和压力将熔料通过料筒前端的喷嘴注入温度较低的闭合模具型腔中,保压一定时间,熔融塑料冷却固化即可保持模具型腔所赋予的形状和尺寸。开合模机构将模具打开,在推出

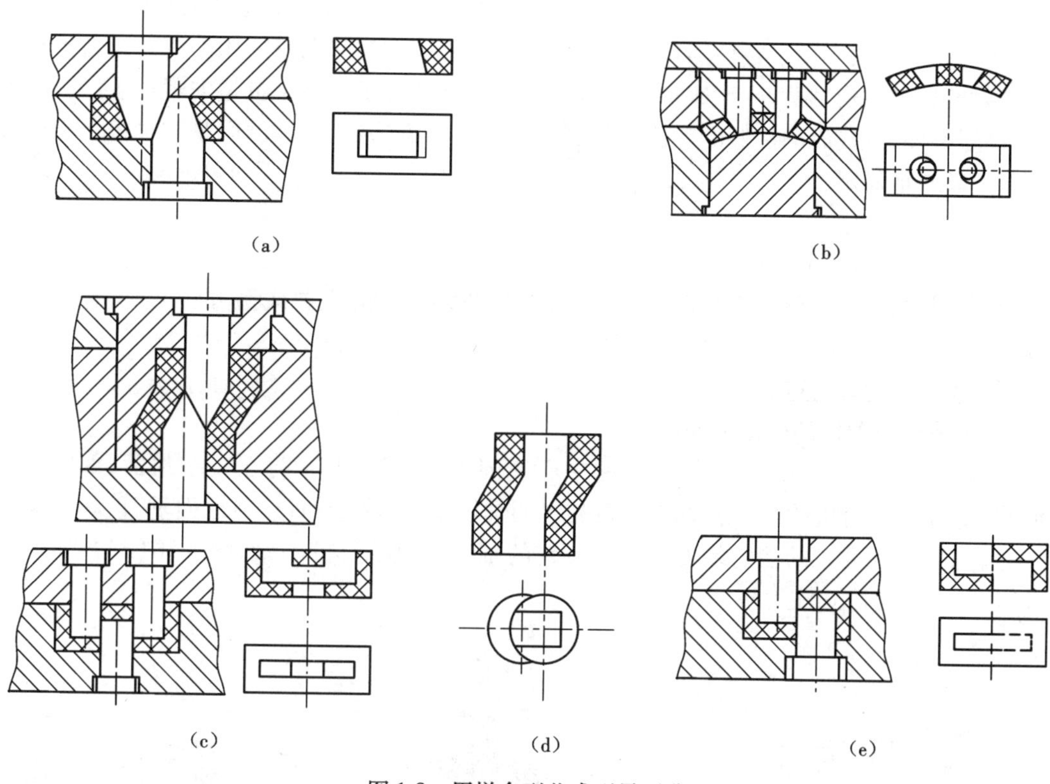

图 1-8　用拼合型芯成型异型孔

机构的作用下,即可取出注射成型的塑料制件。

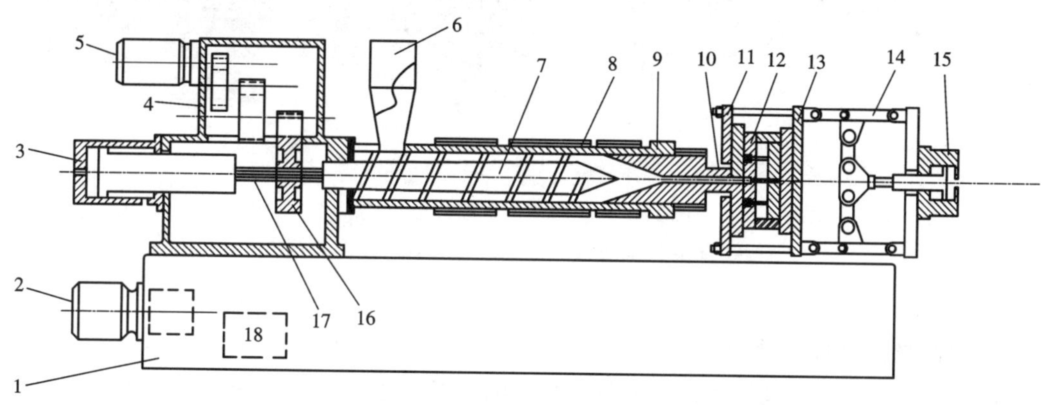

图 1-9　螺杆式注射机

1—机座;2—电动机及油泵;3—注射油箱;4—齿轮箱;5—齿轮传动电动机;
6—料斗;7—螺杆;8—加热器;9—料筒;10—喷嘴;11—定模板;
12—模具;13—动模板;14—锁模机构;15—锁模用(副)油缸;
16—螺杆传动齿轮;17—螺杆花键槽;18—油箱

注射成型是热塑性塑料成型的一种重要方法,它具有成型周期短,能一次成型形状复杂、尺寸精度高、带有金属或非金属嵌件的塑料制件。注射成型的生产率高,易实现自动化生产。到目前为止，除氟塑料以外，几乎所有的热塑性塑料都可以用注射成型的方法成型，因此注射成型广泛应用于各种塑料制件的生产。注射成型的缺点是所用的注射设备价格较高，注射模具的结构复杂，生产成本高，生产周期长，不适合于单件小批量的塑件生产。除了热塑性塑料外，一些流动性好的热固性塑料也可用注射方法成型，其原因是这种方法生产效率高，产品质量稳定。

二、注射成型设备

注射成型是将热塑性或热固性塑料制成各种塑料制件的主要成型方法之一，它是在注射成型机上实现这个生产过程的，注射成型机是注射成型的主要设备。

（一）注射成型机的基本分类

1. 按注射成型机的外形分类

卧式注射机的中心线与合模总成的中心线同心或一致，并平行于安装地面，如图 1-10(a)所示；立式注射机的合模装置与注射装置的轴线呈一线排列而且与地面垂直，如图 1-10(b)所示；角式注射机的注射装置和合模装置的轴线互成垂直排列，如图 1-10(c)所示。其中应用较多的是卧式注射机。

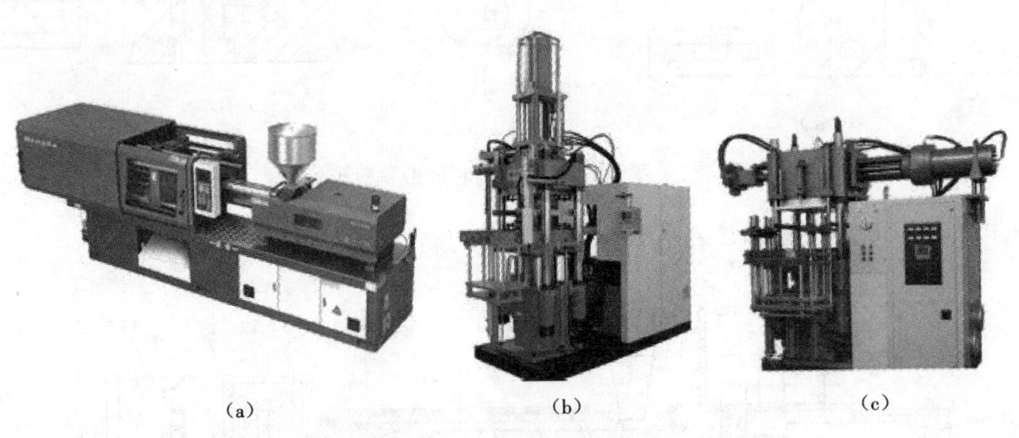

(a)　　(b)　　(c)

图 1-10　注射成型机按外形分类

(a)卧式注射成型机；(b)立式注射成型机；(c)角式注射成型机

2. 按注射、塑化方式分类

(1)柱塞式注射成型机

这类注射成型机通过柱塞依次将落入料筒的颗粒状塑料推向料筒前端的塑化室，依靠料筒外加热器提供的热量使塑料塑化，然后呈熔融状态的树脂被柱塞注射到模具型腔中成型。这是早期的注射成型机类型，现在已经很少见。

(2)螺杆式注射成型机

这类注射成型机和柱塞式注射成型机的工作原理基本相同，只是树脂的熔融塑化由螺杆和料筒共同完成，而注射过程则完全由螺杆实现，螺杆取代了柱塞。这是目前最常用的注射成型机类型，使用非常广泛。

(3)螺杆柱塞式注射成型机

这类注射成型机有两料筒，一个料筒中用的是螺杆，另一个用的是活塞。树脂的熔融塑化靠螺杆实现,塑化好的塑料通过一个止回阀进入第二个料筒,熔融的树脂在第二个料筒中的柱塞作用下被注射到模具的型腔中。这种类型的注射成型机在生产中非常少见,几乎只有在教科书中才能看到。

3. 按驱动方式分类

(1)液压注射成型机

这类注射成型机靠液压油的流动、压力驱动注射、合模等装置运行。这种注射成型机的造价比较低,容易产生很大的合模力,是现在常见的注射成型机类型,主要用于大塑料件或是精度要求不高的小塑料件的注射成型生产,如电视机外壳等。

(2)电动注射成型机

这类注射成型机主要靠伺服马达驱动注射、合模等装置运行。这种注射成型机相对于液压式具有精度高、能耗低、污染少、噪声小等优点,但是它的造价也相对比较高。它比较适合精密件的注射成型生产,如手机外壳等。

(二)注射成型机的工作过程

塑件的注塑成型工艺过程主要包括填充、保压、冷却、脱模等4个阶段,这4个阶段直接决定着制品的成型质量,而且这4个阶段是一个完整的连续过程。

1. 填充阶段

填充是整个注塑循环过程中的第一步,时间从模具闭合开始注塑算起,到模具型腔填充到大约95%为止。理论上,填充时间越短,成型效率越高,但是实际中,成型时间或者注塑速度要受到很多条件的制约。

(1)高速填充

高速填充时剪切率较高,塑料由于剪切变稀的作用而存在黏度下降的情形,使整体流动阻力降低;局部的黏滞加热影响也会使固化层厚度变薄。因此,在流动控制阶段,填充行为往往取决于待填充的体积大小。即在流动控制阶段,由于高速填充,熔体的剪切变稀效果往往很大,而薄壁的冷却作用并不明显,于是速度的效用占了上风。

(2)低速填充

热传导控制低速填充时,剪切率较低,局部黏度较高,流动阻力较大。由于热塑料补充速率较慢,流动较为缓慢,使热传导效应较为明显,热量迅速被冷模壁带走。加上较少量的黏滞加热现象,固化层厚度较厚,又进一步增加壁部较薄处的流动阻力。

由于喷泉流动的原因,在流动波前面的塑料高分子链排向几乎平行于流动波前。因此两股塑料熔胶在交汇时,接触面的高分子链互相平行;加上两股熔胶性质各异(在模腔中滞留时间不同,温度、压力也不同),造成熔胶交汇区域在微观上结构强度较差。在光线下将零件摆放适当的角度用肉眼观察,可以发现有明显的接合线产生,这就是熔接痕的形成机理。熔接痕不仅影响塑件外观,同时由于微观结构的松散,易造成应力集中,从而使得该部分的强度降低而发生断裂。

一般而言,在高温区产生熔接的熔接痕强度较好,因为高温情形下,高分子链活动性较好,可以互相穿透缠绕,此外高温度区域两股熔体的温度较为接近,熔体的热性质几乎相同,增加了熔接区域的强度;反之在低温区域,熔接痕强度较差。

2. 保压阶段

保压阶段的作用是持续施加压力,压实熔体,增加塑料密度(增密),以补偿塑料的收缩

行为。在保压过程中，由于模腔中已经填满塑料，背压较高，所以在保压压实过程中，注塑机螺杆仅能慢慢地向前作微小移动，塑料的流动速度也较为缓慢，这时的流动称作保压流动。由于在保压阶段，塑料受模壁冷却固化加快，熔体黏度增加也很快，因此模具型腔内的阻力很大。在保压的后期，材料密度持续增大，塑件也逐渐成型，保压阶段要一直持续到浇口固化封口为止，此时保压阶段的模腔压力达到最高值。

在保压阶段，由于压力相当高，塑料呈现部分可压缩特性。在压力较高区域，塑料较为密实，密度较高；在压力较低区域，塑料较为疏松，密度较低，因此造成密度分布随位置及时间发生变化。保压过程中塑料流速极低，流动不再起主导作用，而压力是影响保压过程的主要因素。保压过程中塑料已经充满模腔，此时逐渐固化的熔体作为传递压力的介质。模腔中的压力借助塑料传递至模壁表面，有撑开模具的趋势，因此需要适当的锁模力进行锁模。胀模力在正常情形下会微微将模具撑开，对于模具的排气具有帮助作用；但若胀模力过大，易造成成型品毛边、溢料，甚至撑开模具。因此，在选择注塑机时，应选择具有足够大锁模力的注塑机，以防止胀模现象发生并能有效进行保压。

3. 冷却阶段

在注塑成型模具中，冷却系统的设计非常重要。这是因为成型塑料制品只有冷却固化到一定刚性，脱模后才能避免塑料制品因受到外力而产生变形。由于冷却时间占整个成型周期70%～80%，因此设计良好的冷却系统可以大幅缩短成型时间，提高注塑生产率，降低成本。设计不当的冷却系统会使成型时间拉长，增加成本；冷却不均匀更会进一步造成塑料制品的翘曲变形。

根据实验，由熔体进入模具的热量大体分两部分散发，有5%经辐射、对流传递到大气中，其余95%从熔体传导到模具。塑料制品在模具中由于冷却水管的作用，热量由模腔中的塑料通过热传导经模架传至冷却水管，再通过热对流被冷却液带走。少数未被冷却水带走的热量则继续在模具中传导，至接触外界后散逸于空气中。

注塑成型的成型周期由合模时间、充填时间、保压时间、冷却时间及脱模时间组成。其中以冷却时间所占比例最大，为70%～80%。因此，冷却时间将直接影响塑料制品成型周期的长短及产量大小。脱模阶段塑料制品温度应冷却至低于塑料制品的热变形温度，以防止塑料制品因残余应力导致的松弛现象或脱模外力所造成的翘曲及变形。

影响制品冷却速率的因素有以下几个方面。

(1)塑料制品设计方面

主要影响因素是塑料制品壁厚。制品厚度越大，冷却时间越长。一般而言，冷却时间约与塑料制品厚度的平方成正比，或是与最大流道直径的1.6次方成正比。即塑料制品厚度加1倍，冷却时间增加4倍。

(2)模具材料及其冷却方式

模具材料，包括模具型芯、型腔材料以及模架材料对冷却速度的影响很大。模具材料热传导系数越高，单位时间内将热量从塑料传递出来的效果越佳，冷却时间也越短。

(3)冷却水管配置方式

冷却水管越靠近模腔、管径越大、数目越多，冷却效果越佳，冷却时间越短。

(4)冷却液流量

冷却液流量越大(一般以达到紊流为佳)，冷却液以热对流方式带走热量的效果越好。

(5)冷却液的性质

冷却液的黏度及热传导系数也会影响到模具的热传导效果。冷却液黏度越低，热传导系数越高，温度越低，冷却效果越佳。

(6)塑料的种类

不同塑料将热量从热的地方向冷的地方传导速度不同。塑料热传导系数越高，代表热传导效果越佳，或是塑料比热容低，温度容易发生变化，因此热量容易散逸，热传导效果较佳，所需冷却时间较短。

(7)加工参数设定

料温越高、模温越高、顶出温度越低，所需冷却时间越长。

4. 脱模阶段

脱模是一个注塑成型循环中的最后一个环节。虽然制品已经冷固成型，但脱模还是对制品的质量有很重要的影响，脱模方式不当，可能会导致产品在脱模时受力不均，顶出时引起产品变形等缺陷。脱模的方式主要有两种：顶杆脱模和脱料板脱模。设计模具时要根据产品的结构特点选择合适的脱模方式，以保证产品质量。

对于选用顶杆脱模的模具，顶杆的设置应尽量均匀，并且位置应选在脱模阻力最大以及塑件强度和刚度最大的地方，以免塑件变形损坏。

脱料板一般用于深腔薄壁容器以及不允许有推杆痕迹的透明制品的脱模，这种机构的特点是脱模力大且均匀，运动平稳，无明显的遗留痕迹。

(三)注射成型机的辅助设备

1. 树脂干燥机

树脂在使用前的存放过程中，难免会吸收一些水分，而这些水分会对注射成型制品的质量产生不良影响，因此在使用前，必须对其进行干燥。通常采用加温干燥的方法，并附以离心、吸湿等办法。

2. 自动上料机

为了实现自动化生产，通常采用自动将树脂加入注射成型机的方法，自动上料机的作用就在于此。自动上料机有一个监测装置观察料斗中的树脂情况，当发现料斗中的树脂不足时，就自动启动上料操作，通过空气流动，将树脂带入到料斗中。

3. 模温控制器

该设备作用是控制模具的温度在一定的范围内，避免由于模具温度过低而引起制品不良，或是由于频繁注射，导致模具温度过高。

4. 机械手

机械手是将成型后的制品从模具中取出的设备，是实现自动化生产的一个必要设备。

三、注塑模与注塑机的关系

设计注塑模时，必须了解模具与注塑机的基本关系，模具设计必须针对具体的注塑机。具体地说，应从如下几方面考虑。

1. 注塑量的校核

注塑能力是指在一个成型周期中，注塑机对给定塑料的最大注塑容量或质量。柱塞式注塑机的注塑能力是以一次性注塑聚苯乙烯塑料的最大质量为准的。在注塑聚苯乙烯时，

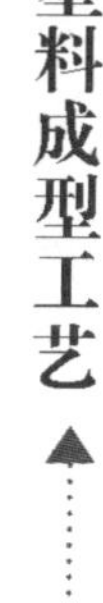

塑料的总质量与浇注系统的塑料质量之和一般不超过注塑机注塑能力的80%。当注塑其他塑料时,注塑机的最大注塑质量应按下式换算:

$$m_{max}=m_b\frac{\rho}{\rho_b} \tag{1-2}$$

式中 m_{max}——注塑机注塑其他塑料的最大质量,g;

m_b——注塑机规定的最大注塑质量,g;

ρ——注塑塑料在常温下的密度,g/cm^3;

ρ_b——聚苯乙烯在常温下的密度,g/cm^3。

例如,密度为0.905 g/cm^3 的聚丙烯,用最大注塑质量为120 g的注塑机注塑时,聚丙烯的最大注塑质量 $m_{max}=120\times\frac{0.905}{1.05}$ g $=103$ g。

螺杆式注塑机的注塑能力是用螺杆在料筒内最大的推进容积来表示。因此就是该容积的熔融塑料在料筒内的温度和压力下的质量,故最大注塑质量为

$$m_{max}=\rho V_b \tag{1-3}$$

式中 V_b——注塑机规定的注塑容积,cm^3;

ρ——在料筒温度和压力下熔融塑料的密度,g/cm^3。

对于热敏性塑料,还应注意它的最小注塑质量,一般不应小于注塑机规定注塑能力的20%。因为注塑量太小,塑料长时间处于高温下会引起分解,使塑料的表面质量和性能下降。

2. 锁模力的校核

锁模力就是在成型过程中,为保证动、定模相互紧密闭合而需施加在模具上的力。当熔融塑料充满型腔时,分型面上会产生很大的力,使模具沿分型面胀开,此力等于塑件和浇注系统在分型面上的总投影面积与型腔内塑料单位压力的乘积。此力只有小于注塑机的额定锁模力才能保证锁模可靠,防止溢边跑料现象。型腔内塑料的单位压力可按下式计算:

$$q=pk \tag{1-4}$$

式中 q——型腔内塑料的单位压力,MPa;

p——料筒内注塑机柱塞或螺杆施于塑料的单位压力,MPa;

k——损耗系数,其值在1/3~2/3内选取,螺杆式注塑机的 k 值比柱塞式的大,直通式喷嘴注塑的 k 值比弹簧喷嘴的大。

当采取一般塑料生产中小型塑件时,型腔内的单位压力可取20~40 MPa。当型腔单位压力决定后,按下式校核注塑机的额定锁模力:

$$F_s\geqslant qA/1\,000 \tag{1-5}$$

式中 F_s——注塑机的额定锁模力,kN;

A——塑件与浇注系统在分型面上的总投影面积,m^2。

3. 最大注塑压力的校核

选用注塑机的压力必须大于或等于成型时所需的压力,即

$$F_z>F_c$$

式中 F_z—— 所选注塑机的额定注塑压力,MPa;

F_c——成型所需的注塑压力,MPa。

成型所需的注塑压力很难确定，因为它与塑料的种类、塑件的形状和尺寸、注塑条件、注塑机的喷嘴及模具浇注系统等有关。一般的成型注塑压力常在 70 ~ 150 MPa 范围内选取。

4. 注塑机安装模具部分尺寸校核

为了使注塑模具能顺利地安装在注塑机上并生产出合格的塑件，在设计模具时必须校核注塑机与模具安装的有关尺寸。设计模具时，一般应校核的部分包括喷嘴尺寸、定位圈尺寸、模具的最大和最小厚度及模板上的安装螺孔尺寸等。

(1)喷嘴尺寸

注塑机喷嘴前端孔径 d 和球面半径 r 与模具主流道衬套的小端直径 D 和球面半径 R 一般满足下列关系(见图 1-11(a))：

$$R = r + (1 \sim 2)\,\mathrm{mm}$$
$$D = d + (0.5 \sim 1)\,\mathrm{mm} \tag{1-6}$$

满足此条件，可保证注塑成型时在主流道衬套处不形成死角、无熔料积存，并便于主流道凝料的脱模。而图 1-11(b)所示为配合不良的情况。

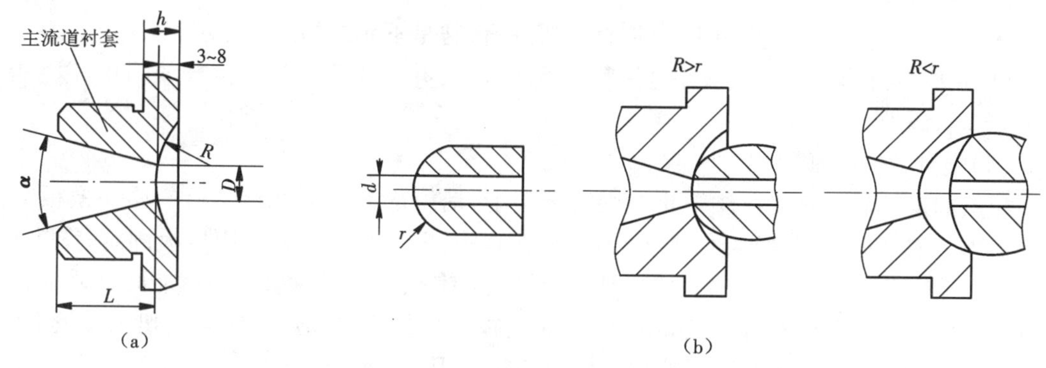

图 1-11 注塑机喷嘴与模架主流道衬套的关系

(2)注塑机固定模板定位孔与模具定位圈(或主流道衬套凸缘)的关系

两者按 H9/f9 配合，以保证模具主流道的轴线与注塑机喷嘴轴线重合，否则将产生溢料并造成流道凝料脱模困难。定位圈的高度 h 的选择标准是：小型模具为 8 ~ 10 mm，大型模具为 10 ~ 15 mm。

(3)模具轮廓尺寸与注塑机装模空间的关系

各种规格的注塑机，可安装模具的最大厚度和最小厚度均有限制(国产机械合模的直角式注塑机的最小厚度无限制)，设计的模具闭合厚度必须在模具最大厚度和最小厚度之间，如图 1-12 所示，即应满足下列关系：

$$H_{max} = H_{min} + l$$
$$H_{min} \leqslant H \leqslant H_{max} \tag{1-7}$$

式中 H——模具闭合厚度；

H_{min}——注塑机允许的模具最小厚度；

H_{max}——注塑机允许的模具最大厚度；

l——注塑机调节螺母可调长度。

若 $H < H_{min}$，可采用垫板来调节，以使模具闭合。若 $H > H_{max}$，则模具无法闭合，尤其是

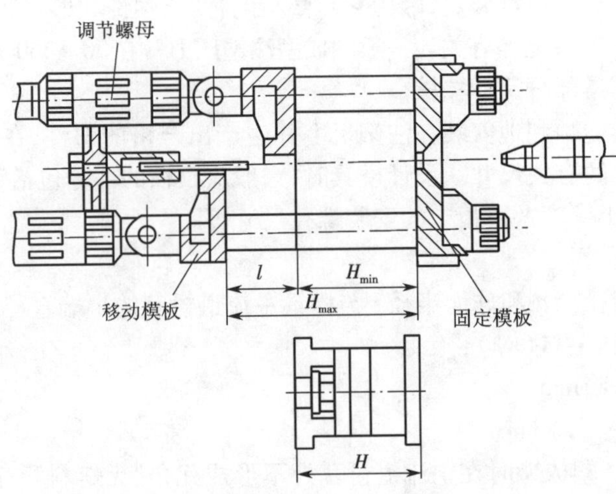

图 1-12　模具闭合厚度与注塑机装模空间的关系

以液压肘杆式机构合模的注塑机,其肘杆无法撑直,这是不允许的。

同时,模具外形尺寸不应该超过注塑机模板尺寸,并应小于注塑机拉杆的间距,以便模具的安装与调整。

(4)模具的安装紧固

模具的定模部分安装在注塑机的固定模板上,动模部分安装在注塑机的移动模板上。模具的安装固定形式有两种,如图 1-13 所示。其中,图 1-13(a)表示用压板固定,图 1-13(b)表示用螺钉直接固定,这时只要模具座板附近有螺孔(注塑机模板上)就能固定,因而有较大的灵活性。当采用螺钉直接固定时,模具座板上孔的位置和尺寸应与注塑机模板上的安装螺孔完全吻合。螺钉和压板的数目为动、定模各用 2 ~4 个。

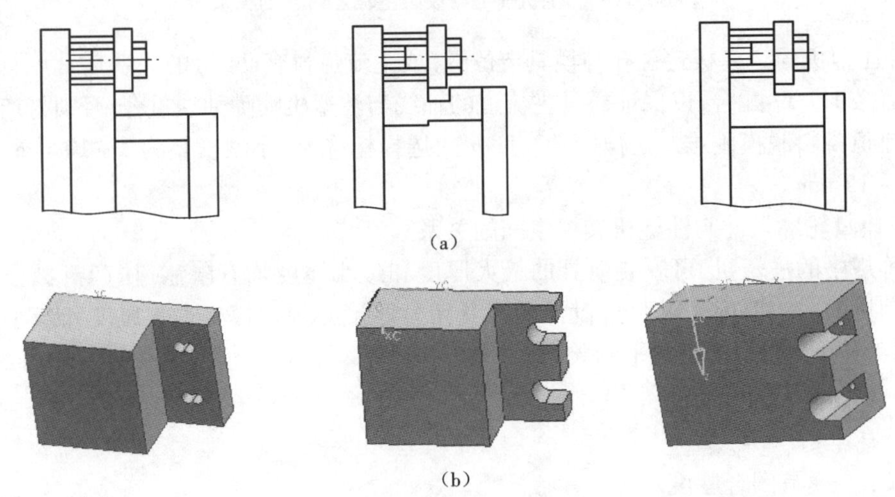

图 1-13　压板和螺钉固定模具的形式

5. 开模行程的校核

开模行程就是分模后,取出塑件时,主、分流道凝料所需的距离。

(1)注塑机开模行程与模厚无关时的校核

主要是对采用液压、机械联合作用合模机构的注塑机的校核。

①单分型面模具(见图1-14)开模行程按下式校核:

$$s \geqslant H_1 + H_2 + (5 \sim 10)\text{mm} \tag{1-8}$$

式中 s——注塑机的开模行程,mm;

H_1——脱模时塑件移动距离,mm;

H_2——浇注系统和塑件的总高度,mm。

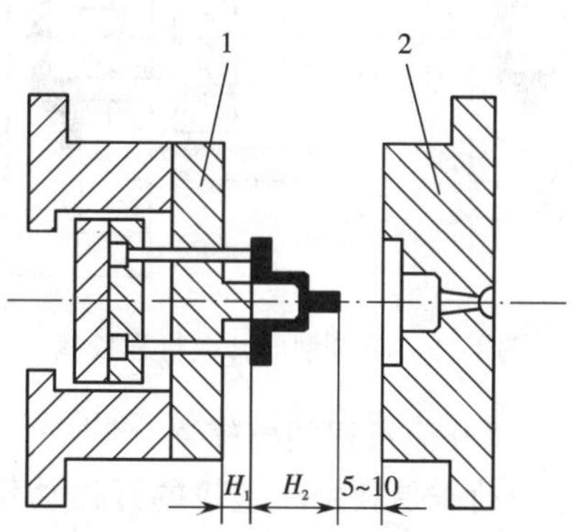

图1-14 单分型面开模行程校核

1—动模;2—定模

②双分型面模具(见图1-15)开模行程按下式校核:

$$s \geqslant H_1 + H_2 + a + (5 \sim 10)\text{mm} \tag{1-9}$$

式中 s——注塑机的开模行程,mm;

a——取出浇注系统凝料所需的距离,mm。

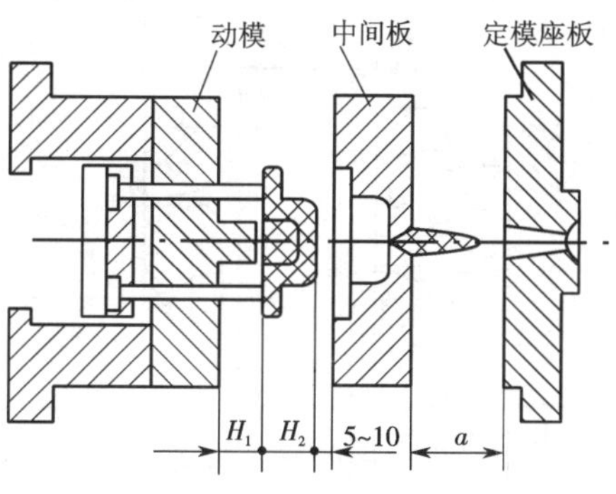

图1-15 双分型面开模行程校核

(2)注塑机开模行程与模具厚度有关时的校核

主要是对角式注塑机的校核,它的开模行程等于注塑机的最大开距 s_k 减去模具闭合高度。

①单分型面模具(见图1-16)开模行程按下式校核:

$$s = s_k - H_m \geqslant H_1 + H_2 + (5 \sim 10)\text{mm} \tag{1-10}$$

式中 s_k——注塑机的最大开距,mm;

H_m——模具的闭合高度,mm。

②双分型面模具开模行程按下式校核:

$$s = s_k - H_m \geqslant H_1 + H_2 + a + (5 \sim 10)\text{mm} \tag{1-11}$$

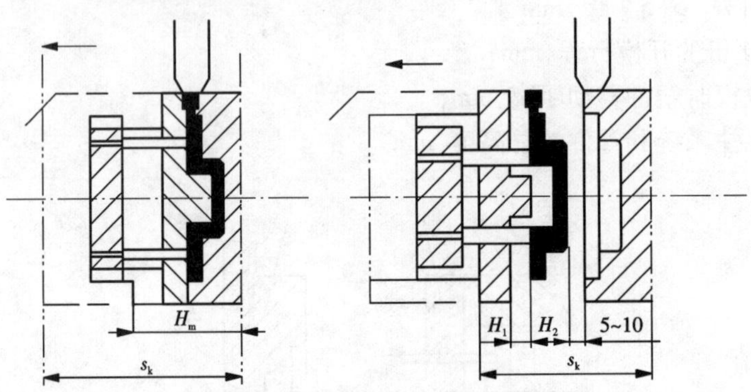

图 1-16　单分型面开模行程校核

(3)侧向分型或侧向抽芯模具开模行程的校核

模具侧向分型或侧向抽芯的动作是利用注塑机的开模动作,通过斜销装置或齿轮齿条机构完成的,如图 1-17 所示。开模行程按下式校核:

当 $H_c > H_1 + H_2$ 时,

$$s \geqslant H_c + (5 \sim 10)\text{mm} \tag{1-12}$$

式中　H_c——抽芯距离为 L 时的脱模行程,mm。

当 $H_c \leqslant H_1 + H_2$ 时,

$$s \geqslant H_1 + H_2 + (5 \sim 10)\text{mm} \tag{1-13}$$

应注意的是,斜销装置方式改变后,脱模距的计算应根据具体情况决定。

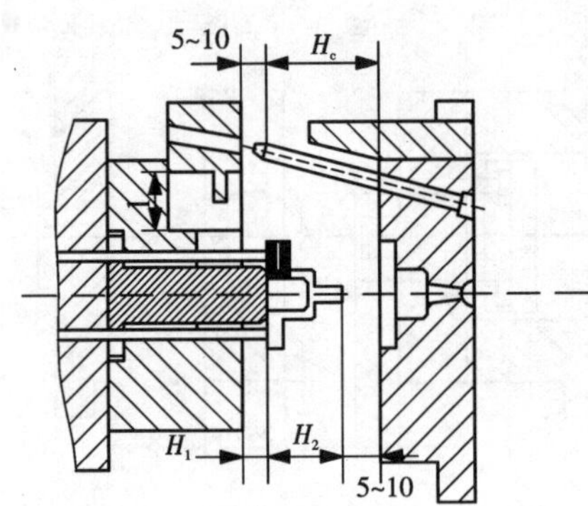

图 1-17　有侧向抽型芯的开模行程校核

(4)有螺纹塑件的模具开模行程的校核

注塑有螺纹塑件的模具,有时是通过专用机构将脱模的往复运动转变为旋转运动,旋出螺纹型芯或螺纹型环的。校核脱模距时,应考虑旋出螺纹型环需要多大的距离,再综合考虑塑件的厚度、脱模时塑件移动距离等因素进行校核。如在 SYS－45 角式注塑机中注塑有螺纹的塑件时,注塑机的螺杆一面带动开模,一面带动螺纹型芯或螺纹型环旋出。以螺纹型芯或螺纹型环全部旋出，并能取出塑件所需的脱模距离为注塑机的脱模距。

6. 顶出装置的校核

各种型号注塑机的顶出装置和最大顶出距离不尽相同，设计时应使模具的推出机构与注塑机相适应。通常是根据开合模系统推出装置的推出形式、推杆直径、推杆间距和推出距离等，校核模具内的推杆位置是否合理，推杆推出距离能否达到使塑件脱模的要求。国产注塑机的顶出大致可分为以下几类。

（1）中心顶杆机械顶出装置

如卧式 X5 – Z – 60、立式 SYS – 30 和直角式 SY – 45 注塑机等。

（2）两侧机械式双顶杆顶出装置

属于这种类型的注塑机有 X5 – Z – 30（两顶杆之间距离为 170 mm）和 XS – ZY – 125（两顶杆之间距离为 230 mm）。

（3）中心顶杆液压顶出和两侧机械式顶杆联合作用的顶出装置

用于这种类型的注塑机有 XS – ZY – 250 和 XS – ZY – 500，其中 XS – ZY – 250 两侧顶杆的间距为 280 mm，XS – ZY – 500 两侧顶杆的间距为 530 mm。

（4）中心顶杆液压顶出与开模辅助液压缸联合作用的顶出装置

属于这种顶出形式的是 XS – ZY – 1000 型注塑机。

7. 注塑机性能参数校核与型腔数量的确定

一次注塑只能生产一件塑料产品的模具称为单型腔模具。如果一副模具一次注塑能生产两件或两件以上的塑料产品，则称为多型腔模具。与多型腔模具相比，单型腔模具具有塑料制件的形状和尺寸一致性好、成型的工艺条件容易控制、模具结构简单紧凑、模具制造成本低和制造周期短等特点。但是，在大批量生产的情况下，多型腔模具应是更为合适的形式，它可以提高生产效率，降低塑件的整体成本。

在多型腔模具的实际设计中，一种方法是首先确定注塑机的型号，再根据注塑机的技术参数和塑件的技术经济要求，计算出要选取型腔的数目；另一种方法是先根据生产效率的要求和制件的精度要求确定型腔的数目，然后再选择注塑机或对现有的注塑机进行校核。一般可以按下面几点对型腔的数目进行确定。下面介绍根据注塑机性能参数确定型腔数量的几种方法，这些方法也可用来校核初选的型腔数量能否与注塑机规格相匹配。

（1）按注塑机的额定塑化量进行校核

$$nm + m_1 \leqslant \frac{KMt}{3\,600} \tag{1-14}$$

式中 K——注塑机最大注塑量的利用系数，一般取 0.8；

M——注塑机的额定塑化量，g/h；

t——顶塑时间，s；

m_1——浇注系统所需塑料质量，g；

m——单个塑件的质量，g；

n——型腔的数量。

M、m_1、m 也可以为注塑机额定塑化体积（cm^3/h）、浇注系统所需塑料体积（cm^3）、单个塑件的体积（cm^3）。

（2）按注塑机的额定锁模力进行校核

$$p(nA+A_1)\leqslant F_p \tag{1-15}$$

式中　F_p——注塑机的额定锁模力,N;

A——单个塑件在模具分型面上的投影面积,mm^2;

A_1——浇注系统在模具分型面上的投影面积,mm^2;

p——塑料熔体对型腔的成型压力,其大小一般是注塑压力的80%,MPa。

按上述方法确定或校核型腔数量时,还需要考虑成型塑件的尺寸精度、生产的经济性及注塑机安装模板的大小。一般来说,型腔数量越多,塑件的精度越低(经验认为,每增加一个型腔,塑件的尺寸精度便降低4%~8%),模具的制造成本也越高,但生产率会显著增加。

四、注射成型工艺参数

正确的注射成型工艺可以保证塑料熔体良好塑化,顺利充模、冷却与定型,从而生产出合格的塑料制件。温度、压力和时间是影响注射成型工艺的重要参数。

1. 温度

注射成型过程需控制的温度有料筒温度、喷嘴温度和模具温度等,其中前两种温度主要控制塑料的塑化和流动,后一种温度主要影响塑料的流动和冷却定型。

(1)料筒温度

料筒温度的选择与诸多因素有关。凡是平均相对分子质量偏高、分布较窄的塑料,玻璃纤维增强塑料,采用柱塞式塑化装置的塑料和注射压力较低、塑件壁厚较小的,都应选择较高的料筒温度;反之,则选择较低的料筒温度。每一种塑料都有不同的黏流态温度θ_f(对结晶态塑料即为θ_m)。为了保证塑料熔体的正常流动,不使熔料产生变质分解,料筒最合适的温度应在黏流态温度θ_f和热分解温度θ_d之间。

料筒温度的分布一般应遵循前高后低的原则,即料筒的后端温度最低,喷嘴处的前端温度最高。料筒后段温度应比中段、前段温度低5~10 ℃。对于含水量偏高的塑料,也可使料筒后段温度偏高一些;对于螺杆式料筒,为防止由于螺杆与熔料、熔料与熔料、熔料与料筒之间的剪切摩擦热而导致塑料热降解,可使料筒前段温度略低于中段。

螺杆式和柱塞式注射机由于其塑化过程不同,因而选择的料筒温度也不同。在注射同一种塑料时,螺杆式料筒温度可比柱塞式料筒温度低10~20 ℃。

为了避免熔料在料筒里过热降解,除必须严格控制熔体的最高温度外,还必须控制熔料在料筒里的滞留时间。通常,提高料筒温度以后,都要适当缩短熔体在料筒里的滞留时间。

判断料筒温度是否合适,可采用对空注射法观察或直接观察塑件质量的好坏。对空注射时,如果料流均匀、光滑、无泡、色阵均匀,则说明料温合适;如果料流毛糙、有银丝或变色现象,则说明料温不合适。

(2)喷嘴温度

喷嘴温度一般略低于料筒的最高温度,目的是防止熔料在喷嘴处产生流延现象;喷嘴温度也不能太低,否则会使熔体产生早凝,其结果不是堵塞喷嘴孔,就是将冷料充入模具型腔,最终导致成品缺陷。

(3)模具温度

模具温度直接影响熔体的充模流动能力、塑件的冷却速度和成型后的塑件性能等。模具温度的高低取决于塑料是否结晶和结晶程度、塑件的结构和尺寸、性能要求和其他工艺条件(熔料温度、注射速度、注射压力和模塑周期等)。

提高模具温度可以改善熔体在模具型腔内的流动性,增加塑件的密度和结晶度,减小充模压力和塑件中的内应力,但塑件的冷却时间会延长,收缩率和脱模后塑件的翘曲变形会增加,生产率也会因此下降。降低模具温度,能缩短冷却时间、提高生产率,但在温度过低的情况下,熔体在模具型腔内的流动性能会变差,使塑件产生较大的应力和明显的熔接痕等缺陷。此外,较高的模具温度对降低塑件的表面结构参数值有一定的好处。

模具温度通常是由通入定温的冷却介质来控制的,也有靠熔料注入模具自然升温和自然散热达到平衡的方式来保持一定温度的。在特殊情况下,也可用电阻加热丝和电阻加热棒对模具加热来保持模具的定温。但不管采用什么方法对模具保持定温,对塑料熔体来说,都是冷却的过程,其保持的定温都低于塑料的玻璃化温度或工业上常用的热变形温度,这样才能使塑料成型和脱模。

为了改变聚碳酸酯、聚砜和聚苯醚等高黏度塑料的流动和充模性能,并力求使它们获得致密的组织结构,需要采用较高的模具温度;反之,对于黏度较小的聚乙烯、聚丙烯、聚氯乙烯、聚苯乙烯和聚酰胺等塑料,可采用较低的模温,这样可缩短冷却时间,提高生产效率。

对于壁厚大的制件,因充模和冷却时间较长,若温度过低很容易使塑件内部产生真空泡和较大的应力,所以不宜采用较低的模具温度。

为了缩短成型周期,确定模具温度时可采用两种方法。一种方法是把模具温度取得尽可能低,以加快冷却速度、缩短冷却时间。另一种方法则需要模温保持在比热变形温度稍低的状态下,以求在比较高的温度下将塑件脱模,然后由其自然冷却,这样做也可以缩短塑件在模内的冷却时间。具体采用何种方法,需要根据塑料品种和塑件的复杂程度确定。

2. 压力

注射模塑过程中的压力包括塑化压力和注射压力两种,它们直接影响塑料的塑化和塑件质量。

(1)塑化压力

塑化压力又称背压,是指采用螺杆式注射机时,螺杆头部熔料在螺杆转动后退时所受到的压力。这种压力的大小是可以通过液压系统中的溢流阀来调整的。注射中,塑化压力的大小是随螺杆的设计、塑件质量的要求以及塑料的种类等不同而确定的。如果这些情况和螺杆的转速都不变,则增加塑化压力即会提高熔体的温度,并使熔体的温度均匀、色料混合均匀并排除熔体中的气体。但增加塑化压力,则会降低塑化速率、延长成型周期,甚至可能导致塑料的降解。一般操作中,在保证塑件质量的前提下,塑化压力应越低越好,其具体数值随所用塑料的品种而定,一般为 6 MPa 左右,通常很少超过 20 MPa。注射聚甲醛时,较高的塑化压力(也就是较高的熔体温度)会使塑件的表面质量提高,但也可能使塑料变色、塑化速率降低和流动性下降。对聚酰胺来说,塑化压力必须降低,否则塑化速率将很快降低,这是因为螺杆中逆流和漏流增加的缘故。如需增加料温,则应采用提高料筒温度的方法。聚乙烯的热稳定性较高,提高塑化压力不会有降解的危险,这有利于混料和混色,不过塑化速率会随之降低。

(2)注射压力

注射机的注射压力是指柱塞或螺杆头部轴向移动时其头部对塑料熔体所施加的压力。在注射机上常用表压指示注射压力的大小,一般为 40 ~ 130 MPa,压力的大小可通过注射机的控制系统来调整。注射压力的作用是克服塑料熔体从料筒流向型腔的流动阻力，给予熔体一定的充型速率以及对熔体进行压实等。

注射压力的大小取决于注射机的类型、塑料的品种、模具浇注系统的结构、尺寸与表面结构、模具温度、塑件的壁厚及流程的大小等，关系十分复杂，目前难以作出具有定量关系的结论。在其他条件相同的情况下，柱塞式注射机作用的注射压力应比螺杆式注射机作用的注射压力大，其原因在于塑料在柱塞式注射机料筒内的压力损耗比螺杆式注射机大。塑料流动阻力的另一决定因素是塑料与模具浇注系统及型腔之间的摩擦系数和熔融黏度，摩擦系数和熔融黏度越大，注射压力应越高。同一种塑料的摩擦系数和熔融黏度是随料筒温度和模具温度而变化的，此外还与其是否加有润滑剂有关。

型腔充满后，注射压力的作用在于对模内熔料的压实。在生产中，压实时的压力等于或小于注射时所用的注射压力。如果注射和压实时的压力相等，则往往可以使塑件的收缩率减小，并且它们的尺寸稳定性较好，但这种方法的缺点是会造成脱模时的残余压力过大和成型周期过长。但对结晶型塑料来说，使用这种方法，成型周期不一定增长，因为压实压力大时可以提高塑料的熔点（例如聚甲醛，如果压力加大到 50 MPa，则其熔点可提高 90 ℃），脱模可以提前。

3. 时间（成型周期）

完成一次注射成型过程所需的时间称为成型周期，它包括以下几部分。

- 成型周期
  - 注射时间
    - 充模时间（柱塞或螺杆前进时间）
    - 保压时间（柱塞或螺杆停留在前进位置的时间）
  - 模内冷却时间（柱塞后撤或螺杆转动后退的时间均在其中）
  - 其他时间（指开模、脱模、喷涂脱模剂、安放嵌件和合模时间）

成型周期直接影响到劳动生产率和注射机使用率，因此生产中在保证质量的前提下应尽量缩短成型周期中各个阶段的有关时间。在整个成型周期中，以注射时间和冷却时间最重要，它们对塑件的质量均有决定性影响。注射时间中的充模时间与充模速度成正比。在生产中，充模时间一般为 3 ~ 5 s。注射时间中的保压时间就是对型腔内塑料的压实时间，在整个注射时间内所占的比例较大，一般为 20 ~ 25 s（特厚塑件可高达 5 ~ 10 min）。在熔料冻结浇口之前，保压时间的多少，将对塑件密度和尺寸精度产生影响。保压时间的长短不仅与塑件的结构尺寸有关，而且与料温、模温以及主流道和浇口的大小有关。如果主流道和浇口的尺寸合理、工艺条件正常，通常以塑件收缩率波动范围最小的压实时间为最佳值。

冷却时间主要决定于塑件的厚度、塑料的热性能和结晶性能以及模具温度等。冷却时间的长短应以脱模时塑件不引起变形为原则，冷却时间一般为 30 ~ 120 s。冷却时间过长，不仅延长生产周期，降低生产效率，对复杂塑件还将造成脱模困难。成型周期中的其他时间则与生产过程是否连续化和自动化以及这两化的参与程度有关。

常用塑料的注射成型工艺参数可参考表 1-12。

表 1-12　常用塑料的注射成型工艺参数

项目＼塑料	LFPE	HDPE	乙丙共聚 PP	PP	玻纤增强 PP	软 PVC	硬 PVC	PS	HIPS	ABS	高抗冲 ABS	耐热 ABS	电镀 ABS	阻燃 ABS	透明 ABS	ACS
注射机类型	柱塞式	螺杆式	柱塞式	螺杆式	螺杆式	柱塞式	螺杆式	柱塞式	螺杆式	螺杆式	螺杆式	螺杆式	螺杆式	螺杆式	螺杆式	螺杆式
螺杆转速 /(r/min)	—	30 ~ 60	—	30 ~ 60	30 ~ 60	—	20 ~ 30	—	30 ~ 60	30 ~ 60	30 ~ 60	30 ~ 60	20 ~ 60	20 ~ 50	30 ~ 60	20 ~ 30
喷嘴形式	直通式	直通式	直通式	直通式	直通式	直通式	直通式	直通式	直通式	直通式	直通式	直通式	直通式	直通式	直通式	直通式
喷嘴温度/ ℃	150 ~ 170	150 ~ 180	170 ~ 190	170 ~ 190	180 ~ 190	140 ~ 150	150 ~ 170	160 ~ 170	160 ~ 170	180 ~ 190	190 ~ 200	190 ~ 200	190 ~ 210	180 ~ 190	190 ~ 200	160 ~ 170
料筒温度/℃（前段）	170 ~ 200	180 ~ 190	180 ~ 200	180 ~ 220	190 ~ 200	160 ~ 190	170 ~ 190	170 ~ 190	170 ~ 190	200 ~ 210	200 ~ 210	200 ~ 220	210 ~ 230	190 ~ 200	200 ~ 220	170 ~ 180
料筒温度(中段)	—	180 ~ 200	190 ~ 220	200 ~ 220	210 ~ 220	—	165 ~ 180	—	170 ~ 190	210 ~ 230	210 ~ 230	220 ~ 240	230 ~ 250	200 ~ 220	220 ~ 240	180 ~ 190
料筒温度(后段)	140 ~ 160	140 ~ 160	150 ~ 170	160 ~ 170	160 ~ 170	140 ~ 150	160 ~ 170	140 ~ 160	140 ~ 160	180 ~ 200	180 ~ 200	190 ~ 220	200 ~ 210	170 ~ 190	190 ~ 200	160 ~ 170
模具温度/℃	30 ~ 45	30 ~ 60	50 ~ 70	40 ~ 80	70 ~ 90	30 ~ 40	30 ~ 60	20 ~ 60	20 ~ 50	50 ~ 70	50 ~ 80	60 ~ 85	40 ~ 80	50 ~ 70	50 ~ 70	50 ~ 60
注射压力/MPa	60 ~ 100	70 ~ 100	70 ~ 100	70 ~ 120	90 ~ 130	40 ~ 80	80 ~ 130	60 ~ 100	60 ~ 100	70 ~ 90	70 ~ 120	85 ~ 120	70 ~ 120	60 ~ 100	70 ~ 100	80 ~ 120
保压压力/MPa	40 ~ 50	40 ~ 50	40 ~ 50	50 ~ 60	40 ~ 50	20 ~ 30	40 ~ 60	30 ~ 40	30 ~ 40	50 ~ 70	50 ~ 70	50 ~ 80	50 ~ 70	30 ~ 60	50 ~ 60	40 ~ 50
注射时间/s	0 ~ 5	0 ~ 5	0 ~ 5	0 ~ 5	2 ~ 5	0 ~ 8	2 ~ 5	0 ~ 3	0 ~ 3	35	3 ~ 5	3 ~ 5	0 ~ 4	3 ~ 5	0 ~ 4	0 ~ 5
保压时间/s	15 ~ 60	15 ~ 60	15 ~ 60	20 ~ 60	15 ~ 40	15 ~ 40	15 ~ 40	15 ~ 40	15 ~ 40	15 ~ 30	15 ~ 30	15 ~ 30	20 ~ 50	15 ~ 30	15 ~ 40	15 ~ 30
冷却时间/s	15 ~ 60	15 ~ 60	15 ~ 50	15 ~ 50	15 ~ 40	15 ~ 30	15 ~ 40	15 ~ 30	10 ~ 40	15 ~ 30	15 ~ 30	15 ~ 30	15 ~ 30	10 ~ 30	10 ~ 30	15 ~ 30
成型周期/s	40 ~ 140	40 ~ 140	40 ~ 120	40 ~ 120	40 ~ 100	40 ~ 80	40 ~ 90	40 ~ 90	40 ~ 90	40 ~ 70	40 ~ 70	40 ~ 70	40 ~ 90	30 ~ 70	30 ~ 80	40 ~ 70

项目＼塑料	SAN(AS)	PMMA		PMMA /PC	氧化聚醚	均聚 POM	共聚 POM	PET	PBT	玻纤增强 PBT	PA—6	玻纤增强 PA—6	PA—11	玻纤增强 PA—11	PA—12	PA—66
注射机类型	螺杆式	螺杆式	柱塞式	螺杆式	螺杆式	螺杆式	螺杆式	螺杆式	螺杆式	螺杆式	螺杆式	螺杆式	螺杆式	螺杆式	螺杆式	螺杆式
螺杆转速 /(r/min)	20 ~ 50	20 ~ 30	—	20 ~ 30	20 ~ 40	20 ~ 40	20 ~ 40	20 ~ 40	20 ~ 40	20 ~ 40	20 ~ 50	20 ~ 40	20 ~ 50	20 ~ 40	20 ~ 50	20 ~ 50
喷嘴形式	直通式	直通式	直通式	直通式	直通式	直通式	直通式	直通式	直通式	直通式	直通式	直通式	直通式	直通式	直通式	自锁式
喷嘴温度/℃	180 ~ 190	180 ~ 200	180 ~ 200	220 ~ 240	170 ~ 180	170 ~ 180	170 ~ 180	250 ~ 260	200 ~ 220	210 ~ 230	200 ~ 210	200 ~ 210	180 ~ 190	190 ~ 200	170 ~ 180	250 ~ 260

续表

项目 \ 塑料	SAN(AS)	PMMA		PMMA/PC	氧化聚醚	均聚POM	共聚POM	PET	PBT	玻纤增强PBT	PA—6	玻纤增强PA—6	PA—11	玻纤增强PA—11	PA—12	PA—66
料筒温度/℃（前段）	200～210	180～210	210～240	230～250	180～200	170～190	170～190	260～270	230～240	230～240	220～230	220～240	185～200	200～220	185～220	255～265
料筒温度(中段)	210～230	190～210	—	240～260	180～200	170～190	180～200	260～280	230～250	140～260	230～240	230～250	190～220	220～250	190～240	260～280
料筒温度(后段)	170～180	180～200	180～200	210～230	180～190	170～180	170～190	240～260	200～220	210～220	200～210	200～210	170～180	180～190	160～170	240～250
模具温度/℃	50～70	40～80	40～80	60～80	80～110	90～120	90～100	100～140	60～70	65～75	60～100	80～120	60～90	60～90	70～110	60～120
注射压力/MPa	80～120	50～120	80～130	80～130	80～110	80～130	80～120	80～120	60～90	80～100	80～110	90～130	90～120	90～130	90～130	80～130
保压压力/MPa	40～50	40～60	40～60	40～60	30～40	30～50	30～50	30～50	30～40	40～50	30～50	30～50	30～50	40～50	50～60	40～50
注射时间/s	0～5	0～5	0～5	0～5	0～5	2～5	2～5	0～5	0～3	2～5	0～4	2～5	0～4	2～5	2～5	0～5
保压时间/s	15～30	20～40	20～40	20～40	15～50	20～80	20～90	20～50	10～30	10～20	15～50	15～40	15～50	15～40	20～60	20～50
冷却时间/s	15～30	20～40	20～40	20～40	20～50	20～60	20～60	20～30	15～30	15～30	20～40	20～40	20～40	20～40	20～40	20～40
成型时间/s	40～70	50～90	50～90	50～90	40～110	50～150	50～160	50～90	30～70	30～60	40～100	40～90	40～100	40～90	50～110	50～100

项目 \ 塑料	玻纤增强PA—66	PA610	PA312	PA1010		玻纤增强 PA1010		透明 PA	PC		PC/PE		玻纤增强PC	PSU	改性 PSU	玻纤增强PSU
注射机类型	螺杆式	螺杆式	螺杆式	螺杆式	柱塞式	螺杆式	柱塞式	螺杆式	螺杆式	柱塞式	螺杆式	柱塞式	螺杆式	螺杆式	螺杆式	螺杆式
螺杆转速/(r/min)	20～40	20～50	20～50	20～50	—	20～40	—	20～50	20～40	—	20～40	—	20～30	20～30	20～30	20～30
喷嘴形式	直通式	自锁式	自锁式	自锁式	自锁式	直通式	直通式	直通式	直通式	直通式	直通式	直通式	直通式	直通式	直通式	直通式
喷嘴温度/℃	250～260	200～210	200～210	190～200	190～210	180～190	180～190	220～240	230～250	240～250	220～230	230～240	240～260	280～290	250～260	280～300
料筒温度/℃（前段）	260～270	220～230	210～220	200～210	230～250	210～230	240～260	240～250	240～280	270～300	230～250	250～280	260～290	290～310	260～280	300～320
料筒温度(中段)	260～290	230～250	210～230	220～240	—	230～260	—	250～270	260～290	—	240～260	—	270～310	300～330	280～300	310～330
料筒温度(后段)	230～260	200～210	200～205	190～200	180～200	190～200	190～200	220～240	240～270	260～290	230～240	240～260	260～280	280～300	260～270	290～300
模具温度/℃	100～120	60～90	40～70	40～80	40～80	40～80	40～80	40～60	90～110	90～110	80～100	80～100	90～110	130～150	80～100	130～150
注射压力/MPa	80～130	70～110	70～120	70～100	70～120	90～130	100～130	80～130	80～130	110～140	80～120	80～130	100～140	100～140	100～140	100～140

续表

项目＼塑料	玻纤增强PA—66	PA610	PA312	PA1010		玻纤增强 PA1010		透明 PA	PC		PC/PE		玻纤增强PC	PSU	改性 PSU	玻纤增强PSU
保压压力/MPa	40～50	20～40	30～50	20～40	30～40	40～50	40～50	40～50	40～50	40～50	40～50	40～50	40～50	40～50	40～50	40～50
注射时间/s	3～5	0～5	0～5	05	0～5	2～5	2～5	0～5	0～5	0～5	0～5	0～5	2～5	0～5	0～5	2～7
保压时间/s	20～50	20～50	20～50	20～50	20～50	20～40	20～40	20～60	20～80	20～80	20～80	20～80	20～60	20～80	20～70	20～50
冷却时间/s	20～40	20～40	20～50	20～40	20～40	20～40	20～40	20～40	20～50	20～50	20～50	20～50	20～50	20～50	20～55	20～50
成型周期/s	50～100	50～100	50～110	50～100	50～100	50～90	50～90	50～110	50～130	50～130	50～140	50～140	50～110	50～140	50～130	50～110

项目＼塑料	聚芳砜	聚醚砜	PPO	改性 PPO	聚芳酯	聚氨酯	聚酰硫醚	聚酰亚胺	聚酰纤维素	醋酸丁酸纤维素	醋酸丙酸纤维素	乙基纤维素	F46
注射机类型	螺杆式	螺杆式	螺杆式	螺杆式	螺杆式	螺杆式	螺杆式	螺杆式	柱塞式	柱塞式	柱塞式	柱塞式	螺杆式
螺杆转速/(r/min)	20～30	20～30	20～30	20～50	20～50	20～70	20～30	20～30	—	—	—	—	20～30
喷嘴形式	直通式	直通式	直通式	直通式	直通式	直通式	直通式	直通式	直通式	直通式	直通式	直通式	直通式
喷嘴温度/℃	380～410	240～270	250～280	220～240	230～250	170～180	280～300	290～300	150～180	150～170	160～180	160～180	290～300
料筒温度/℃（前段）	385～420	260～290	260～280	230～250	240～260	175～185	300～310	290～310	170～200	170～200	180～210	100～330	
料筒温度（中段）	345～385	280～310	260～290	240～270	250～280	180～200	320～340	300～330	—	—	—	—	270～290
料筒温度（后段）	320～370	260～290	2302～40	230～240	230～240	150～170	260～280	280～300	150～170	150～170	150～170	150～170	170～200
模具温度/℃	230～260	90～120	110～150	60～80	100～130	20～40	120～150	120～150	40～70	40～70	40～70	40～70	110～130
注射压力/MPa	100～200	100～140	100～140	70～110	100～130	80～100	80～130	100～150	60～130	80～130	80～120	80～130	80～130
保压压力/MPa	50～70	50～70	50～70	40～60	50～60	30～40	40～50	40～50	40～50	40～50	40～50	40～50	50～60
注射时间/s	0～5	0～5	0～5	0～8	2～8	2～6	0～5	0～5	0～3	0～5	0～5	0～5	0～8
保压时间/s	15～40	15～40	30～70	30～70	15～40	30～40	10～30	20～60	15～40	15～40	15～40	15～40	20～60
冷却时间/s	15～20	15～30	20～60	20～50	15～40	30～60	20～50	30～60	15～40	15～40	15～40	15～40	20～60
成型周期/s	40～50	40～80	60～140	60～130	40～90	70～110	40～90	60～130	40～90	40～90	40～90	40～90	50～130

任务四　注射模具的基本结构

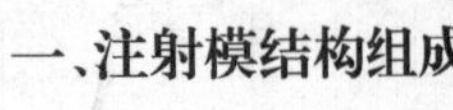

一、注射模结构组成

注射模具由动模和定模两部分组成，定模部分安装在注射机的固定模板上，动模部分安装在注射机的移动模板上。在注射成型过程中，动模随注射机上的合模系统运动，同时动模部分由导柱导向而闭合构成浇注系统和型腔，塑料熔体从注射机喷嘴流经模具浇注系统进入型腔。冷却后开模时动模与定模分离，取出塑件。

根据模具上各个部分所起的作用，塑料注射模由以下几个组成部分，如图 1-18 所示。

(1)成型部分

成型部分由凸模(型芯)、凹模以及嵌件和镶块等组成。凸模(型芯)形成塑模的内表面形状，凹模(型腔)形成塑件的外表面形状。合模后凸模和凹模便构成了模具的模腔。如图 1-18 所示的模具中，模腔是由动模板 1、定模板 2、凸模 7 等组成的。

(2)浇注系统

熔融塑料从注射机喷嘴进入模具型腔所流经的通道称为浇注系统，浇注系统由主流道、分流道、浇口及冷料井等组成。

(3)导向机构

导向机构分为动模与定模之间的导向和推出机构的导向。为了确保动、定模之间的正确导向与定位，需要在动、定模部分采用导柱、导套(图 1-18 中的零件 8、9)或在动、定模部分设置互相吻合的内外锥面导向。推出机构的导向通常由推板导柱和推板导套(图 1-18 中的零件 16、17)所组成。

(4)侧向分型与抽芯机构

塑件上的侧向如有凹凸形状及孔或凸台，就需要有侧向的凸模或成型块来成型。在塑件被推出之前，必须先抽出侧向凸模(侧向型芯)或侧向成型块，然后方能顺利脱模。带动侧向凸模或侧向成型块移动的机构称为侧向分型与抽芯机构。

(5)推出机构

推出机构是指模具分型后将塑件从模具中推出的装置。一般情况下，推出机构由推杆、复位杆、推杆固定板、推板、主流道拉料杆及推板导柱和推板导套等组成。图 1-18 中的推出机构由推板 13、推杆固定板 14、拉料杆 15、推板导柱 16、推板导套 17、推杆 18 和复位杆 11 等组成。

(6)温度调节系统

为了满足注射工艺对模具的温度要求，必须对模具的温度进行控制，模具常常设有冷却或加热的温度调节系统。冷却系统一般在模具上开设冷却水道(图 1-18 中的零件 3)，加热系统则在模具内部或四周安装加热元件。

(7)排气系统

在注射成型过程中，为了将型腔内的气体排出模外，常常需要开设排气系统。排气系统通常是在分型面上有目的地开设几条排气沟槽，另外许多模具的推杆或活动型芯与模板之间的配合间隙可起排气作用。小型塑件的排气量不大，因此可直接利用分型面排气。

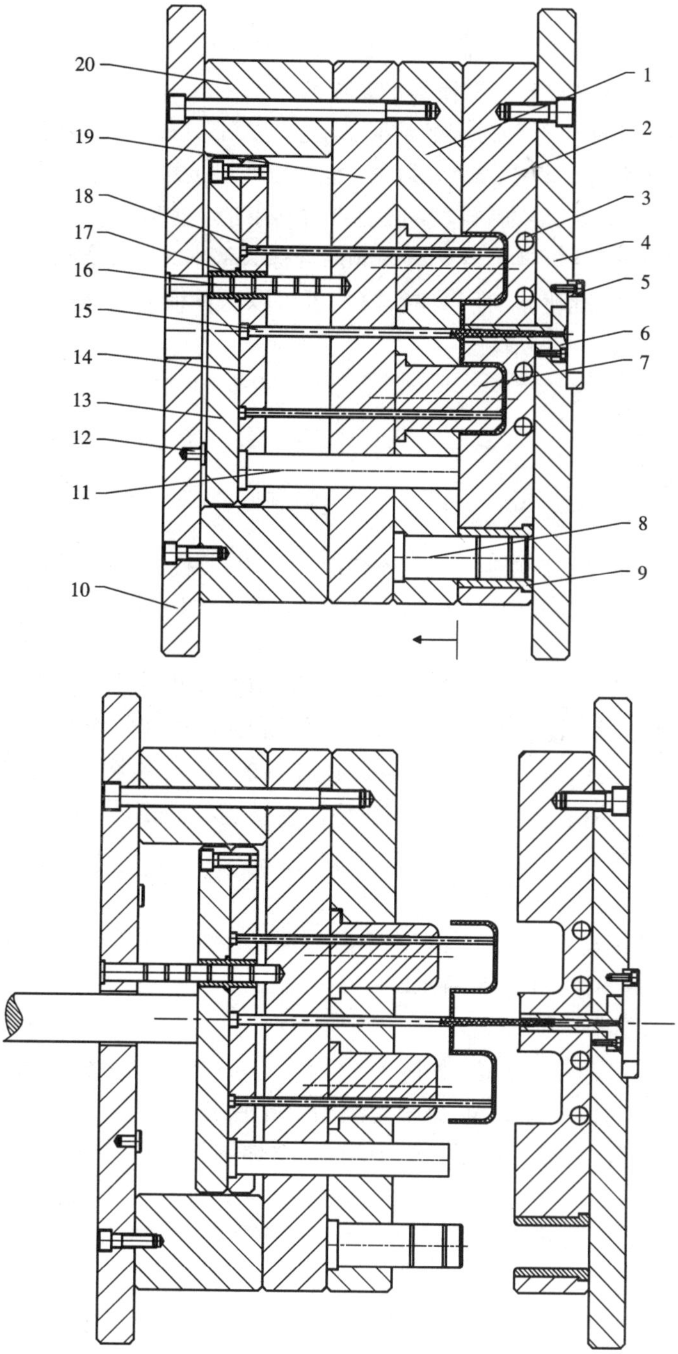

图 1-18　单分型面注射模的结构

1—动模板；2—定模板；3—冷却水道；4—定模座板；5—定位圈；6—浇口套；7—凸模；8—导柱；9—导套；10—动模座板；11—复位杆；12—支承柱；13—推板；14—推杆固定板；15—拉料杆；16—推板导柱；17—推板导套；18—推杆；19—支承板；20—垫块

(8)支承零部件

用来安装固定或支承成型的零部件及前述的各部分机构的零部件均称为支承零部件。支承零部件组装在一起,可以构成注射模具的基本骨架。

根据注射模中各零部件与塑料的接触情况,上述八大部分的功能结构也可以分为成型零部件和结构零部件两大类。其中,成型零部件是指与塑料接触,并构成模具型腔的各种零部件;结构零部件则包括支承、导向、排气、推出塑件、侧向分型与抽芯、温度调节等功能构件。在结构零部件中,合模导向机构与支承零部件合称为基本结构零部件,因为二者组装起来可以构成注射模架(已标准化)。任何注射模均可以以这种模架为基础,再添加成型零部件和其他必要的功能结构件来形成。

二、注射模分类和典型结构

1. 注射模的分类

注射模的种类很多,通常可按以下方式进行分类。

①按成型的塑料材料,可分为热塑性塑料注射模和热固性塑料注射模。

②按注射机的类型,可分为立式注射机用注射模、卧式注射机用注射模、角式注射机用注射模。

③按注射模的结构特征,可分为单分型面注射模、双分型面注射模、侧向分型与抽芯注射模、有活动镶件的注射模、注射模自动卸螺纹注射模和无流道注射模等。

④按浇注系统结构形式,可分为普通浇注系统注射模、热流道浇注系统注射模。

⑤按成型技术,可分为精密注射模、气辅成型注射模、双色注射模、注射压缩模等。

2. 注射模的典型结构

(1)单分型面注射模

整个模具中只在动模与定模之间具有一个分型面的注射模叫单分型面注射模或两板式注射模(动模板和定模板),如图 1-18 所示。

(2)双分型面注射模

双分型面注射模具有两个分型面,如图 1-19 所示。*A—A* 为第一分型面,分型后浇注系统凝料由此脱出;*B—B* 为第二分型面,分型后制品由此脱出。

分析可知,双分型面注射模增设了一个中间板,整体结构比单分型面的复杂,模具制造成本较高,且需要较大的开模行程,因此双分型面注射模多用于采用点浇口的单模腔或多模腔注射成型生产中,而对大型制品或流动性差的塑料成型则比较少用。

(3)斜导柱侧向分型与抽芯注射模

当制品上有侧孔或侧凹时,模具中成型侧孔或侧凹的零部件必须制成可移动的,开模时,必须使这一零部件先行移开才能使制品顺利脱模。此种结构如图 1-20 所示。

(4)带活动镶件注射模

由于某些塑料制品的特殊结构(如制件局部或内、外侧表面带有凸台、凹槽),无法通过简单的分型从模具内取出制品,需要在注射模中设置可以活动的成型零部件,如活动凸模、活动凹模、活动成型杆、活动成型镶块等,以便能在开模时方便地脱取制品。此种结构如图 1-21 所示。

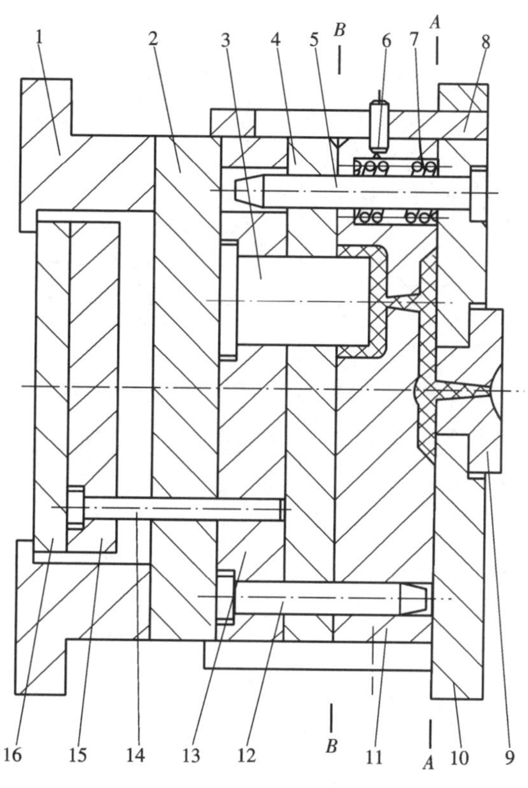

图 1-19　双分型面注射模的结构

1—支架;2—支承板;3—型芯;4—推件板;5、12—导柱;6—限位钉; 7—弹簧;8—定距拉板;
9—浇口套;10—定模座板;11—型腔板;13—型芯固定板;14—推杆;15—推杆固定板;16—推板

(5)自动卸螺纹注射模

带有内螺纹或外螺纹的塑件需自动脱螺纹时,可利用注射机的往复或旋转运动,或设置专门的驱动和传动机构,带动螺纹型芯或型环转动,完成自动卸螺纹。如图 1-22 所示为直角式注射机上用的自动卸螺纹注射模具,由注射机的开合模丝杆带动螺纹型芯 1 旋转使其与塑件脱离。

(6)定模推出机构注射模

由于注射机的顶出杆一般在动模一侧,因此注射模具开模后应使塑件留在动模一侧,由顶出杆作用在模具的推出机构上推出塑件。但是有时由于特殊要求或塑件形状的限制,开模后塑件会留在定模一侧(或有可能留在定模一侧),这时应在定模一侧设推出机构。如图 1-23 所示的注射模具,由于塑件形状特殊,开模后塑件留在定模一侧。因此开模时由设在动模部分的拉板 8 带动定模一侧的推板 7,将塑件从型芯 11 上推出。

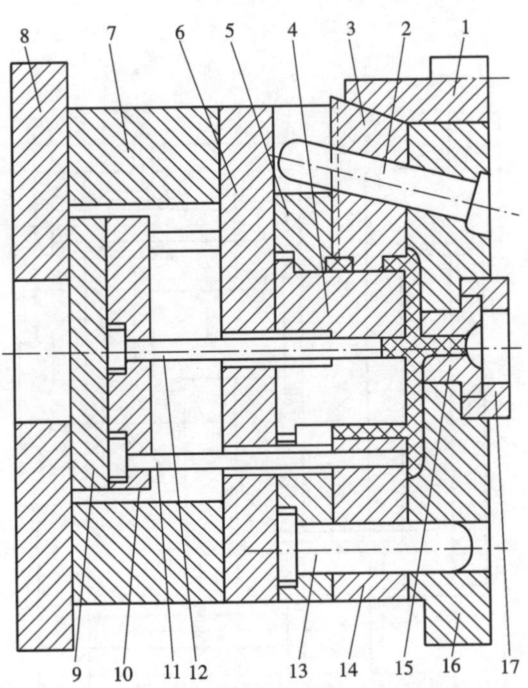

图 1-20　斜导柱侧向分型与抽芯注射模的结构

1—楔紧块;2—斜导柱;3—侧型芯滑块;4—型芯;5—固定板;6—支承板;7—垫块;8—动模座板;9—推板;10—推杆固定板;11—推杆;12—拉料杆;13—导柱;14—动模板;15—浇口套;16—定模座板;17—定位圈

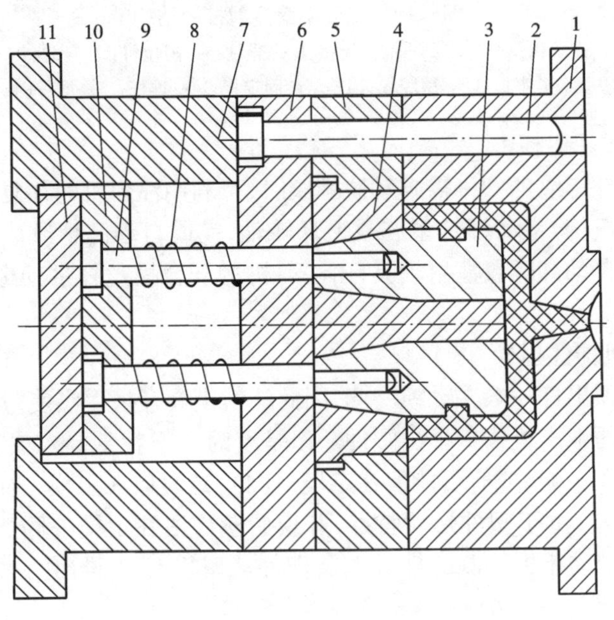

图 1-21　带活动镶件注射模的结构

1—定模板;2—导柱;3—活动镶块;4—型芯座;5—定模板;6—支承板;7—支架;8—弹簧;9—推杆;10—推杆固定板;11—推板

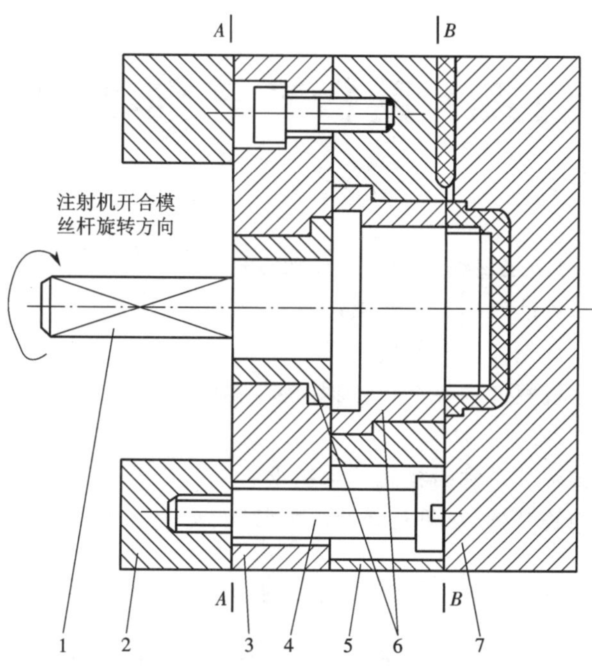

图 1-22　自动卸螺纹注射模的结构

1—螺纹型芯;2—垫块;3—动模垫板;4—定距拉杆;5—动模板;6—螺纹型芯套;7—型腔板

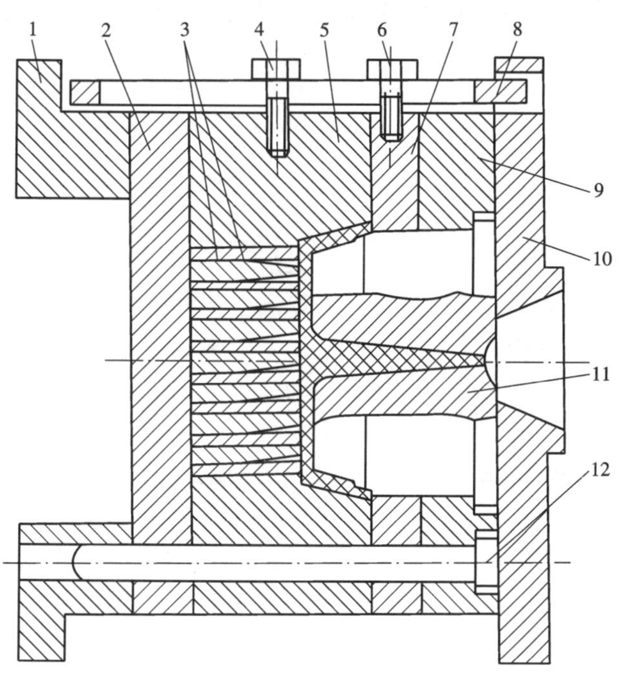

图 1-23　定模推出机构注射模的结构

1—支架;2—支承板;3—成型镶块;4、6—螺钉;5—动模板;7—推板;8—拉板;
9—定模板;10—定模座板;11—型芯;12—导柱

项目二　两板式注射模设计

知识目标

1. 认识、理解单分型面注塑模结构及零件组成；
2. 掌握注塑成型工艺过程和工艺参数；
3. 掌握常用塑料的注塑工艺参数的范围；
4. 正确进行肥皂盒模塑工艺性分析，确定模具类型。

能力目标

1. 能通过看图指出两板式注射模的结构组成和工作原理；
2. 能进行塑件结构的分析，应用塑料的成型特性，分析模塑成型工艺条件，制定合理的塑件成型工艺规程；
3. 能根据零件的要求，编制肥皂盒零件的注塑成型工艺，选择合适的工艺参数。

任务一　项目导入

肥皂盒如图 2-1 所示，材料为聚丙烯，要求一模两腔，外形美观，试进行塑件的成型工艺和模具设计。

任务二　相关知识

一、两板式注射模工作原理

两板式注射模具又称为单分型面模具。如图 2-2 所示为两板式注射模，因为塑件和浇口凝料连成一个整体，只需要一个分型面用来取出塑件和凝料。模具被一个分型面分成动模板和定模板，因此称为两板式。分型面左边的是定模部分，成型塑件外表面型腔，固定在注射机的定模板上；分型面右边部分为模具的动模部分，成型塑件内表面的型芯，被固定在动模座板上，连接在注射机的移动模板上。合模时，在导柱 8 和导套 9 的引导下动模与定模正确对合，并在注射机提供的锁模力作用下，动、定模紧密贴合；注射时，塑料熔体由模具浇注系统进入型腔，经过保压（补缩）和冷却（定型）等过程后开模，开模时，由注射机开合模系统带动动模后退，分型面被打开，塑件包紧在凸模 7 上并随动模一起后退，同时浇注系统在拉料杆 15 的作用下，离开主流道；当动模移动一定距离后注射机顶杆推动推板 13、推杆 18 和拉料杆 15 分别将塑件和浇注系统凝料从凸模 7 和冷料穴中推出，从而完成塑件与动模的分离，即塑件被推出，至此完成一次注射过程。合模时，推出机构由复位杆 11 复位，准备下一次注射。

这种注射模结构简单，成型塑件的适应性强，但塑件连同凝料在一起，需手工切除。单分型面注射模应用广泛，据统计，单分型面的注射模占总注射模的 70%。

设计这类模具时应注意以下事项。

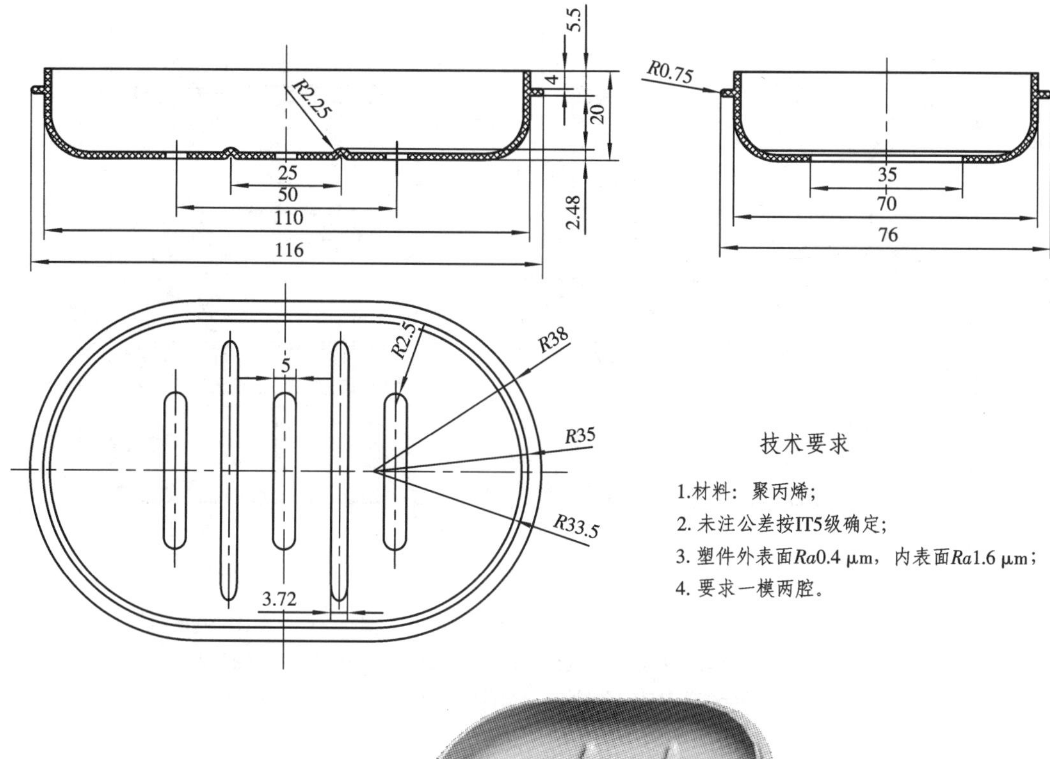

图 2-1　肥皂盒零件图

①分流道位置的选择。分流道开设在分型面上，它可单独开设在动模一侧或定模一侧，也可开设在动模、定模分型面的两侧。

②塑件的留模方式。由于注射机的推出机构一般设置在动模一侧，分型后应尽量将塑件留在动模一侧。为此，一般将包紧力大的型芯或型芯镶件设在动模一侧。

③拉料杆的设置。为了将主流道浇注系统凝料从模具浇口套中拉出，避免下一次成型时堵塞流道，动模一侧必须设有拉料杆或拉料穴。

④导柱的设置。单分型面注射模的合模导柱既可设置在动模一侧，也可设置在定模一侧，根据模具结构的具体情况而定，通常设置在型芯凸出分型面最长的那一侧。需要指出的是，标准模架的导柱一般都设置在动模一侧。

⑤推杆的复位。推杆有多种复位方法，常用的机构有复位杆复位和弹簧复位两种形式。

总之，单分型面注射模是一种最基本的注射模结构，根据具体塑件的实际要求，单分型面注射模也可增添其他部件，如嵌件、螺纹型芯或活动型芯等，在这种基本形式的基础上可演变出各种复杂的结构。

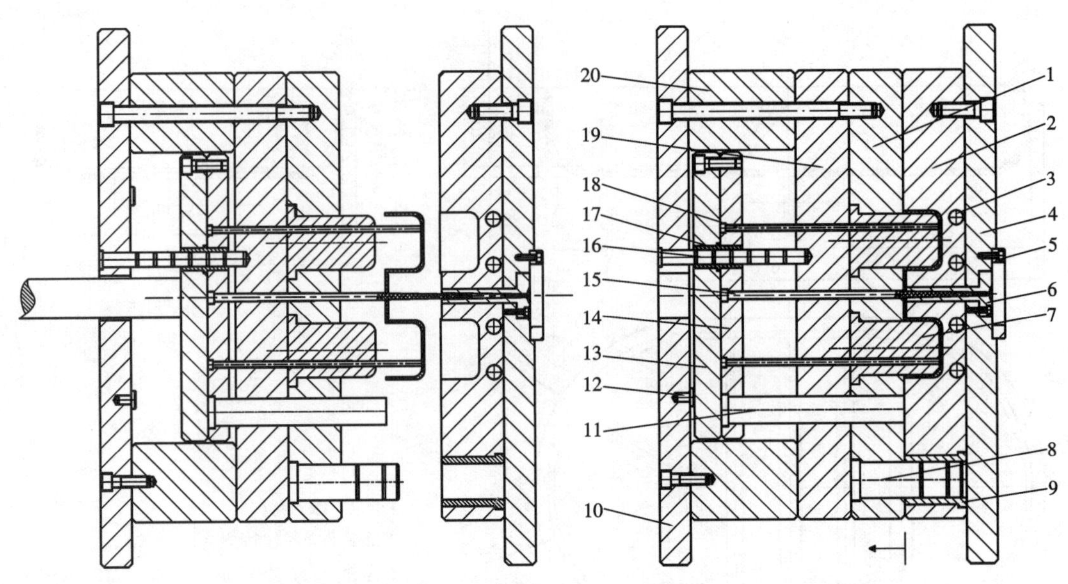

图 2-2　单分型面注射模的结构

1—动模板；2—定模板；3—冷却水道；4—定模座板；5—定位圈；6—浇口套；7—凸模；8—导柱；9—导套；10—动模座板；11—复位杆；12—支承柱；13—推板；14—推杆固定板；15—拉料杆；16—推板导柱；17—推板导套；18—推杆；19—支承板；20—垫块

二、分型面的选择

为了塑件的脱模和安放嵌件的需要，模具型腔必须分成两部分或更多部分，模具上用以取出塑件和浇注系统凝料的可分离的接触表面，统称为分型面。一副模具根据需要可能有一个或一个以上的分型面。与注射机工作台面平行的模具的分型面称为水平分型面，与注射机工作台面垂直的模具的分型面称为垂直分型面。模具设计开始的第一步就是选择分型面的位置。

1. 分型面的形状

分型面按形状分为水平分型面、阶梯分型面、斜分型面、异形分型面、垂直分型面，如图 2-3(a) ~ (e)所示。除主分型面外，模具中还有辅助分型面，如图 2-3(f)所示。

2. 分型面的选择

分型面的选择受到塑件的形状、壁厚、尺寸精度、嵌件位置及其形状、塑件的模具内的成型位置、脱模方法、浇口的形式及位置、模具类型、模具排气、模具制造及其成型设备结构等因素的影响。设计合理的分型面可以使塑件顺利脱模，保证塑件的质量，还有利于简化模具结构，使模具零件易于加工。

分型面的选择是一个复杂的问题，往往要考虑很多因素，但又不可能把所有的因素都考虑到，因此在选择分型面的时候要抓住主要矛盾，放弃次要因素。分型面的选择原则及一些实例见表 2-1。

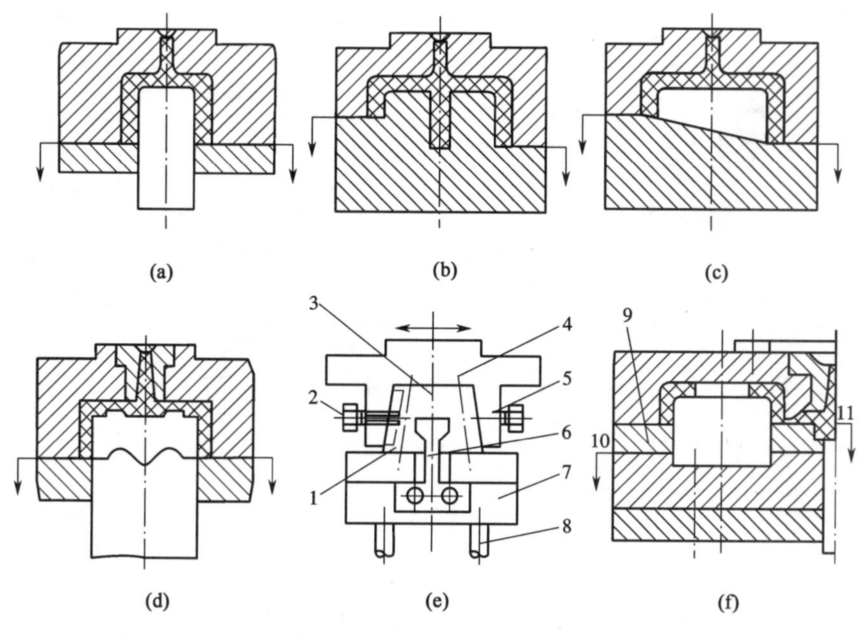

图 2-3 模具分型面的形式

(a)水平分型面;(b)阶梯分型面;(c)斜分型面;(d)异形分型面;(e)垂直分型面;(f)辅助分型面

1—瓣合模块;2—限位螺钉;3—瓣合模分型面;4—斜导柱;5—定模;
6—拉板;7—动模;8—顶杆;9—脱模板;10—辅助分型面;11—主分型面

表 2-1 分型面选择原则及实例

分型面选择原则	图示		说明
分型面的设计应有利于简化模具结构			模具按 *A—A* 分型时,需设两个侧向型芯,依靠模具开模时带动侧向型芯向两侧移动,塑件才能顺利脱模,而模具在 *B—B* 处分型就用不到侧向型芯,简化了模具结构

续表

分型面选择原则	图示		说明
保证塑件能够脱模	 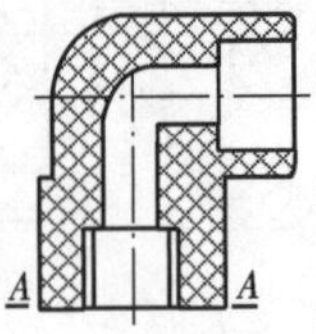 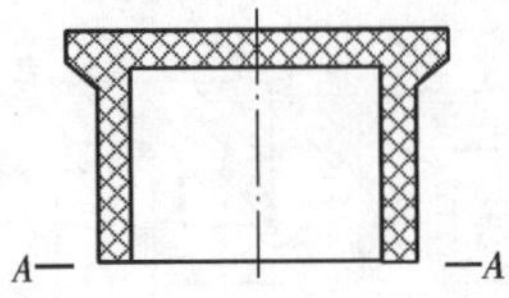 A A A—A	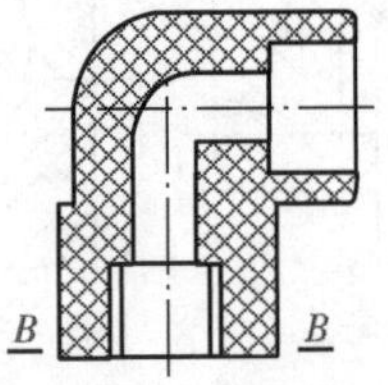 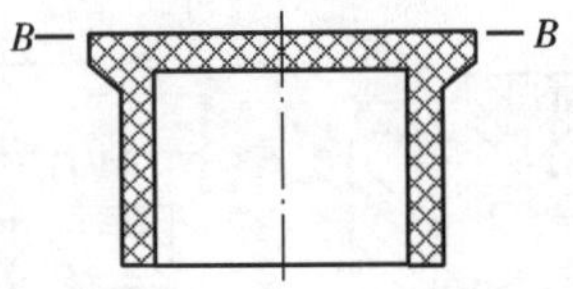 B B B—B	如果模具分型面取在A—A面时，模具打开后塑件无法取出，分型面取在B—B面塑件才可顺利取出
保证塑件外观质量	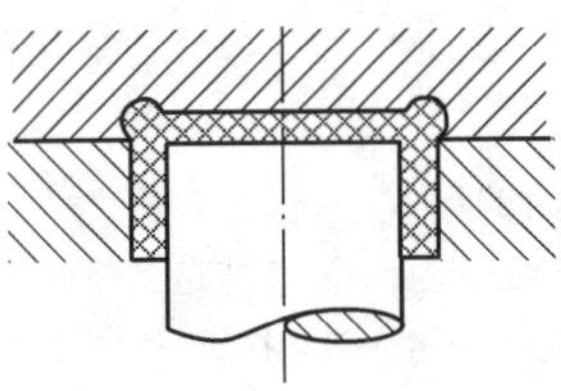	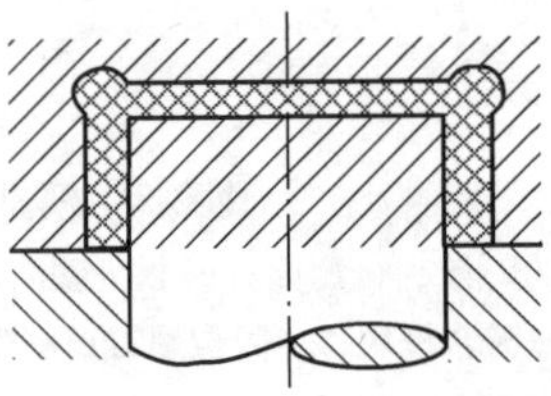	塑件底部有环形支撑面，若分型面按左图所示选择，塑件成型后会在环形支撑面处留下毛边痕迹；如果改在右图所示位置，毛边留在塑件断面，去除以后不会留下明显痕迹
使分型面容易加工	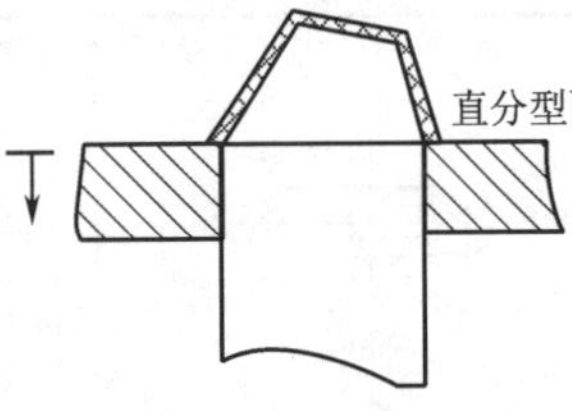 直分型面	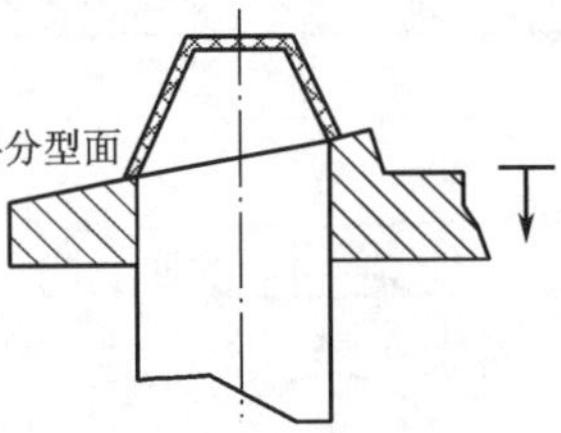 斜分型面	塑件形状比较特殊，若按左图所示将分型面设计成水平面，则型腔底面不容易加工；如设计成右图所示的斜面，型腔底面便于加工
保证塑件精度要求	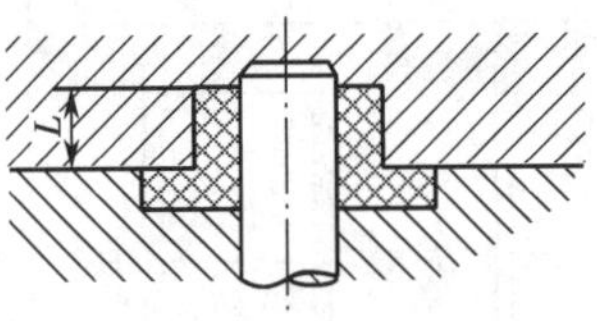 L	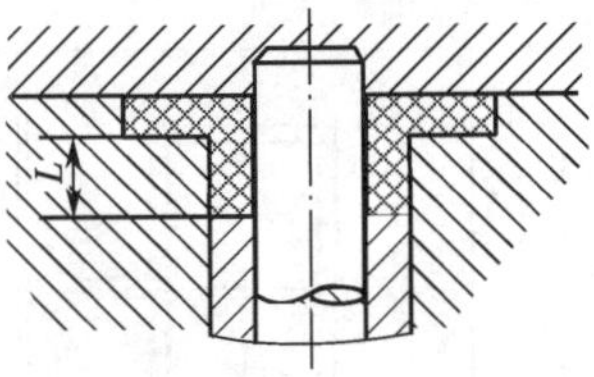 L	塑件的L尺寸有较高要求，如果分型面按左图所示设计，成型后毛边会影响L尺寸的精度；按右图所示设计，毛边仅影响塑件总高度，而不会影响尺寸L

续表

分型面选择原则	图示	说明
有利于排气		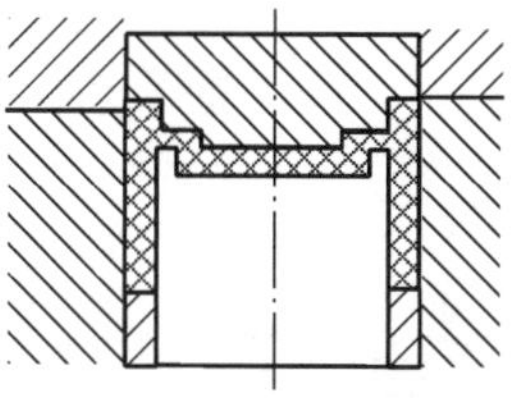 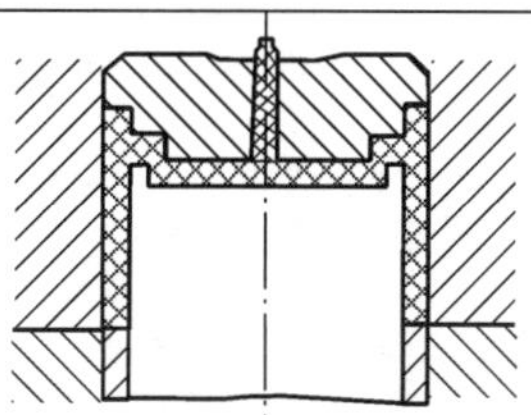 左图所示的分型面不在熔料最后到达的地方，不利于气体排出，采用右图所示的形式，则有利于气体的排出
使塑件尽量留在动模		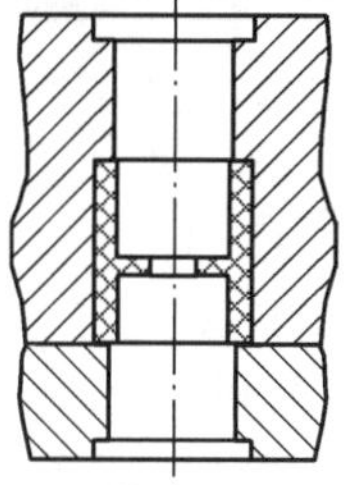 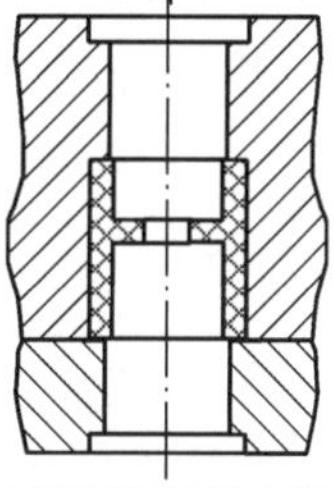 左图所示的定模部分的型芯较长，如果脱模斜度相同，定模部分的型芯受到的包紧力较大，塑件有可能留在定模一侧；右图所示塑件就会留在动模一侧，顺利脱离型腔
便于安装嵌件和活动型芯	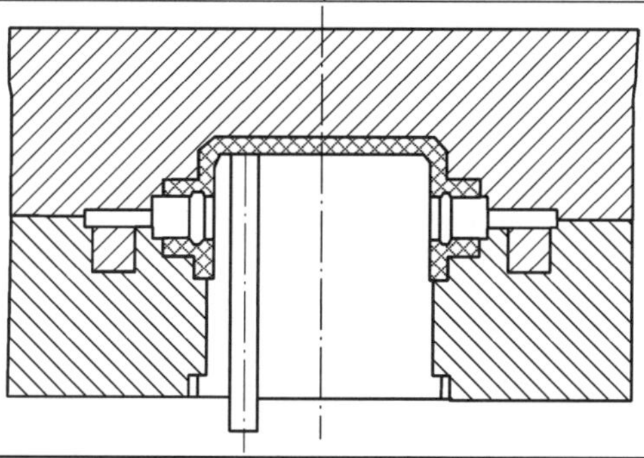	塑件两侧设有嵌件，为了安装嵌件方便，把分型面选在嵌件的中心位置，合模前将嵌件放在分型面上，然后合模

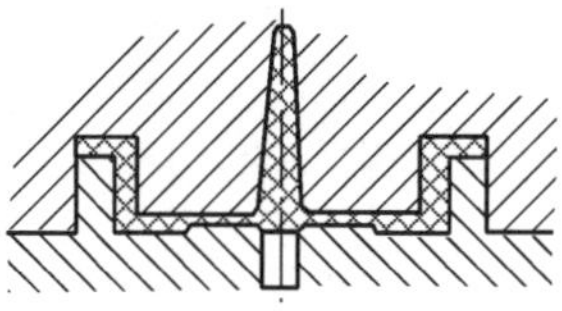

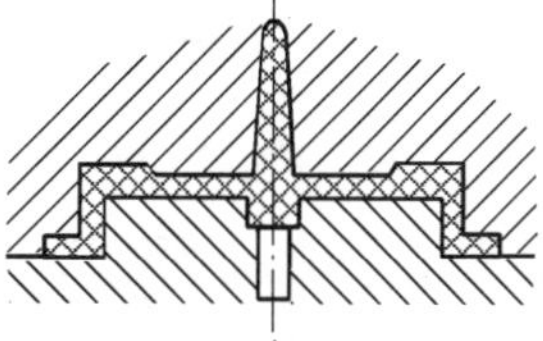

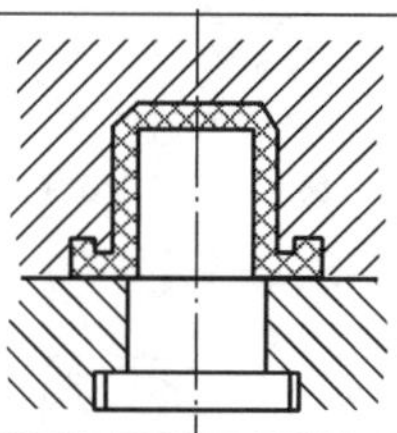

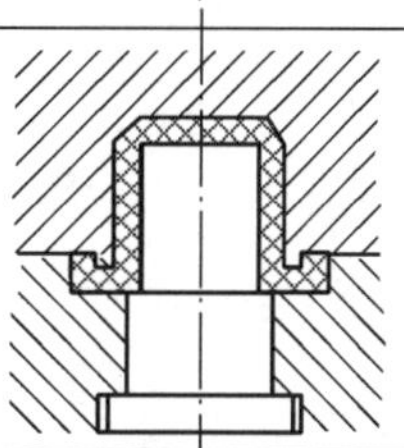

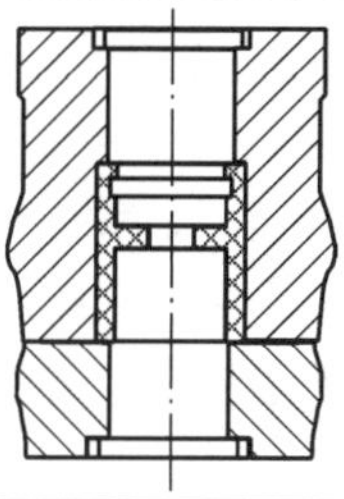

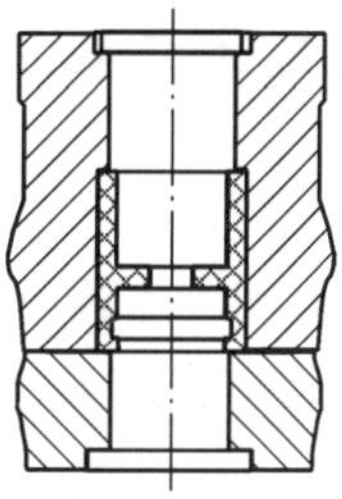

续表

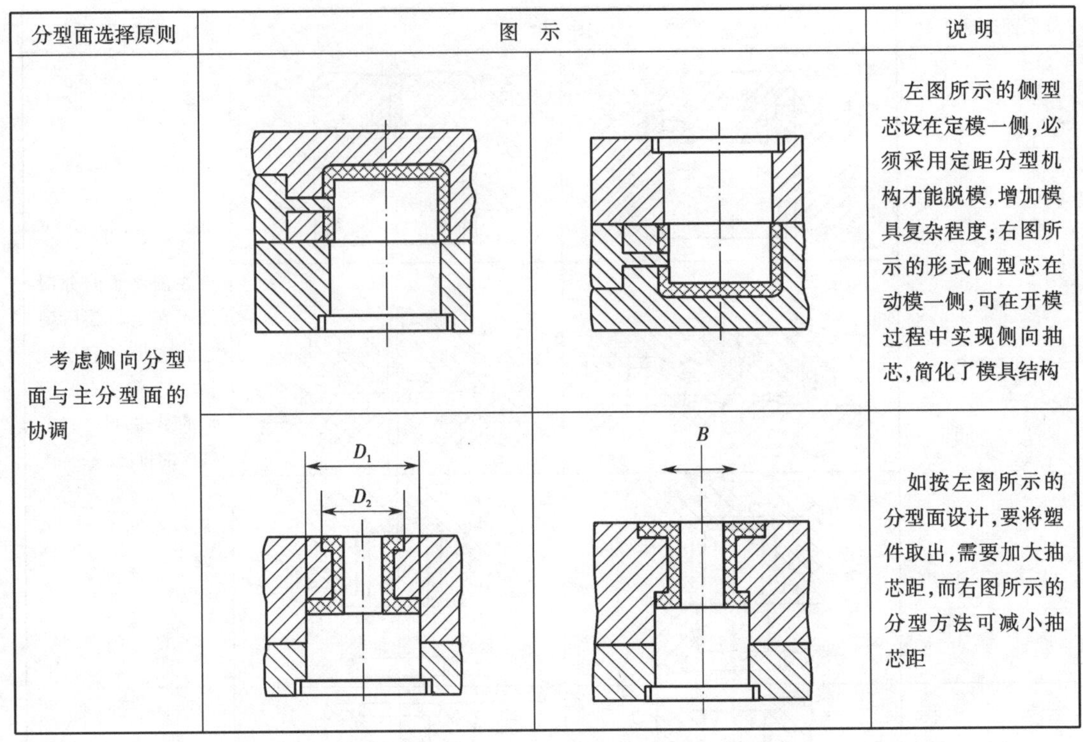

分型面选择原则	图　示	说明
考虑侧向分型面与主分型面的协调		左图所示的侧型芯设在定模一侧，必须采用定距分型机构才能脱模，增加模具复杂程度；右图所示的形式侧型芯在动模一侧，可在开模过程中实现侧向抽芯，简化了模具结构
		如按左图所示的分型面设计，要将塑件取出，需要加大抽芯距，而右图所示的分型方法可减小抽芯距

三、型腔数目的确定和分布

塑料注射成型模具按一次注射能生产多少制件分类，可分为单型腔注射模和多型腔注射模。一次注射只能生产一件制件的模具称为单型腔注射模，如果一副模具一次注射生产两件或两件以上的塑料产品则称为多型腔注射模。

1. 型腔数目的确定

为了使模具与注射模机相匹配以提高生产效率和经济性，并保证制件精度，模具设计时应合理确定型腔数目。注射模型腔数目计算时要考虑注射机的注射量、锁模力、塑化能力和模板工作尺寸等因素。图 2-4 为单型腔和多型腔成型的塑件。

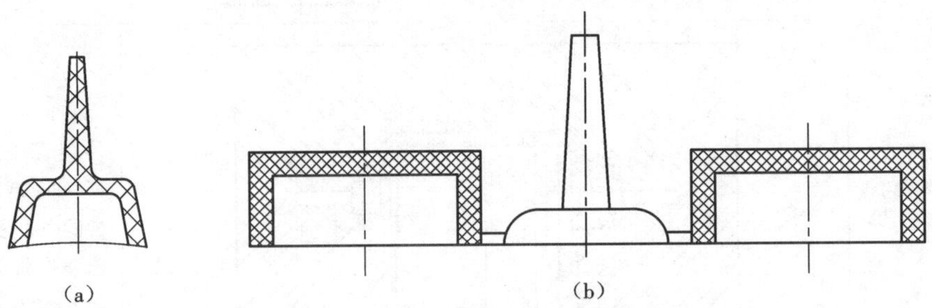

图 2-4　单型腔和多型腔成型的塑件

(a)单型腔成型的塑件；(b)多型腔成型的塑件

(1)单型腔、多型腔的优缺点及适用范围(见表2-2)

表2-2　单型腔、多型腔模具的优缺点及适用范围

类型	优点	缺点	适用范围
单型腔模具	塑件的精度高,工艺参数易于控制,模具结构简单,模具制造成本低,周期短	塑料成型的生产率低,塑件的成本高	塑件较大,精度要求较高或者小批量及试生产
多型腔模具	塑料成型的生产率高,塑料的成本低	塑件的精度低,工艺参数难以控制,模具结构复杂,模具制造成本低,周期长	大批量、长期生产的小型塑件

(2)型腔数目的确定方法(见表2-3)

表2-3　型腔数目的确定方法

序号	依据	方法
1	经济性	$n=\sqrt{\dfrac{NYt}{60C_1}}$ 式中　n——每副模具中型腔的数目,个; N——计划生产塑件的总量,个; Y——单位小时模具加工的费用,元/h; t——成型周期,h; C_1——每一个型腔的模具加工费用,元/个
2	锁模力	$n=\dfrac{\dfrac{Q}{p}-A_2}{A_1}$ 式中　Q——注射机锁模力,N; p——型腔内熔体的平均压强,MPa; A_2——浇注系统在分型面上的投影面积,mm^2; A_1——每一个塑件在分型面上的投影面积,mm^2
3	塑件精度	根据经验,在模具中每增加一个型腔,塑件的尺寸精度就要降低4%,一模一腔时,塑件的尺寸公差如下:聚甲醛为0.2%,尼龙66为0.3%,聚碳酸酯、聚氯乙烯、ABS等非结晶型塑料为0.05%。对于高精度的塑料,通常最多采用一模四腔
4	注射量	$n=\dfrac{0.8G-m_2}{m_1}$ 式中　G——注射机的最大注射量,g; m_1——单个塑件的质量,g; m_2——浇注系统的质量,g

另外,在多型腔模具的实际设计中,常采用下列方法进行选择。

①先确定注射机的型号,再根据注射机的技术参数和制件的技术经济要求,计算出型腔的数目。

②先根据生产效率的要求和制件的精度要求确定型腔的数目,然后再选择注射机或对现有的注射机进行校核。

2. 型腔分布的确定

(1)单型腔模具制件在模具中的位置

制件在单型腔模具中的位置如图 2-5 所示，图(a)为制件全部在定模中的结构，图(b)为制件全部在动模中的结构，图(c)为制件同时在动模和定模中的结构。

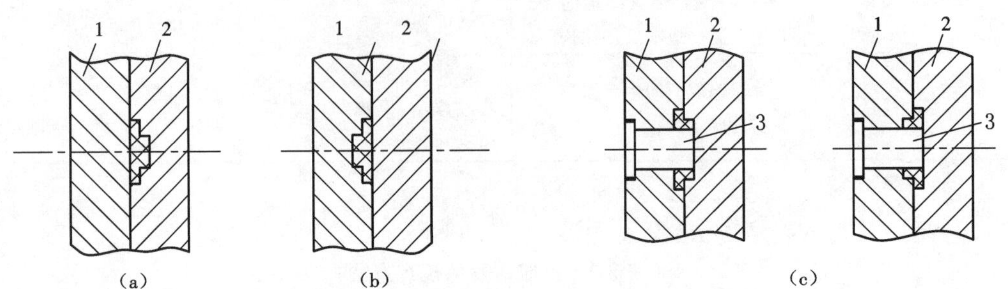

图 2-5　塑件在单型腔模具中的位置

(a)制件在定模;(b)制件在动模;(c)制件同时在动模和定模中

1—动模板;2—定模板;3—动模型芯

(2)多型腔模具型腔的分布

对于多型腔模具，由于型腔的排布与浇注系统密切相关，所以在模具设计时应综合考虑。型腔的排布应使每个型腔都能通过浇注系统从总压力中均等地分得所需的足够压力，以保证塑料熔体能同时均匀充满每一个型腔，从而使各个型腔的制件内在质量均一稳定。多型腔排布方法有以下两种形式。

1)平衡式排布

平衡式多型腔排布如图 2-6(a)、(b)、(c)所示。其特点是从主流道到各型腔浇口的分

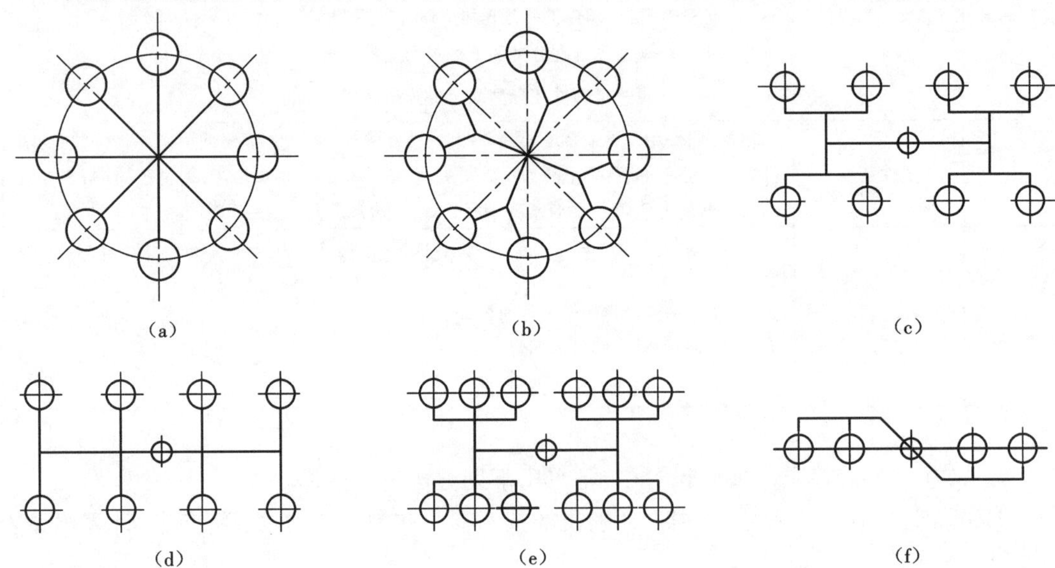

图 2-6　平衡式和非平衡式多型腔排布

(a)圆形排布平衡式;(b)圆形分支排布平衡式;(c)H 形排布平衡式

(d)H 形排布不平衡式一;(e)H 形排布不平衡式二;(f)Z 形排布不平衡式

流道的长度、截面形状、尺寸及分布对称性对应相同，可实现各型腔均匀进料和同时充满型腔的目的。

2）非平衡式排布

非平衡式多型腔排布如图2-6（d）、（e）、（f）所示。其特点是从主流道到各型腔浇口的分流道的长度不相同，因此不能够均衡进料，但这种方式可以明显缩短分流道的长度，节约制件的原材料。若要达到同时充满型腔的目的，则各浇口的截面尺寸要制造得不相同。

四、成型零件设计及计算

1. 成型零件结构设计

成型零件是决定塑件几何形状和尺寸的零件。它是模具的主要部分，主要包括：型腔（母模仁）、型芯（公模仁）及镶件等。

（1）型腔的结构

型腔是成型塑件外表面的主要零件，按其结构不同，可分为整体式和组合式两类。

整体式型腔由整块材料加工而成，如图2-7所示。它的特点是强度好，使用中不易发生变形，不会在塑件上产生拼接线痕迹，成型的塑件表面质量较高。但由于机械加工困难，热处理变形不易控制，因此常用在形状简单的中、小型模具上。

图2-7 整体式型腔

组合式型腔是指型腔由两个或两个以上零件组合而成。这种型腔加工工艺性好，但装配调整困难，有时塑件表面会留有拼接的痕迹。组合式型腔主要用于形状复杂的塑件成型。组合式型腔可分为整体嵌入式、局部镶拼式和四壁拼合式。

1）整体嵌入式

小型型腔塑件用多型腔模具成型时，各单个型腔采用机械加工、冷挤压、电加工等方法加工制成，然后压入模板中。这种结构加工效率高，装拆方便，便于更换。

型腔与模板的装配及配合如图2-8所示。其中图2-8（a）、（b）称为通孔台肩式，型腔带有台肩，从下面嵌入型腔固定板，再用垫板螺钉紧固。如果型腔镶件是回转体，而型腔是非回转体，则需要用销钉或键止转定位，如图2-8（b）所示是销钉定位，结构简单，装拆方便。图2-8（c）、（d）所示为型腔从上面嵌入固定板中，这种结构可省去垫板。

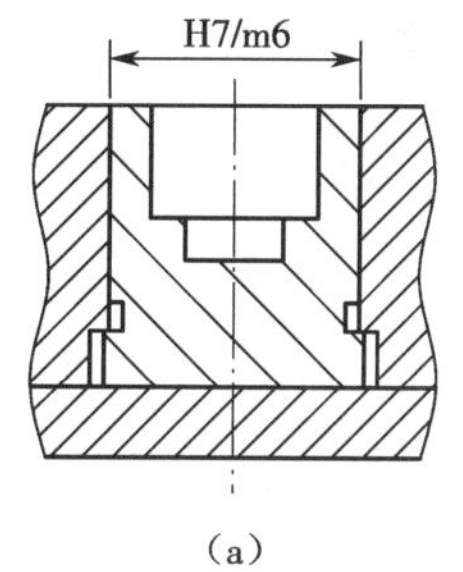

（a）

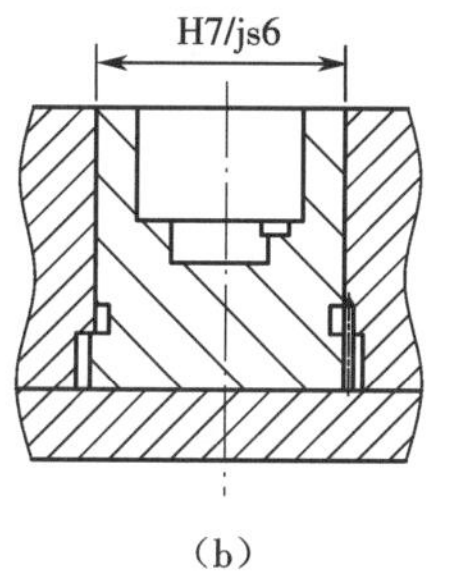

（b）

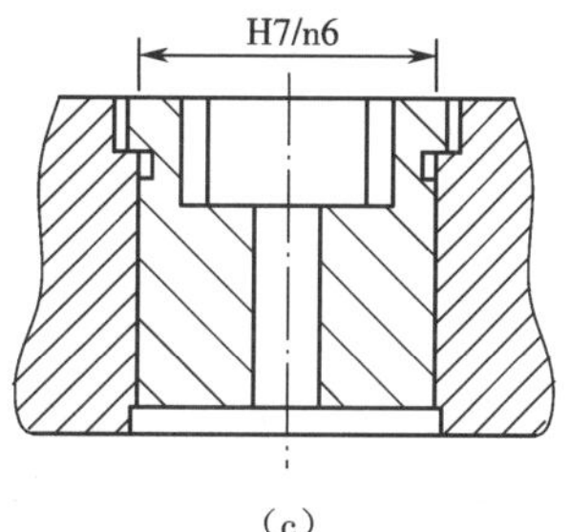

（c）

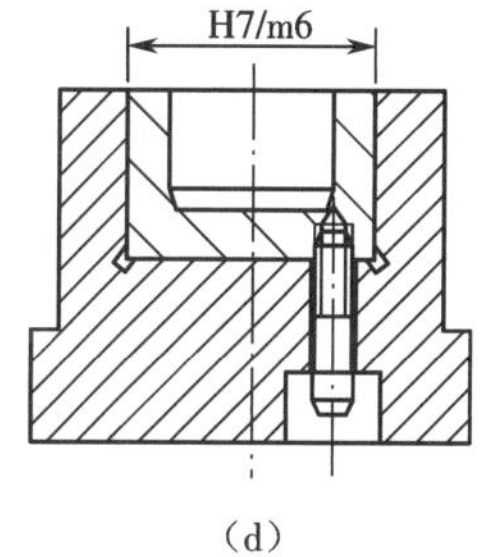

（d）

图2-8 整体嵌入式型腔

2）局部镶嵌式型腔

对于型腔的某些部位，为了加工上的方便，或对特别容易磨损、需要经常更换的部位，可将该部位制作成镶块，再嵌入型腔，如图 2-9 所示。

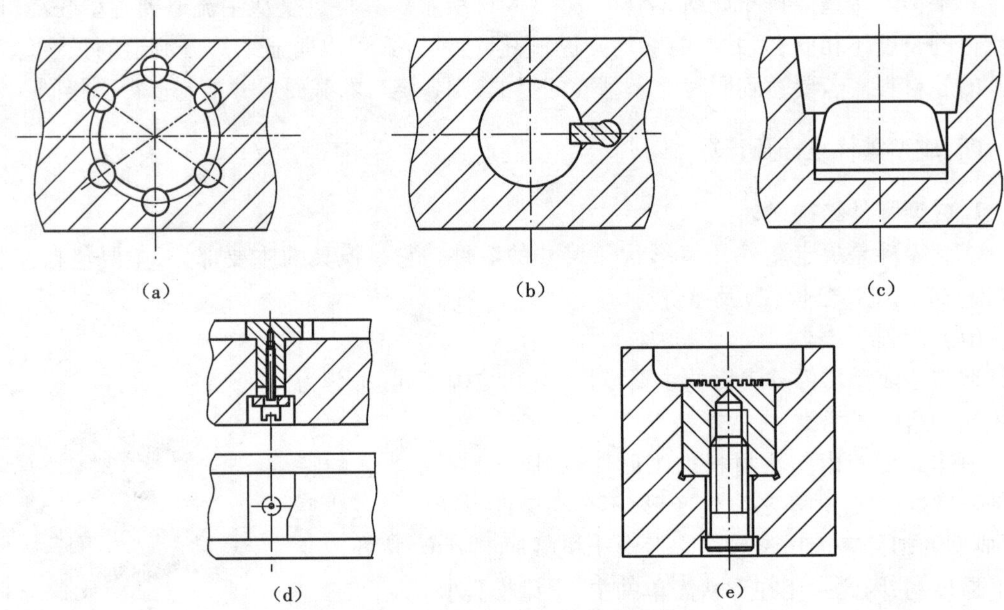

图 2-9　局部镶嵌式型腔

(a)、(b)侧壁局部镶嵌；(c)、(d)、(e)底部局部镶嵌

3）底部镶拼式型腔

为了便于机械加工、研磨、抛光和热处理，形状复杂的型腔底部可以设计成镶拼式，如图 2-10 所示。图 2-10(a)为在垫板上加工出成型部分镶入型腔的结构，图 2-10(b) ~ (d)为型腔底部镶入镶块的结构。

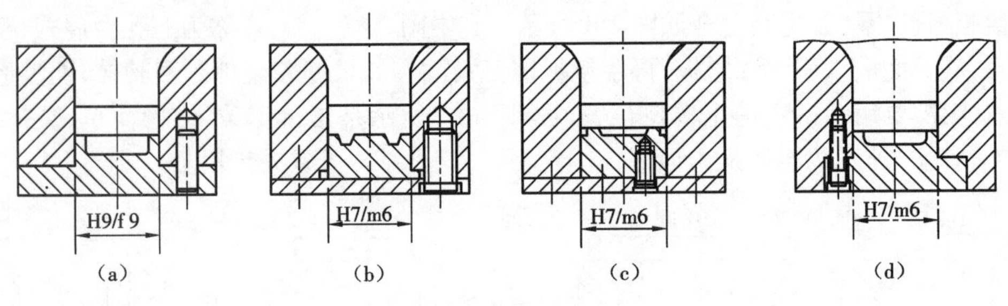

图 2-10　底部镶拼式型腔

4）侧壁镶拼式型腔

侧壁镶拼式型腔结构如图 2-11 所示，这种结构一般很少采用，这是因为在成型时，熔融塑料的成型压力会使螺钉和销钉产生变形，从而达不到产品的精度要求。图 2-11(a)中螺钉在成型时将受到拉伸，图 2-11(b)中螺钉和销钉在成型时将受到剪切。

5）多件镶拼式型腔

型腔也可以采用多镶块组合式结构，根据型腔的具体情况，在难以加工的部位分开，这

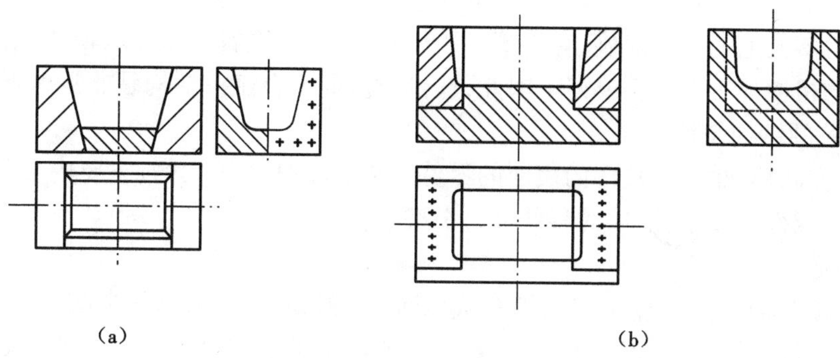

图 2-11　侧壁镶拼式型腔

样就把复杂的型腔内表面加工转化为镶拼块的外表面加工，而且容易保证精度，如图 2-12 所示。大型和形状复杂的型腔，把四壁和底板单独加工后镶入模板再用垫板螺钉紧固，如图 2-13 所示。在图 2-13(b)的结构中，为了保证装配的准确性，侧壁之间采用锁扣连接。连接处外壁应留有 0.3 ~0.4 mm 间隙，以使侧壁接触紧密，减少塑料挤入。

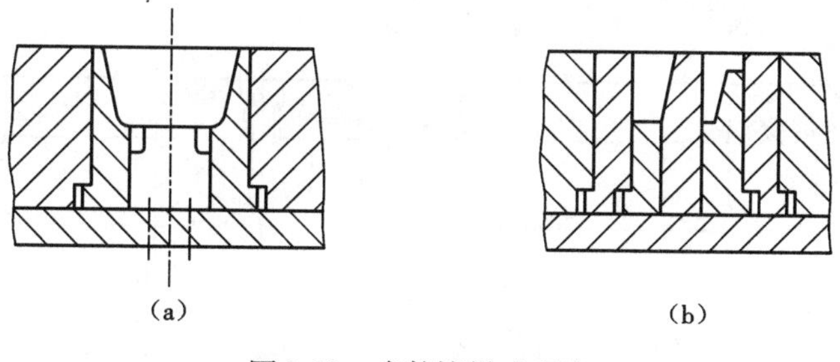

图 2-12　多件镶拼式型腔

(a)轴对称镶拼；(b)不对称镶拼

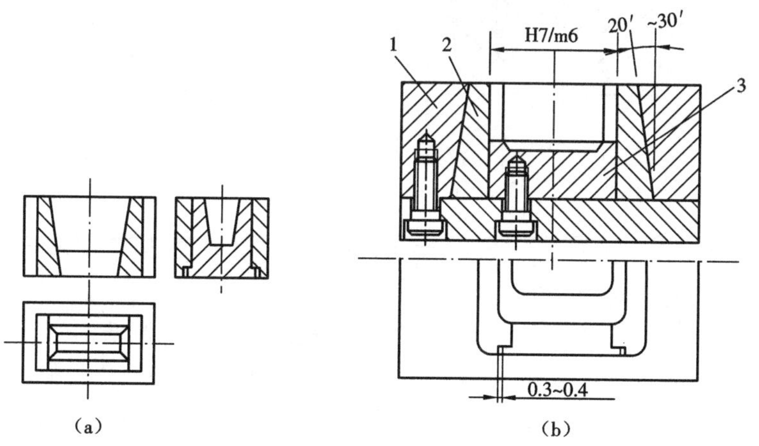

图 2-13　四壁拼合式型腔

1—模套　2—侧拼块　3—底拼块

综上所述，采用组合式型腔，简化了复杂型腔的加工工艺，减少了热处理变形，拼合处有

间隙利于排气，便于模具维修，节省了贵重的模具钢。为了保证组合式型腔尺寸精度和装配的牢固，减少塑件上的镶拼痕迹，对于镶块的尺寸、形状与位置公差要求较高，组合结构必须牢靠，镶块的机械加工工艺性要好。因此，选择合理的组合镶拼结构是非常重要的。

(2)型芯的结构设计

型芯又称凸模，是成型塑件内表面的零件。成型塑件中较大的、主要内形的零件，称为主型芯，成型塑件上较小孔、槽的零件称为小型芯。

1)主型芯

主型芯按结构可分为整体式和组合式两种，如图 2-14 所示。其中图 2-14(a) 为整体式，结构牢固，但不便加工，消耗的模具钢多，主要用于工艺试验模具或小型模具上形状简单的型芯。一般的模具中，型芯常采用如图 2-14(b) ~(d)所示的结构。这些结构是将型芯单独加工，再和模板连接。其中图 2-14(b)用螺钉、销钉连接，结构较简单；图 2-14(c)采用局部嵌入定位，螺钉连接，其牢固性比图 2-14(b)好；图 2-14(d)采用台阶连接，连接牢固可靠，是一种常用的连接方法。当型芯周围有推杆或冷却水孔时，采用图 2-14(d)所示连接方法较适宜。对于固定部分为圆形而成型部分为非圆形的型芯，为防止型芯在固定板内旋转，必须采用可靠的防型芯转动措施。

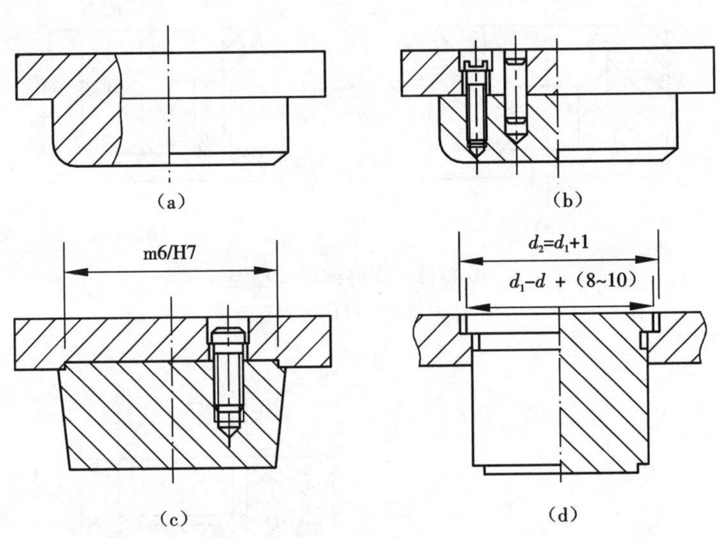

图 2-14　主型芯结构

图 2-15 为镶拼组合式型芯。这些型芯的形状比较复杂，如果采用整体式结构，加工较困难，而采用拼块组合，可简化加工工艺。

采用组合式型芯的优缺点与组合式型腔基本相同。设计和制造这类型芯时，必须注意提高拼块的加工和热处理工艺性，拼接必须牢靠严密。镶套薄壁处要避免热处理开裂。

在设计型芯结构时，应注意塑料的溢料飞边不要影响脱模取件。图 2-16(a)结构的溢料飞边的方向与塑件脱模方向相垂直，影响塑件的取出；而图 2-16(b)结构溢料飞边的方向与脱模方向一致，便于脱模。

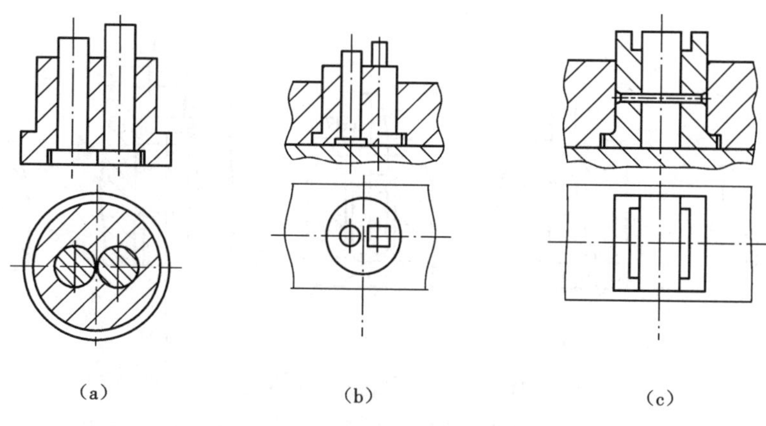

图 2-15　镶拼组合式型芯

(a)、(b)简单镶拼;(c)异形件镶拼

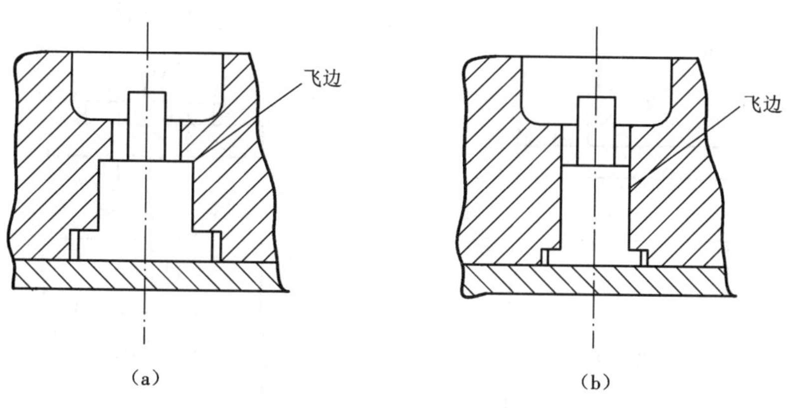

图 2-16　溢料飞边方向与镶拼结构

(a)溢料飞边与脱模方向垂直;(b)溢料飞边与脱模方向一致

2)小型芯或成型杆

小型芯或成型杆用于成型塑件上的小孔或槽。小型芯单独制造,再嵌入模板中。图 2-17 为小型芯常用的几种固定方法。图 2-17(a)是用台肩固定的形式,下面用垫板压紧;如固定板太厚,可在固定板上减小配合长度,如图 2-17(b)所示;图 2-17(c) 是型芯细小而固定板太厚的形式,型芯镶入后,在下端用圆柱销垫平;图 2-17(d)用于固定板厚而无垫板的场合,在型芯的下端用螺塞紧固;图 2-17(e)是型芯镶入后在另一端采用铆接固定的形式。

多个互相靠近的小型芯,用凸肩固定时,如果凸肩发生重叠干涉,可将凸肩相碰的一面磨去,如图 2-18 所示。图 2-18(a)是将型芯固定板的台阶孔加工成大圆台阶孔,图 2-18(b)是将型芯固定板的台阶孔加工成长腰圆形台阶孔,然后再将型芯镶入。

2. 成型零件工作尺寸的计算

成型零件的工作尺寸是指型腔和型芯直接构成塑件的尺寸。由于影响塑件尺寸的因素很多,特别是塑料收缩率的影响,所以其计算过程比较复杂。

(1)影响成型零件尺寸的因素

①成型收缩。塑件成型后的收缩率波动范围较大,且与多种因素有关。在计算工作尺

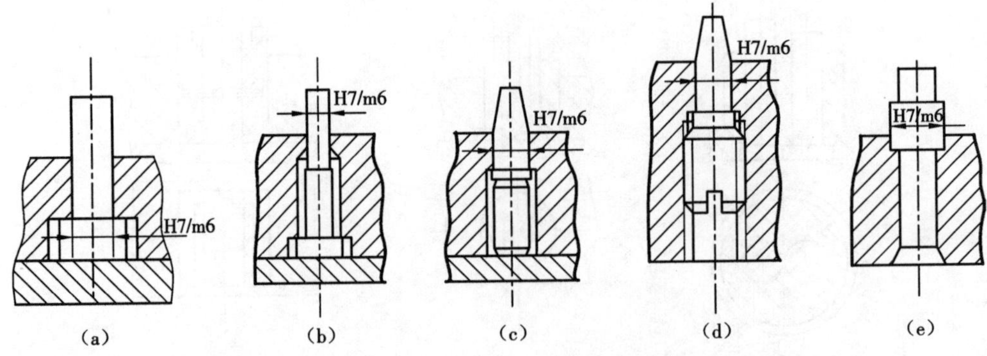

图 2-17 小型芯的固定方法

(a)用台肩固定;(b)减小配合长度;(c)用圆柱销垫平;(d)用螺塞紧固;(e)用铆接固定

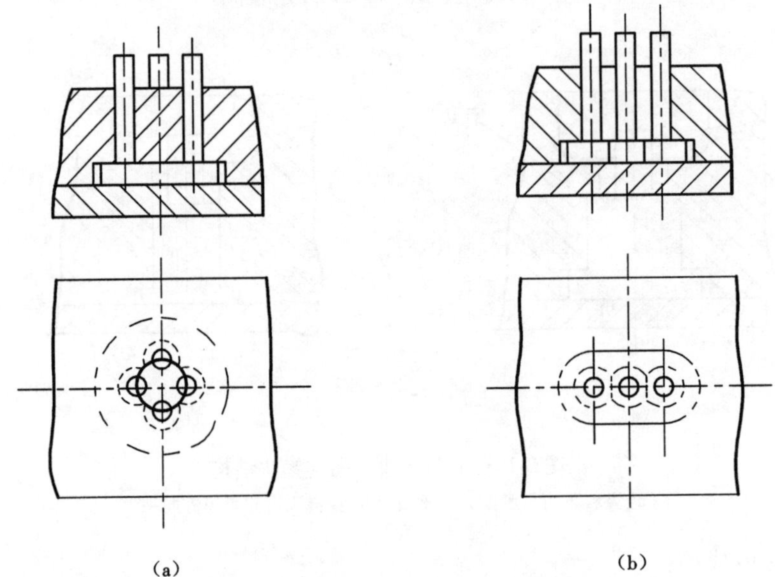

图 2-18 多个互相靠近型芯的固定

寸时,通常按平均收缩率计算,即

$$\bar{S}=\frac{S_{max}+S_{min}}{2}\times 100\% \tag{2-1}$$

式中 $\bar{S}$、S_{max}、S_{min}——塑件的平均收缩率、最大收缩率、最小收缩率。

②模具成型零件的制造公差。它直接影响塑件的尺寸公差,成型零件的精度高,则塑件的精度也高。模具设计时,成型零件的制造公差可选为塑件公差 δ_z 的 $\Delta/3$ ~ $\Delta/4$,或选 IT7 ~ IT8,表面结构参数值为 $Ra0.05$ ~ 0.8 μm。

③模具成型零件的磨损。模具在使用过程中由于塑料熔体、塑件对模具的作用,成型过程中可能产生的腐蚀气体的锈蚀以及模具维护时重新打磨抛光等,均有可能使成型零件发生磨损。在计算成型零件工作尺寸时,磨损量 δ_c 应根据塑件的产量、塑件品种、模具材料等因素来确定。一般说来,对于中小型塑件,最大磨损量 δ_c 可取塑件公差 Δ 的 1/6;对于大型

塑件,则取小于塑件公差 Δ 的 1/6。

此外,模具安装、配合的误差以及塑件的脱模斜度等都会影响塑件的尺寸精度。

(2)成型零件工作尺寸的计算

成型零件的工作尺寸是根据塑件成型收缩率、成型塑件的制造公差和模具成型零件磨损量等来确定的。常用的方法是平均收缩率法,如图 2-19 和表 2-4 所示。

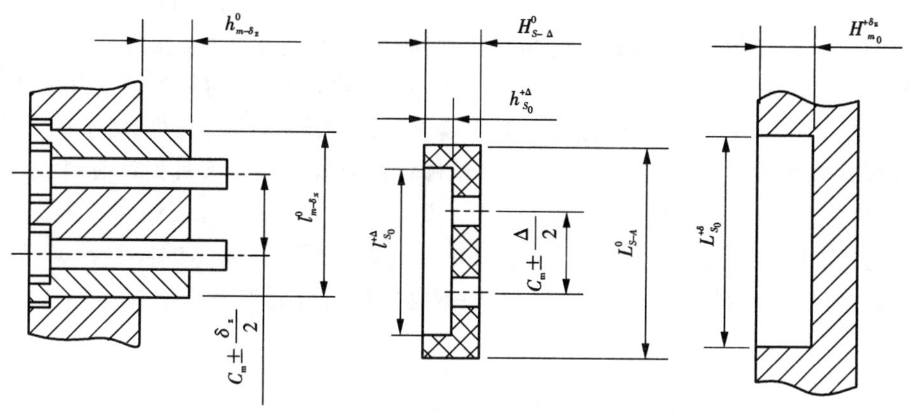

图 2-19 成型零件工作尺寸和塑件尺寸的关系

表 2-4 成型尺寸的计算公式

尺寸类型		计算公式
型腔	径向尺寸(直径、长、宽)	$L_{m_0}^{+\delta_z}=[(1+\bar{S})L_s-\chi\Delta]_0^{+\delta_z}$
	深度	$H_{m_0}^{+\delta_z}=[(1+\bar{S})H_s-\chi'\Delta]_0^{+\delta_z}$
型芯	径向尺寸(直径、长、宽)	$l_{m-\delta_z}^{0}=[(1+\bar{S})l_s-\chi\Delta]_{-\delta_z}^{0}$
	高度	$h_{m-\delta_z}^{0}=[(1+\bar{S})h_s-\chi'\Delta]_{-\delta_z}^{0}$
中心距		$C_m\pm\frac{1}{2}\delta_z=[(1+\bar{S})C_s]\pm\frac{1}{2}\delta_z$

注:表中各尺寸极限偏差的标注必须符合图 2-19 所示格式,若不符合,在代入公式之前必须向规定标注形式转化。表 2-4 中各个公式符号注释如下:

L_m、l_m——型腔、型芯径向工作尺寸,mm;

L_s、l_s——塑件的径向极限尺寸,mm;

H_m、h_m——型腔、型芯高度工作尺寸,mm;

H_s、h_s——塑件高度极限尺寸,mm;

C_m——模具中心距,mm;

C_s——塑件中心距,mm;

$\bar{S}$——塑件的平均收缩率;

Δ——塑件的尺寸公差,mm;

χ——修正系数,取 $\chi=1/2\sim3/4$,公差值大时取小值,中小型塑件一般取 $\chi=3/4$;

χ'——修正系数,取 $\chi=1/2\sim3/4$,尺寸较大、精度较低时取小值,反之取大值;

δ_z——模具制造精度,取 $\delta_z=(1/3\sim1/5)\Delta$,尺寸较大、精度较低时取大值,反之取小值。

按平均收缩率法计算模具工作尺寸有一定误差，这是因为上述公式中的 δ_z 及 χ 的值凭经验确定。为保证塑件实际尺寸在规定的公差范围内，尤其是对于尺寸较大且收缩率波动范围较大的塑件，需要对成型尺寸进行校核。

3. 型腔和底板的确定

在塑料注射过程中，型腔所承受的力是十分复杂的。在塑料熔体的压力作用下，型腔将产生内应力及变形。如果型腔壁厚和底板厚度不够，当型腔中产生的内应力超过型腔材料的许用应力时，型腔即发生强度破坏。与此同时，刚度不足则发生过大的弹性变形，从而产生溢料和影响塑料制品尺寸及成型精度，也可能导致脱模困难等，可见模具对强度和刚度都有要求。通常对于大尺寸型腔，刚度不足是主要矛盾，应按刚度条件计算；对于小尺寸型腔，强度不够则是主要矛盾，应按强度条件计算（具体计算公式可查阅模具设计资料）。

型腔、底板尺寸计算比较复杂且烦琐，为了简化模具设计，通常依据经验数据来确定。表 2-5 所列为矩形型腔壁厚的经验数据，表 2-6 所列为圆形型腔壁厚的经验数据，表 2-7 所列为型腔底板的经验数据（支承板厚度的经验数据），供设计时参考。

表 2-5　矩形型腔壁厚的经验数据　mm

矩形型腔内壁短边	整体式型腔侧壁厚	镶拼式型腔	
		凹模壁厚	模套壁厚
~40	25	9	22
>40~50	25~30	9~10	22~25
>50~60	30~35	10~11	25~28
>60~70	35~42	11~12	28~35
>70~80	42~48	12~13	35~40
>80~90	48~55	13~14	40~45
>90~100	55~60	14~15	45~50
>100~120	60~72	15~17	50~60
>120~140	72~85	17~19	60~70
>140~160	85~95	19~21	70~80

表 2-6　圆形型腔壁厚的经验数据　mm

圆形型腔内壁直径	整体式型腔壁厚	镶拼式型腔	
		型腔壁厚	模套壁厚
40	20	8	18
>40~50	25	9	22
>50~60	30	10	25
>60~70	35	11	28
>70~80	40	12	32
>80~90	45	13	35
>90~100	50	14	40

续表

圆形型腔内壁直径	整体式型腔壁厚	镶拼式型腔	
		型腔壁厚	模套壁厚
>100～120	55	15	45
>120～140	60	16	48
>140～160	65	17	52
>160～180	70	19	55
>180～200	75	21	58

表 2-7　支承板厚度 h 的经验数据　mm

B	h		
	$b\approx L$	$b\approx 1.5L$	$b\approx 1.5L$
≤102	$(0.12\sim0.13)b$	$(0.1\sim0.11)b$	$0.08b$
>102～300	$(0.13\sim0.15)b$	$(0.11\sim0.12)b$	$(0.08\sim0.09)b$
>300～500	$(0.15\sim0.17)b$	$(0.12\sim0.13)b$	$(0.09\sim0.1)b$

注：当压强 $p\geqslant49$ MPa、$L\geqslant1.5\,b$ 时，取表中数值乘以 1.25～1.35；当压强 $p<49$ MPa、$L\geqslant1.5\,b$，取表中数值乘以 1.5～1.6。

对于大型模具，两支架之间的跨度很大，导致底板厚度必然很厚。为避免模具过重和浪费材料，在结构允许的情况下，可在底板下面加支承柱或支承块，这样可大大减小底板厚度，且支承柱还可为模具内推板导向。图 2-20(a)所示为增加一个支承块，图 2-20(b)所示为按 1∶1.2∶1的跨度比增加两个支承块。增加支承后底板厚度可适当减薄。

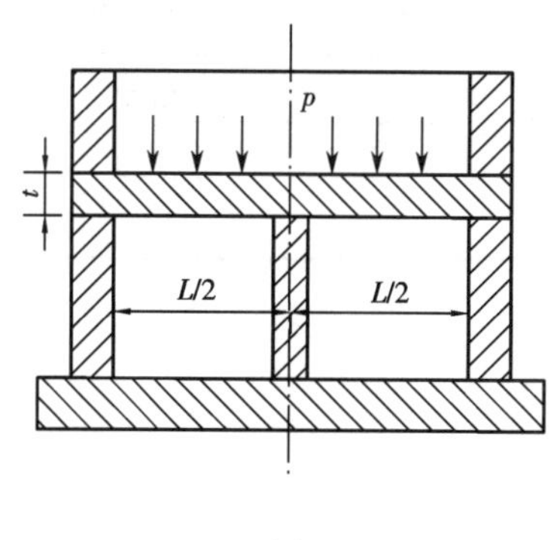

(a)

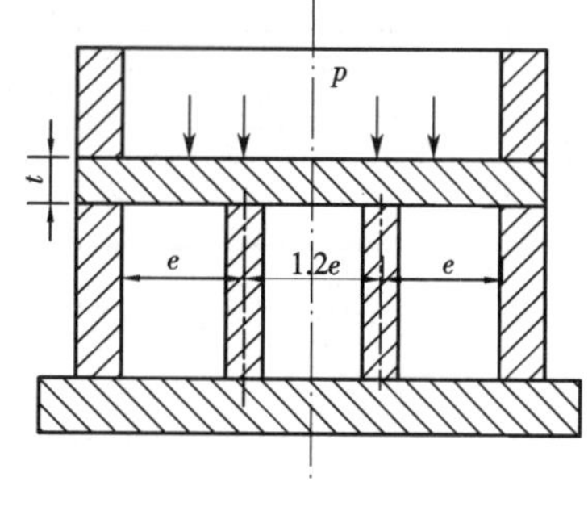

(b)

图 2-20　底板下加支承的结构

(a)一个支承块；(b)两个支承块

五、浇注系统的设计

浇注系统是指模具中由注射机喷嘴到型腔之间的一段进料通道,其设计的好坏直接影响到塑件的质量及成型效率。浇注系统的作用是:将塑料熔体均匀地送到每个型腔,并将注射压力有效地传送到型腔的各个部分,以获得形状完整、质量优良的塑件。

1. 浇注系统的组成

浇注系统分为普通流道浇注系统和热流道浇注系统。这里只介绍普通流道浇注系统。普通流道浇注系统一般由主流道、分流道、浇口和冷料穴 4 部分组成。常见的注射模具浇注系统如图 2-21 所示。

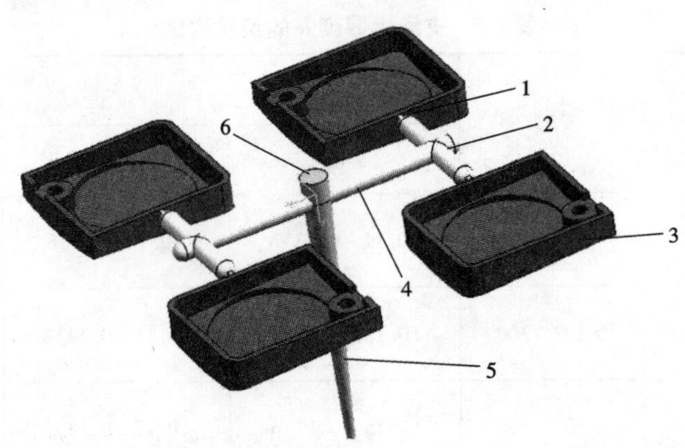

图 2-21　浇注系统的组成

1—浇口;2—次分流道;3—塑件;4—分流道;5—主流道;6—冷料穴

2. 浇注系统设计的基本原则

①型腔布置和浇口开设部位力求对称,防止模具承受偏载而产生溢料现象,图 2-22(b)的布置比图 2-22(a)的布置合理。

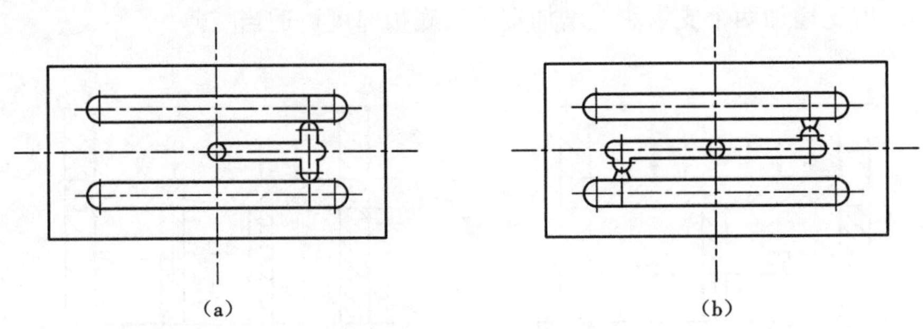

图 2-22　流道布置力求对称

(a)不合理;(b)合理

②型腔和浇口的排列要尽可能地减小模具外形尺寸。图 2-23(b)的布置比图 2-23(a)的布置合理。

③系统流道应尽可能短,断面尺寸适当(太小则压力及热量损失大,太大则塑料耗费大);尽量减小弯折,表面结构参数值要低,以使热量及压力损失尽可能小。

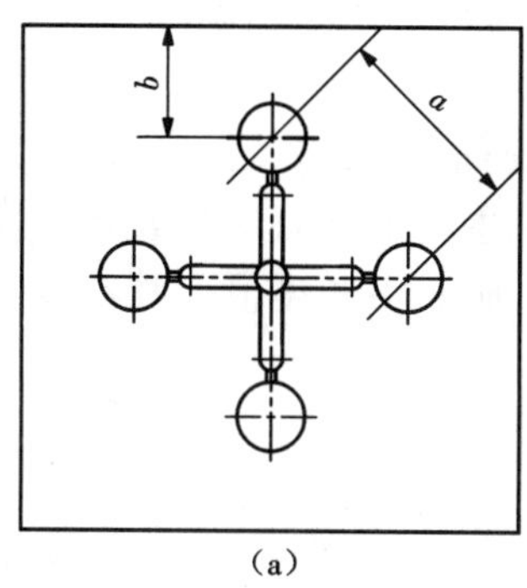

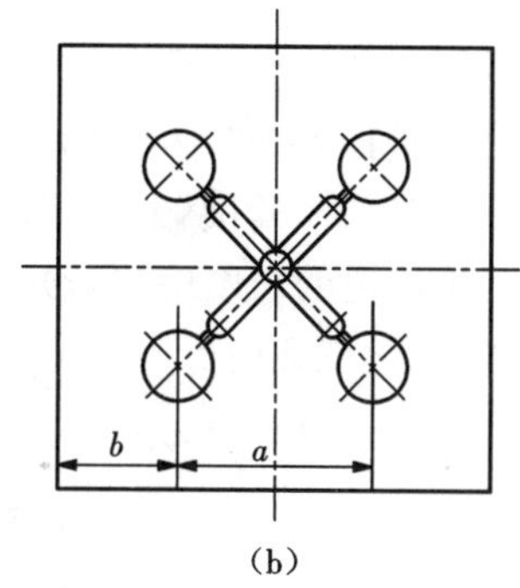

图 2-23　型腔布置力求紧凑

(a)不合理;(b)合理

④对多型腔应尽可能使塑料熔体在同一时间内进入各个型腔的深处及角落,即分流道尽可能采用平衡式布置。

⑤满足型腔充满的前提下,浇注系统容积尽量小,以减少塑料的消耗量。

⑥浇注系统在分型面上的投影面积应尽量小。浇注系统与型腔的布置应尽量减小模具尺寸,以节约模具材料。

3. 主流道的设计

主流道是指浇注系统中从注射机喷嘴与模具接触处开始到分流道为止的塑料熔体的流动通道,是熔体最先流经模具的部分,常见的注射模具浇注系统如图 2-24 所示。它与注射机喷嘴在同一轴心线上,物料在主流道中并不改变流动方向,它的形状与尺寸对塑料熔体的流动速度和充模时间有较大的影响,因此,必须使熔体的温度和压力损失最小。

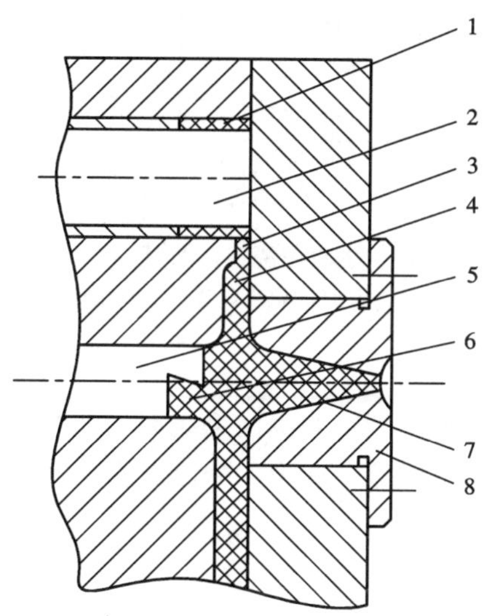

图 2-24　常见的注射模具浇注系统

1—塑件;2—型芯;3—浇口;4—分流道;5—拉料杆;

6—冷料穴;7—主流道;8—浇口套

由于主流道要与高温塑料和注塑机喷嘴反复接触和碰撞,通常不直接开在定模板上,而

是将它单独设计成主流道衬套镶入定模板内，如图 2-25 所示。主流道断面一般为圆形，为了让主流道凝料能顺利从浇口套中拔出，主流道设计成圆锥形，其锥角 α 为 2°～6°，小端直径 d 比注射机喷嘴直径大 0.5～1 mm。由于小端的前面是球面，其深度为 3～5 mm，注射机喷嘴的球面在该位置与模具接触并且贴合，因此要求主流道球面半径 R 比喷嘴球面半径 r 大 0.5～1 mm。主流道的长度应尽量短，以减少压力损失，其长度值一般不超过 60 mm。主流道衬套又称浇口套，现在有标准件可供选购。

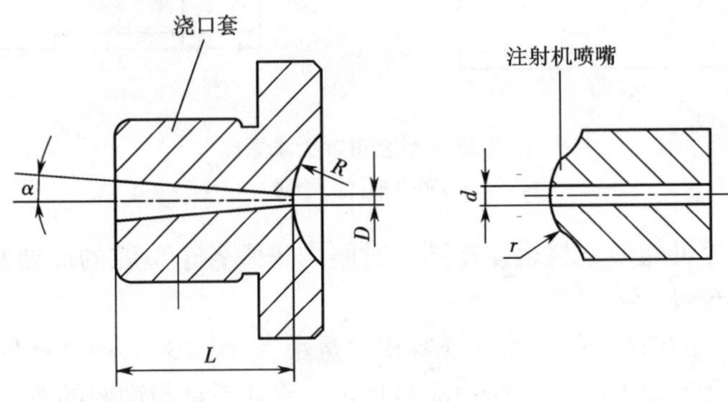

图 2-25 主流道衬套

浇口套与模板配合固定的形式如图 2-26 所示。浇口套与模板间的配合采用 H7/m6 的过渡配合，浇口套与定位圈采用 H9/f9 的配合。定位圈在模具安装调试时应插入注射机定模板的定位孔内，用于模具与注射机的安装定位。定位圈外径比注射机定模板上的定位孔径小 0.2 mm。

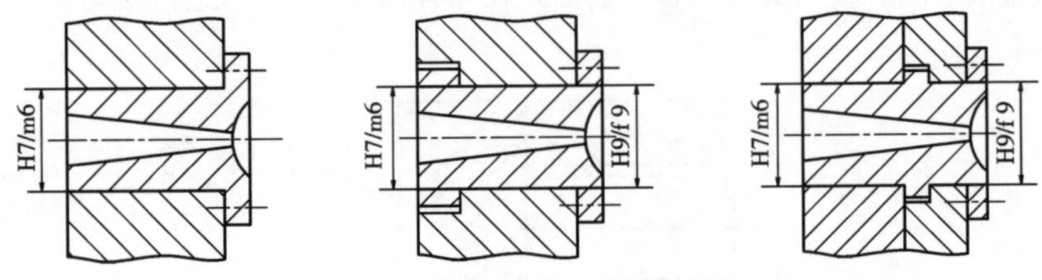

图 2-26 主流道浇口套及其固定形式

(a)整体式浇口套；(b)定位环固定浇口套；(c)定位环与台阶固定浇口套

4. 分流道的设计

在设计多型腔或者多浇口的单型腔的浇注系统时，应设置分流道。分流道是指主流道末端与浇口之间的一段塑料熔体的流动通道。分流道的作用是改变熔体流向，使其以平稳的流态均衡地分配到各个型腔。设计时应注意尽量减少流动过程中的热量损失与压力损耗。

(1)分流道的形状与尺寸

分流道开设在动定模分型面的两侧或任意一侧，其截面形状应尽量使其比表面积(流道表面积与其体积之比)小，在温度较高的塑料熔体和温度相对较低的模具之间提供较小的接触面积，以减少热量损失。常用的分流道截面形式有圆形、梯形、U 形、半圆形及矩形等几种，如图 2-27 所示。

分流道截面尺寸视塑料品种、制件尺寸、成型工艺条件以及流道的长度等因素来确定。

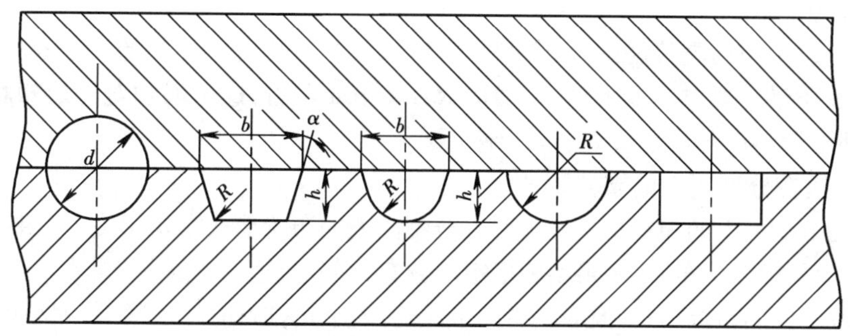

图 2-27　分流道截面的形状

通常圆形截面分流道直径为 2 ~ 10 mm；对流动性较好的尼龙、聚乙烯、聚丙烯等塑料的小型制件，在分流道长度很短时，直径可小到 2 mm；对流动性较差的聚碳酸酯、聚砜等塑料，分流道可大至 10 mm；对于多数塑料，分流道截面直径常取 5 ~ 6 mm。

梯形截面分流道的尺寸可按下面经验公式确定：

$$b = 0.2654\sqrt{m}\sqrt[4]{L} \tag{2-2}$$

$$h = \frac{2}{3}b$$

式中　b——梯形大底边宽度，mm；

m——制件的质量，g；

L——分流道的长度，m；

h——梯形的高度，mm。

梯形的侧面斜角 α 常取 5° ~ 10°，底部以圆角相连。式(2-2)适用于制件壁厚在 3.2 mm 以下、制件质量小于 200 g 情况，且计算结果 b 应在 3.2 ~ 9.5 mm 范围内才合理。按照经验，根据成型条件不同，b 也可在 5 ~ 10 mm 内选取。

U 形截面分流道的宽度 b 也可在 5 ~ 10 mm 内选取，半径 $R = 0.5b$，深度 $h = 1.25R$，斜角 $\alpha = 5° \sim 10°$。

(2)分流道的长度

根据型腔在分型面上的排布情况，分流道可分为一次分流道、二次分流道甚至三次分流道。分流道的长度要尽可能短，且弯折少，以便减少压力损失和热量损失，节约塑料的原材料和能耗。图 2-28 所示为分流道长度的设计尺寸，其中 $L_1 = 6 \sim 10$ mm，$L_2 = 3 \sim 6$ mm，$L_3 = 6 \sim 10$ mm，L 的尺寸根据型腔的多少和型腔的大小而定。

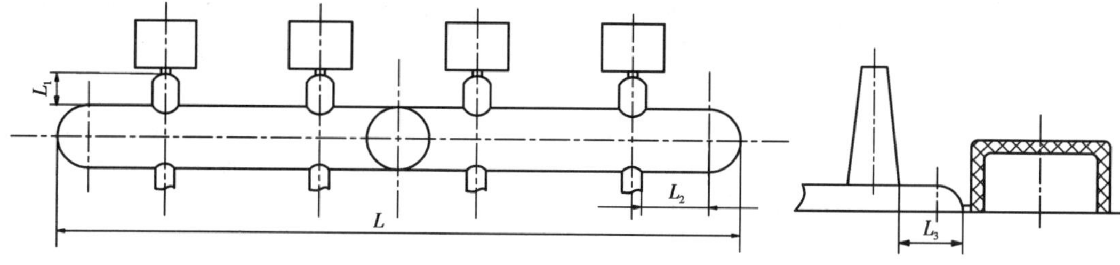

图 2-28　分流道的长度

(3)分流道的表面结构

由于分流道中与模具接触的外层塑料迅速冷却,只有内部的熔体流动状态比较理想,因此分流道表面质量度要求不能太低,一般取 $Ra1.6$ μm 左右,这可增加对外层塑料熔体的流动阻力,使外层塑料冷却皮层固定,形成绝热层。

(4)分流道在分型面上的布置形式

分流道在分型面上的布置形式与型腔在分型面上的布置形式密切相关。如果型腔呈圆形分布,则分流道呈辐射状布置;如果型腔呈矩形分布,则分流道一般采用"非"字状布置。虽然分流道有多种不同的布置形式,但应遵循两个原则:一个是排列应尽量紧凑,缩小模板尺寸;另一个是流程尽量短,对称布置,使胀模力的中心与注射机锁模力的中心一致。分流道常用的布置形式有平衡式和非平衡式两种,这与多型腔的平衡式与非平衡式的布置是一致的。

5. 浇口的设计

浇口指分流道末端将塑料引入型腔的狭窄部分,如图 2-21 中的 1 所示。除了主流道浇口以外的各种浇口,其断面尺寸一般都比分流道的断面尺寸小,长度也很短,起着调节控制料流速度、补料时间等作用。浇口常见的断面形状有圆形、矩形等。

浇口的作用是使从分流道来的熔体产生加速,以快速充满型腔。熔体充满型腔后,由接触模壁部分开始渐渐向中心层冷却固化,由于一般浇口的尺寸比型腔部分小得多,所以总是首先凝固,只要注射工艺过程中保压时间足够,凝固封闭后的浇口就能防止熔体倒流,而且也便于浇口凝料与制品分离。

(1)浇口的类型、特点及应用

注射模的浇口形式较多,应根据塑料的成型特性、制品的几何形状、尺寸、生产批量、成型条件、注射机结构等因素综合考虑合理选用。常见的浇口形式、特点及尺寸见表 2-8。

表 2-8 浇口的形式、特点及尺寸

序号	名称	简图	尺寸	特点
1	直接浇口(主流道型浇口、非限制性浇口)	α	$\alpha=2°\sim4°$	塑料流程短,流动阻力小,进料速度快,适用于高黏度类大而深的塑件(PC、PSU 等)。浇口凝固时间长,去浇口不便
2	侧浇口(边缘浇口、矩形浇口、标准浇口)	L r A—A放大 B h A A	$B=1.5\sim5$ mm $h=0.5\sim2$ mm $L=0.5\sim2$ mm $r=0.5\sim2$ mm	浇口流程短、截面小、去除容易,模具结构紧凑,加工维修方便,能方便地调整充模时剪切速率和浇口的冻结时间,使浇口修整和凝料去除方便,适用于各种形状的塑件

续表

序号	名称	简图	尺寸	特点
3	扇形浇口		$h=0.25\sim1.6$ mm B 为塑件长度的1/4 $L=(1\sim1.3)h$ $L_1=6$ mm	浇口中心部分与两侧的压力损失基本相等，塑件的翘曲变形小，型腔排气性好。适用于大的薄片塑件。但浇口去除较困难，浇口痕迹明显
4	平缝式浇口		$h=0.20\sim1.5$ mm B 为型腔长度的1/4至全长 $L=1.2\sim1.5$ mm	适用于大面积扁平塑件。进料均匀，流动状态好，避免熔接痕
5	盘形浇口		$h=0.25\sim1.6$ mm $L=0.8\sim1.8$ mm	适用于圆筒形或中间带孔的塑件。进料均匀，流动状态好，避免熔接痕
6	轮辐浇口		$h=0.5\sim1.5$ mm 宽度视塑件大小而定 $L=1\sim2$ mm	浇口去除方便，适用范围同盘形浇口，但塑件可能留有熔接痕
7	点浇式（橄榄形、菱形浇口）		$d=0.5\sim1.5$ mm $l=1.0\sim1.5$ mm $l_0=0.5\sim1.5$ mm $l_1=1.0\sim1.5$ mm $\alpha_1=6°\sim15°$ $\alpha=60°\sim90°$ $R=1\sim3$ mm	截面小，塑件剪切速率高。开模时浇口可自动拉断，适于盒形及壳体类塑件
8	潜伏式浇口（隧道式）		$\alpha=40°\sim60°$ $\beta=10°\sim20°$	属点浇口的变异形式，浇口可自动切断，塑件表面不留痕迹，模具结构简单，不适用于强韧的塑料或脆性塑料
9	护耳式浇口		$L\leqslant150$ mm $H=1.5$ 倍分流道直径 $b_0=$ 分流道直径 $t_0=(0.8\sim0.9)$ 壁厚 $L_0=150\sim300$ mm	具有点浇口的优点，可有效地避免喷射流动，适用于热稳定性差、黏度高的塑料

浇口的设计是十分重要的,断面形状常为矩形或圆形,浇口尺寸通常根据经验估算,浇口断面积为分流道断面积的3% ~9%,浇口的长度为1 ~1.5 mm。在设计时往往先取较小的浇口尺寸,以便试模后逐步加以修正。

另外,不同的浇口形式对塑料熔体的充填特性、成型质量及塑件的性能会产生不同的影响。各种塑料因其性能的差异而对不同形式的浇口会有不同的适应性,设计模具时可见表2-9所列常用塑料所适应的浇口形式。

表2-9 常用塑料所适应的浇口形式

浇口尺寸 / 塑料种类	直接浇口	侧浇口	平缝浇口	点浇口	潜伏浇口	环形浇口
硬聚氯乙烯(HPVC)	☆	☆				
聚乙烯(PE)	☆	☆		☆		
聚丙烯(PP)	☆	☆		☆		
聚碳酸酯(PC)	☆	☆		☆		
聚苯乙烯(PS)	☆	☆		☆	☆	
橡胶改性苯乙烯					☆	
聚酰胺(PA)	☆	☆		☆	☆	
聚甲醛(POM)	☆	☆	☆	☆	☆	☆
丙烯腈 - 苯乙烯	☆	☆		☆		
ABS	☆	☆	☆	☆	☆	☆
丙烯酸酯	☆	☆				

注:"☆"表示塑料适应的浇口形式。

(2)浇口位置选择原则

浇口位置主要根据制品的几何形状和技术要求,并分析熔体在流道和型腔中的流动状态、填充、补充、补缩及排气等因素后确定,一般应遵循下列原则。

①在设计浇口位置时,必要时应进行流动比的校核,即熔体流程长度与厚度之比的校核,如图2-29所示。显然,流动比大,即型腔壁厚不大,而流程很长,可能造成熔体不能充满整个型腔,这时就必须改变浇口位置或增加制品壁厚。

流动比可按下式计算:

$$流动比 = \sum_{i=l}^{i=n} \frac{L_i}{t_i} \tag{2-3}$$

式中 L_i——熔体流程的各段长度;

t_i——熔体流程的各段壁厚。

流动比是随着塑料熔体性质、温度、压力、浇口种类等因素而变化的,表2-10为常用塑料的注塑压力与流动比,供模具设计时参考。

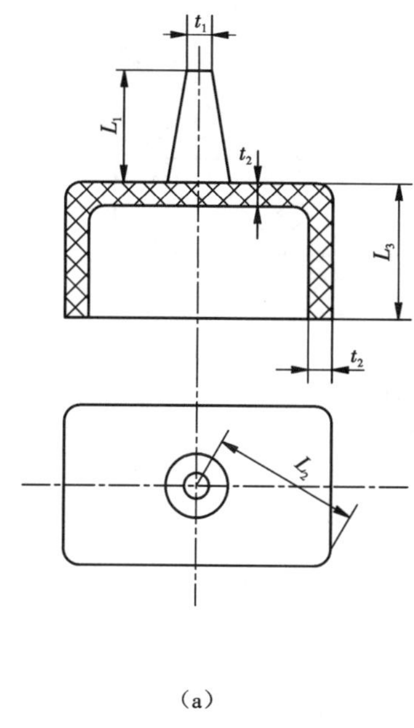

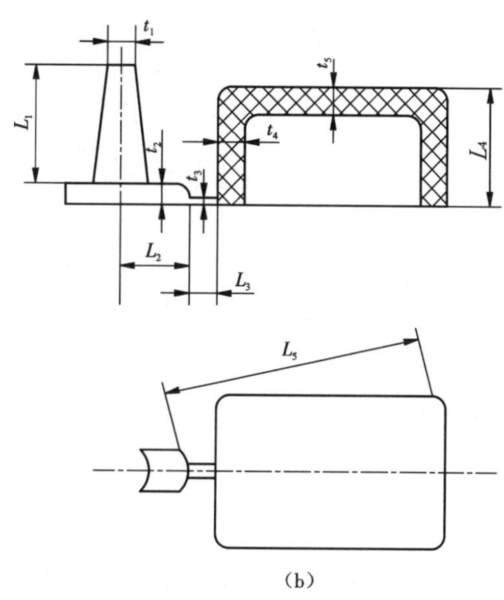

图 2-29　流动比的计算
(a)中心浇口;(b)侧浇口

表 2-10　常用塑料的允许流动范围

塑料名称	注塑压力/MPa	L,t	塑料名称	注塑压力/MPa	L,t
PE	150	25～280	HPVC	130	130～170
PE	60	10～140	HPVC	90	100～140
PP	120	280	HPVC	70	70～110
PP	70	20～240	SPVC	90	200～280
PS	90	20～300	SPVC	70	100～240
PA	90	20～360	PC	130	120～180
POM	100	11～210	PC	90	90～130

②浇口开设的位置应有利于熔体流动和补缩。当制品的壁厚相差较大时,为帮助注射过程最终压力有效地传递到制品较厚部位以防止缩孔,在避免产生喷射的前提下,浇口的位置应开设在制品截面最厚处,以利于熔体填充及补料。如果制品上设有加强肋,则浇口可利用加强肋作为改善熔体流动的通道。如图 2-30 所示制品,厚薄不均匀,图 2-30(a)的浇口位置,由于收缩时得不到补料,制品会出现凹痕;图 2-30(b)的浇口位置选在厚壁处,可以克服凹痕的缺陷。

③浇口位置应设在熔体流动时能量损失最小的部位,并应有利于型腔内气体的排出。在保证型腔得到良好填充的前提下,应使熔体的流程最短,流向变化最少,以减少能量的损失。如图 2-31 所示,其中图 2-31(a)所示浇口位置,其流程长,流向变化多,充模条件差,且不利于排气,往往造成制品顶部缺料或产生气泡等缺陷。对这类制品,一般采用从中心注入的形式,可以缩短流程,有利于排气,避免产生熔接痕。图 2-31(b)为点浇口,图 2-31(c)为

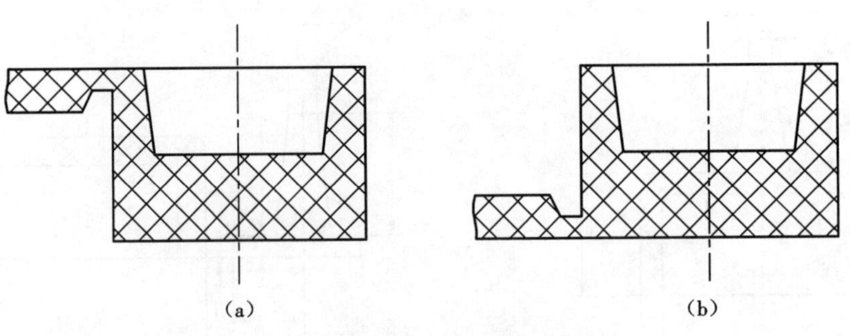

图 2-30　浇口位置应有利于补缩

(a)浇口开在薄壁处;(b)浇口开在厚壁处

直接浇口,两者能克服图 2-31(a)可能产生的缺陷。

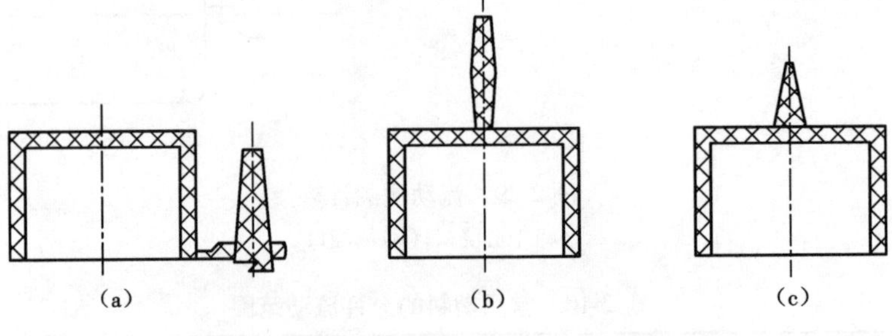

图 2-31　浇口位置对填充与排气的影响

④浇口位置的选择要避免制件变形。如图 2-32(a)所示的平板形制件,只用一个中心浇口,制件会因内应力集中而翘曲变形,而采用图 2-32(b)所示的多个点浇口,就可以克服翘曲变形的缺陷。

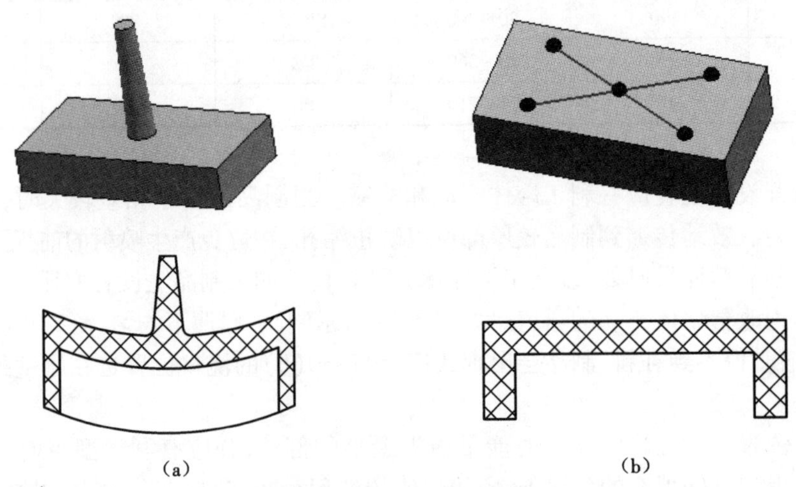

图 2-32　浇口要避免塑件变形

(a)中心浇口;(b)多个点浇口

⑤浇口位置应避免塑料制品产生熔接痕。熔体在充模过程中一般都有料流间的熔接存

在，应尽量减少熔接痕的可能性，避免产生熔接痕，以保证制品的强度。在熔体流程不太长的情况下，如无特殊要求，最好不设两个或两个以上浇口，浇口数量多，产生熔接痕的机会就多，如图 2-33 所示。

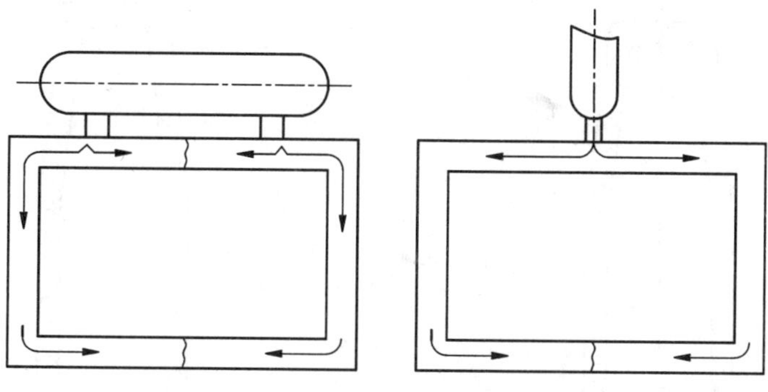

图 2-33　浇口应减少熔接痕的数量

在可能产生熔接痕的情况下，应采取工艺或模具设计方面的措施，增加料流熔接的强度。如图 2-34 所示，在熔接处的外侧开一溢料槽，以便料流前锋的冷料溢进槽内，避免熔接痕的产生。在模具设计时，可以通过正确设置浇口的位置来达到防止熔接痕的产生或控制料流熔接的位置。

图 2-35 所示为箱壳体制品（电视机、收录机外壳），浇口位置不同，不仅影响流程长短，而且也决定了料流熔接的方位和制品的强度。图 2-35(a) 所示浇口位置，熔体流程长，当熔体流到末端时已失去熔接能力，可能产生熔接痕，降低制品的强度；图 2-35(b) 所示浇口位置，流程较短，可在熔接处开溢料槽，以增加熔接的强度。

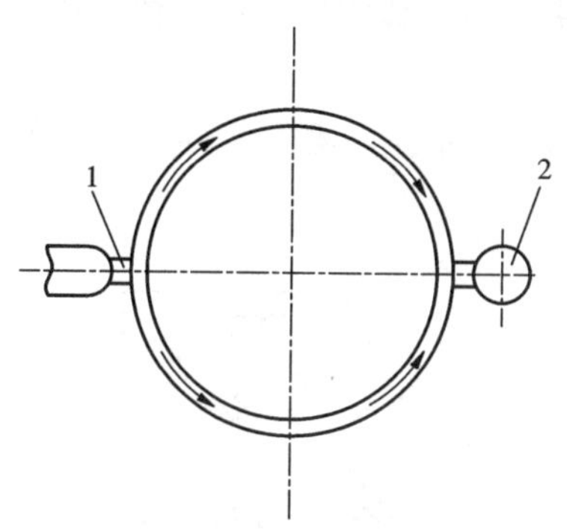

图 2-34　熔接处开溢流槽

1—浇口；2—溢流槽

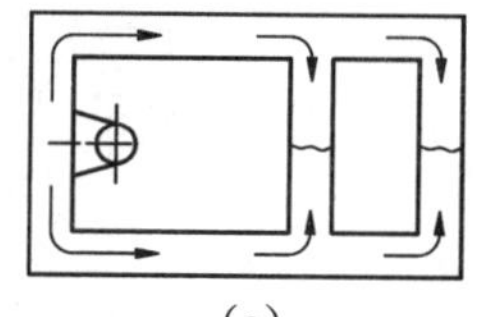

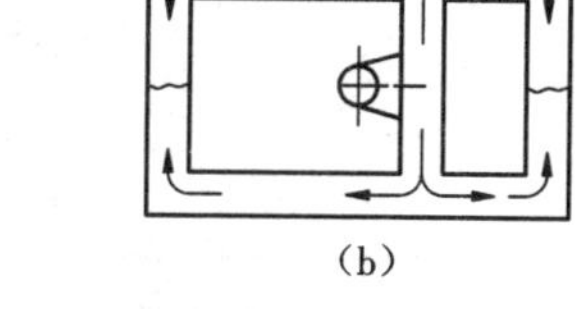

图 2-35　浇口应使料流流程短

(a) 浇口设置不当；(b) 浇口设置合理

⑥防止料流将型芯或嵌件挤压变形。对于具有细长型芯的筒形制品，应避免偏心进料，以防型芯弯曲，如图 2-36 所示。图 2-36(a) 是单侧进料，料流单边冲击型芯，使型芯偏斜而导致制品壁厚不均匀；图 2-36(b) 采用顶部中心进料，效果最好。

6. 冷料穴和拉料杆的设计

①冷料穴。在注射成型时，喷嘴前端的熔料温度较低，为防止其进入型腔，通常在流道末端设置用以集存这部分冷料的冷料井，如图 2-21 中的 6 所示，有时分流道末端也设有冷

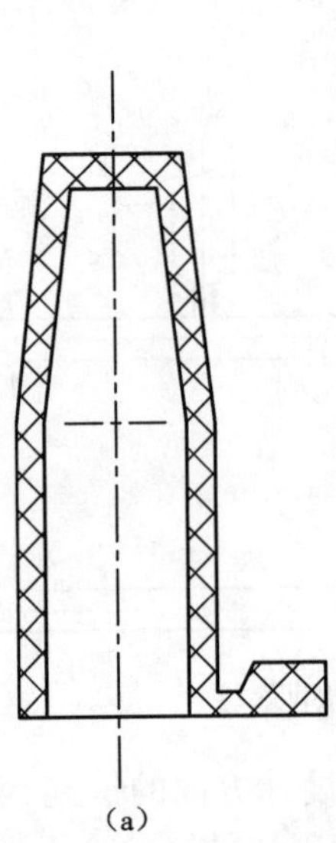

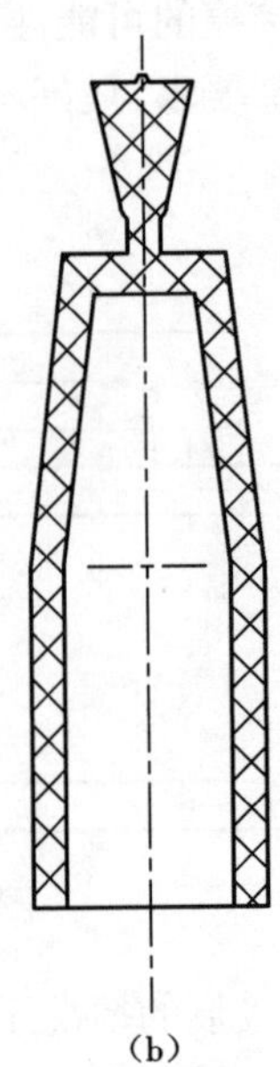

图 2-36　浇口应避免冲击细长型芯

(a)单侧进料；(b)顶部中心进料

料穴。冷料穴一般开设在主流道对面的动模板上，其直径与主流道大端直径相同或略大一些，深度约为直径的 1 ~ 1.5 倍，最终要保证冷料的体积小于冷料穴的体积。

冷料穴底部常制成曲折的钩形或下陷的凹槽，使冷料井兼有分模时将主流道凝料从主流道衬套中拉出并滞留在动模一侧的作用。

②拉料杆。拉料杆的作用为分模时将主流道凝料从主流道衬套中拉出并滞留在动模一侧。冷料井通常与拉料杆配合在一起使用。

图 2-37 所示为适于推杆脱模的拉料杆(井)形式，图 2-38 所示为适于推件板脱模的拉料杆(井)形式。

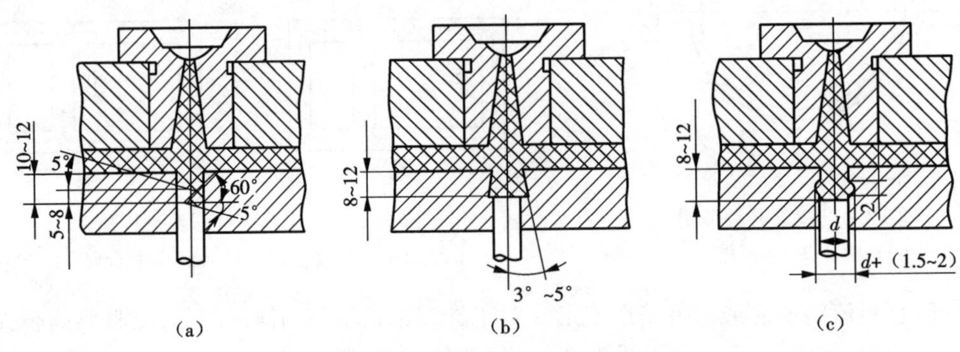

图 2-37　适于推杆脱模的拉料杆(井)

(a)Z 字形拉料杆(井)；(b)倒锥形拉料杆(井)；(c)环形槽拉料杆(井)

并不是所有注射模都需开设冷料穴，有时由于塑料性能或工艺控制较好，很少产生冷料或制件要求不高时，可不必设置冷料穴。

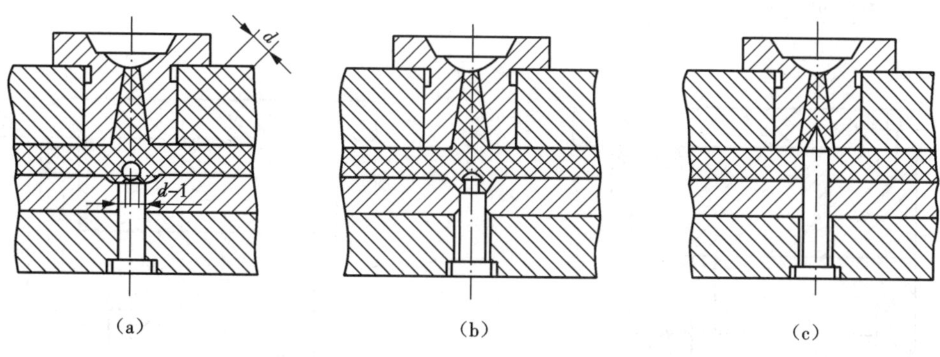

图 2-38　适于推件板脱模的拉料杆(井)

(a)球形头的拉料杆(井);(b)菌形头的拉料杆(井);(c)带分流锥的拉料杆(井)

六、标准模架的选用

模架是设计、制造塑料注射模的基础部件。为了提高模具质量，缩短模具制造周期,组织专业化生产,我国于 1988 年完成了《塑料注射模中小型模架》和《塑料注射模大型模架》等国家标准的制定,后经多次修正、完善,并由国家质量监督检验检疫总局审批、发布实施。

模具的标准化在不同的国家和地区存在一些差别,主要是在品种和名称上有区别,但模架的结构基本上是一样的。

广东珠江三角洲以及港台地区按浇口的形式将模架分为大水口模架和小水口模架两大类(他们将浇口称为水口)。大水口模架指采用除点浇口形式以外的模具所选用的模架,小水口模架指采用点浇口形式的模具所选用的模架。

选择标准模架,可以简化模具的设计与制造,大大节约模具制造时间和费用,同时也提高了模具中易损零件的互换性,便于模具的维修。不仅如此,而且能在标准模架的基础上实现模具制图的标准化、模具结构的标准化以及工艺规范的标准化。标准模架外形如图 2-39 所示。

图 2-39　标准模架外形图

1. 标准模架

(1)中小型模架标准(GB/T12556—2006)

国家标准中规定,中小型模架的周界尺寸范围小于或等于 560 mm × 900 mm。

①基本型。基本型分为 A_1、A_2、A_3、A_4 共 4 个品种,如图 2-40 所示。基本型模架的组

成、功能及用途见表 2-11。

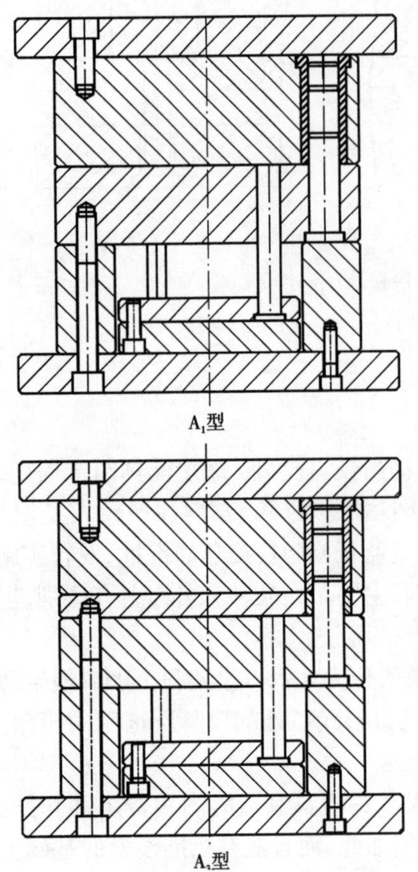

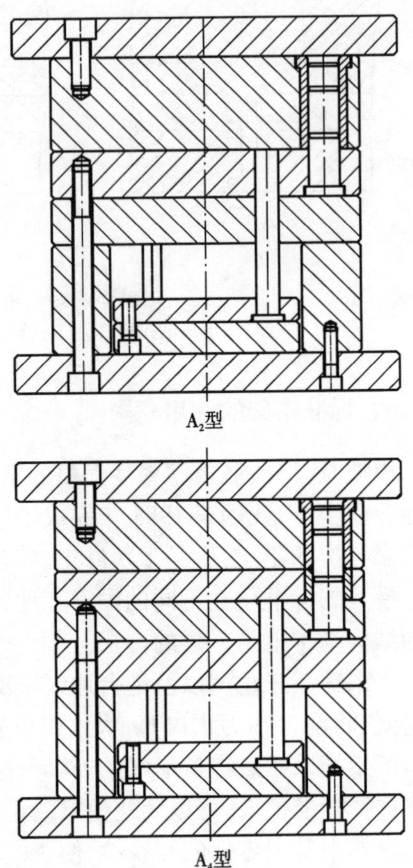

图 2-40　标准模架外形图

表 2-11　基本型模架的组成、功能及用途

型　号	组成、功能及用途
中小型模架 A_1型(大型模架 A 型)	定模采用两块模板,动模采用一块模板,无支承板,用推杆推出制件的机构组成模架。适用于立式与卧式注射机,分型面一般设在合模面上,可设计成多型腔注射模具
中小型模架 A_2型(大型模架 B 型)	定模和动模均采用两块模板,有支承板,用推杆推出制件的机构组成模架。适用于立式与卧式注射机,用于直浇道,采用斜导柱侧向抽芯、单型腔成型,其分型面可在合模面上,也可设置斜滑块垂直分型脱模式机构的注射模
中小型模架 A_3、A_4型(大型模架 P_1、P_2型)	A_3型(P_1型)的定模采用两块模板,动模采用一块模板,它们之间设置一块推件板连接推出机构,用以推出制件,无支承板 A_4型(P_2型)的定模和动模均采用两块模板,它们之间设置一块推件板连接推出机构,用以推出制件,有支承板 A_3、A_4型均适用于立式与卧式注射机,脱模力大,适用于薄壁壳体型制件,以及表面不允许留有顶出痕迹的制件

注:1. 定、动模座可根据使用要求选用有肩或无肩形式;

2. 根据使用要求选用导向零件和它们的安装形式:

3. A_1 ~ A_4 是以直浇口为主的基本型模架,其功能及通用性强,是国标上使用模架中具有代表性的结构。

②派生型。派生型分为 P_1 ~ P_9 共 9 个品种,如图 2-41 所示,其模架的组成、功能及用途见表 2-12。

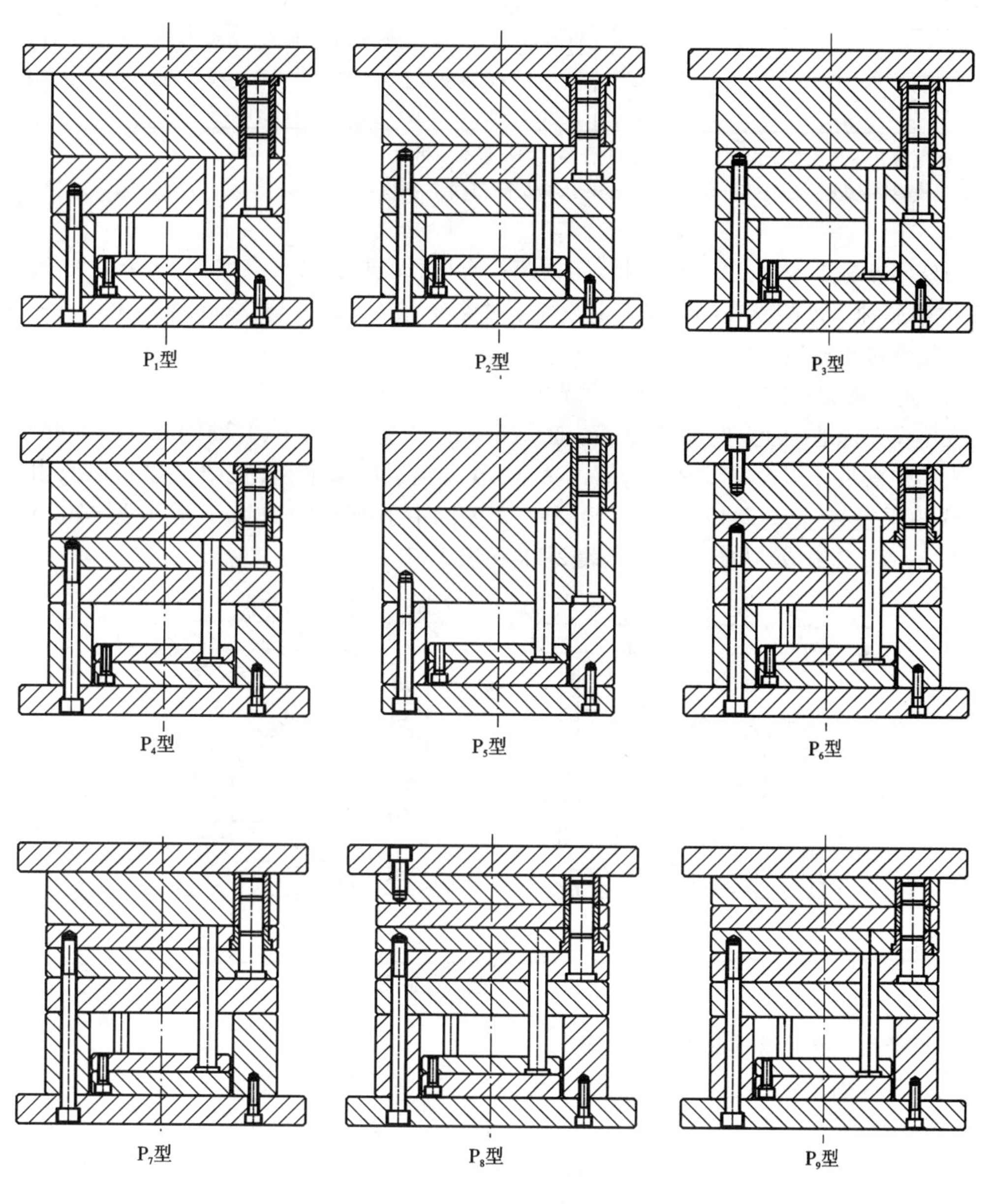

图 2-41　派生型中、小型注射模

表 2-12 派生型模架的组成、功能及用途

型 号	组成、功能及用途
中小型模架 $P_1 \sim P_4$型(大型模架 P_3、P_4型)	$P_1 \sim P_4$型由基本型 $A_1 \sim A_4$型对应派生而成,结构形式上的不同点在于去掉 $A_1 \sim A_4$型定模板上的固定螺钉,使定模部分增加一个分型面,多用于点浇口形式的注射模。其功能和用途符合 $A_1 \sim A_4$型的要求
中小型模架 P_5型	由两块模板组合而成,主要适用于直接浇口、简单整体型腔结构的注射模
中小型模架 $P_6 \sim P_9$型	其中 P_6与 P_7,P_8与 P_9是互相对应的结构,P_7和 P_9相对于 P_6和 P_8只是去掉定模座板上的固定螺钉。这些模架均适用于复杂结构的注射模,如定距分型自动脱落浇口式注射模等

注:1. 派生型 $P_1 \sim P_4$型模架组合尺寸系列和组合要素均与基本型相同;

2. 其模架结构以点浇口、多分型面为主,适用于多动作的复杂注射模。

另外国家标准中还规定,以定模、定模座板有肩、无肩划分,又会增加 13 个品种,总计共 26 个模架品种。这些模具规格基本上覆盖了注射容量为 10 ~ 4 000 cm^3注射机用的各种中小型热塑性和热固性塑料注射模具。

(2)大型模架标准(GB/T12555—2006)

大型模架标准中规定的周界尺寸范围为(630 mm × 630 mm) ~ (1 250 mm × 2 000 mm),适用于大型热塑性注射模。模具品种有由 A 型、B 型组成的基本型(见图 2-42),以及由 $P_1 \sim P_4$ 组成的派生型(见图 2-43),共 6 个品种。A 型同中小型模架中的 A_1 型,B 型同中小型模架中的 A_2 型,其组成、功能及用途见表 2-11 和表 2-12。

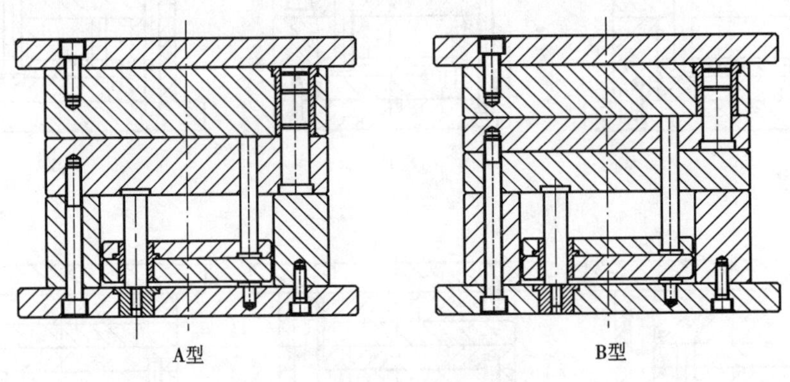

图 2-42 基本型大型注射模

2. 模架尺寸组合系列的标记方法

①塑料注射模中小型模架规格的标记,见图 2-44。导柱安装形式用代号 Z 和 F 来表示,如图 2-45 所示。Z 表示正装形式,即导柱安装在动模中,导套安装在定模中;F 表示反装形式,即导柱安装在定模中,导套安装在动模中。代号后还有下标序号 1,2,3,…,6 分别表示所用导柱的形式,1 表示采用直导柱,2 表示采用带肩导柱,3 表示采用带肩定位导柱。

标注示例:$A_2 - 100160 - 03 - Z_2$

表示采用 A_2型标准注射模架,模板周界尺寸 $B \times L$ 为 100 mm × 160 mm,规格编号为

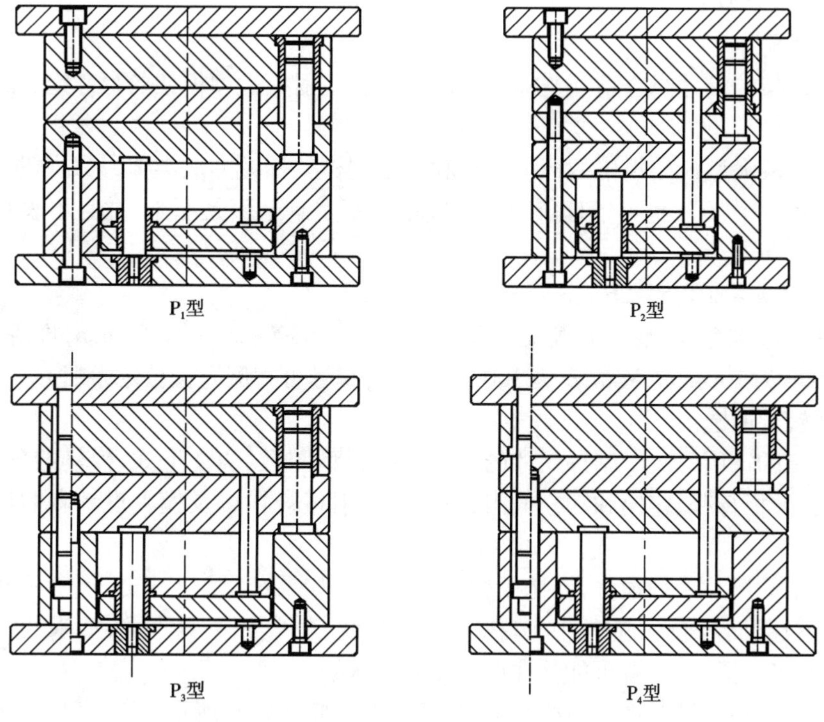

图 2-43　派生型大型注射模

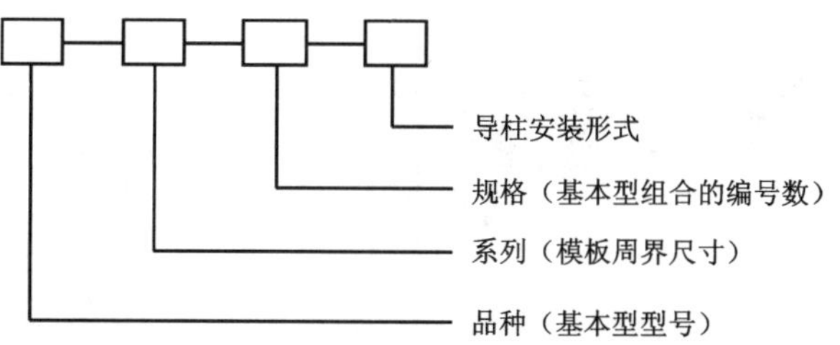

图 2-44　塑料注射模架规格标记

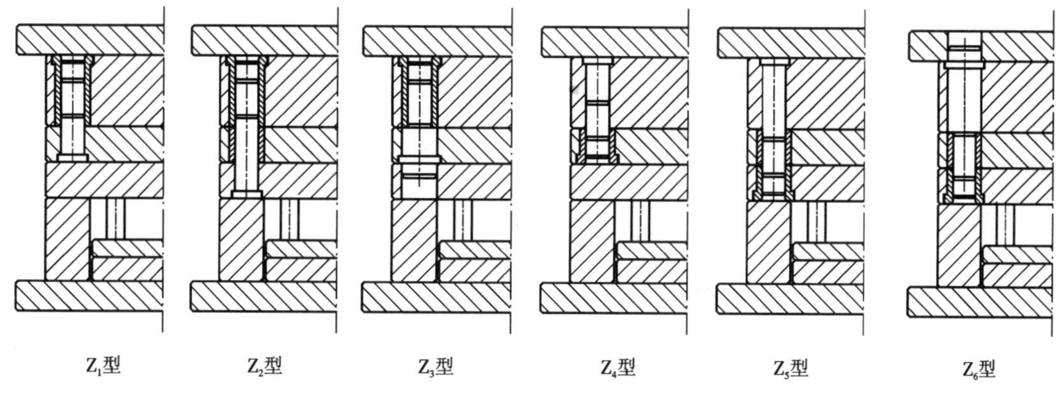

图 2-45　导柱安装形式

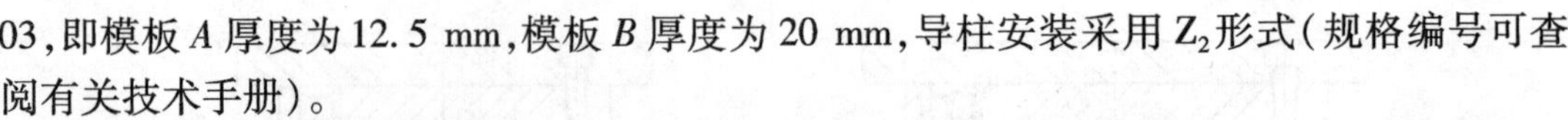

03，即模板 A 厚度为 12.5 mm，模板 B 厚度为 20 mm，导柱安装采用 Z_2 形式（规格编号可查阅有关技术手册）。

②大型模架的尺寸组合系列与标记方法。塑料注射模大型模架的尺寸组合原则与中小型模架相同。

塑料注射模大型模架规格的标记方法和中小型模架标记方法类似，只是模板尺寸 $B \times L$ 的表示时少写一个“0”，也可以理解为其长度单位不是毫米而是厘米，并且不表示导柱安装方式。

标注示例：A－80125－26

表示采用基本型 A 型结构，模板周界尺寸 $B \times L$ 为 800 mm×1 250 mm，规格编号为 26，即模板 A 厚度为 160 mm，模板 B 为 100 mm（规格编号可查阅有关技术手册）。

3. 标准模架的选用

标准模架的选用取决于制件尺寸的大小、形状、型腔数、浇注形式、模具的分型面数、制件脱模方式、推板行程、定模和动模的组合形式、注射机规格以及模具设计者的设计理念等有关因素。

标准模架的尺寸系列很多，要选用合适的尺寸。如果选择的尺寸过小，就有可能使模架强度、刚度不够，而且会引起螺孔、销孔、导套（导柱）的安放位置不够；如果选择的尺寸过大，不仅会使成本提高，还有可能使注射机型号增大。

塑料注射模基本模架系列由模板的 $B \times L$ 决定，如图 2-46 所示。除了动、定模的厚度需由设计者从标准中选定外，模架的其他有关尺寸在标准中都已规定。

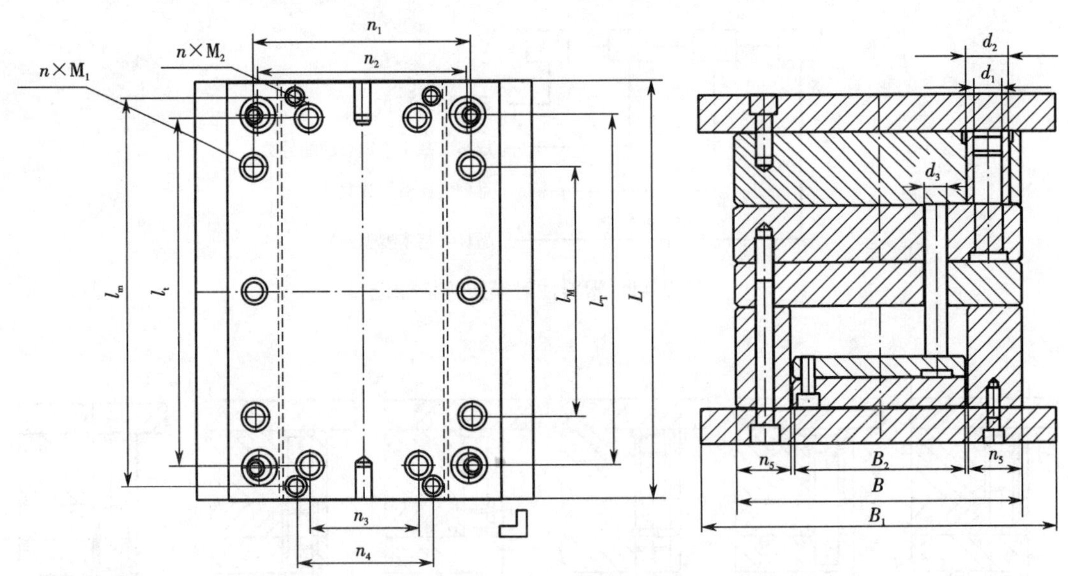

图 2-46　中小型标准模架参数

选择模架的关键是确定型腔模板的深度，并考虑型腔底部的刚度和强度是否足够。如果型腔底部有支承板，型腔底部就不需要太厚。支承板厚度同样可以运用计算方法来确定，但实际工作中使用不方便，通常使用的方法是查表或用经验公式来确定。另一方面，确定模板厚度还要考虑到整副模架的闭合高度、开模空间等与注射机之间相适应的问题。

模架选择步骤如下。

(1)确定模架组合形式

根据制件成型所需要的结构来确定模架的结构组合形式。

(2)确定型腔侧壁厚度和支承板厚度

确定模板的壁厚用理论计算法或查表 2-13 经验公式或参照表 2-4、表 2-5 来计算或确定,支承板厚度参见表 2-7 经验数据。

表 2-13　型腔侧壁厚度 S 的经验数据

	型腔压力/MPa	型腔侧壁厚度 S/mm
	<29(压缩)	$0.14L+15$
	<49(压缩)	$0.16L+15$
	<49(注射)	$0.20L+17$

注:型腔为整体,$L>100$ mm 时,表中值需乘以 0.85~0.90。

(3)计算型腔模板周界(见图 2-47)

如图 2-47 所示,整体模板尺寸可以按以下公式计算。

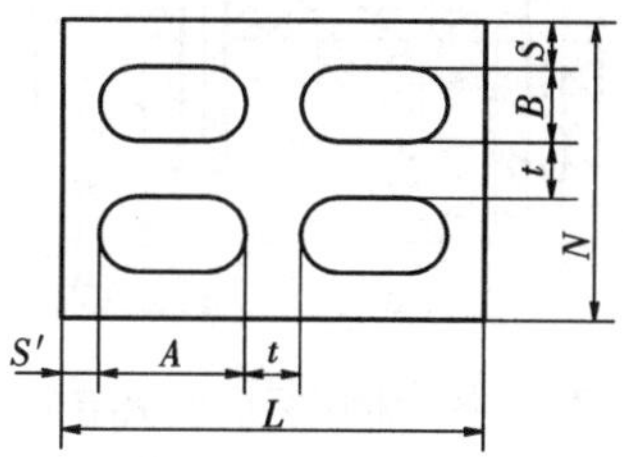

图 2-47　型腔模板周界

型腔模板的长度:$L=S'+A+t+A+S'$　(2-4)

型腔模板的宽度:$N=S+B+t+B+S$　(2-5)

式中　L——型腔模板长度;

N——型腔模板宽度;

S'、S——模板长度、宽度方向侧壁厚度;

A——型腔长度;

B——型腔宽度;

t——型腔间壁厚,一般为侧壁厚 S 的 1/3 或 1/4。

(4)确定模板周界尺寸

由步骤(3)计算出的模板周界尺寸不太可能与标准模板的尺寸相等,所以必须将计算出的数据向标准尺寸“靠拢”,一般向较大值修整。另外,在修整时需考虑到在模板上、宽位置上应有足够的空间安装其他零件,如果不够,需要增加模板长度和宽度尺寸。

(5)确定模板厚度

根据型腔深度得到模板厚度,并按照标准尺寸进行修整。

(6)选择模架尺寸

根据确定下来的模具周边尺寸,配合模板所需要厚度,查阅标准选择模架。

(7)检验所选模架

对所选模架还需检查模架与注射机之间的关系,如闭合高度、开模空间等,如果不合适,还需重新选择。

七、模架结构零部件的设计

1. 模架的主要组成零件

塑料模模架包括定模座板、定模板、动模板、推板、垫板、动模座板及导向机构等零件,如图 2-48 所示。塑料模的模架零件起装配、定位和安装作用。

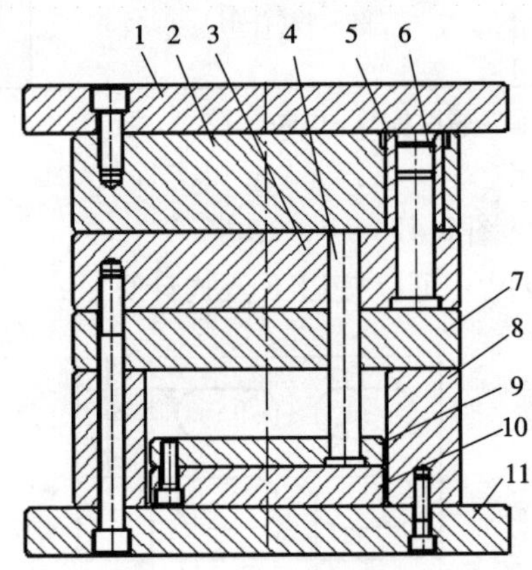

图 2-48 常用标准模架结构

1—定模座板;2—定模板;3—动模板;4—推杆;5—导套;6—导柱;7—支承板;8—垫块;9—推杆固定板;10—推板;11—动模座板

(1)动模座板和定模座板

动模座板和定模座板是动模和定模的基座,也是塑料模与成型设备连接的模板。为保证注射机喷嘴中心与注射模浇口套中心重合,固定式注射模定模座板上的定位圈与注射机定模固定座板的定位孔有配合要求,如图 2-49 所示。定模座板、动模座板在注射机上安装时要可靠,常用螺栓或压板紧固,如图 2-50 所示。

注射模的动模座板和定模座板尺寸可参照 GB/T4169. 8—2006 中的 A 型选用。

(2)动模板和定模板

动模板和定模板的作用是固定凸模(型芯)、凹模、导柱、导套等零件,所以又称固定板。注射模具的类型及结构不同,动模板和定模板的工作条件也有所不同。为了保证凹模、型芯等零件固定稳固,动模板和定模板应有足够的厚度。

动模板和定模板与型芯或凹模的基本连接方式如图 2-51 所示。

动模板和定模板的尺寸可参照标准模板(GB/T4169. 8—2006 中 B 型)选用。

(3)支承板

支承板是垫在固定板背面的模板。它的作用是防止凸模(型芯)、凹模、导柱或导套等零件脱出,增强这些零件的稳固性并承受型芯和凹模等传递来的成型压力。

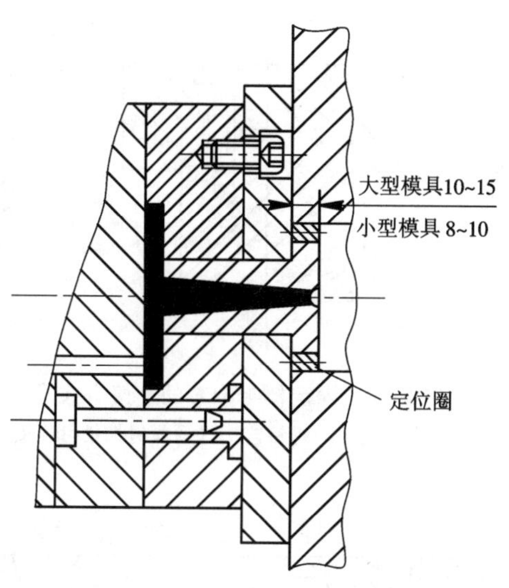

图 2-49　大型模具的定位结构

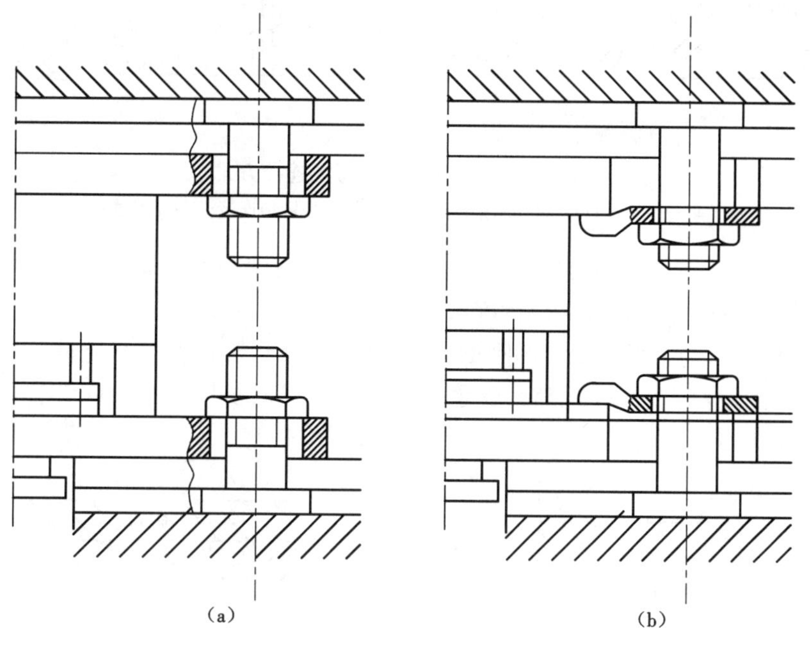

图 2-50　模座板在注射机上的安装
(a)螺栓紧固;(b)压板紧固

支承板与固定板的连接方式如图 2-52 所示。

支承板应具有足够的强度和刚度,以承受成型压力而不过量变形,它的强度和刚度计算方法与型腔底板的计算方法相似。

支承板的尺寸也可参照标准模板(GB4169. 8—2006)选用。

(4)垫板

垫板又称垫块。其作用是使动模支承板与动模座板之间形成供推出机构运动的空间,或调节模具总高度以适应成型设备上模具安装空间对模具总高度的要求。

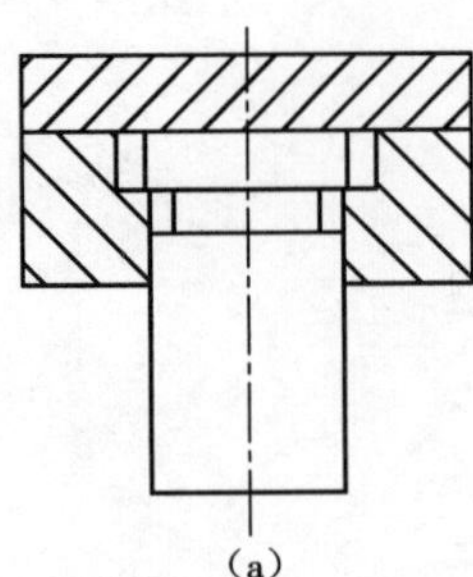
（a）

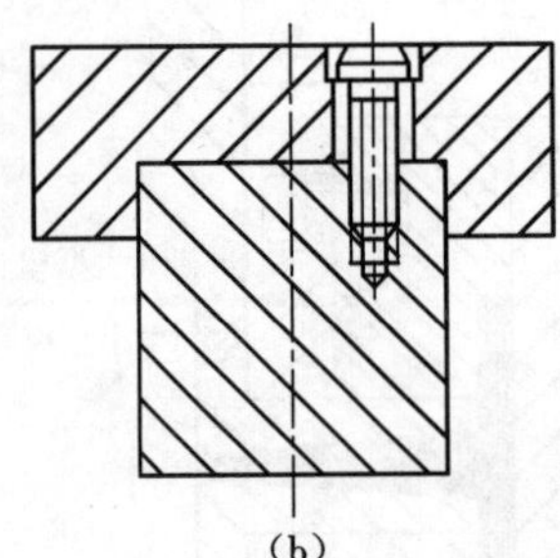
（b）

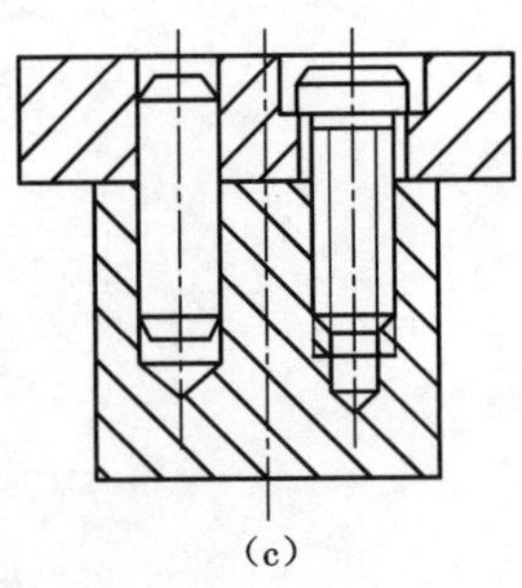
（c）

图 2-51　固定板与型芯的连接方式

(a)台肩连接;(b)螺钉连接;(c)螺钉加销钉连接

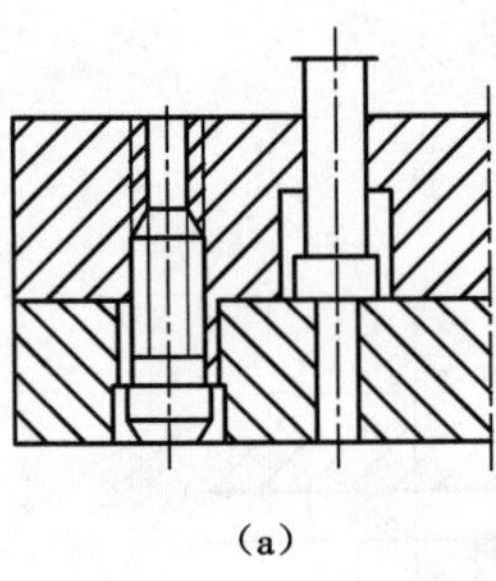
（a）

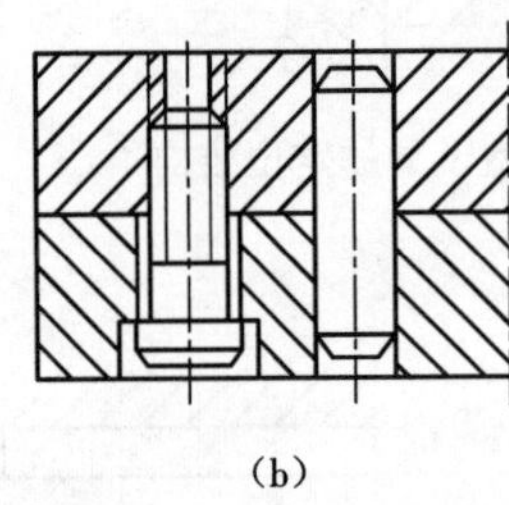
（b）

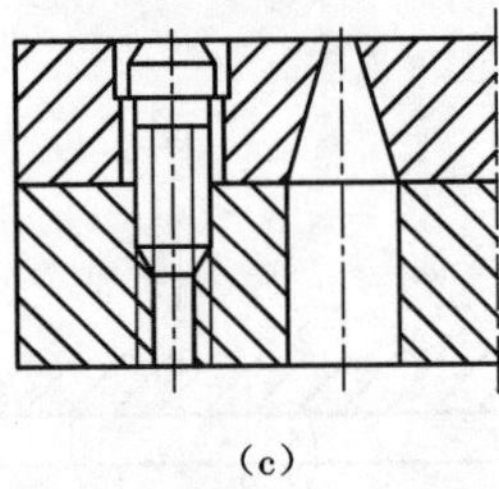
（c）

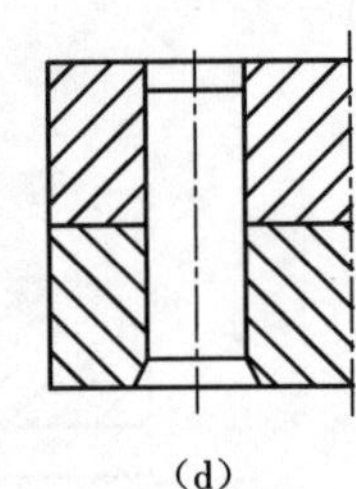
（d）

图 2-52　支承板与固定板的连接方式

(a)螺钉连接;(b)螺钉加直销连接;(c)螺钉加锥销连接;(d)铆钉连接

垫板与支承板和座板组装方法如图 2-53 所示。所有垫板的高度应一致,否则会由于动定模轴线不重合造成导柱导套局部过度磨损。

对于大型模具,为了增强动模的刚度,可在动模支承板和动模座板之间采用支承柱,如图 2-53(b)所示。这种支承柱起辅助支承作用。如果推出机构没有导向装置,则导柱也能起到辅助支承作用。

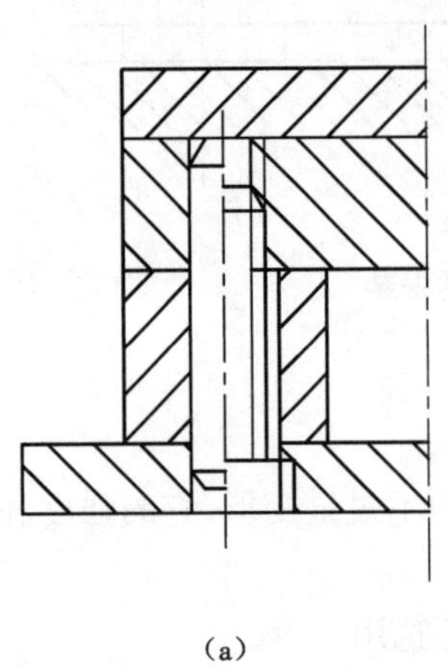
（a）

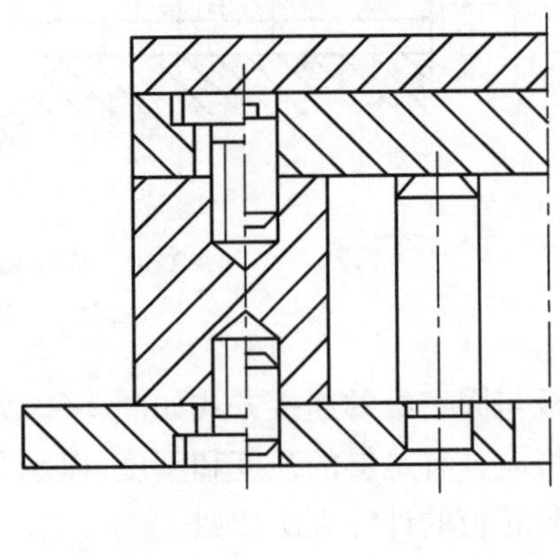
（b）

图 2-53　支承板与模板的连接方式

(a)螺钉加销钉连接;(b)支承板辅助支承

垫板和支承柱的尺寸可参照有关标准(GB/T4169.6—2006)。

2. 合模导向装置

合模导向装置是保证动、定模或上、下模合模时,正确地定位和导向的零件。合模导向装置主要有导柱导向和锥面定位两种形式,通常采用导柱导向定位,如图 2-54 所示。

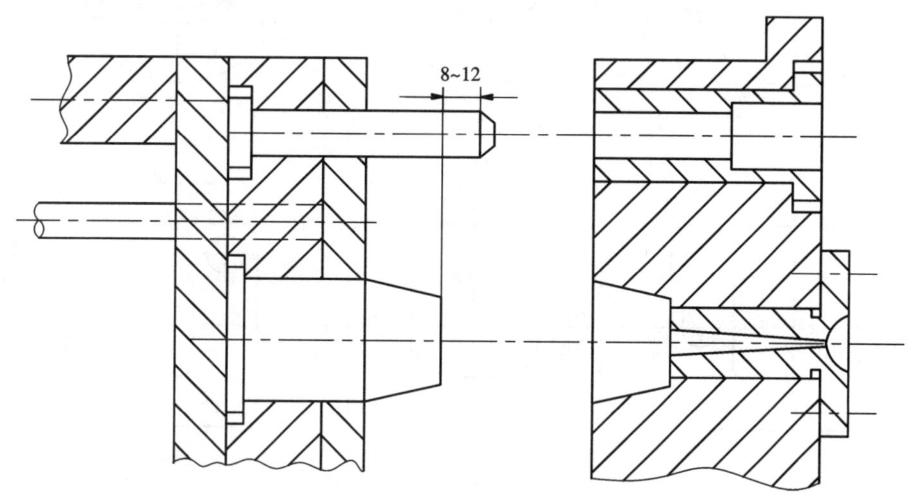

图 2-54　导柱导向机构

(1)导向装置的作用

①导向作用。开模时,首先是导向零件接触,引导动、定模或上、下模准确闭合,避免型芯先进入型腔造成成型零件的损坏。

②定位作用。模具闭合后,保证动、定模或上、下模位置正确,保证型腔的形状和尺寸精度。导向装置在模具装配过程中也会起到定位作用,便于模具的装配和调整。

③承受一定的侧向压力。塑料熔体在充型过程中可能产生单向侧向压力或受成型设备精度低的影响,工作过程中导柱将承受一定的侧向压力。

(2)导向零件的设计原则

①导向零件应合理地均匀分布在模具的周围或靠近边缘的部位,其中心至模具边缘应有足够的距离,以保证模具的强度,防止压入导柱和导套时发生变形。

②根据模具的形状和大小,一副模具一般需要 2 ~ 4 个导柱。对于小型模具,无论是圆形或矩形的,通常只用两个直径相同且对称分布的导柱,如图 2-55(a)、(d)所示。如果模具的凸模与型腔合模有方位要求,则用两个直径不同的导柱,如图 2-55(b)、(e)所示;也可采用不对称导柱形式,如图 2-55(c)所示。对于大中型模具,为了简化加工工艺,可采用 3 个或 4 个直径相同的导柱,但分布位置不对称,或导柱位置对称,但中心距不同,如图 2-55(f)所示。

③导柱先导部分应做成球状或带有锥度;导套前端应倒角;导柱工作部分长度应比型芯端面高出 8 ~ 12 mm,以确保其导向与引导作用,如图 2-54 所示。

④导柱与导套应有足够的耐磨性,多采用低碳钢经渗碳淬火处理,其硬度为 48 ~ 55HRC,也可采用 T7 或 T10 碳素工具钢,经淬火处理。导柱工作部分表面结构为 *Ra*0.4 μm,固定部分为 *Ra*0.8 μm;导套内外圆柱面表面结构取 *Ra*0.8 μm。

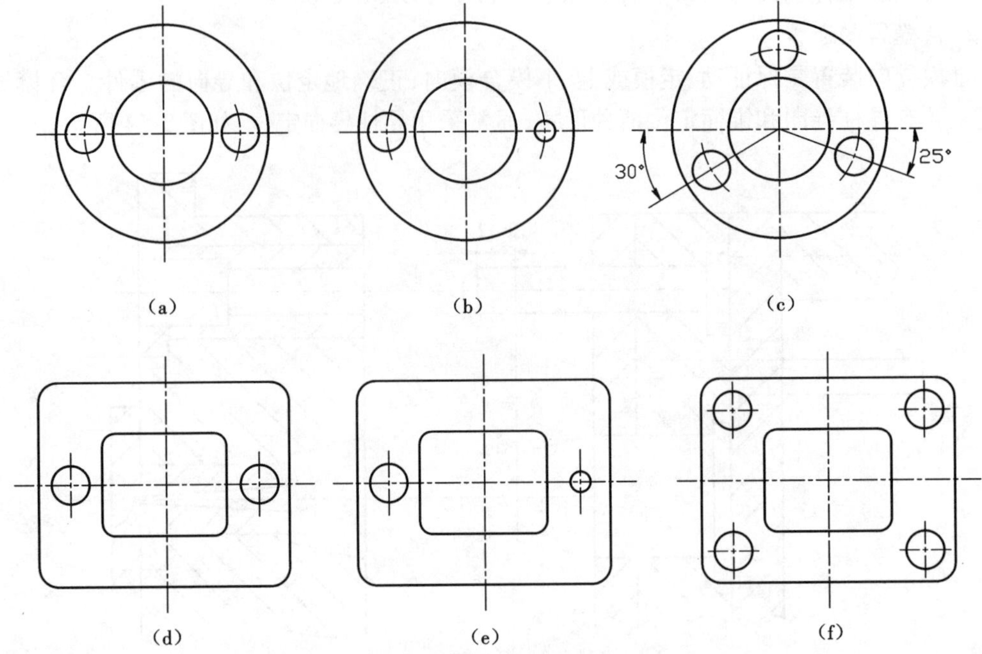

图 2-55　导柱的布置形式

(a)圆形模架对称导柱;(b)圆形模架不等直径导柱;(c)圆形模架不对称导柱

(d)矩形模架对称导柱;(e)矩形模架不等直径导柱;(f)矩形模架不对称导柱

⑤各导柱、导套(导向孔)的轴线应保证平行,否则将影响合模的准确性,甚至损坏导向零件。

(3)导柱的结构、特点及用途

导柱的结构形式随模具结构大小及塑料制件生产批量的不同而不同。塑料注射模常用的标准导柱有带头导柱、单端固定有肩导柱和双端固定有肩导柱,如图 2-56 所示。

导柱与导套的配合形成有多种,如图 2-57 所示。在小批量生产时,带头导柱通常不需要导套,导柱直接与模板导向孔配合,如图 2-57(a)所示,也可以与导套配合,如图 2-57(b)、(c)所示,带头导柱一般用于简单模具。有肩导柱一般与导套配合使用,如图 2-57(d)、(e)所示,导套外径与导柱固定端直径相等,便于导柱固定孔和导套固定孔的加工。如果导柱固定板较薄,可采用双端固定有肩导柱,其固定部分有两段,分别固定在两块模板上,如图 2-57(f)所示。有肩导柱一般用于大型或精度要求高、生产批量大的模具。根据需要,导柱的倒滑部分可以加工出油槽。

(4)导套的结构、特点及用途

注射模常用的标准导套有直导套(GB/T4169.2—2006)和带头导套(GB/T4169.3—2006)两大类,如图 2-58 所示。

直导套的固定方式如图 2-59 所示。图 2-59(a)为开缺口固定,图 2-59(b)为开环形槽固定,图 2-59(c)为侧面开孔固定。

导套的配合精度:直导套采用 H7/r6 过盈配合镶入模板,带头导套采用 H7/m6 或 H7/k6 过渡配合镶入模板。

(5)锥面定位结构

导柱、导套导向定位,虽然对中性好,但由于导柱与导套有配合间隙,导向精度不可能

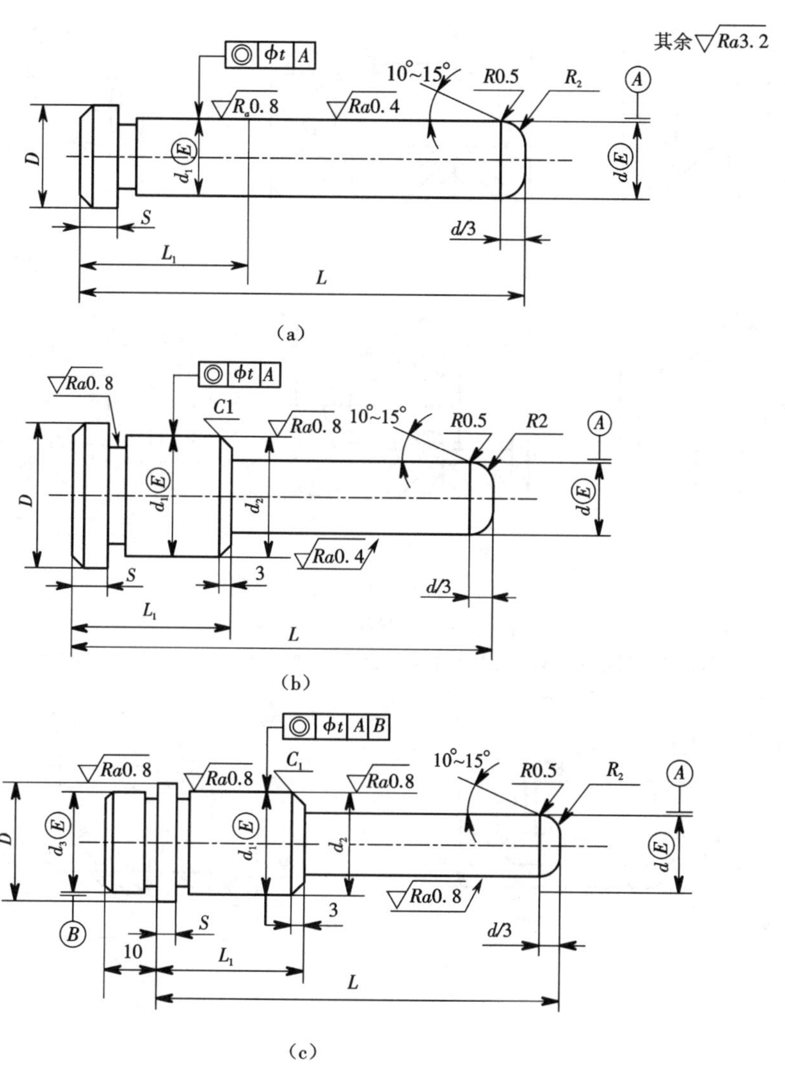

图 2-56　导柱的结构形式

(a)带头导柱;(b)单端固定有肩导柱;(c)双端固定有肩导柱

高。当要求对合模精度很高或侧压力很大时,必须采用锥面导向定位的方法。

对于中小模具,可以采用带锥面的导柱和导套,如图 2-60 所示。对于尺寸较大的模具,必须采用动、定模板各自带锥面的导向定位机构与导柱、导套配合使用。

对于圆形型腔有两种导向定位设计方案,如图 2-61 所示。图 2-61(a)是型腔模板环抱动模板的结构,成型时,在型腔内塑料的压力下,型腔侧壁向外开,使定位锥面出现间隙;图 2-61(b)是动模板环抱型腔模板的结构,成型时,定位锥面会贴得更紧,是理想的选择。锥面角度取小值有利于定位,但会增大所需的开模阻力,因此锥面的单面斜度一般可在 5° ~ 20°范围内选取。

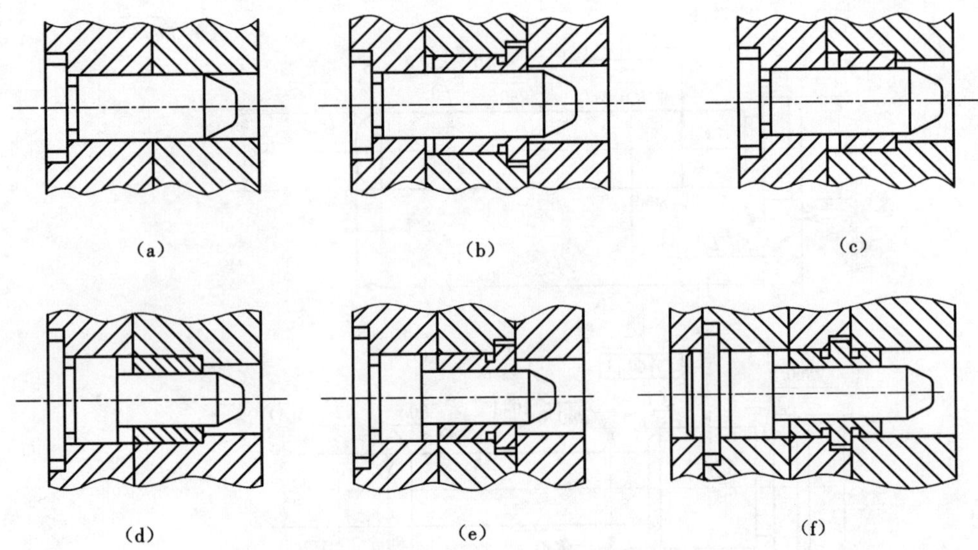

图 2-57 导柱与导套的配合形式

(a)带头导柱与模板导向孔直接配合;(b)带头导柱与带头导套配合;(c)带头导柱与直导套配合
(d)有肩导柱与直导套配合;(e)有肩导柱与带头导套配合;(f)导柱与导套分别固定在两块模板中配合

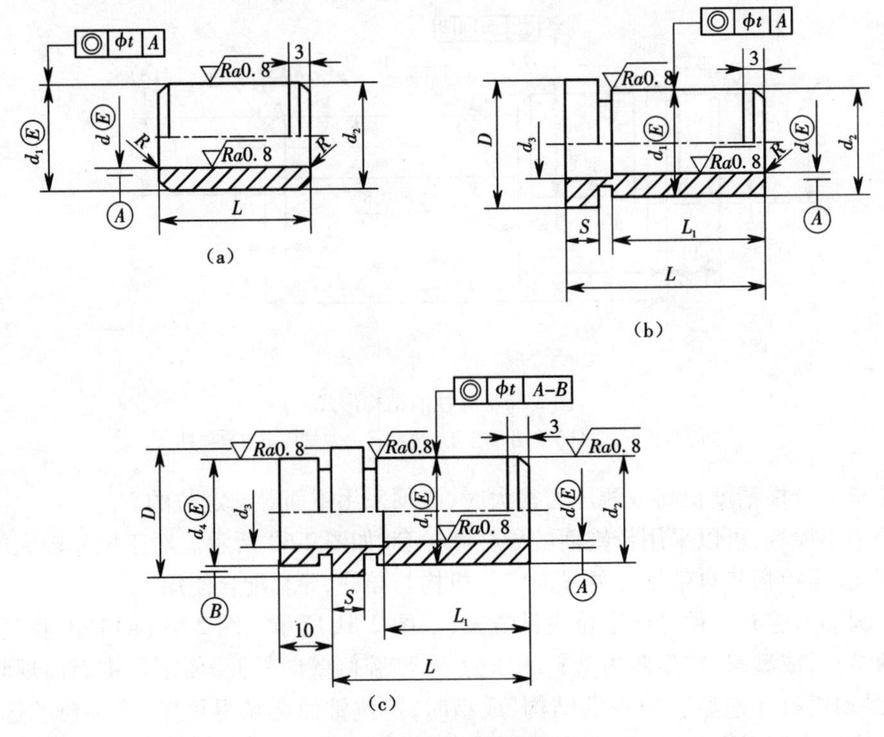

图 2-58 导套的结构形式

(a)直导套(Ⅰ型直导套);(b)单端固定带头导套(Ⅱ型直导套);(c)双端固定带头导套(Ⅲ型直导套)

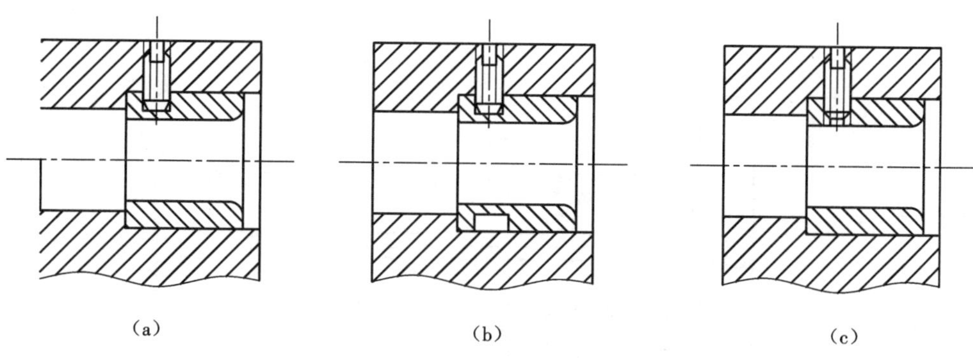

图 2-59　导套的固定方式

(a)开缺口固定;(b)开环形槽固定;(c)侧面开孔固定

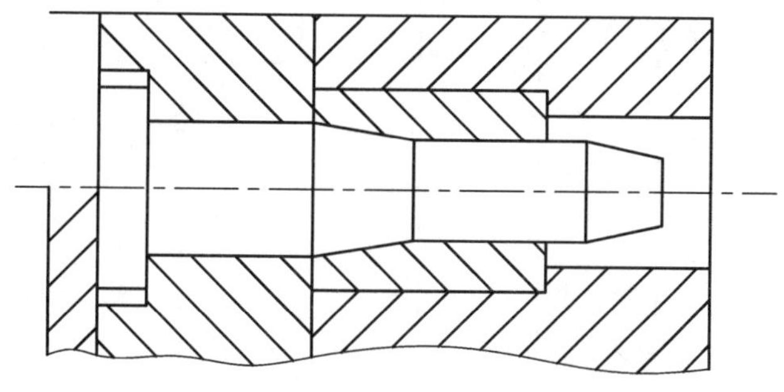

图 2-60　带锥面的导柱和导套

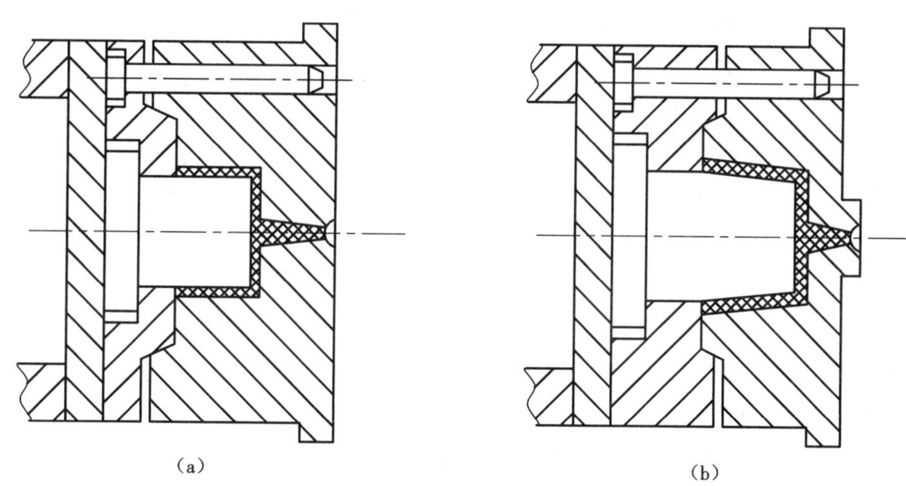

图 2-61　圆形型腔锥面对合机构

(a)型腔模板环抱动模板定位;(b)动模板环抱型腔模板定位

八、推出机构设计

1. 推出机构的结构组成

推出机构一般由推出、复位和导向零件组成,如图 2-62 所示。

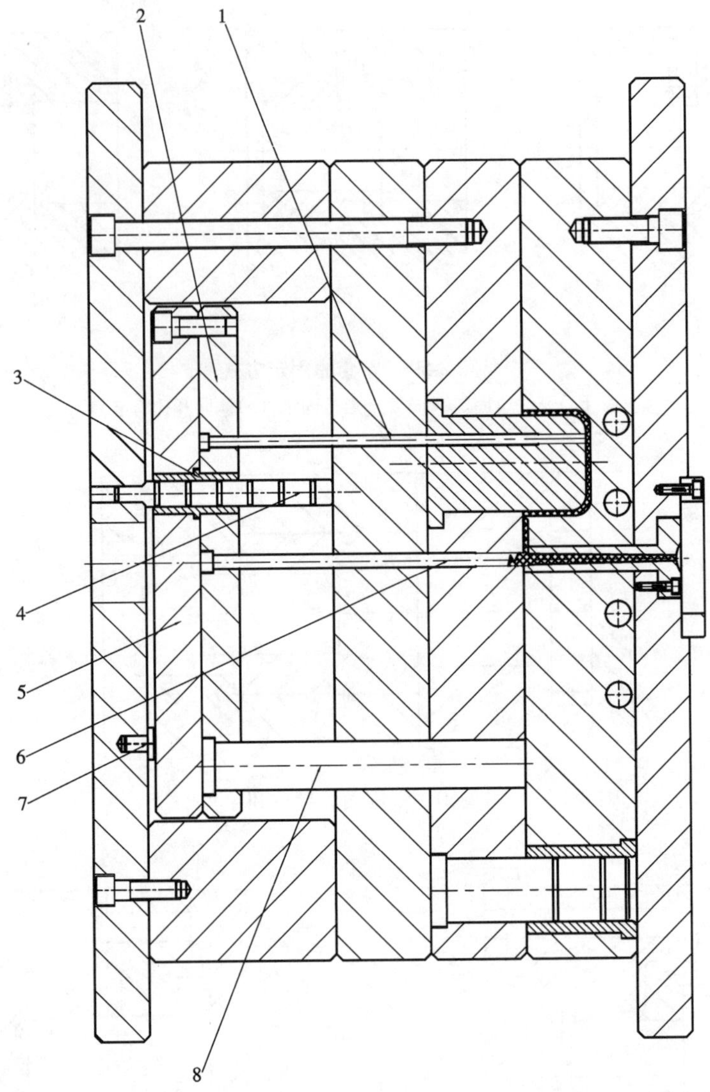

图 2-62　单分型面注射模的推出机构

1—推杆；2—推杆固定板；3—推杆导套；4—推杆导柱；5—推板；6—拉料杆；7—支承钉；8—复位杆

在图 2-62 中，推出部件由推杆 1 和拉料杆 6 组成，它们固定在推杆固定板 2 和推板 5 之间，两板用螺钉固定连接，注射机上的顶出力作用在推板上。

为了使推出过程平稳，推出零件不至于弯曲或卡死，常设有推出系统的导向机构，即图 2-62 中的推板导柱 4 和推杆导套 3。

为了使推杆回到原来位置，就要设计复位装置，即复位杆 8，它的头部设计到动、定模的分型面上，合模时，定模一接触复位杆，就将推杆及顶出装置恢复到原来位置。拉料杆 6 的作用是开模时将浇注系统冷料拉到动模一侧。

支承钉 7 有两个作用：一是使推板与动模座板之间形成间隙，以保证平面度和清除废料及杂物（多用于压缩压注模结构中）；二是通过调节支承钉的厚度来调整推杆的位置及推出的距离。

2. 推出机构的结构分类

推出机构可以按动力来源分类，也可以按模具结构特征分类。

(1)按动力来源分类

①手动推出机构。手动推出机构指当模具分开后，用人工操纵脱模机构使制件脱出，它可分为模内手工推出和模外手工推出两种。这类结构多用于形状复杂、不能设置推出机构的模具或制件结构简单，产量小的情况。

②机动推出机构。依靠注射机的开模动作驱动模具上的推出机构，实现制件自动脱模。这类模具结构复杂，多用于生产批量大的情况。

③液压和气动推出机构。一般是指在注射机或模具上设有专用液压或气动装置，将制件通过模具上的推出机构推出模外或将制件吹出模外。

(2)按模具的结构特征分类

按模具的结构特征可分为一次推出结构、二次推出结构、浇注系统凝料推出机构、顺序推出机构、螺纹制件推出机构等。

(3)按推出机构的结构特征分类

按推出机构的结构特征可分为推杆推出结构、推管推出结构、推件板推出结构与活动嵌块(凹模)推出结构等。

3. 推出机构的结构设计原则

①制件留在动模。在模具的结构上应尽量保证制件留在动模一侧，因为大多数注射机的推出机构都设在动模一侧。如果不能保证制件留在动模上，就要将制品进行改形或强制留模；如果这两点仍做不到，就要在定模上设计推出机构。

②制件在推出过程中不变形、不损坏。保证制件在推出过程中不变形、不损坏是推出机构应该达到的基本要求，所以设计模具时要正确分析制件对模具包紧力的大小和分布情况，以此来确定合适的推出方式、推出位置、型腔的数量和推出面积等。对于外观质量要求较高的制件，推出的位置应尽量设计在制件内部，以免损伤制件的外观。

③合模时应使推出机构正确复位。推出机构设计时应考虑合模时推出机构的复位，在斜导杆和斜导柱侧向抽芯及其他特殊情况下，有时还应考虑推出机构的先复位问题。

④推出机构动作可靠。推出机构在推出和复位过程中，要求其工作准确可靠，动作灵活，制造容易，配换方便。

4. 制件推出力计算

在注射动作结束后，制件在模内冷却定形，由于体积收缩，对型芯产生包紧力，当其从模具中推出时，就必须克服因包紧力而产生的摩擦力。对于不带通孔的筒、壳类塑料制件，脱模推出时还需克服大气压力。制件在脱模时型芯的受力情况如图 2-63 所示。开始脱模时所需的脱模力最大，其后推出力的作用仅仅是为了克服推出机构移动的摩擦力，所以计算脱模力的时候，总是计算刚开始脱模时的初始脱模力。

由于推出力 F_t 的作用，使制件对型芯的总压力(制件收缩引起)降低了 $F_t\sin\alpha$，因此，推出时的摩擦力为

$$F_m = (F_b - F_t\sin\alpha)\mu \tag{2-6}$$

式中 F_m——脱模时型芯受到的摩擦阻力，N；

F_b——制件对型芯的包紧力，N；

F_t——脱模力(推出力),N;

α——脱模斜度;

μ——制件对钢的摩擦系数,取为 0.1 ~0.3。

脱模力为

$$F_t = F_b(\mu\cos\alpha - \sin\alpha) = Ap(\mu\cos\alpha - \sin\alpha) \tag{2-7}$$

式中 A——制件包络型芯的面积,m^2;

p——制件对型芯单位面积上的包紧压强,一般情况下,对于模外冷却的制件,p 取 $2.4\times10^7 \sim 3.9\times10^7$ Pa,对于模内冷却的制件,p 取 $0.8\times10^7 \sim 1.2\times10^7$ Pa。

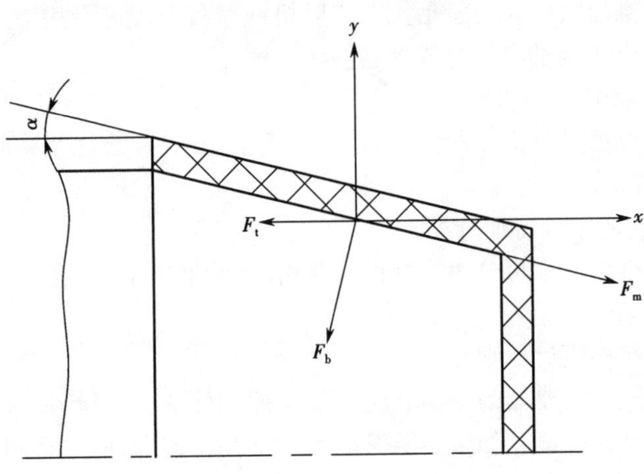

图 2-63　型芯受力分析

5. 常用推出机构的结构

推出机构有许多类型与机构。如推杆推出机构、推管推出机构、多元推出机构、浇注系统凝料脱模机构等,本任务仅介绍使用较多的推杆推出机构、推管推出机构、推件板推出机构。

(1)推杆推出机构

推杆推出机构如图 2-64 所示。推杆推出机构是整个推出机构中最简单、最常见的一种形式。由于设置推杆的自由度较大,而且推杆截面大部分为圆形,容易达到推杆与模板或型芯上推杆孔的配合精度,推杆推出时运动阻力小,推出动作灵活可靠,损坏后也便于交换,因此在生产中广泛应用。

但由于推杆的推出面积一般比较小,易引起较大局部应力而顶穿制件或使制件变形,所以推杆推出机构很少用于脱模斜度小和脱模阻力大的管件或箱类制件。

Ⅰ. 推杆的基本形状

推杆的基本形状如图 2-64 所示。

图 2-64(a)为直通式推杆,尾部采用台肩固定,是最常用的形式;图 2-64(b)为阶梯式推杆,由于工作部分较细,故在其后部加粗以提高刚性,一般直径小于 2.5 ~3 mm 时采用;图 2-64(c)所示为顶盘式推杆,这种推杆加工起来比较困难,装配时也与其他推杆不同,需从动模型芯插入,端部用螺钉固定在推杆固定板上,适合于深筒型制件的推出。

Ⅱ. 推杆的工作端面形状

推杆的工作端面的主要形状如图 2-65 所示,最常用的是圆形,还可以设计成特殊的端

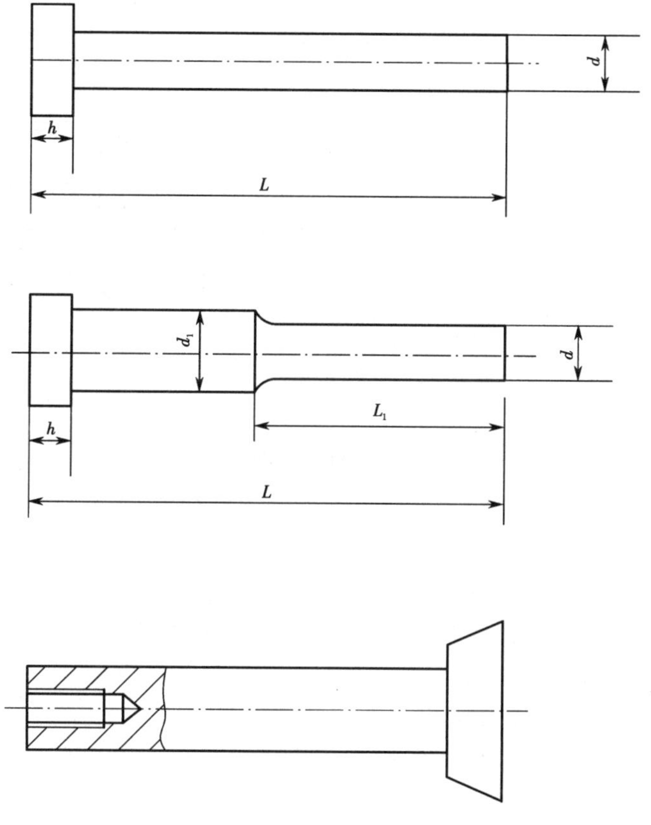

图 2-64　推杆的基本形状

(a)直通式推杆;(b)阶梯式推杆;(c)顶盘式推杆

面形状,如矩形、三角形、椭圆形、半圆形等。这些特殊形状对于推杆来说加工容易,但孔需要采用电火花线切割等特殊机床加工。因此在一般情况下都采用圆形杆。

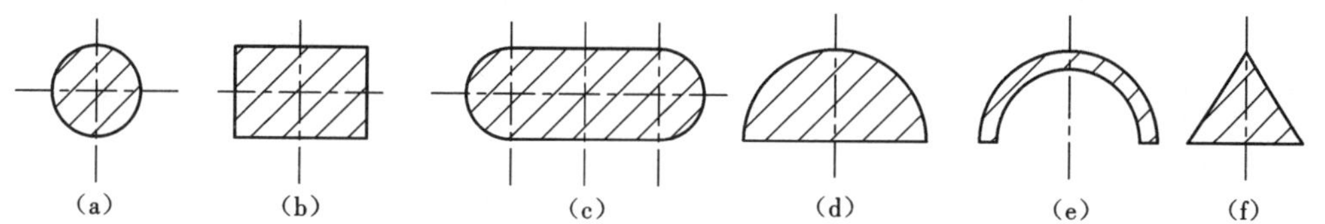

图 2-65　推杆的工作端面形状

(a)圆形;(b)矩形;(c)椭圆形;(d)半圆形;(e)半环形;(f)三角形

Ⅲ. 推杆的端面尺寸

推杆的端面尺寸不宜过小,应有足够的强度承受推力,一般圆形推杆的直径为 2.5 ~ 12 mm,对 $\phi3$ mm 以下的推杆要做成两段尺寸,即推杆下端部分加粗增强强度。尽量避免使用 $\phi2$ mm 以下的推杆。其他端面形状的推杆可参照此原则设计。

Ⅳ. 推杆的固定形式

图 2-66 所示为推杆在模具中的固定形式。图 2-66(a)是最常用的形式,直径为 d 的推杆,在推杆固定板上的孔为 $d+1$ mm,推杆台肩部分的直径为 $d+6$ mm;图 2-66(b)为采用

垫块或垫圈来代替图 2-66(a)中固定板上沉孔的形式,这样可以使加工方便;图 2-66(c)是推杆底部采用螺塞拧紧的形式,适合于推杆固定板较厚的场合;图 2-66(d)用于较粗的推杆,采用螺钉固定。

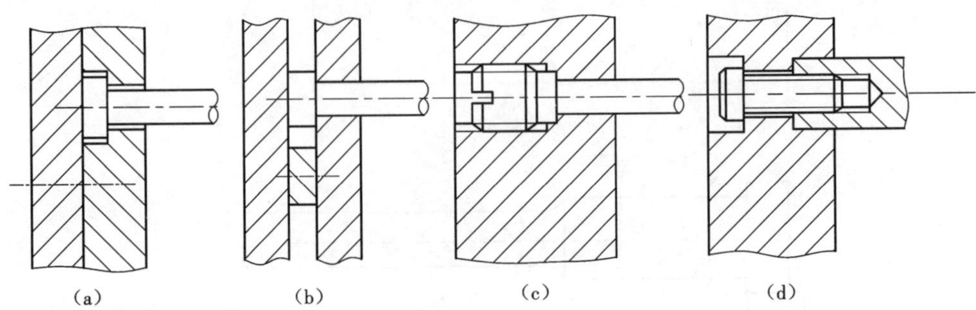

图 2-66　推杆的固定形式

(a)台肩固定;(b)垫块固定;(c)螺塞固定;(d)螺钉固定

Ⅴ.推杆工作端面的安装高度

因推杆的工作端面是成型制件部分的内表面,如果推杆的端面低于或高于该型面,则在制件上就会产生凹台或凹痕,影响制件的使用及美观,因此,通常推杆装入模具后,其端面应与型面平齐或高出 0.05 ~ 0.1 mm。

Ⅵ.潜伏式浇口浇注系统凝料的推出

根据进料口位置的不同,潜伏浇口可以开设在定模,也可以开设在动模。开设在定模的潜伏浇口,一般只能开设在塑件的外侧;开设在动模的潜伏浇口,既可以开设在塑件的外侧,也可以开设在塑件内部的柱子或推杆上。下面按这几种情况进行介绍。

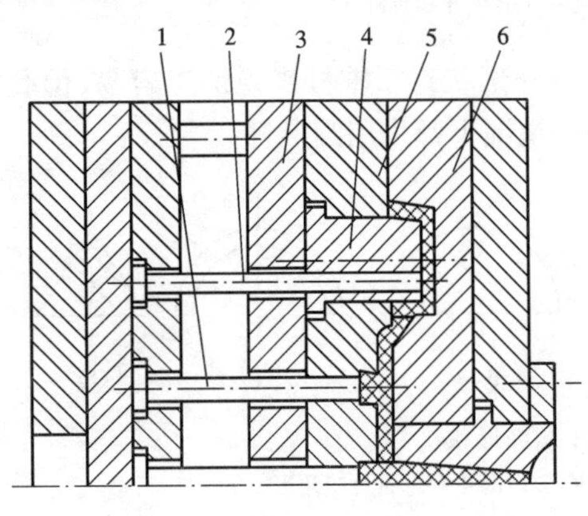

图 2-67　潜伏式浇口在定模上的结构

1—浇道推杆;2—推杆;3—动模支承板;4—型芯;5—动模板;6—定模板

a. 开设在定模部分的潜伏浇口。图 2-67 所示为潜伏浇口开设在定模部分塑件外侧的结构形式。开模时,塑件包在动模型芯 4 上从定模板 6 中脱出,同时潜伏浇口被切断,分流道、浇口和主流道凝料在倒锥穴的作用下拉出定模型腔而随动模移动,推出机构工作时,推杆 2 将塑件从动模型芯 4 上推出,而浇道推杆 1 和主流道推杆将浇注系统凝料推出动模板 5,浇注系统凝料最后由自重落下。在模具设计时,流道推杆应尽量接近潜伏浇口,以便在分模时将潜伏浇口拉出模外。

b. 开设在动模部分的潜伏浇口。图 2-68 所示为潜伏浇口开设在动模部分塑件外侧的结构形式。开模时,塑件包在动模凸模 3 上随动模一起后移,分流道和浇口及主流道凝料由于倒锥穴的作用留在动模一侧。推出机构工作时,推杆将塑件从凸模 3 上推出,同时潜伏浇口被切断,浇注系统凝料在推杆 1 和主流道推杆的作用下推出动模板 4 而自动脱落。在这种形式的结构中,潜伏浇口的切断、推出与塑件的脱模是同时进行的。在设计模具时，浇道推杆及倒锥穴也应尽量接近潜伏浇口。

c. 开设在推杆上的潜伏浇口。图 2-69 所示为潜伏浇口开设在推杆上的结构形式。图 2-69(a)是潜伏浇口开在圆形推杆上的形式。开模时，包在动模板 6 上的塑件和被倒锥穴拉出的主流道及分流道凝料一起随动模移动，当推出机构工作时，塑件被推杆 2 从动模板 6 上推出脱模，同时潜伏浇口被切断，浇道推杆 5 和 7 将浇注系统凝料推出模外而自动落下。这种浇口与上述介绍的浇口不同之处在于塑件内部上端增加了一段二次浇口的余料，需人工将余料剪掉。图 2-69(b)所示是潜伏浇口开设在矩形推杆上的形式。在模具设计时，二次浇口必须开设在矩形推杆的侧面，以便推出后能将矩形推杆上二次浇口的余料脱出。

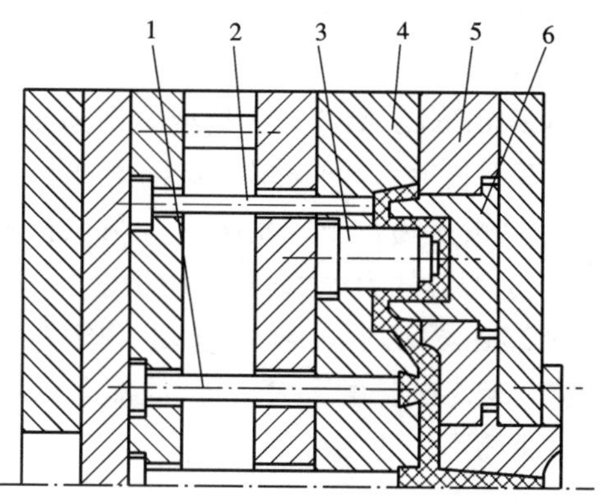

图 2-68　潜伏浇口在动模上的结构

1—浇道推杆；2—推杆；3—凸模；4—动模板；5—定模板；6—定模型芯

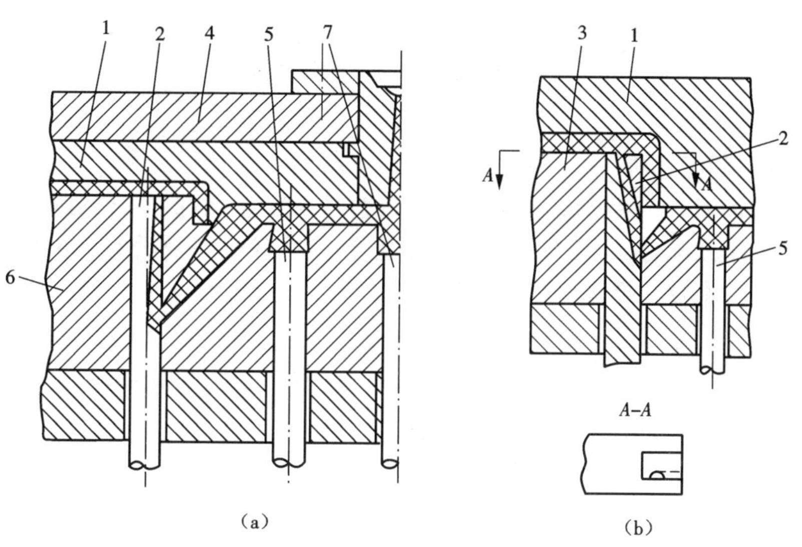

图 2-69　潜伏浇口在推杆上的结构

(a)浇口开在圆形推杆上；(b)浇口开在矩形推杆上

1—定模板；2—推杆；3—凸模；4—定模座板；5、7—浇道推杆；6—动模板

(2)推管推出机构

推管推出机构是用来推出圆筒形、环形制件或带有孔的制件的一种特殊结构形式，其脱模运动方式和推杆相同。

由于推管是一种空心杆，故整个周边接触制件，推出制件的力量均匀。制件不易变形，也不会留下明显的推出痕迹。

Ⅰ. 推管推出机构的结构形式

图 2-70(a)所示的推管是最简单最常用的结构形式，模具型芯穿过推板固定于动模座

板。这种结构的型芯较长，可兼作推出机构的导向柱，多用于脱模距离不大的场合，结构比较可靠。

图 2-70(b)所示的形式是型芯用销或键固定在动模板上的结构。这种结构要求在推管的轴向开一长槽，容纳与销(或键)相干涉的部分，槽的位置和长短依模具的结构和推出距离而定，一般是略长于推出距离。与长推管相比开槽推管的特点是型芯较短，模具结构紧凑；缺点是型芯的紧固力小，适用于受力不大的型芯。

图 2-70(c)所示的形式是型芯固定在动模垫板上，而推管在动模板内滑动，这种结构可使推管与型芯的长度大大缩短，但推出行程包含在动模板内，致使动模板的厚度增加，适用于脱模距离不大的场合。

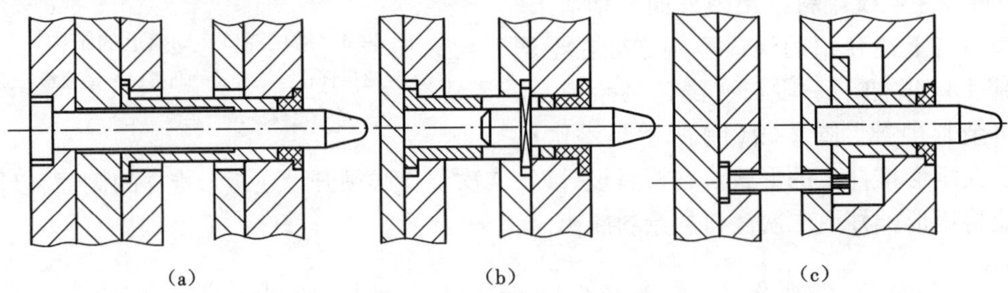

图 2-70　推管推出机构的结构

(a)长推管；(b)开槽推管；(c)接力推管

Ⅱ.有关推管的配合

推管的配合如图 2-71 所示。推管的内径与型芯相配合，小直径时选用 H8/f7 的配合，大直径时取 H7/f7 的配合；外径与模板上的孔配合，直径较小时采用 H8/f8 的配合，直径较大时采用 H8/f7 的配合。推管与型芯的配合长度一般比推出行程大 3 ~ 5 mm，与模板的配

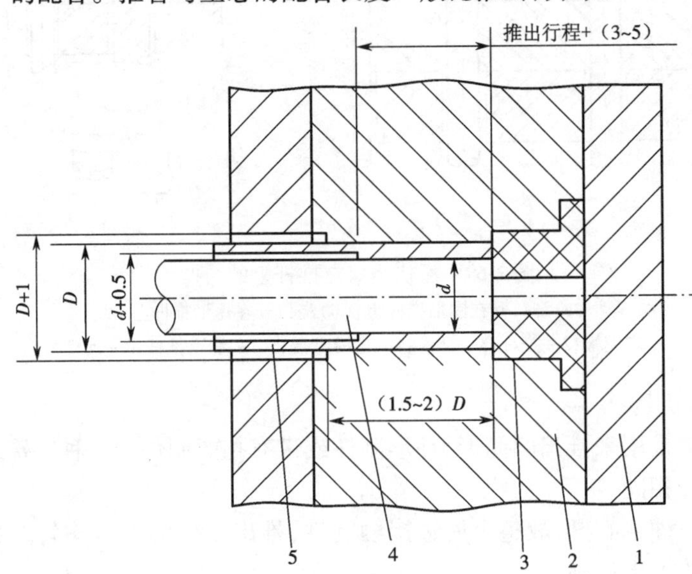

图 2-71　推管推出机构的结构

1—支承板；2—型腔；3—制件；4—型芯；5—推管

合长度一般为推管外径的 1.5 ~ 2 倍，推管固定端外径与模板有单边 0.5 mm 装配间隙，推管的材料、热处理硬度要求及配合部分的表面粗结构要求与推杆相同。

(3)推件板推出机构

推件板推出机构是由一块与凸模按一定配合精度相配合的模板和推杆(亦可起复位杆作用)所组成，随着推出机构开始工作，推杆推动推件板，推件板从塑料制件的端面将其从型芯上推出，因此，推出力的作用面积大而均匀，推出平稳，塑件上没有推出的痕迹。图 2-72 为推件板推出机构的几种结构。

图 2-72(a)为推杆与推件板用螺纹相连接的形式，在推出过程中，可以防止推件板从导柱上脱落下来；图 2-72(b)为推杆与推件板无固定连接的形式，为了防止推件板从导柱上脱落下来，固定在动模部分的导柱要足够长，并且要控制好推出行程；图 2-72(c)为注射机上的推杆直接作用在推件板上的形式，模具结构与图 2-72(a)相似，只是适当增加了推件板的长度，以便让注射机上的顶杆与之接触，因此，仅适用于两侧有顶杆的注射机；图 2-72(d)为推件板镶入动模板内的形式，推杆端部用螺纹与推件板相连接，并且与动模板作导向配合，推出机构工作时，推件板除了与型芯作配合外，还依靠推杆支承与导向，这种推出机构结构紧凑，推板在推出过程中也不会掉下，推件板和型芯的配合精度与推管和型芯相同，即为 H7/f7 ~ H8/f7 的配合。

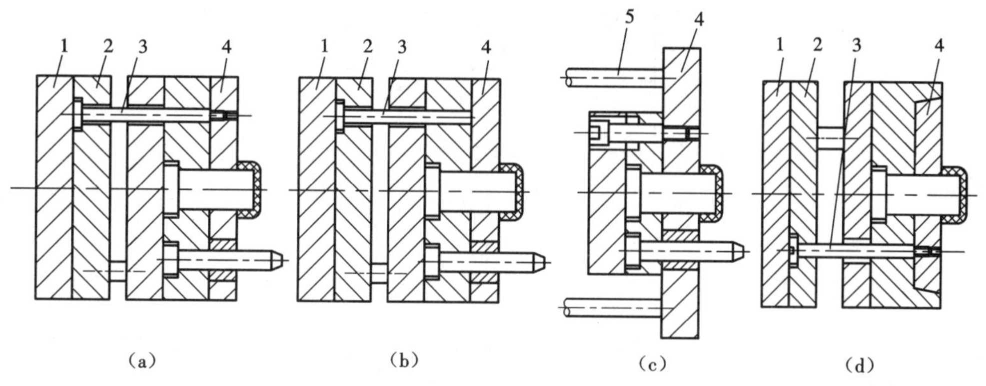

图 2-72 推件板推出机构

(a)螺纹连接；(b)无固定连接；(c)推杆直接作用式；(d)推件板镶入动模板内

1—推板；2—推杆固定板；3—推杆；4—推件板；5—注射机顶杆

在推件板推出机构中，为了减少推件板与型芯的摩擦，可采用图 2-73 所示的结构，推件板与型芯间留出 0.20 ~ 0.25 mm 的间隙，并用锥面配合。

对于大中型深型腔有底的塑件，推件板推出时很容易形成真空，造成脱模困难或塑件撕裂，为此，应增设进气装置。图 2-74 所示的结构是靠大气压力的推出机构，通过中间的进气阀进气，塑料就能顺利地从凸模推出。

推件板的常用材料为 45 钢、3Cr2Mo、4CrNiMo 等，热处理硬度要求 28 ~ 32HRC。

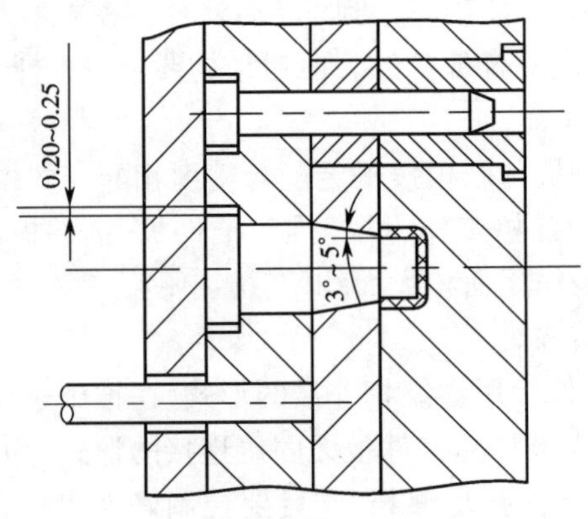

图 2-73 推件板推出机构

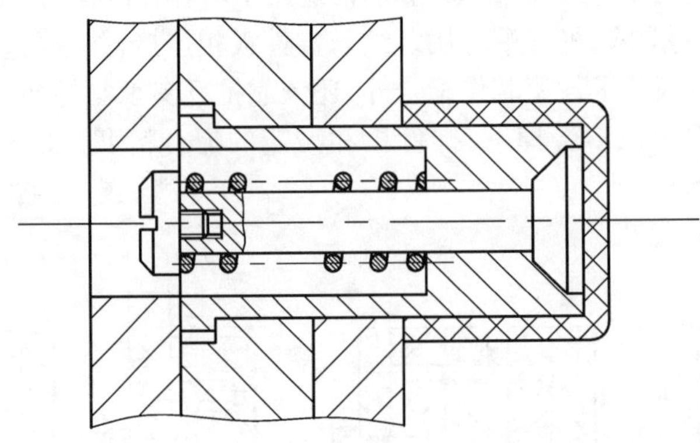
图 2-74 推件板推出机构的进气装置

九、温度调节系统

模具温度（模温）是指模具型腔和型芯的表面温度。不论是热塑性塑料还是热固性塑料成型，模具温度对塑料熔体的充模流动、固化定型、生产率及塑件的形状和尺寸精度都有重要的影响。模具温度调节是指对模具进行冷却或加热，必要时两者兼有，从而达到控制模温的目的。

1. 模具温度调节系统的概念

（1）模具温度调节系统的重要性

在模具中设置温度调节系统的目的，就是要通过控制模具温度，使注射成型具有良好的产品质量和较高的生产率。

模温过低，熔体流动性差，塑料成型性能差，塑件轮廓不清晰，表面产生明显的银丝、云丝，甚至充不满型腔或形成熔接痕，塑件表面不光泽，缺陷多，机械强度降低。对于热固性塑料，模温过低造成固化程度不足，降低塑件的物理、化学和力学性能。热塑性塑料注射成型时，在模温过低、充模速度又不高的情况下，塑件内应力增大，易引起翘曲变形或应力开裂，尤其是对刚度大的工程塑料。但在采用允许的低模温时，则有利于减小塑料的成型收缩率，从而提高塑件的尺寸精度，并可缩短成型周期。对于柔性塑料（如聚烯烃等），采用低模温有利于塑件尺寸稳定。

模温过高，成型收缩率大，脱模后塑件变形大，并且易造成溢料和粘模。对于热固性塑料，则会产生过热导致的变色、发脆、强度低等。但对于结晶型塑料，高温有利于结晶过程的进行，避免在存放和使用过程中尺寸发生变化。对于黏度大的刚性塑料，使用高模温，可大大降低其应力开裂程度。

模具温度不均匀、型芯和型腔温差过大，会造成塑件收缩不均匀，并导致塑件翘曲变形，影响塑件的形状及尺寸精度。因此，为保证塑件质量，模温必须适当、稳定、均匀。

据统计，对于注射模塑，注射时间约占成型周期的5%，冷却时间约占成型周期的80%，推出（脱模）时间约占成型周期的15%，可见，模塑周期主要取决于冷却定型时间。可通过调节塑料和模具的温差缩短冷却时间。在保证塑件质量和成型工艺顺利进行的前提下，通过降低模具温度来缩短冷却时间，是提高生产率的主要途径。

在成型过程中，塑料模具是一个热交换器，要保持模具自身热量的平衡，模具一般应设置温控系统。由于各类塑料的性能和成型工艺要求不同，模具温度的范围也不同。因此，设计模具时，应根据塑料品种和模具尺寸大小等不同情况，考虑采用不同方式对模具进行温度调节（加热或冷却）。以下几种情况需对模具适当输入热量（加热）。

①某些高黏性或结晶型塑料的注射成型，需要维持较高的模温（见表2-14），无法只靠塑料熔体在模内释放的热量来维持其较高的模温，为此，需对模具补充热量（加热）。

表2-14　部分塑料的成型温度与模具温度

塑料名称	成型温度	模具温度	塑料名称	成型温度	模具温度
LDPE	190～240 ℃	20～60 ℃	PS	170～280 ℃	20～70 ℃
HDPE	210～270 ℃	20～60 ℃	AS	220～280 ℃	40～80 ℃
PP	200～270 ℃	20～60 ℃	ABS	200～270 ℃	40～80 ℃
PA6	230～290 ℃	40～60 ℃	PMMA	170～270 ℃	20～90 ℃
PA66	280～300 ℃	40～80 ℃	硬PVC	190～215 ℃	20～60 ℃
PA610	230～290 ℃	36～60 ℃	软PVC	170～190 ℃	20～40 ℃
POM	180～220 ℃	90～120 ℃	PC	250～290 ℃	90～110 ℃

②对于热固性塑料的注射与压缩成型，模具需要较高的温度，以促使塑料在模内完成交联反应，为此必须对模具进行加热。

③大型模具工作前必须将模具预热到某一适宜温度。如果只靠注入塑料熔体将模具加热升温，既费时又费物，极不经济。因此，在间断操作或更换模具时，大型注射模都应有加热系统。

④热流道模具技术的应用日益普遍，为使塑料熔体在模具流道内始终保持熔融状态，必须考虑对流道板进行加热。

多数情况下，由于模具不断地被注入的熔融塑料加热，模温升高，靠模具自身散热不能使模具保持较低的温度，一般应加设冷却装置。

模具设置的温控系统应使型腔和型芯保持在规定的温度范围之内，并使模温均匀，以便

成型工艺顺利进行，保证塑件尺寸稳定，变形小，表面质量好，物理和力学性能良好。

总之，要得到优质产品，必须对模具进行温度控制，正确合理地设计模具温度调节系统，对产品质量和生产率有很大影响。

(2)模具温度调节系统设计的基本要求

①温度调节系统应具备的功能是：能使型腔和型芯的温度保持在规定的范围内，并保持均匀的模具温度，以使塑料的物理、化学和力学性能良好。

具有不同性能的塑料，在成型时对模具温度的要求是不同的。黏度低的塑料，宜采用较低的模具温度；黏度高的塑料，必须考虑熔体充模和减少制件应力开裂的需要，模具温度较高为宜；对于结晶型塑料，模具温度必须考虑对其结晶度及物理、化学、力学性能的影响。

②根据塑料品种、成型方法及模具尺寸大小，正确确定模具的调节方法。热固性塑料的注射成型和压缩、压注成型，一般在较高的温度下进行，要求模具温度较高，因而必须设置加热系统对模具进行加热；对于热塑性塑料，根据尺寸大小等不同情况进行温度调节。

冷却回路的设计应做到回路系统内流动的介质能充分吸收成型塑件所传导的热量，使模具成型表面的温度稳定地保持在所需的温度范围内，并且要做到使冷却介质在回路系统内流动畅通，无滞留部位。

2. 冷却回路尺寸的确定

(1)冷却回路所需的总表面积

冷却回路所需总表面积可按下式计算：

$$A=\frac{Mq}{3\,600\alpha(\theta_m-\theta_w)}$$

式中 A——冷却回路总表面积，m^2；

M——单位时间内注入模具中树脂的质量，kg/h；

q——单位质量树脂在模具内释放的热量，J/kg(具体数值可查表2-15)；

α——冷却水的表面传热系数，$W/(m^2\cdot K)$；

θ_m——模具成型表面的温度，℃；

θ_w——冷却水的平均温度，℃。

表2-15 树脂成型时放出的热量 $\times10^5$ J/kg

树脂名称	q 值	树脂名称	q 值	树脂名称	q 值
ABS	3～4	CA	2.9	PP	5.9
AS	3.35	CAB	2.7	PA6	56
POM	4.2	PA66	6.5～7.5	PS	2.7
PAVC	2.9	LDPE	5.9～6.9	PTFE	5.0
丙烯酸类	2.9	HDPE	6.9～8.2	PVC	1.7～3.6
PMMA	2.1	PC	2.9	SAN	2.7～3.6

冷却水的表面传热系数α可用如下公式计算：

$$\alpha=\Phi\frac{(\rho v)^{0.8}}{d^{0.2}} \tag{2-8}$$

式中 α——冷却水的表面传热系数，$W/(m^2\cdot K)$；

ρ——冷却水在该温度下的密度，kg/m^3；

d——冷却水的流速，m/s；

Φ——与冷却水温度有关的物理系数，Φ 值可从表 2-16 查得。

表 2-16　水的温度与其 Φ 值的关系

平均温度	5 ℃	10 ℃	15 ℃	20 ℃	25 ℃	30 ℃	35 ℃	40 ℃	45 ℃	56 ℃
Φ 值	6.16	6.60	7.06	7.50	7.95	8.40	8.84	9.28	9.66	10.05

(2)冷却回路的总长度

冷却回路总长度可用下式计算：

$$L = \frac{1\ 000A}{\pi d} \tag{2-9}$$

式中　L——冷却回路总长度，m；

A——冷却回路总表面积，m^2；

d——冷却水孔直径，mm。

确定冷却水孔的直径时应注意，无论多大的模具，水孔的直径不能大于 14 mm，否则冷却水难以成为湍流状态，以至降低热交换效率。一般水孔的直径可根据塑件的平均壁厚来确定。平均壁厚为 2 mm 时，水孔直径可取 8 ~ 10 mm；平均壁厚为 2 ~ 4 mm 时，水孔直径可取 10 ~ 12 mm；平均壁厚为 4 ~ 6 mm 时，水孔直径可取 10 ~ 14 mm。

(3)冷却水体积流量的计算

塑料树脂传给模具的热量与自然对流散发到空气中的模具热量、辐射散发到空气中的模具热量，以及模具传给注射机的热量的差值，即为冷却水扩散的模具的热量。假如塑料树脂在模内释放的热量全部由冷却水传导，即忽略其他传热因素，那么模具所需的冷却水体积流量可用下式计算。

$$q_v = \frac{Mq}{60c\rho(\theta_1 - \theta_2)} \tag{2-10}$$

式中　q_v——冷却水体积流量，m^3/min；

M——单位时间注射入模具内的树脂质量，kg/h；

q——单位时间内树脂在模具内释放的热量，J/kg(具体数值查表 2-14)；

c——冷却水的比热容，J/(kg · K)；

ρ——冷却水的密度，kg/m^3；

θ_1——冷却水出口处温度，℃；

θ_2——冷却水入口处的温度，℃。

3. 冷却水回路的布置

设置冷却效果良好的冷却水回路的模具是缩短成型周期、提高生产效率最有效的方法。如果不能实现均一的快速冷却，则会使塑件内部产生应力而导致产品变形或开裂，所以应根据塑件的形状、壁厚及塑料的品种，设计与制造出能实现均一、高效的冷却回路。下面介绍冷却回路设置的基本原则。

(1)冷却水道应尽量多、截面尺寸应尽量大

型腔表面的温度与冷却水道的数量、截面尺寸及冷却水的温度有关。图 2-75 所示的情

况是在冷却水道数量和尺寸不同的条件下通入不同温度(59.83 ℃和45 ℃)的冷却水后模内温度分布情况。由图可知,采用5个较大的水道孔时,型腔表面温度比较均匀,出现60～60.50 ℃的变化,如图2-75(a)所示;而同一型腔采用2个较小的水道孔时,型腔表面温度出现53.33～58.38 ℃的变化,如图2-75(b)所示。由此可见,为了使型腔表面温度分布趋于均匀,防止塑件不均匀收缩和产生残余应力,在模具结构允许的情况下,应尽量多设冷却水道,并使用较大的截面尺寸。

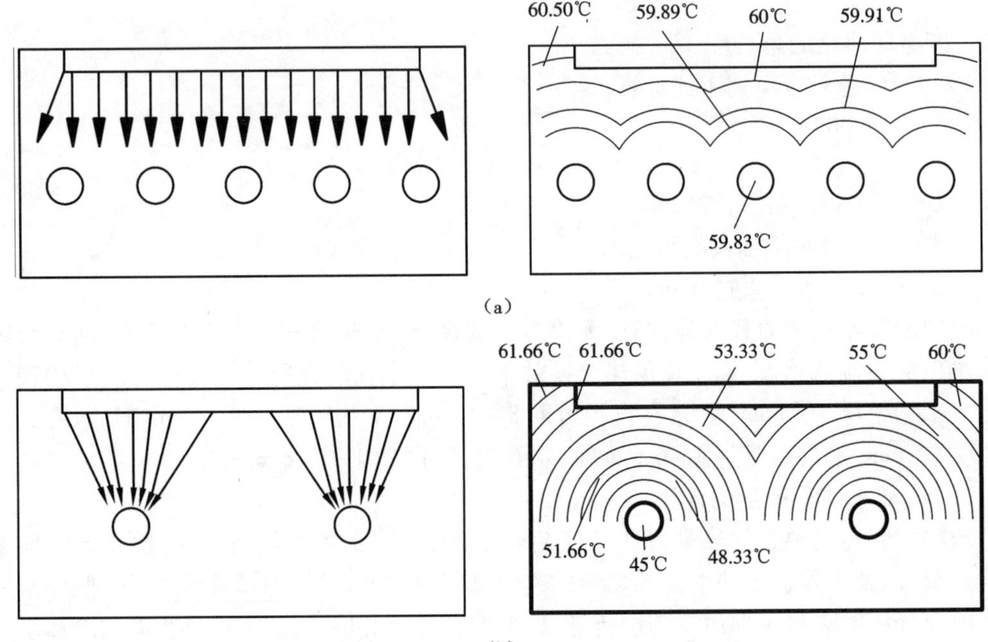

图2-75　模具内的温度分布

(2)冷却水道离模具型腔表面的距离

当塑件壁厚均匀时,冷却水道到型腔表面最好距离相当,但当塑件厚壁不均匀时,厚处冷却水道到型腔表面的距离则应近一些,间距也可适当小些,一般水道孔边至型腔表面距离为10～15 mm。

(3)水道出入口的布置

水道出入口的布置应该注意两个问题,即浇口处加强冷却和冷却水道的出入口温差应尽量小。塑料熔体充填型腔时,浇口附近温度最高,距浇口越远,温度就越低,因此浇口附近应加强冷却,其办法就是冷却水道的入口处要设置在浇口的附近。图2-76所示分别为侧浇口、多点浇口、直接浇口的冷却水道的布置形式示意图。

为了缩小出入口冷却水的温差,应根据型腔形状的不同进行水道的排布。图2-77(b)的形式比图2-77(a)的形式要好,即降低了出入口温差,提高了冷却效果。

冷却水道应沿着塑料收缩方向设置。对于聚乙烯、聚丙烯等收缩率大的塑料,冷却水道应尽量沿着塑料收缩的方向设置。

冷却水道的布置应避开塑件易产生熔接痕的部位。塑件易产生熔接痕的地方,本身的温度就比较低,如果在该处再设置冷却水道,就会更加促使熔接痕的产生。

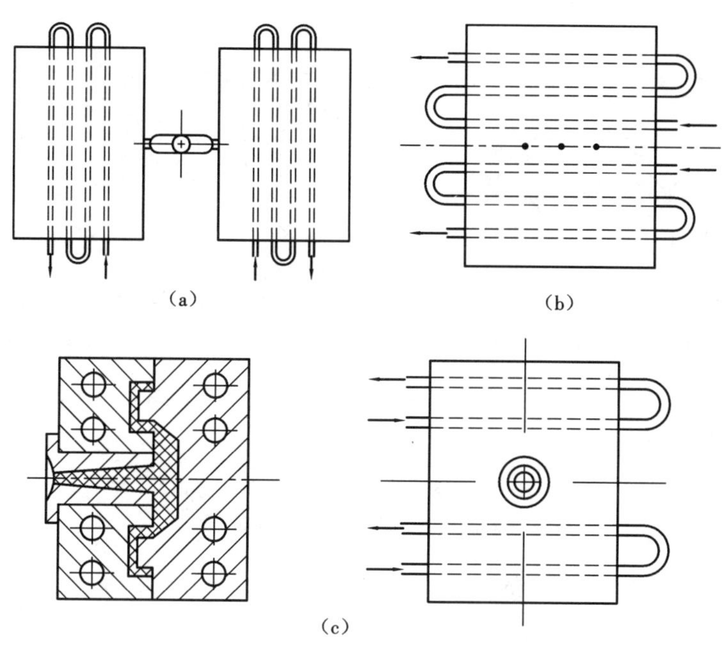

图 2-76　冷却水道出、入口的布置

(a)侧浇口;(b)多点浇口;(c)直接浇口

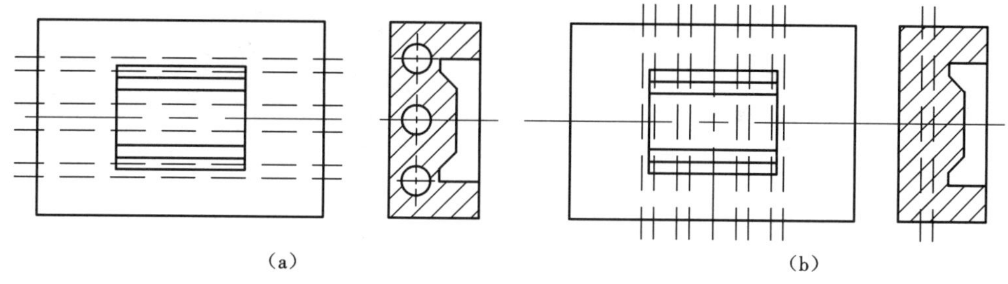

图 2-77　冷却水道的排布形式

(a)冷却效果好;(b)冷却效果差

4. 常见冷却系统的结构

冷却水道的形式是根据塑件形状而设置的,塑件的形状是多种多样的,因此,对于不同形状的塑件,冷却水道的位置与形状也不一样。

(1)浅型腔扁平塑件

对于扁平的塑件,在使用侧浇口的情况下,常采用动、定模两侧与型腔等距离钻孔的形式设置冷却水道,如图 2-78(a)所示;在使用直接浇口的情况下,可采用如图 2-78(b)所示的形式。

(2)中等深度的塑件

采用侧浇口进料的中等深度的壳形塑件,可在凹模底部采用与型腔表面等距离钻孔的形式设置冷却水道。在凸模中,由于容易储存热量,所以要加强冷却,按塑件形状铣出矩形截面的冷却环形水槽,如图 2-79(a)所示;凹模也要加强冷却,可采用图 2-79(b)所示的结构

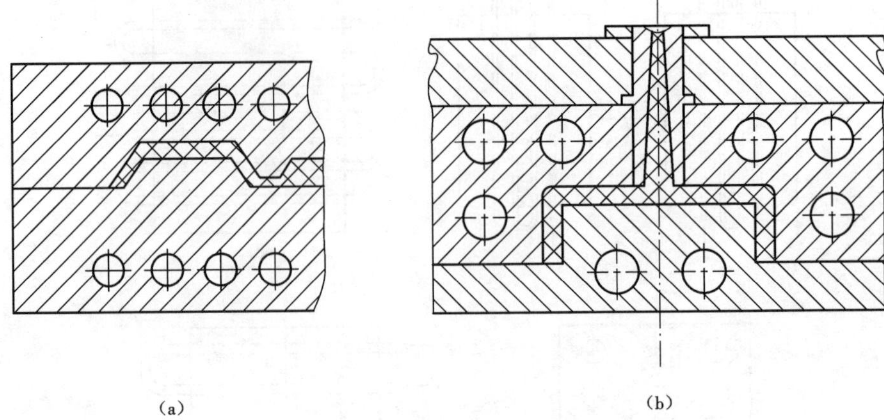

图 2-78　浅型腔扁平塑件的冷却水道

(a)侧浇口情况;(b)直接浇口情况

铣出冷却环形槽的形式;凸模上的冷却水道也可采用图 2-79(c)的形式。

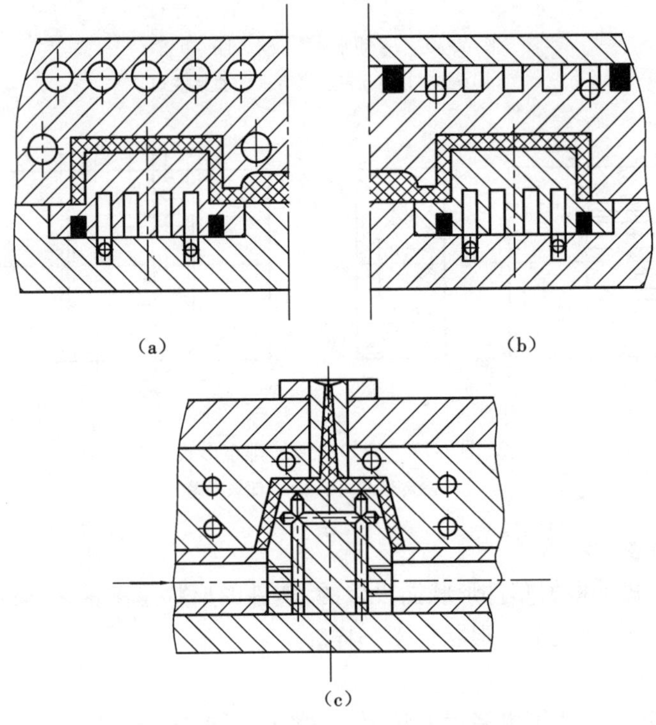

图 2-79　中等塑件的冷却水道

(3)深型腔塑件

对于深型腔塑件模具,最困难的是凸模的冷却问题。如图 2-80 所示的大型深型腔塑件模具,在凹模一侧,其底部可从浇口附近通入冷却水,流经矩形截面水槽后流出,其侧部开设圆形截面水道,围绕模腔一周后从分型附近的出口排出。凸模上加工出螺旋槽,并在螺旋槽内加工出一定数量的盲孔,而每个盲孔用隔板分成底部连通的两个部分,从而形成凸模中心进水、外侧出水的冷却回路。这种隔板形式的冷却水道加工麻烦，隔板与孔配合要求高，否则隔板易转动而达不到要求。隔板常用先车削成形（与孔过渡配合）后把两侧铣削掉或线切割成形的办法制成，然后再插入孔中。对于大型特深型腔的塑件，其模具的凹模和凸模均可采用在对应的镶拼件上分别开设螺旋槽的形式，如图 2-81 所示，这种形式的冷却效果特别好。

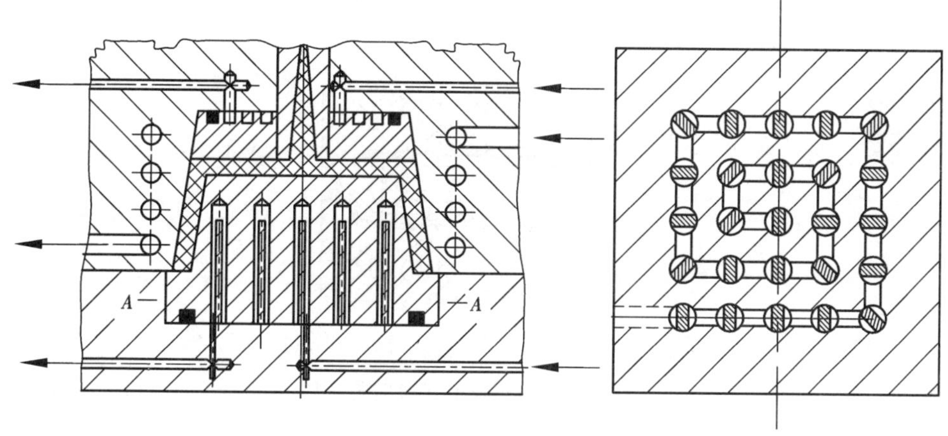

图 2-80　大型深型腔塑件的冷却水道

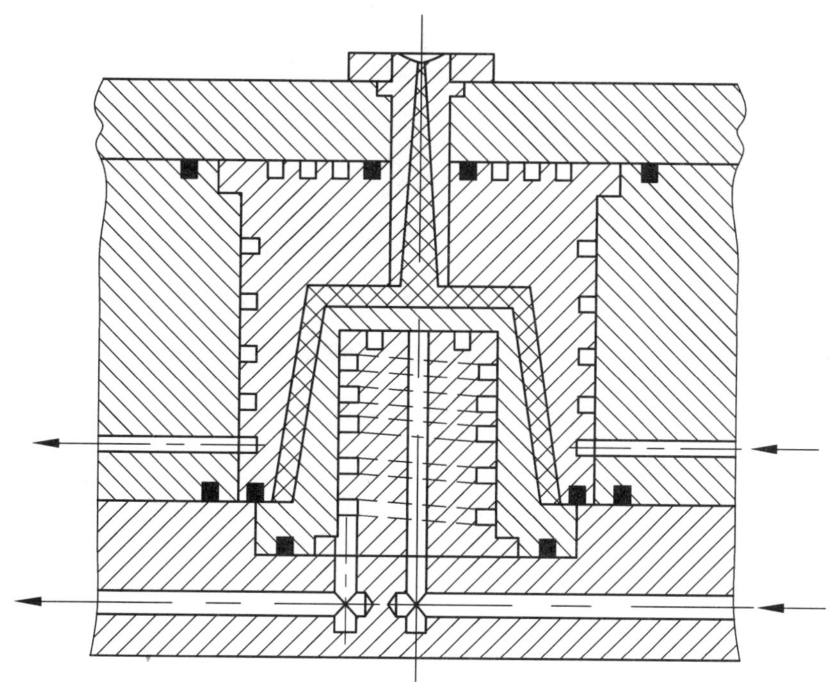

图 2-81　大型特深型腔冷却水道

(4) 细长塑件

空心细长塑件需要使用细长的型芯，在细长的型芯上开设冷却水道是比较困难的。当塑件内孔相对比较大时，可采用喷射式冷却，如图 2-82 所示，即在型芯的中心制出一个盲孔，在孔中插入一根管子，冷却水从中心管子流入，喷射到浇口附近型芯盲孔的底部对型芯进行冷却，然后经过管子与凸模的间隙从出口处流出。对于型芯较为细小的模具，可采用间接冷却的方式进行冷却。图 2 - 83(a)所示为冷却水喷射在铍铜制成的细小型芯的后端，靠铍铜良好的导热性能对其进行冷却；图 2-83(b)所示为在细小型芯中插入一根与之配合接触很好的铍铜杆，在其另一端加工出翅片，用它来扩大散热面积，提高水流的冷却效果。

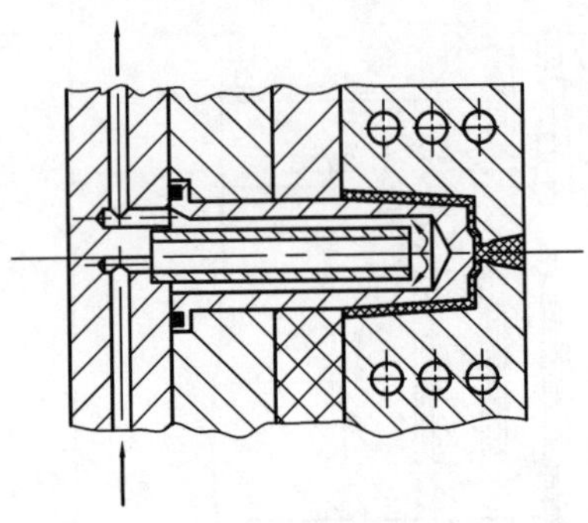

图 2-82　采用喷射式对型芯冷却

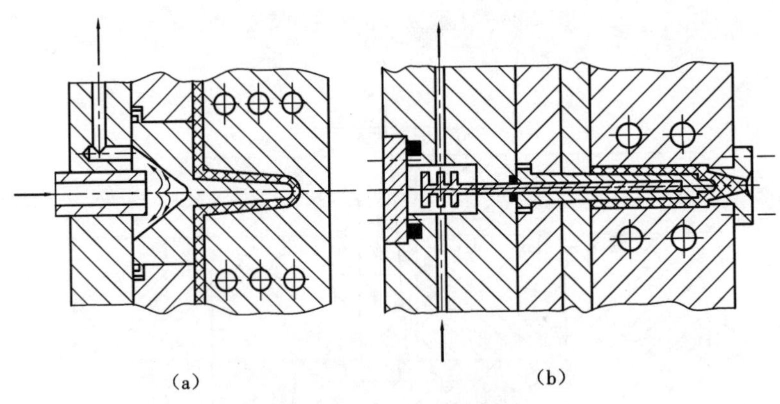

图 2-83　细长型芯的间接法冷却

以上介绍了冷却回路的各种结构形式，在设计冷却水道时必须对结构问题加以认真考虑，但另外一点也应该引起重视，那就是冷却水道的密封问题。模具的冷却水道穿过两块模板或镶件时，在它们的接合面处一定要用密封圈或橡胶加以密封，以防模板之间、镶拼零件之间渗水，影响模具的正常工作。

任务三　项目实施

一、塑件的工艺性分析

1. 分析制件材料性能

聚丙烯无色、无味、无毒，外观似聚乙烯，但比聚乙烯更透明更轻；密度仅为 0.90 ~ 0.96 g/cm^3；不吸水，光泽好，易着色；屈服强度、抗拉、抗压强度和硬度及弹性比聚乙烯好。定向拉伸后聚丙烯可制作铰链，有特别高的抗弯曲疲劳强度。聚丙烯熔点为164～170 ℃，耐热性好，能在100 ℃以上的温度下进行消毒灭菌。其低温使用温度达－15 ℃，低于－35 ℃时会脆裂。聚丙烯的高频绝缘性能好。因不吸水，绝缘性能不受湿度的影响。但在氧、热、光的作用下极易解聚、老化，所以必须加入防老化剂。

2. 分析制件成型工艺性能

成型收缩范围大，易发生缩孔、凹痕及变形；聚丙烯热容量大，注射成型模具必须设计能充分冷却的冷却回路；聚丙烯成型的适宜模温为80 ℃左右，不可低于40 ℃，否则会造成成型塑件表面光泽度差或产生熔接痕等缺陷。温度过高则会产生翘曲现象。

3. 塑件表面质量分析

该塑件要求外形美观，色泽鲜艳，外表面没有斑点及熔接痕，表面结构可取 $Ra0.4\mu m$。而塑件内部没有较高的表面质量要求。

4. 塑件的结构工艺性分析

该塑件为壳类塑件，壁厚均匀，且符合最小壁厚要求。

综上所述，该塑件可采用注射成型。

二、初选注射机型号

1. 注射量的计算

通过三维软件建模分析，可知单个塑件的体积为17.025 8 cm^3，两个约为34.05cm^3。查相关表得到密度为0.90 g/cm^3。按公式计算得注射量，浇口系统的体积约占塑件体积的15%，为5.107 5 cm^3。所以该种塑料的理论注塑量为 $m = 34.05\ cm^3 + 5.107\ 5\ cm^3 = 39.157\ 5\ cm^3$。

2. 锁模力的计算

通过三维软件建模分析，可知单个塑件在分型面上的投影面积约为71 576.40 mm^2，两个约为143 152.8 mm^2。按经验公式计算得总面积为 $1.35\times 143\ 152.8\ mm^2 = 193\ 256.28\ mm^2$。聚丙烯塑料成型时的型腔平均压力 $p_{成型} = 25$ MPa（经验值），故所需锁模力为 $F_m = 193\ 256.28\ mm^2 \times 25\ MPa = 4\ 831.4\ kN \approx 4\ 832\ kN$。

3. 注射机的选型

初步选定XS－ZY－125型注射机。其主要参数如表2-17所示。

表2-17 XS－ZY－125注射机的主要参数

额定注射量/cm^3	125	螺杆直径/mm	42
注射压强/MPa	120	注射行程/mm	115
注射时间/s	1.6	注射方式	螺杆式
合模力/kN	900	动、定模固定板尺寸/mm	428×458
喷嘴球半径/mm	12	锁模方式	液压－机械
拉杆内间距	290 mm×260 mm	移模行程/mm	300
最大模厚/mm	300	最小模厚/mm	200
喷嘴孔直径/mm	4	定位圈尺寸/mm	4

4. 塑件模塑成型工艺参数的确定

查表得出工艺参数如表 2-18 所示，试模时可根据实际情况作适当调整。

表 2-18　塑件成型工艺参数

聚丙烯	预热和干燥	温度 t/℃	110～120	成型时间	注射时间/s	0 ～ 5
		时间 τ/h	8 ～ 12		保压时间/s	20 ～ 60
	料筒温度 t/℃	后段	160 ～ 170		冷却时间/s	15 ～ 50
		中段	200 ～ 220		总周期/s	40 ～ 120
		前段	180 ～ 200	螺杆转速 n/(r · min^{-1})		30～60
	喷嘴温度 t/℃	170 ～ 190		后处理	方法	红外线灯
	模具温度 t/℃	40 ～ 80			温度 t/℃	鼓风烘箱 100 ～ 110
	注射压强 p/MPa	70 ～ 120			时间 τ/h	8 ～ 12

5. 编制制件的成型工艺卡片

该制件的注射成型工艺卡片见表 2-19 所示。

表 2-19　肥皂盒注射成型工艺卡

车间				塑料注射后成型工艺卡	资料编号	
零件名称	肥皂盒			材料牌号	设备型号	XS－ZY－125
装配图号				材料定额	每模件数	1 件
零件图号				单件重量 10.322 g	工装号	
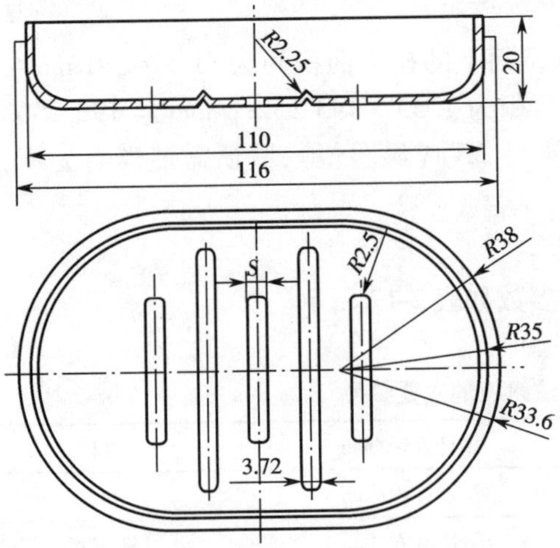 R2.25 20 110 116 S R2.5 R38 R35 R33.6 3.72				材料干燥	设备	
					温度/℃	110－120
					时间/h	8 ～ 12
				料筒温度(℃)	后段	160～170
					中段	200～220
					前段	180～200
					喷嘴	170～190
				模具温度/℃		40～80
				时间	注射/s	0～5
					保压/s	20～60
					冷却/s	15～50
				压强	注射压/MPa	70～120
					筒压/MPa	
后处理	湿度	鼓风烘箱 100～110		时间定额	辅助/min	
	时间				单件/min	
检验						
编制	校对	审核	组长	车间主任	检验组长	主管工程师

三、分型面的选择及型腔布局

1. 分型面的选择

模具上用来取出制品及浇注系统凝料的可分离的接触表面称为分型面。分型面的方向尽量采用与注塑机开模成垂直方向，并满足分型面取在最大轮廓处，并且不影响制件外表面的表面质量。分析制件的结构，最终选择图 2-84 所示的分型方案。

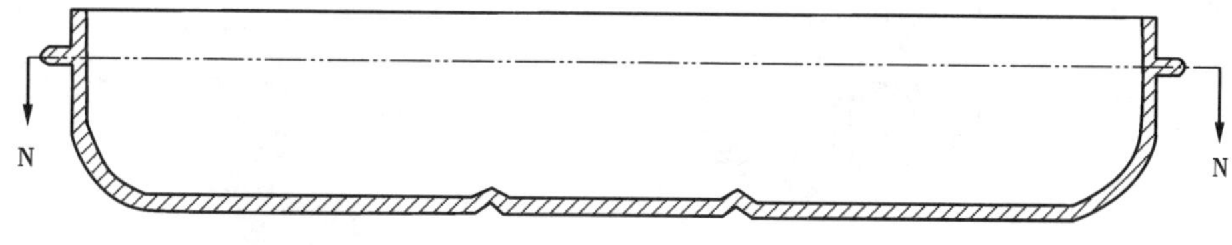

图 2-84　分型面选择

2. 型腔数目的确定及型腔的排列

为了使模具与注塑机相匹配以提高生产率和经济性，并保证塑件精度，模具设计时应合理确定型腔数目。模具型腔数量主要是根据制品的投影面积、几何形状、制品精度、批量以及经济效益来确定的。考虑到肥皂盒的结构尺寸不大，且生产批量较大的因素，采用一模两腔成型，这样有利于浇注系统的排列和模具的平衡。其型腔排列如图 2-85 所示。

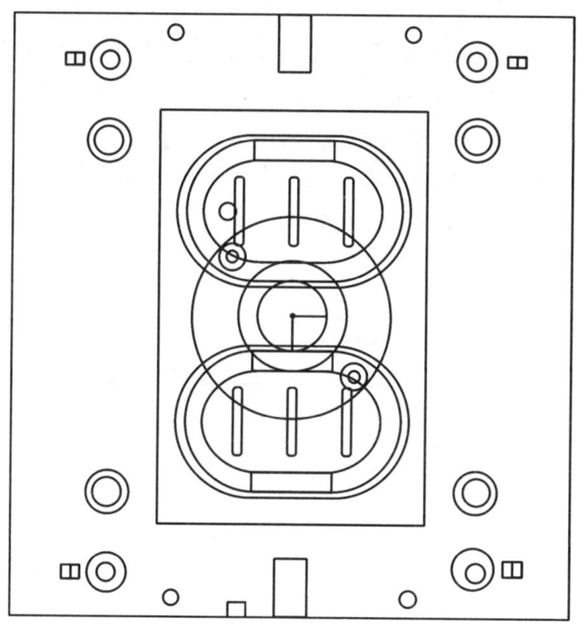

图 2-85　型腔的排列

四、浇注系统设计

1. 主流道衬套和定位环的设计

主流道衬套又叫浇口套，标准件，通常根据模具所成型制品所需塑料质量的多少、所需浇口套的长度来选择。所需塑料较多时，选用较大的浇口套；反之，选用较小的类型。

根据手册查得120AV型注射机喷嘴的尺寸为：喷嘴前端孔径 $d_0=4$ mm，喷嘴前端球面半径 $R_0=13$ mm。

根据模具主流道球面半径 $R=R_0+(1\sim2)$ mm 及小端直径 $d=d_0+(0.5\sim1)$ mm，取主流道球面半径 $R=13$ mm，小端直径 $d=4.5$ mm。主流道衬套如图2-86所示。

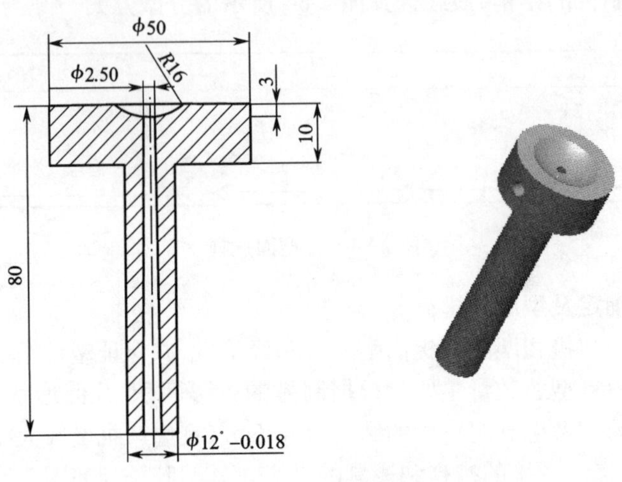

图2-86　主流道衬套

定位环是确定模具在注塑机上的安装位置、保证注塑机喷嘴与模具浇口套对中的定位零件，定位环与注塑机定模固定板中心的定位孔相配合。定位环应与定模座板有5 mm的配合深度，以防止模具安装时由于模具自重而切断定位环螺钉；定位环的外径 D 应与注塑机的定位孔间隙配合，配合间隙为0.1～0.2 mm；定位环与注塑机定位孔的配合长度可取8～10 mm，即小于注塑机定位孔的深度，对于大型模具可取10～15 mm。定位环如图2-87所示。

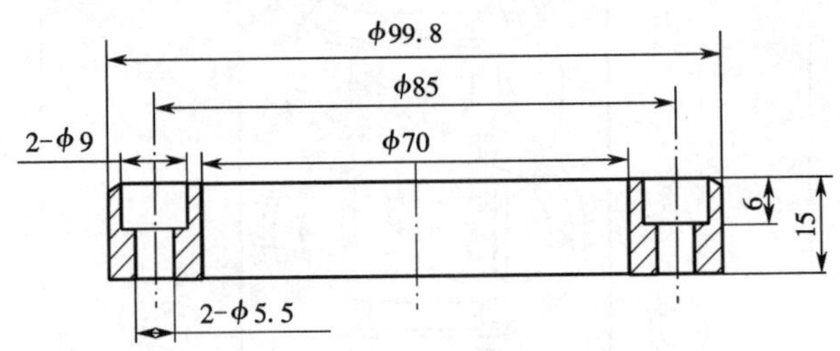

图2-87　定位环

2. 分流道的设计

分流道的形状及尺寸与塑件的体积、壁厚、形状的复杂程度、注射速率等因素有关。从便于加工方面考虑，采用半圆形的分流道，查表可知流道直径为4.8～9.5 mm，取流道半径为2.5 mm，如图2-88所示。

3. 浇口设计

根据肥皂盒的成型要求及型腔的排列方式，选用侧浇口较为理想。侧浇口一般开设在模具的分型面上，从制件的侧面边缘进料。它能方便地调整浇口尺寸，控制剪切速率和浇口

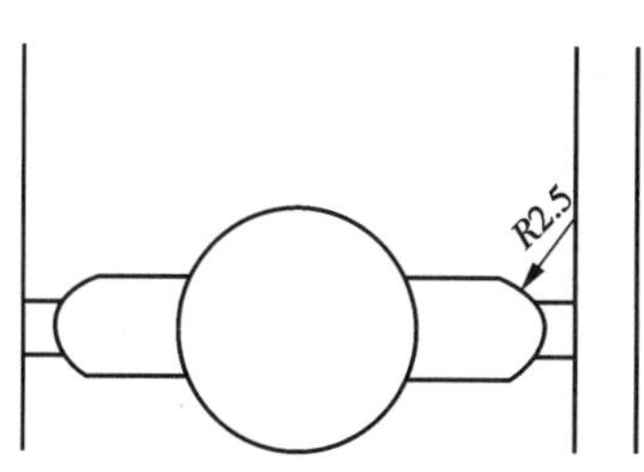

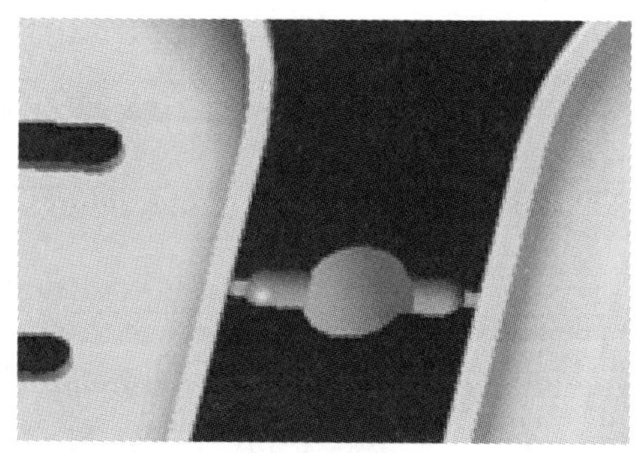

图 2-88 分流道设计

封闭时间，是被广泛采用的一种浇口形式。

本模具侧浇口的截面形状采用矩形，查相关手册后确定尺寸为 1 mm×0.7 mm×0.6 mm ($b \times l \times h$)，试模时修正。

4. 冷料穴和拉料杆设计

本模具只有一级分流道，流程较短，故只在主流道末端设置冷料穴。冷料穴设置在主流道正面。采用球头拉料杆，仅适于推件板脱模的拉料杆，固定在动模板上，如图 2-89 所示。

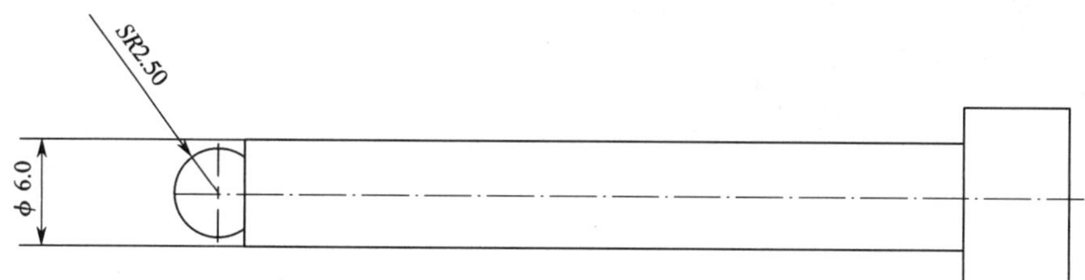

图 2-89 拉料杆设计

五、成型零件的设计

1. 型腔结构设计

由于塑件外形较简单，因此型腔可采用组合式结构，并用螺钉固定在定模板上。型腔零件图和三维造型如图 2-90 所示。

2. 型芯结构设计

型芯采用嵌入式结构。型芯用台肩和模板连接，型芯与推件板采用锥面配合，以保证配合紧密，防止塑件产生飞边。另外，锥面配合可以减少推件板在推件运动时与型芯之间的磨损。型芯零件图和三维造型如图 2-91 所示。

六、推出机构设计

由于该塑件要求外形美观，色泽鲜艳，外表面没有斑点及熔接痕，使用推杆推出容易在塑件上留下推出痕迹，不宜采用。所以选择推件板推出机构完成塑件的推出，这种方法结构简单、推出力均匀，塑件在推出时变形小，推出可靠。

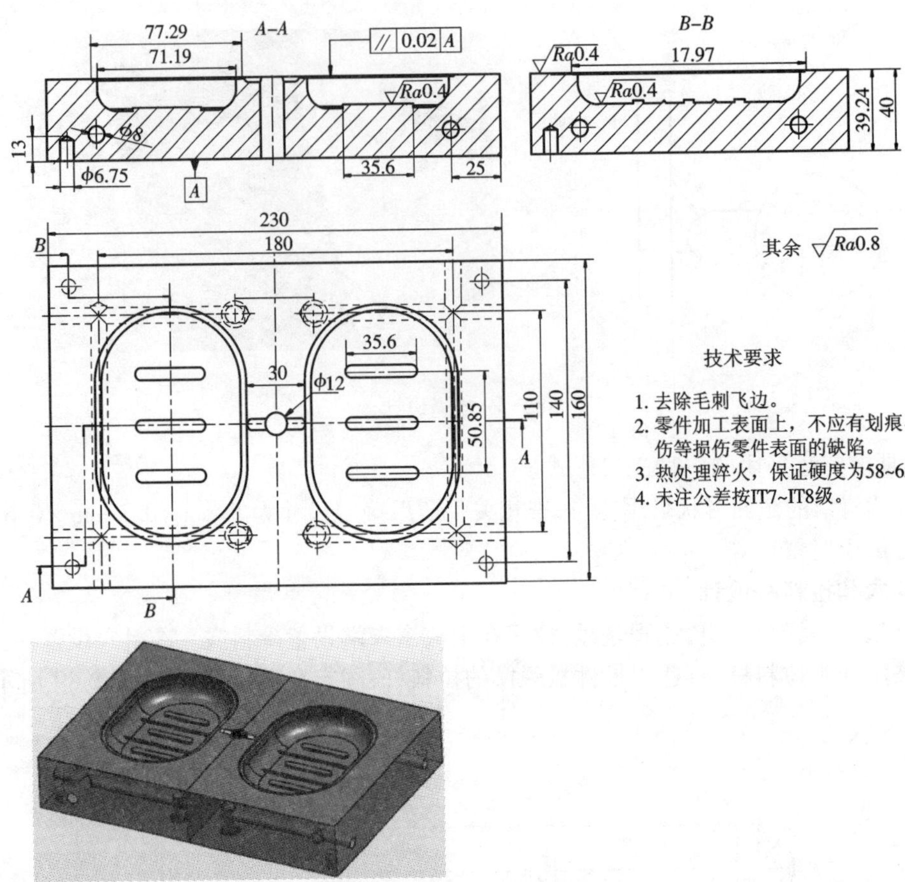

图 2-90　型腔零件图与三维图

在推件板推出机构中，为了减少推件板与型芯的摩擦，采用如图 2-92 所示的结构，推件板与型芯间留出 0. 20 ~ 0. 25 mm 的间隙，并用锥面配合。

七、冷却系统设计

由于冷却水道的位置、结构形式、孔径、表面状态、水的流速、模具材料等很多因素都会影响模具的热量向冷却水传递，精确计算比较困难。因此实际生产中，通常都是根据模具的结构确定冷却水路，通过调节水温、水速来满足要求。

模具的冷却分为两部分，一部分是型腔的冷却，另一部分是型芯的冷却。型腔上采用直流循环式冷却装置，沿镶件四周开设冷却水道，水管直径 $\phi 8$ mm，如图 2-93 所示。

型芯的冷却如图 2-94 所示，在型芯内部开有 $\phi 13$ mm 的冷却水孔，中间用隔水板 2 隔开，冷却水由动模板 4 上的 $\phi 8$ mm 冷却水孔进入，沿着隔水板的一侧上升到型芯的上部，翻过隔水板，流入另一侧，再流回动模板上的冷却水孔，然后继续冷却第二个型芯，最后由动模板上的冷却水孔流出模具。型芯 1 与动模板 4 之间用密封圈 3 密封。

八、模架及标准件的选择

根据上述分析，依据浇口和推出结构特点确定模架的类型，该模具结构是侧浇口和推件

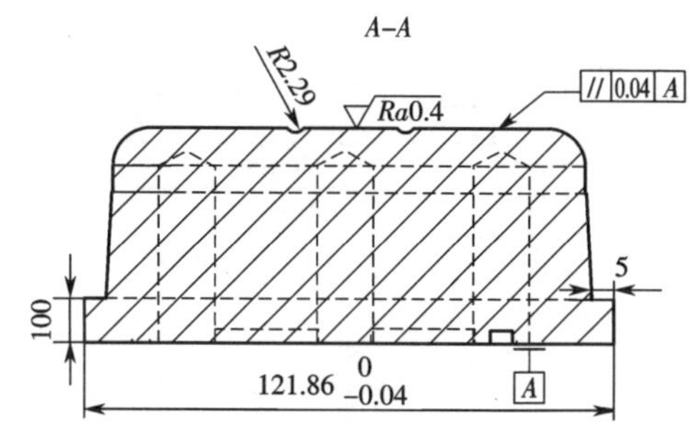

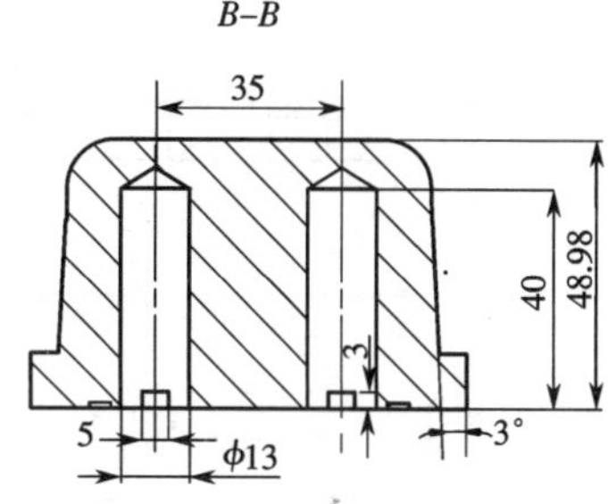

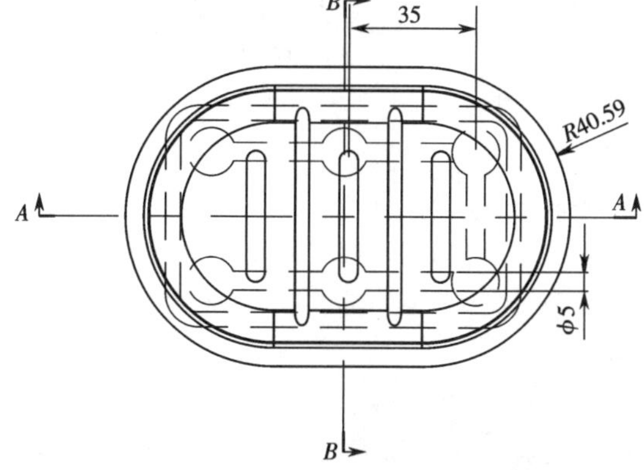

技 术 要 求

1. 零件加工表面上，不应有划痕、擦伤等损伤零件表面的缺陷。
2. 去除毛刺飞边。
3. 未注形状公差应符合GB/T1182—2008的要求。
4. 调质处理HRC50~55。
5. 加工后的零件不允许有毛刺。

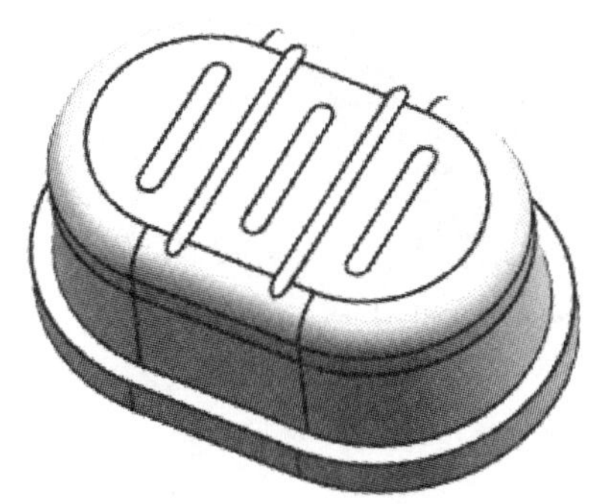

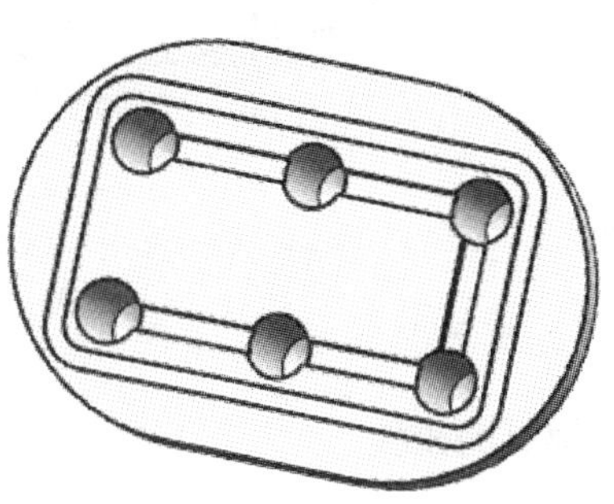

图 2-91　型芯零件图与三维图

板推出机构，所以该模具选择 BI 型模架。再根据型腔模板周界，初定定、动模板的周界尺寸（宽×长），选择模板的系列；依据定模板、动模板和垫块的厚度确定模板的规格。因此，该模具选择标准模架 BI2535—70×40×80，其中参数含义如下：

BI——侧浇口 BI 型模架；

2535——指模板的宽和长分别为 250 mm 和 350 mm；

70——定模板（A 板）厚度为 70 mm；

40——动模板（B 板）厚度为 40 mm；

80——垫块（C 板）厚度为 80 mm。

肥皂盒注塑模的三维装配图如图 2-95 所示。

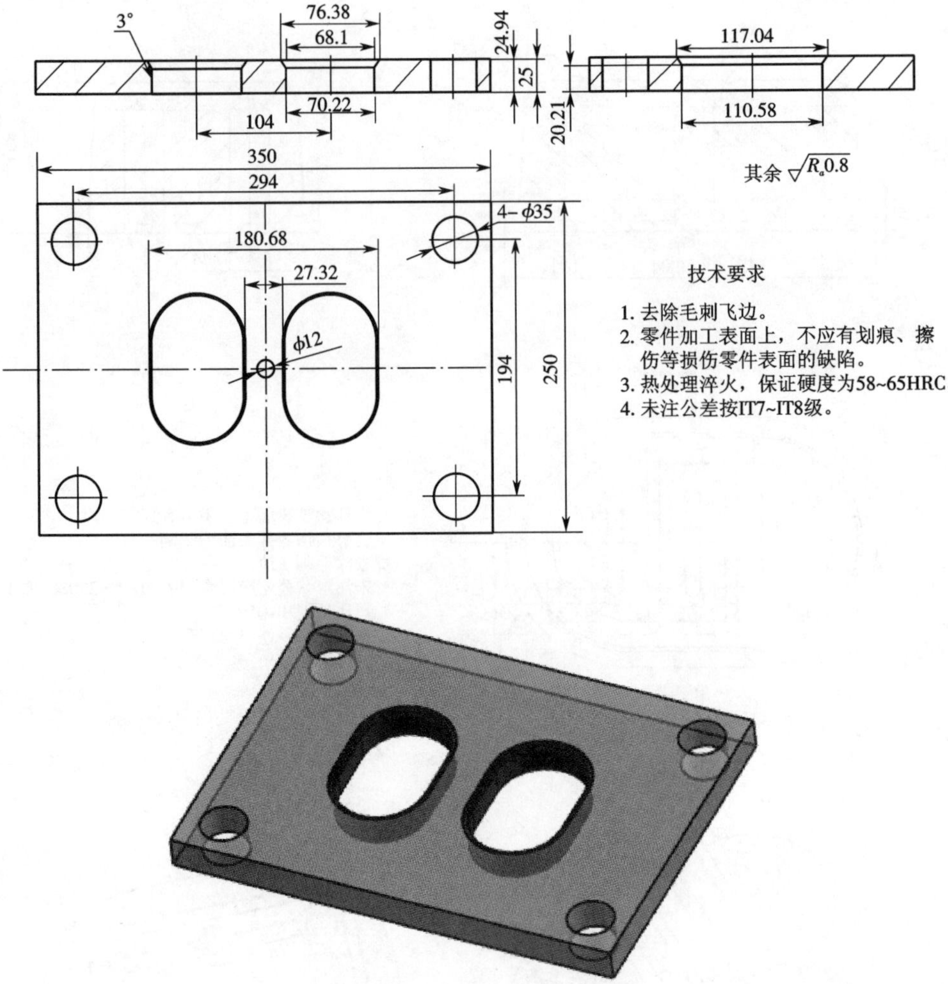

其余 $\sqrt{R_a 0.8}$

技术要求

1. 去除毛刺飞边。
2. 零件加工表面上，不应有划痕、擦伤等损伤零件表面的缺陷。
3. 热处理淬火，保证硬度为58~65HRC。
4. 未注公差按IT7~IT8级。

图 2-92　推件板零件图与三维图

九、模具的校核

1. 最大注射量的校核

为了保证正常的注射成型，注射机的最大注射量应稍大于制品的质量和体积（包括流道凝料）。通常注射机的实际注射量最好在注射机最大注射量的 80% 以内。XS－ZY－125 注射机允许的最大注射容量约为 125 cm^3，系数取 0.8，则 $0.8\times125\ cm^3=100\ cm^3$，$39.157\,5\ cm^3<100\ cm^3$，，因此最大注射量符合要求。

2. 注射压力的校核

安全系数取 1.3，注射压力根据经验取为 80 MPa。

$$1.3\times80\ MPa=104\ MPa, 104\ MPa<119\ MPa$$

因此注射压力校核合格。

3. 锁模力的校核

安全系数取 1.2，则

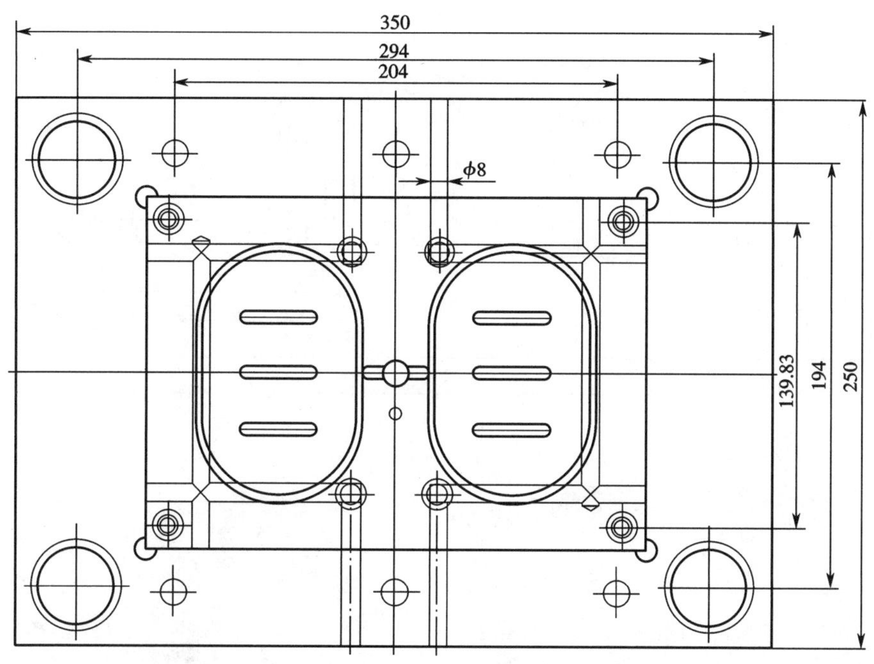

图 2-93　型腔冷却水道

$1.2 \times 4\ 832\ \text{KN} = 5\ 798.4\ \text{KN} > 900\ \text{KN}$

因此锁模力校核合格。

故改选注射机 SZY－2000。

4. 模具闭合高度的确定和校核

模具各模板尺寸如下：

定模座板 $H_1 = 25$ mm、定模板 $H_2 = 70$ mm、推件板 $H_3 = 25$ mm、动模板 $H_4 = 40$ mm、支承板 $H_5 = 35$ mm、垫板 $H_6 = 80$ mm、动模座板 $H_7 = 25$ mm。

模具的闭合高度：

$$H = H_1 + H_2 + H_3 + H_4 + H_5 + H_6 + H_7 = 300\ \text{mm}$$

由于 SZY－2000 型注射机所允许模具的最小厚度为 $H_{min} = 500$ mm，最大厚度 $H_{max} = 800$ mm，而计算得模具闭合高度 $H = 300$ mm，所以模具满足 $H_{min} \leqslant H \leqslant H_{max}$ 的安装条件。

5. 模具安装部分的校核

该模具的外形最大部分尺寸为 300 mm × 350 mm，SZY－2000 型注射机模板最大安装尺寸为 1180 mm × 1180 mm，故能满足模具安装的要求。

6. 模具开模行程校核

SZY－2000 型注射机的最大开模行程 $S_{max} = 750$ mm，为了使塑件成型后能够顺利脱模，并结合该模具的单分型面特点，确定该模具的开模行程 S 应满足：

$$S \geqslant H_1 + H_2 + (5 \sim 10)\text{mm} = 41 + 20 + (5 \sim 10)\text{mm} = (66 \sim 71)\text{mm} < S_{max}。$$

综上所述，该注射机的型号选用 SZY－2000。

十、绘制装配图

模具装配图的设计过程一般有以下几个阶段，即装配图设计的准备，画出塑件的主剖视

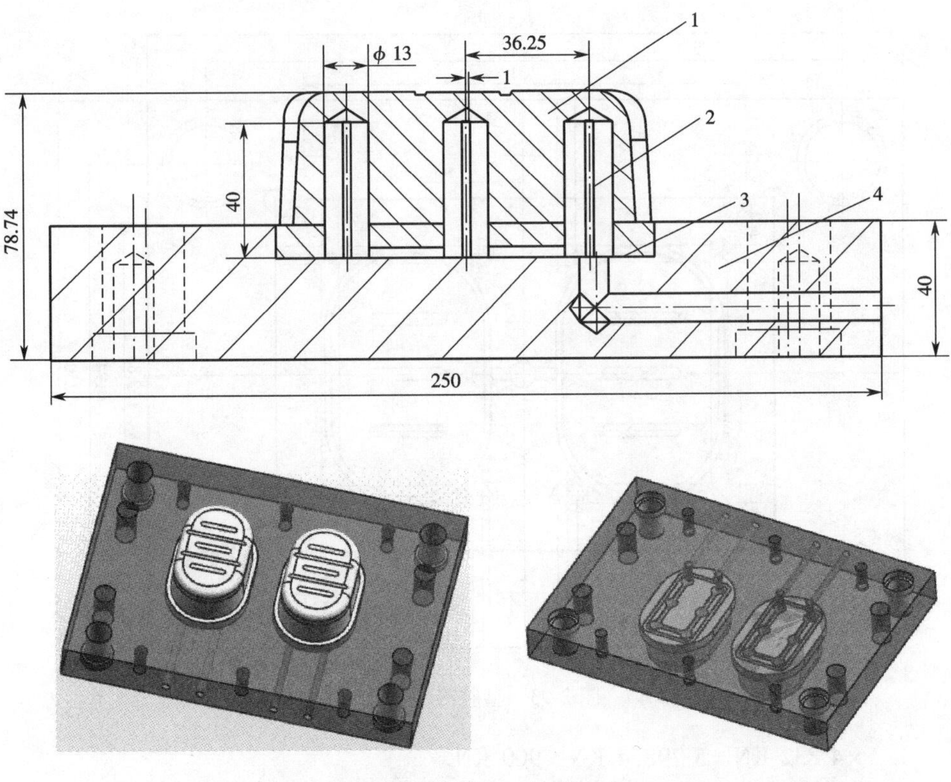

图 2-94　型芯的冷却

1—型芯;2—隔水板;3—密封圈;4—动模板(型芯固定板)

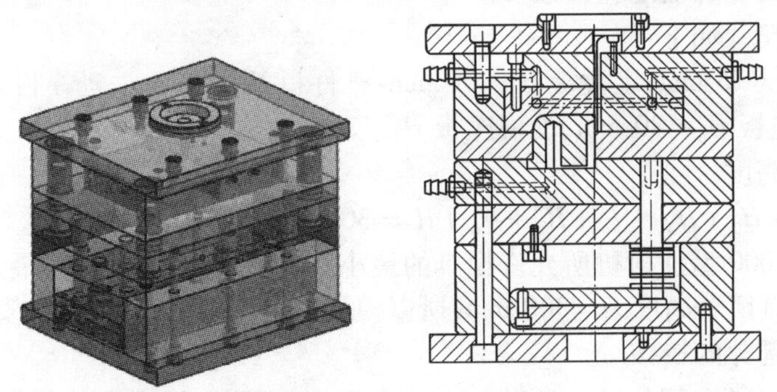

图 2-95　模架三维装配图

图,绘制装配草图的核心部分,完成模具装配图。

1. 初步绘制模具结构草图

这是设计模具装配图的第一阶段,基本内容是根据塑件所用塑料的品种、塑件的尺寸大小、复杂程度、精度高低、批量大小来确定模具的结构形式,随后开始草图绘制。

模具装配图通常用 3 个视图并辅以必要的局部视图来表达。绘制装配图时,应根据塑件的外形和流道的分布,确定型腔在模板上的布置,然后配置各相应机构,大体可确定模具在主分型面上的平面尺寸(长 × 宽)。再根据分型面个数,就可以按标准选择模架,其中型腔板的厚度需根据本设计的型腔深度来确定，这样就可以大体确定模架的外形尺寸。注意合理布置3个主要视图，同时还要考虑标题栏、明细栏、技术要求、尺寸标注等需要的图面位置。

2. 绘制模具装配草图

(1)在结构草图的基础上，画出主流道及定位圈；画出脱模推出机构；画出抽芯机构(本设计不需抽芯)、定位机构及复位机构；画出温度调节系统等。

(2)根据各零件的装配关系是否表达清楚，调整各视图的剖切位置，增加一个全剖左视图，删除一些不必要的线段，标出视图的剖切位置。

3. 完成模具装配图

完整的模具装配图应包括表达模具结构的各个视图、主要尺寸和配合、技术要求、零件编号、零件明细栏和标题栏等，见附图1两板式注射摸装配图。

本阶段应完成的各项工作内容如下：

①标注尺寸。

②编写技术要求。

③零件编号。

④编写零件明细栏、标题栏。

⑤绘制塑料零件简图。

⑥检查装配图。

项目三　三板式注射模设计

一、知识目标

1. 掌握常用的注塑模具三板模的结构及应用。
2. 掌握点浇口三板模的设计特点。
3. 掌握浇注系统凝料推出系统的设计。
4. 掌握顺序推出机构设计。

二、能力目标

1. 能根据塑件的结构情况选择模具的总体结构方案为三板模。
2. 会进行浇注系统设计。
3. 会设计典型的三板模结构。

任务一　项目导入

纸杯托如图 3-1 所示，材料为聚丙烯，要求一模两腔，点浇口，大批量生产，试进行塑件的成型工艺和模具设计。

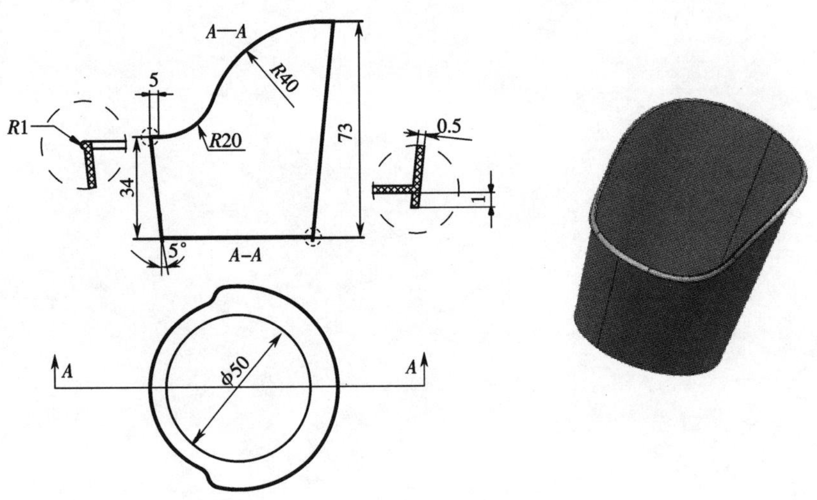

图 3-1　纸杯托零件图和三维造型

任务二 相关知识

一、三板式注射模基本结构

1. 三板式注射模工作原理

三板式注射模又叫双分型面注射模，所谓三板是指动模板、中间板、定模板。与两板式注射模比较，三板式注射模在定模部分增加了一个可以相对移动的中间板，就形成了有两个可以分开的模面，所以又称双分型面注射模。如图3-2所示，其中件12即为中间板，它常用于采用点浇口形式浇注系统的注射模，增加的一个分型面用于取出浇注系统的凝料。

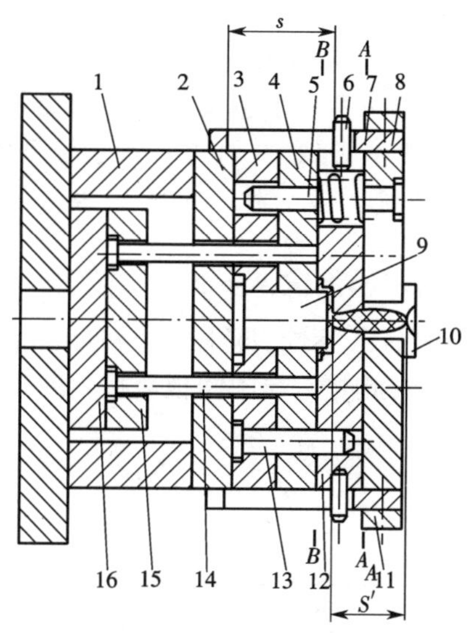

图3-2 三板式注射模

1—模脚；2—支承板；3—动模板（型芯固定板）；4—推件板；5、13—导柱；6—限位销；7—弹簧；8—定距拉杆；9—型芯；10—浇口套；11—定模板；12—中间板；14—推杆；15—推杆固定板；16—推板

其工作原理和过程如下：合模及注射过程同单分型面模具一样。开模时，动模后移，由于弹簧7的作用，迫使中间板与动模一起后移，即 $A-A$ 分型面先分型，主流道凝料随之拉出；当限位销6后移分型距 s 后与定距拉板8接触时，中间板12停止移动，动模继续后移，$B-B$分型面分型，由于塑料包紧在型芯9上，浇注系统凝料就在浇口处与塑件分离，然后在 $A-A$ 分型面自然脱落或人工取出；动模继续后移，当动模移动一定距离后，注射机的顶杆推动推板16时，推出机构开始工作，塑件由推件板4从型芯9上推出，塑件由 $B-B$ 分型面取出。

2. 设计注意事项

（1）浇口的形式

三板式点浇口注射模的点浇口截面面积较小，直径只有0.5～1.5 mm。由于浇口截面面积过小，导致熔体流动阻力过大。

（2）导柱的设置

三板式点浇口注射模应在定模一侧设置导柱，用于对中间板的导向和支承。若加长该

导柱的长度,则可以对动模部分进行导向,因此动模部分就可以不设置导柱。如果是推件板推出机构,则动模部分也需设置导柱。

(3)分型距离

由于三板式注射模在开模过程中要进行两次分型,必须采取顺序定距分型机构,即定模部分先分开一定距离,然后主分型面分型。一般 A 分型面分型距离为

$$s = s' + (3 \sim 5) \tag{3-1}$$

式中 s——A 分型面分型距离,mm;

s'——浇注系统凝料在合模方向上的长度,mm。

三板式注射模的结构复杂,制造成本较高,适用于点浇口形式浇注系统的注射模。

3. 三板式注射模的分型装置

三板式注射模在定模部分必须设置顺序定距分型装置。图 3-2 所示的结构为弹簧分型拉板定距的两次分型机构,适用于一些中小型模具。在分型机构中,弹簧至少有 4 个,弹簧的两端应并紧且磨平,弹簧的高度应一致,并对称布置于分型面上模板的四周,以保证分型时中间板受到的弹力均匀,移动时不被卡死。定距拉板一般采用 2 块,对称布置于模具两侧。

图 3-3 所示是弹簧分型拉杆定距三板式注射模。其工作原理与弹簧分型拉板定距式三板式注射模基本相同,只是定距方式不同,即采用拉杆端部的螺母来限定中间板的移动距离。限位拉杆还常兼作定模导柱,此时它与中间板应按导向机构的要求进行配合导向。

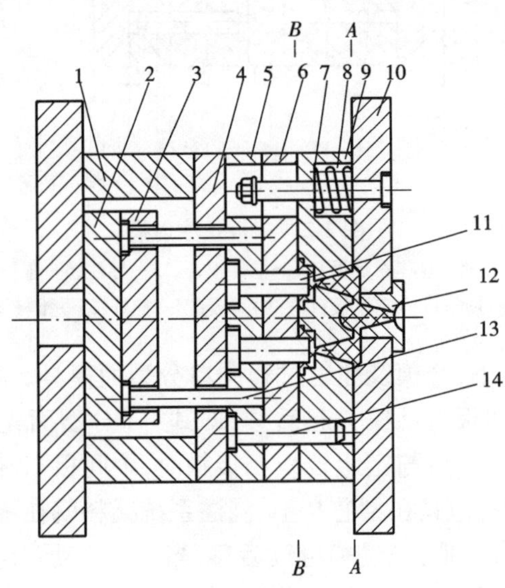

图 3-3 弹簧分型拉杆定距的三板式注射模

1—垫块;2—推板;3—推杆固定板;4—支承板;5—型芯固定板;6—推件板;7—限位拉杆;8—弹簧;9—中间板;10—定模座板;11—型芯;12—浇口套;13—复位杆;14—导柱

二、三板模浇注系统设计

设计三板式注射模具的浇注系统时,其主流道和分流道设计与二板式注射模具是相同的,不同之处在于浇口设计。三板式注射模具的浇口类型基本都是点浇口。

点浇口又称针浇口或菱形浇口,如图 3-4 所示。一般设置在塑件的顶端,是一种尺寸小

的特殊形式的直接浇口，由于浇口的尺寸小，融熔塑料通过点浇口时，有很高的剪切速率，同时由于摩擦的作用，熔体温度也略有提高。因此对于表观黏度随剪切速率变化很敏感的塑料和黏度较低的塑料（如聚甲醛、聚乙烯、聚丙烯、聚苯乙烯等）来说，采用点浇口是很理想的，可以获得外观清晰、表面光泽的塑件。另外，开模时浇口凝料可自动拉断，有利于自动化操作，而且浇口凝料去除后塑件表面残留的痕迹很小，基本上不影响塑件的外观质量。但由于浇口小，压力下降快，所以要求较高的注射压力。塑件收缩大，易变形，为便于脱出浇注系统凝料，模具设计成双分型面。

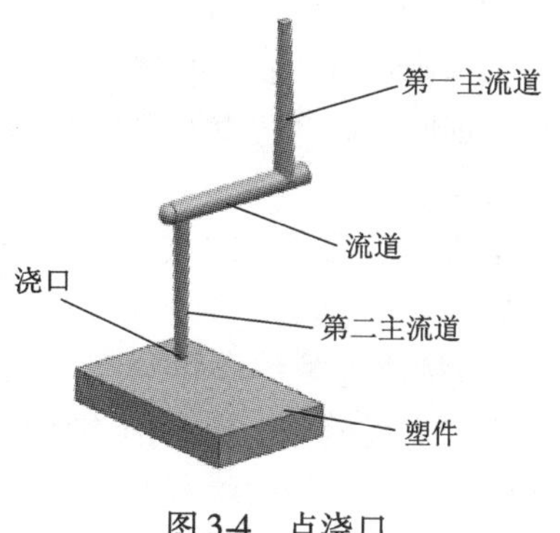

图 3-4　点浇口

1. 点浇口的特点

点浇口的优点是：

（1）有利于熔体充填型腔；

（2）便于控制浇口凝固时间，提高效率；

（3）便于实现塑件生产过程的自动化；

（4）塑件的外观质量好。

点浇口的缺点是：对注射压力要求高，模具结构复杂，不适合高黏度、热敏性以及对剪切速率不敏感的塑料。

2. 点浇口的形式

（1）按结构形式分类

①直接式点浇口，如图 3-5 所示，直径为 d 的圆锥形小端直接与塑件相连。这种结构加工方便，但模具浇口处的强度差，而且在拉断浇口时容易使塑件表面损伤。

②圆锥过渡式点浇口，如图 3-6 所示，其圆锥形的小端有一段直径为 d、长度为 l 的浇口与塑件相连，但这种形式的浇口直径 d 不能太小，浇口长度 l 不能太长，否则脱模时浇口凝料会断裂而堵塞浇口，影响注射的正常进行。

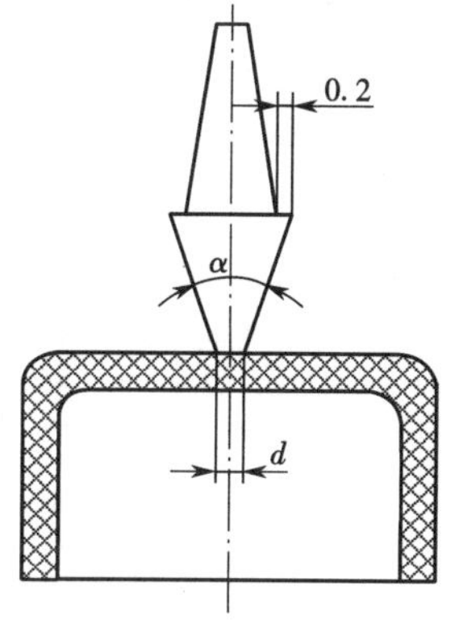

图 3-5　直接式点浇口

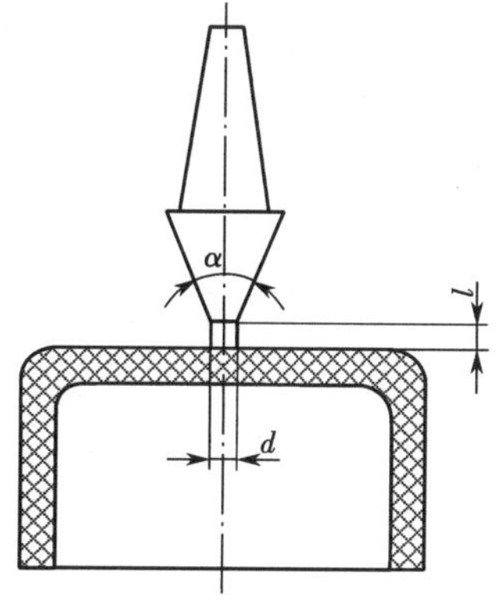

图 3-6　圆锥过渡式点浇口

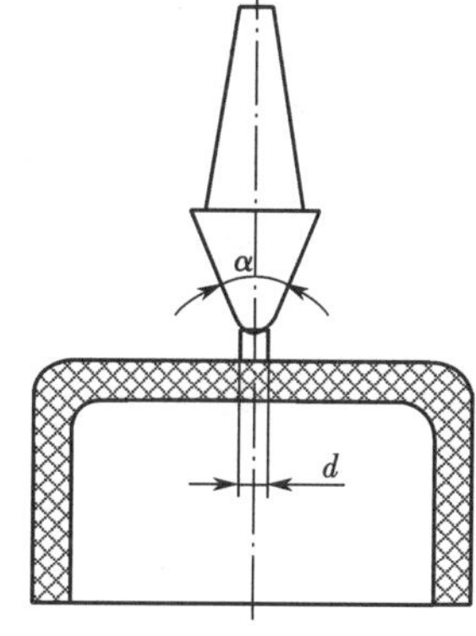

图 3-7　带圆角的圆锥过渡式点浇口

③带圆角的圆锥过渡式点浇口，如图 3-7 所示，其结构为圆锥形的小端带有圆角的形

式，因此小端的截面积相应增大，塑料冷却减慢，有利于塑料熔体经浇注系统充满模腔。

④圆锥过渡凸台式点浇口，如图 3-8 所示，其特点是点浇口底部增加了一个小凸台，作用是保证脱模时浇口断裂在凸台小端处，使塑件表面不受损伤，但塑件表面留有凸台，影响表面质量。

圆锥过渡凸台式的点浇口，为防止塑件表面留有凸台，让小凸台低于塑件表面，如图 3-9 所示。

（2）按位置关系分类

①与主流道直接接通，上图中所示的点浇口，这种浇口也称为菱形浇口或橄榄形浇口。由于熔体由注射机喷嘴很快进入型腔，只能用于对温度稳定的物料，如 PE 和 PS 等。

②经分流道的多点进料的点浇口，如图 3-10 所示。

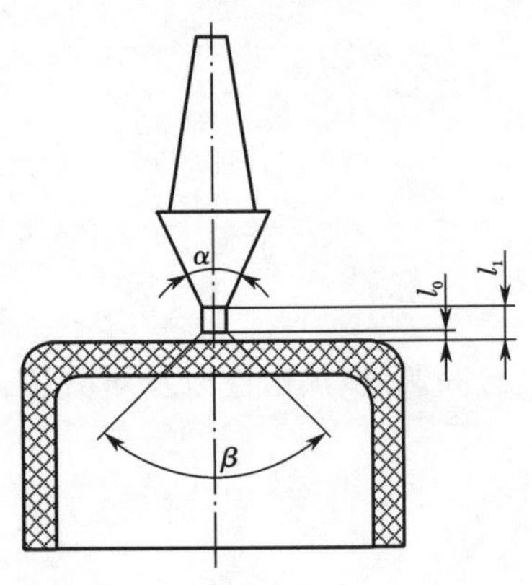

图 3-8　圆锥过渡凸台式点浇口

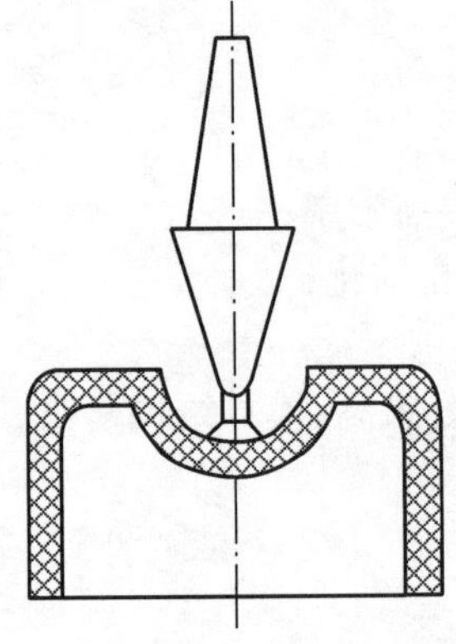
图 3-9　小凸台低于塑件表面的点浇口

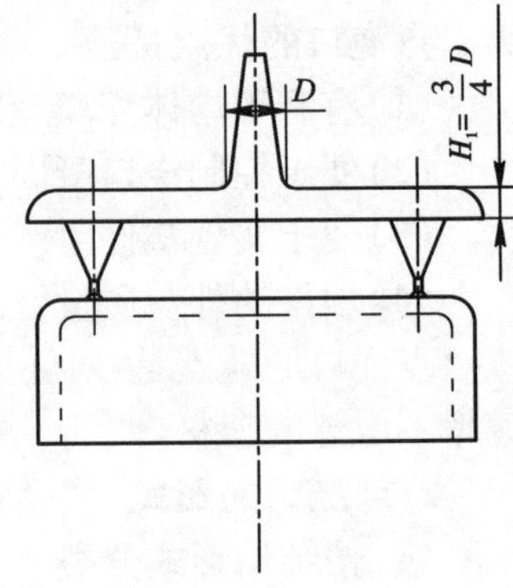

图 3-10　多点进料的点浇口

3. 点浇口的尺寸

（1）经验值

$d=0.5\sim1.5$ mm，最大不超过 2 mm；

$l=0.5\sim2.0$ mm，常取 1.0 ~ 1.5 mm；

$l_0=0.5\sim1.5$ mm，$l_1=1.0\sim2.5$ mm；

$\alpha=6^\circ\sim35^\circ$，$\beta=60^\circ\sim120^\circ$。

（2）经验公式

$$d=(0.14\sim0.2)\sqrt[4]{\delta^2 A}$$

（3）查表

见表 3-1 所示。

表 3-1　点浇口直径尺寸

mm

塑料种类 \ 壁厚	<1.5	1.5~3	>3
PS、PE	0.5~0.7	0.6~0.9	0.8~1.2
PP	0.6~0.8	0.7~1.0	0.8~1.2
HIPS、ABS、PMMA	0.8~1.0	0.9~1.8	1.0~2.0
PC、POM、PPO	0.9~1.2	1.0~1.2	1.2~1.6
PA	0.8~1.2	1.0~1.5	1.2~1.8

对于薄壁塑件，由于在点浇口附近的剪切速率过高，会造成塑料分子在高度方向增加局部应力，甚至发生开裂现象。这时在不影响塑件使用的条件下，可将浇口对面的塑件壁厚增加并呈圆弧形过渡，如图 3-11 所示，同时该圆弧槽还可起储存冷料的作用。

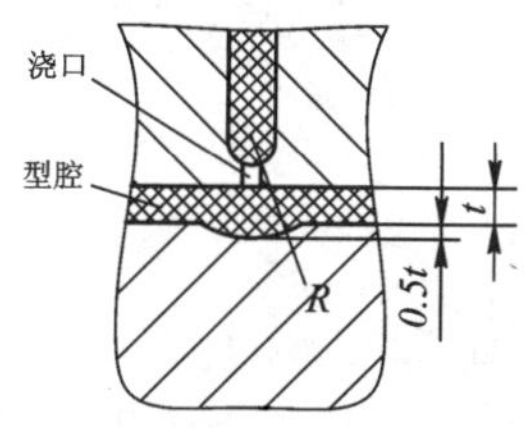

图 3-11　薄型塑件用点浇口图

采用点浇口的注射模一般采用自动脱落的方式，其典型模具结构如图 3-12、图 3-13、图 3-14 所示。

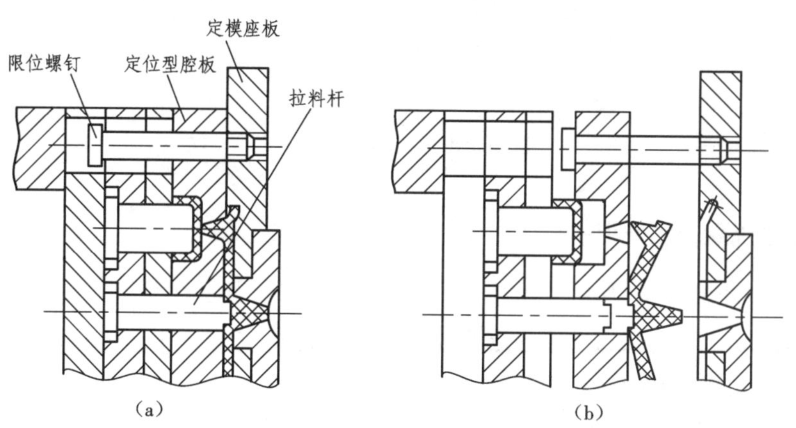

图 3-12　点浇口自动切断脱落结构

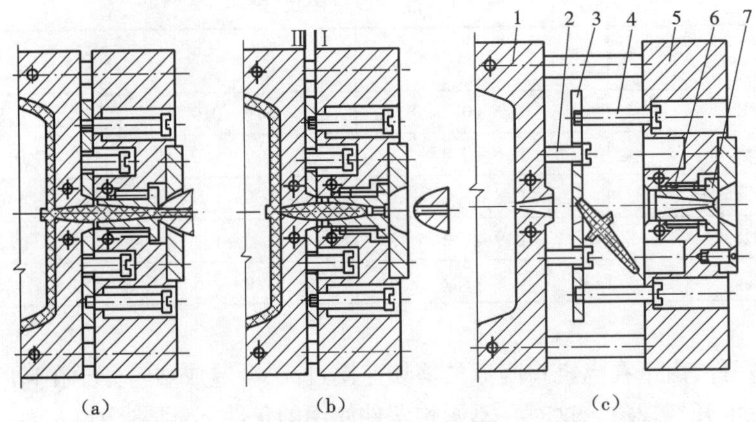

图 3-13　自动脱模点浇口流道凝料(单腔模)

1—凹模板;2—限位螺钉;3—脱流道拉板;4—限位螺钉;5—定模座板;6—弹簧;7—浇口套

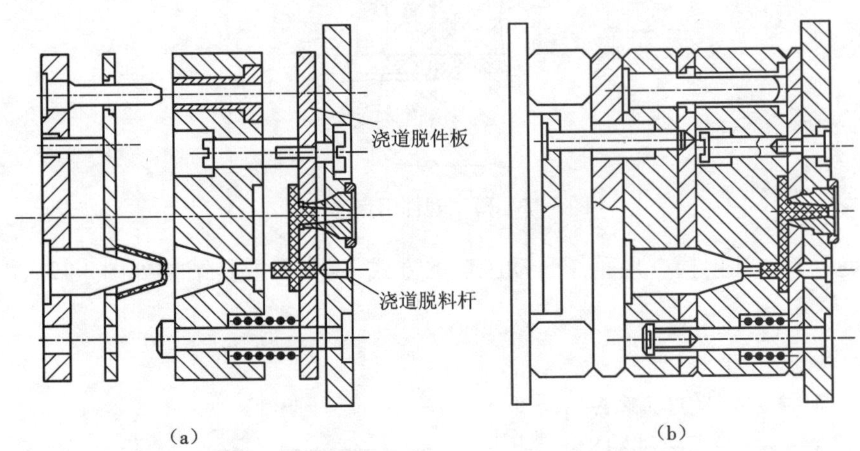

图 3-14　自动脱出点浇口流道凝料(多腔模)

三、浇注系统凝料的推出机构

除了点浇口和潜伏浇口外,其他形式的浇口在脱模时,其浇注系统凝料和塑件是连成一体被推出机构推出模外,然后手工将它与塑件分离。点浇口的浇注系统凝料,在脱模时能与塑件自动分离,可从模具中自动推出。

点浇口进料的浇注系统可分为单型腔和多型腔两大类。

1. 单型腔点浇口浇注系统凝料的自动推出

(1)带有活动浇口套的挡板推出

在图 3-15 所示的单型腔点浇口浇注系统凝料的自动推出机构中,浇口套 7 以 H8/f8 的间隙配合安装在定模座板 5 中,外侧有压缩弹簧 6,如图 3-15(a)所示。当注射机喷嘴注射完毕离开浇口套 7 后退一段距离时,压缩弹簧 6 的作用使浇口套与主流道凝料分离(松动)。开模后,挡板 3 先与定模座板 5 分型,主流道凝料从浇口套中脱出,当限位螺钉 4 起限位作用时,此过程分型结束,而挡板 3 与定模板 1 开始分型,直至限位螺钉 2 限位,如图 3-15

(b)所示。接着动定模的主分型面分型,这时,挡板 3 将浇口凝料从定模板 1 中拉出并在自重作用下自动脱落。

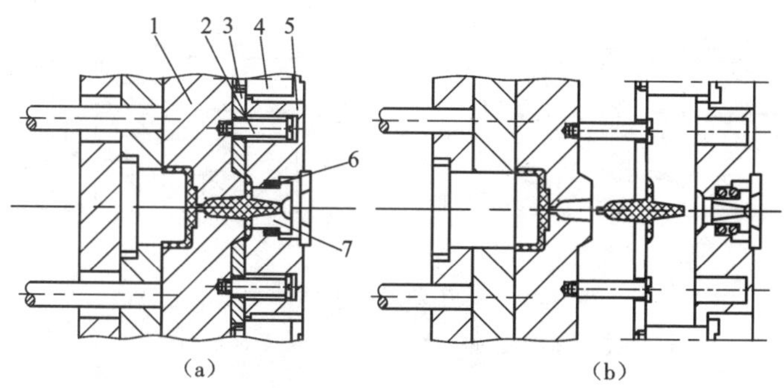

图 3-15 单型腔点浇口凝料自动推出机构之一

1—定模板;2、4—限位螺钉;3—挡板;5—定模座板;6—弹簧;7—浇口套

(2)带有凹槽浇口套的挡板推出

在图 3-16 所示的点浇口凝料自动推出机构中,带有凹槽的浇口套 7 以 H7/m6 的过渡配合固定于定模板 2 上,浇口套 7 与挡板以锥面定位,如图 3-16(a)所示。开模时,在弹簧 3 的作用下,定模板 2 与定模座板 5 首先分型,在此过程中,由于浇口套开有凹槽,可将主流道凝料先从定模座板中带出来,当限位螺钉 6 起作用时,挡板 4 与定模板 2 及浇口套 7 脱离,同时浇口凝料从浇口套中拉出并靠自重自动落下,如图 3-16(b)所示。定距拉杆 1 用来控制定模板与定模座板的分型距离。

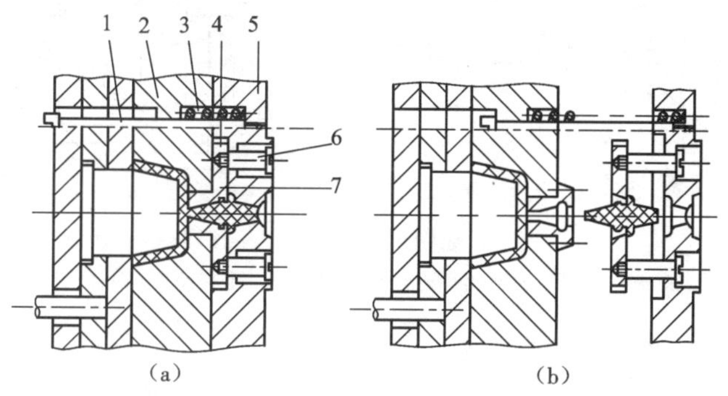

图 3-16 单型腔点浇口凝料自动推出机构之二

1—定距拉杆;2—定模板;3—弹簧;4—挡板;5—定模座板;6—限位螺钉;7—浇口套

2. 多型腔点浇口浇注系统凝料的自动推出

一模多腔点浇口进料注射模,其点浇口并不在主流道的对面,而是在各自的型腔端部,这种形式的点浇口浇注系统凝料的自动推出与单型腔点浇口不同。

(1)利用挡板拉断点浇口凝料

图 3-17 所示为利用挡板推出点浇口浇注系统凝料的结构。图 3-17(a)是合模状态;开模时,挡板 3 与定模座板 4 首先分型,主流道凝料在定模板上反锥度穴的作用下被拉出浇口套 5,浇口凝料连在塑件上留于定模板 2 内。当定距拉杆 1 的中间台阶面接触挡板 3 以后,定模板 2 与挡板 3 分型,挡板将点浇口凝料从定模板中带出,如图 3-17(b),随后点浇口凝

料靠自重自动落下。

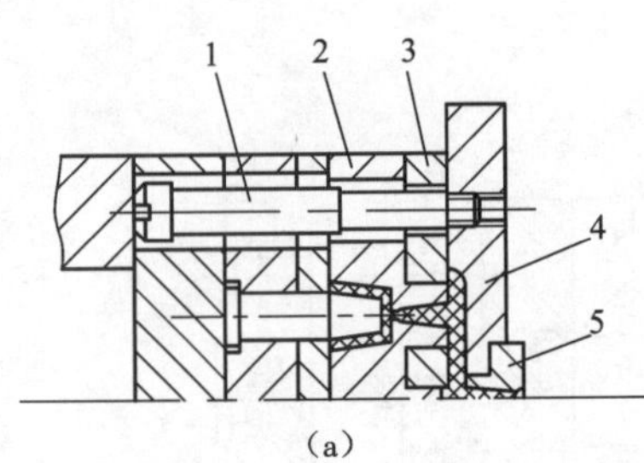

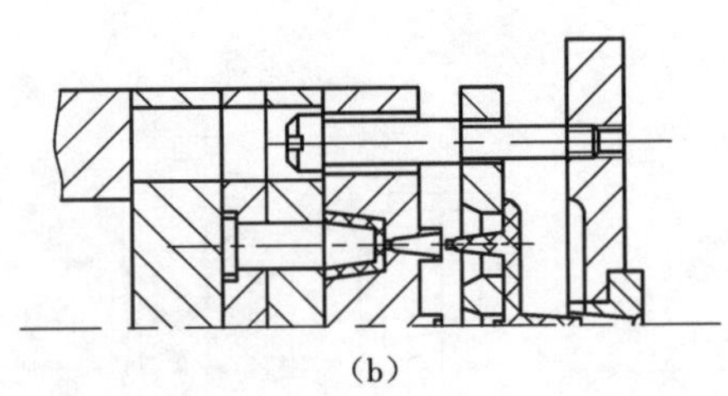

图 3-17　利用挡板拉断点浇口凝料

1—定距拉杆；2—定模板；3—挡板；4—定模座板；5—浇口套

(2)利用拉料杆拉断点浇口凝料

图 3-18 所示是利用设置在点浇口处的拉料杆拉断点浇口凝料的结构。开模时，模具首先在动、定模主分型面分型，浇口被拉料杆 4 拉断，浇注系统凝料留在定模中。动模后退一定距离后，在拉板 7 的作用下，分流道推板 6 与定模板 2 分型，浇注系统凝料脱离定模板。继续开模时，由于拉杆 1 和限位螺钉 3 的作用，使分流道推板 6 与定模座板 5 分型，浇注系统凝料分别从浇口套及点浇口拉料杆上脱出。

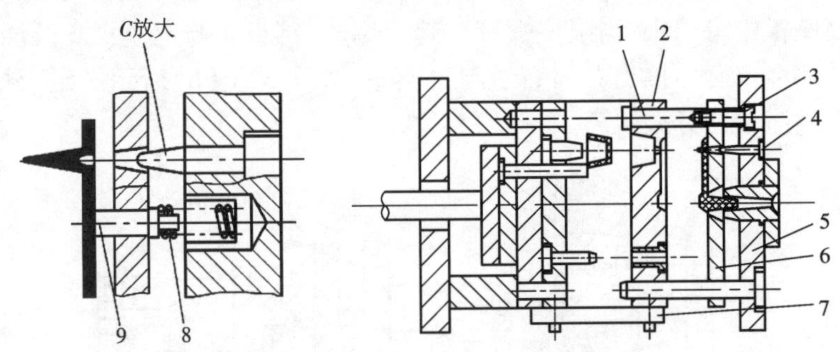

图 3-18　利用拉料杆拉断点浇口凝料

1—拉杆；2—定模板；3—限位螺钉；4—点浇口拉料杆；5—定模座板；6—分流道推板；7—拉板

(3)利用分流道侧凹拉断点浇口凝料

图 3-19 所示是利用分流道末端的侧凹将点浇口浇注系统推出的结构。开模时，定模板 3 与定模座板 4 之间首先分型，与此同时，主流道凝料被拉料杆 1 拉出浇口套 7，而分流道端部的小斜柱卡住分流道凝料而迫使点浇口拉断并带出定模板 3，当定距拉杆 2 起限位作用时，主分型面分型，塑件被带往动模，而浇注系统凝料脱离拉料杆 1 而自动落下。

四、三板模顺序定距分型机构设计

1. 三板模定距分型机构的设计

保证模具的开模顺序和开模距离的结构，叫定距分型机构。定距分型机构有多种，主要可分为内置式定距分型机构和外置式定距分型机构两种。

(1)三板模的开模顺序

三板模的开模顺序如图 3-20 所示。

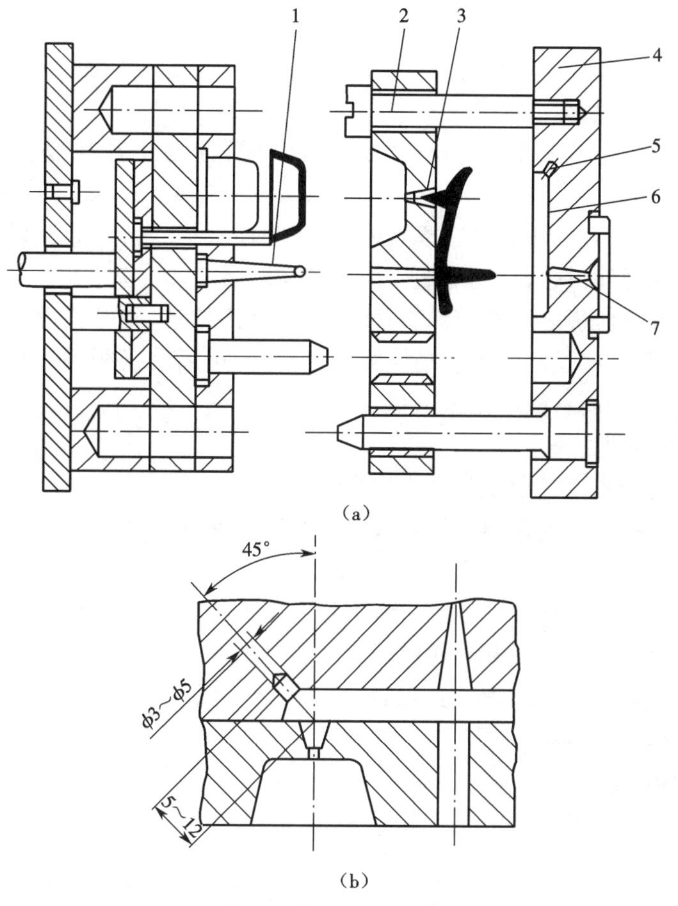

图 3-19　利用分流道侧凹拉断点浇口凝料

(a)开模状态;(b)侧凹详图

1—拉料杆;2—定距拉杆;3—定模板;4—定模座板;5—分流道末端侧凹;6—分流道;7—浇口套

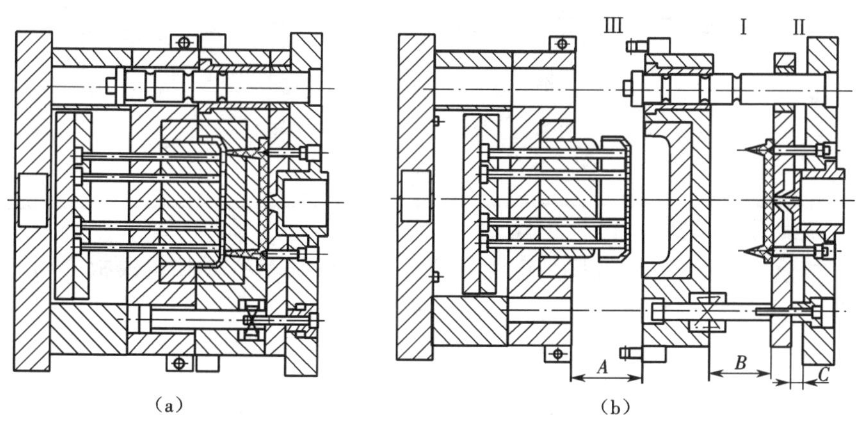

图 3-20　三板模开模顺序

(a)合模状态;(b)开模状态

①在弹簧、开闭器和拉料杆的共同作用下,首先剥料板和定模板打开,流道凝料和制品

分离。

②其次是剥料板和定模座板打开，浇口拉料杆从流道凝料中强行脱出，流道凝料在重力和震动的作用下自动脱落。

③注射机动模板继续后移，模具从定模板和动模板之间打开，最后推杆将制品推离模具。

这样的开模顺序，可以让制品在模具内的冷却时间与剥料板和动模板打开时间及剥料板和定模座板打开时间重叠，从而缩短了模具的注射周期。

如果定模板和动模板之间不用弹簧开闭器，而是用拉条，则开模顺序通常是：剥料板和定模板还是先打开，其次是定模板和动模板之间打开，最后动模板通过拉条拉动定模板，定模板通过拉条拉动，使剥料板和定模座板打开。

(2)三板模的开模距离

三板模的开模距离通过定距分型机构来保证。

剥料板和定模板打开的距离 B = 流道凝料总高度 + (10 ~ 15) mm。

剥料板和定模座板打开的距离 C = 6 ~ 10 mm。

定距分型机构中限位杆移动距离 = 剥料板和定模板打开的距离。

限位钉移动距离 = 剥料板和定模座板之间打开的距离。

定模板和动模板的开模距离 A 见项目一。

2. 定距分型机构的种类

(1)内置式定距分型机构

定距分型机构在模具内部的结构如图 3-21 所示。

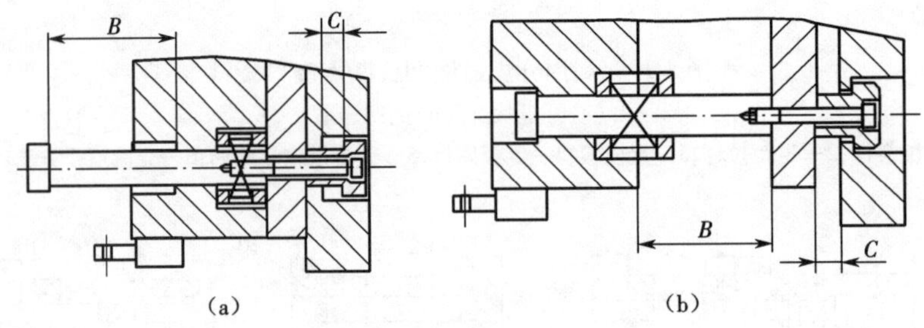

图 3-21　内置式定距分型机构

(a)合模状态；(b)开模状态

内置式定距分型机构设计要点有以下几方面。

①小拉杆直径的确定：小拉杆是定距分型机构中限制剥料板和定模板之间开模距离的零件，它用螺钉紧固在剥料板上。其直径可按表 3-2 选取。

表 3-2　小拉杆直径　　mm

模架宽度	300 以下	300 ~ 450	450 ~ 600	600 以上
小拉杆直径	$\phi16$	$\phi20$	$\phi25$	$\phi30$

②小拉杆数量的确定：模宽小于或等于 250 mm 时取 2 支，模宽大于 250 mm 时取 4 支，

小拉杆的位置不能影响流道凝料取出。

③小拉杆行程 B = 浇注系统凝料总长 + (10 ~ 15) mm。

④T 形套行程 C = 6 ~ 10 mm。

⑤在剥料板和定模板间加弹簧,弹簧压缩量取 20 mm 左右,以保证剥料板和定模板先开模。

⑥小拉杆上端 T 形套安装时需加装弹簧垫圈防松。

(2)外置式定距分型

外置式定距分型机构种类较多,这里介绍两种常见的结构。

①双拉条式。如图 3-22 所示,模具左右两侧各两支拉条,对称布置。

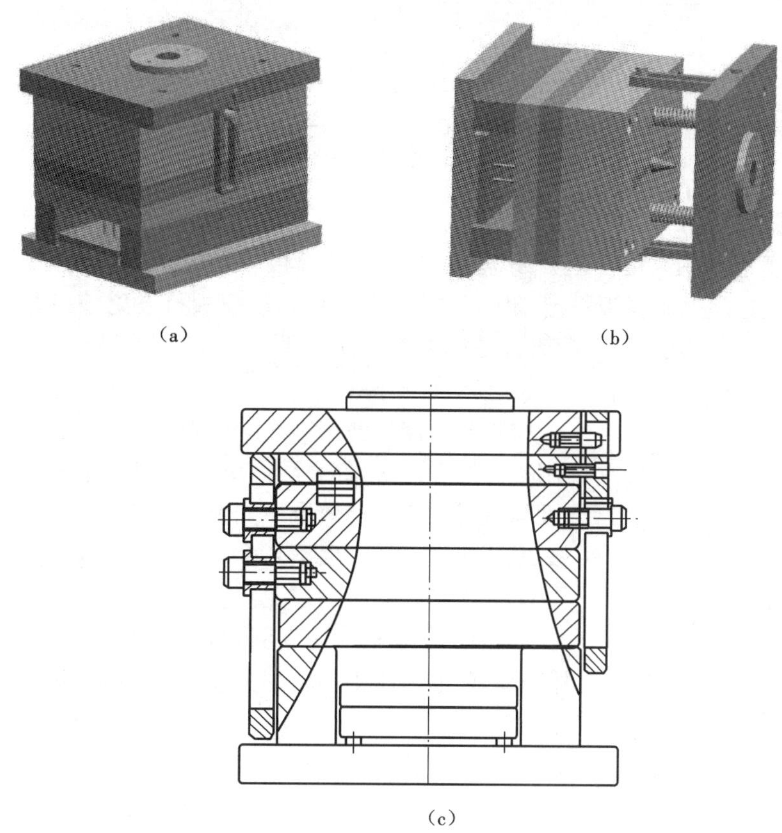

图 3-22 双拉条式定距分型机构

(a)双拉条式定距分型机构合模立体图;(b)双拉条式定距分型开模立体图;(c)双拉条式定距分型机构平面图

②拉钩式。如图 3-23 所示,在弹簧和拉钩 1 作用下,模具先从分型面Ⅰ处打开,打开浇口总高度 +30 mm 后,扣基还没有从分型面Ⅱ处打开,当两个分型面的开模距离打开 L 距离后,定距分型机构 2 推动活动块 3 与拉钩块 1 脱开,模具再从Ⅲ处分开。这种扣基所用数量一般为两个。

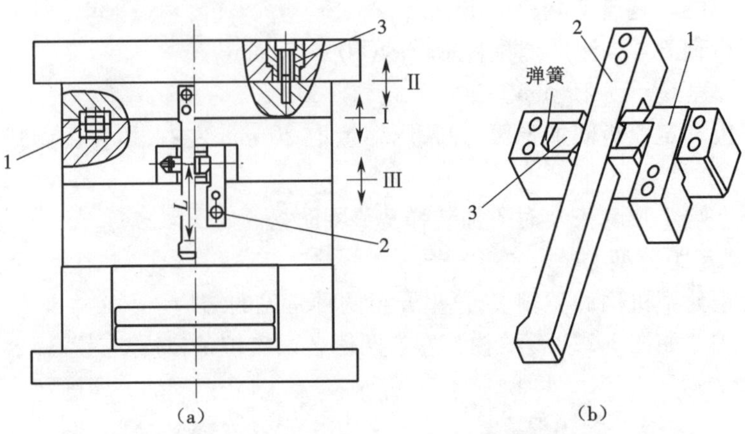

图 3-23　拉钩式定距分型机构

(a)拉钩式定距分型机构装配图;1—弹簧;2—定距分型机构;3—限位钉;

(b)拉钩式定距分型机构立体图;1—短拉钩;2—长拉钩;3—活动块

注塑模具设计

3. 开闭器的应用

在动定模 *A*、*B* 板之间安装开闭器,用于增加定模板和动模板之间的开模阻力,保证定模板与剥料板之间及剥料板与定模座板之间,定模板和动模板打开之前打开。开闭器有弹簧开闭器和树脂开闭器两种,两者都是标准件,可以外购。

(1)树脂开闭器的设计

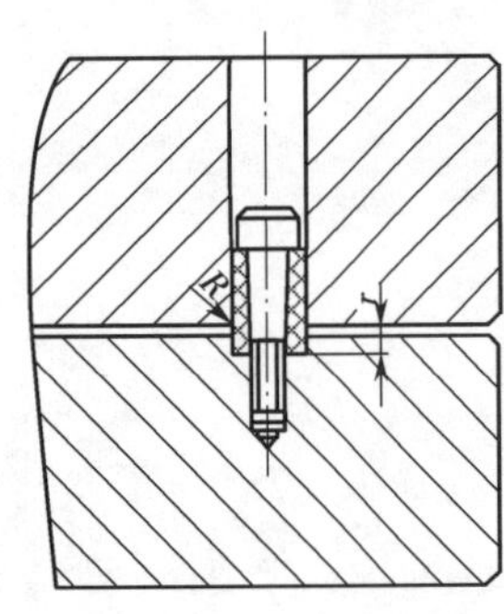

图 3-24　树脂开闭器装配图

树脂开闭器是使用锥度螺丝调节模板与树脂间的摩擦力,使用寿命约 5 万次,其装配图见图 3-24。这种模具开闭器装置装拆容易,价格低,但效果不如弹簧开闭器。

设计注意事项有以下几个。

①树脂开闭器中的尼龙塞应嵌入动模板 3 mm。

②定模板孔开口处应倒圆角 *R*,并抛光防止刮伤尼龙塞。如做成斜面的倒角则易将尼龙塞表面磨光,降低尼龙塞的使用寿命。

③定模板孔底部应加排气装置。

④与尼龙塞相配的定模板内孔应抛光。

⑤切勿在尼龙塞上加油,因为加油会使摩擦力降低。

⑥该产品本身已使用精密自动车修整过,圆度可达到 0.01 mm 以内,因此提高了尼龙塞的接触面。

⑦使用时不需要将螺钉锁得太紧。

⑧尼龙塞数量的确定:模具质量 100 kg 以下用 ϕ12 mm×4 个,500 kg 以下 ϕ16 mm×4 个,1 000 kg 以下用 ϕ20 mm×4 个,若超过 1 000 kg 则增加到 6 个以上。

(2)弹簧开闭器

其装配图如图 3-25 所示。弹簧开闭器可以增加某一分模面的开模阻力,使其他分型面先开,它通常需要配合定距分型机构,以实现模具定距有序的分型。这种结构可以调整弹簧压缩量来调整开模阻力,效果较好。

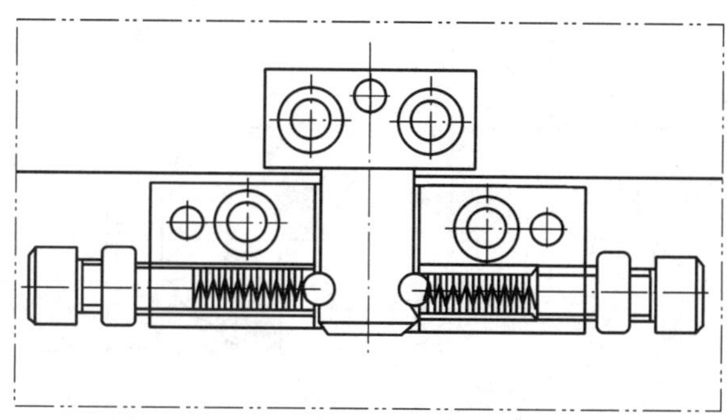

图 3-25　弹簧开闭器装配图

4. 顺序定距分型典型结构

(1)弹簧式顺序定距分型机构

图 3-26 所示为弹簧－滚柱式定距分型机构,拉杆 5 插入支座 1 内,弹簧 3 推动滚柱 4 将拉杆 5 卡住。开模时,拉杆 5 在弹簧 3、滚柱 4 的作用下,使 *B* 分型面暂不分型,*A* 分型面进行第一次分型。在定距螺钉 8 的作用下,*A* 分型面分型结束。模具继续打开,在开模力的作用下,拉杆 5 从滚柱 4 中强行脱开,*B* 分型面开始第二次分型。弹簧－滚柱式机构直接安装于模具外侧,结构简单,适用性强。

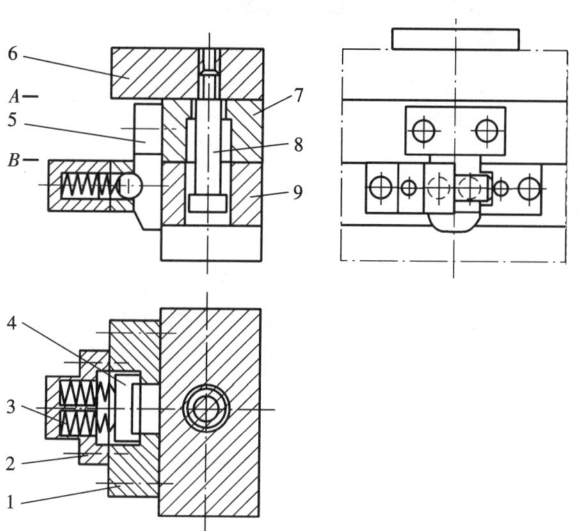

图 3-26　弹簧－滚柱式定距分型机构(一)

1—支座;2—弹簧座;3—弹簧;4—滚柱;5—拉杆;6—定模座板;7—定模板;8—定距螺钉;9—动模板

图 3-27 所示为弹簧－滚柱式定距分型机构的另一种形式,拉杆 1 固定在拉杆固定座内,插入支座 2 内,弹簧 8 推动滚柱 5 将拉杆 1 卡住。开模时,拉杆 1 在弹簧 8、滚柱 5 的作用下,使 *B* 分型面暂不分型,*A* 分型面进行第一次分型。在定距螺钉 9 的作用下,*A* 分型面分型结束。模具继续打开,在开模力的作用下,拉杆 1 从滚柱 5 中强行脱开,*B* 分型面开始第二次分型。

图 3-28 所示为弹簧－摆钩式定距分型机构,该机构利用摆钩与拉杆的锁紧力增大开模

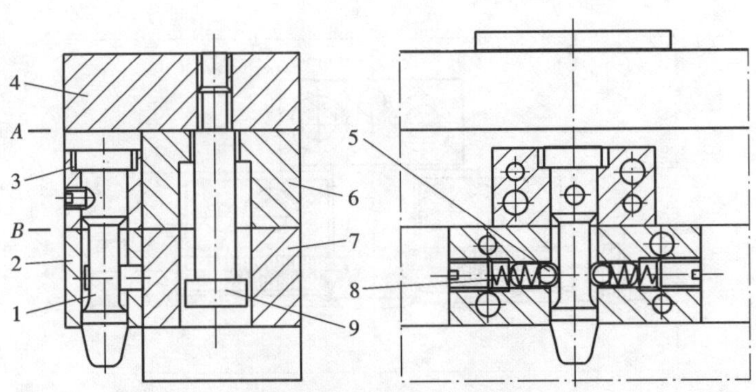

图 3-27　弹簧－滚柱式定距分型机构(二)

1—拉杆;2—支座;3—拉杆固定座;4—定模座板;5—滚柱;6—定模板;7—动模板;8—弹簧;9—定距螺钉

力,以控制分型面的打开顺序。开模时,摆钩 2 在弹簧 3 的作用下钩住拉杆 1,因此确保模具进行第一次分型。随后在模具内定距拉杆的作用下,拉杆 1 强行使摆钩 2 转动,拉杆 1 从摆钩 2 中脱出,模具进行第二次分型。弹簧 3 对摆钩 2 的压力可借助调节螺钉 4 控制。此种机构直接安装于模具外侧,适用性广。

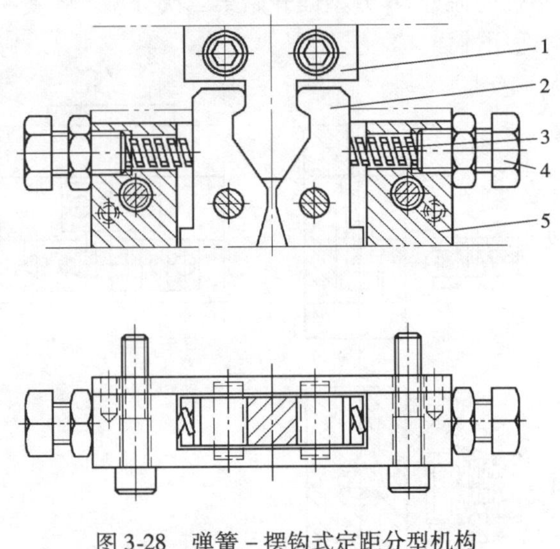

图 3-28　弹簧－摆钩式定距分型机构

1—拉杆;2—摆钩;3—弹簧;4—螺钉;5—支架

(2)摆钩式顺序定距分型机构

利用摆钩机构控制分型面的打开顺序。图 3-29 所示为摆钩式双分型面注射模,该模具利用摆钩来控制 $A-A$、$B-B$ 分型面的打开顺序,以保证点浇口浇注系统凝料和制件顺利脱出。在图 3-29 中,二次分型机构由挡块 1、摆钩 2、压块 4、弹簧 5 和限位螺钉 12 等组成。开模时,由于固定在中间板 7 上的摆钩 2 拉住支承板 9 上的挡块 1,模具只能从 $A-A$ 分型面分型,这时点浇口被拉断,浇注系统凝料脱出。开模到一定距离后,压块 4 与摆钩 2 接触,在压块 4 的作用下摆钩 2 摆动并与挡块 1 脱开,中间板 7 在限位螺钉 12 的限制下停止移动,模具由 B－B 分型面分型。在模具设计时,注意摆钩和压块要对称布置于模具两侧;摆钩拉住挡块的角度应取 1°~3°,在模具安装时,摆钩要水平放置,以保证摆钩在开模过程中的动作可靠。

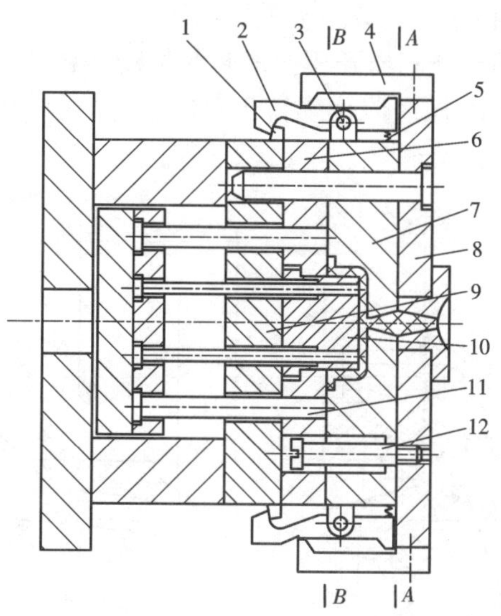

图 3-29　摆钩式双分型面注射模

1—挡块；2—摆钩；3—转轴；4—压块；5—弹簧；6—推件板；7—中间板；
8—定模板；9—支承板；10—型芯；11—推杆；12—限位螺钉

图 3-30 所示为另一种摆钩式定距分型机构。模具闭合时，由于拉簧 2 的作用使摆钩 4 钩住圆柱销 1，如图 3-30（a）所示。开模时，由于拉簧 2 的作用，摆钩 4 与圆柱销 1 处于钩锁状态，因此定模座板 7 与定模板 5 首先分型，分型面 A－A 打开，当分型至一定距离后，拨板 3 拨动摆钩 4 使其转动，与圆柱销 1 脱开，从而使分型面 B－B 打开，同时由于拨板 3 上的长孔与圆柱销 6 的定距限位作用，定模板 5 停止分型，如图 3-30（b）所示。此种摆钩式定距分型机构，锁紧可靠，适用范围广。

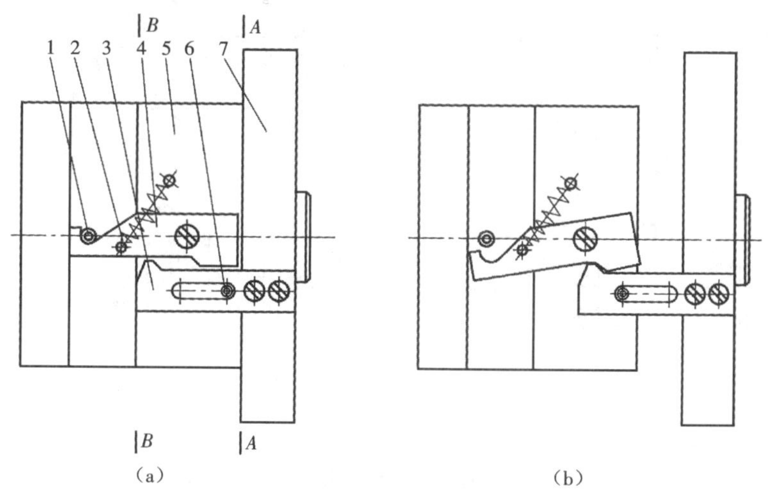

图 3-30　拨板摆钩式定距分型机构

（a）模具闭合状态；（b）模具打开状态

1—圆柱销；2—拉簧；3—拨板；4—摆钩；5—定模板；6—圆柱销；7—定模座板

图 3-31 所示是一种带滚轮的摆钩式机构，图 3-31(a)为模具闭合时，摆钩 2 在弹簧 4 的作用下锁紧模具。开模时，由于摆钩 2 与动模板 1 处于钩锁状态，因此定模板 3 与定模座板 5 首先分型，即 $A-A$ 分型面打开。当开模至滚轮 6 拨动摆钩 2 脱离动模板 1 后，继续开模时，模具在 $B-B$ 分型面分型，同时限位螺钉 7 限制了定模板 3 的继续分型，如图 3-31(b)所示。

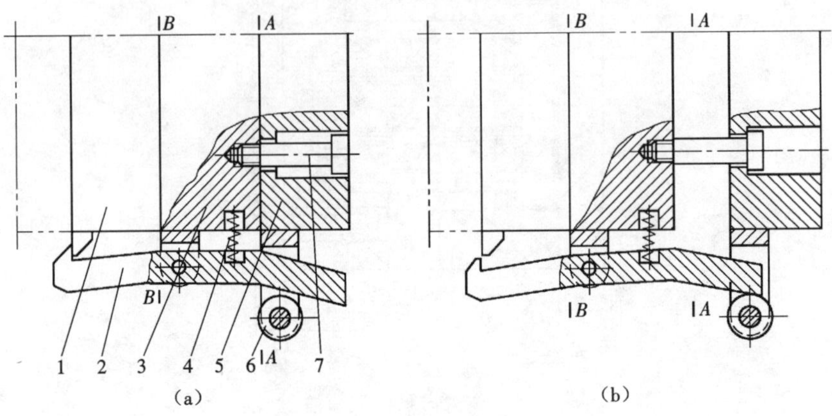

图 3-31　带滚轮的摆钩式机构

(a)模具闭合时；(b)模具打开时

1—动模板；2—摆钩；3—定模板；4—弹簧；5—定模座板；6—滚轮；7—限位螺钉

图 3-32 为摆钩定距分型机构的简图。此机构利用拉杆 1 与弹簧 7 的作用来实现分型面 A、B 的开合。开模时，由于摆钩 6 钩住挂钩 5，A 分型面首先分型，之后拉杆 1 与摆钩 6 底部接触，使摆钩 6 沿转轴 3 旋转，从而脱离挂钩 5，B 分型面开始分型；合模时，由于弹簧 7 的作用使得摆钩 6 复位，与挂钩 5 搭合、扣紧。其中，挡销 4 起到了限位的作用，避免摆钩 6 在弹簧力过大的情况下复位过头而损坏。

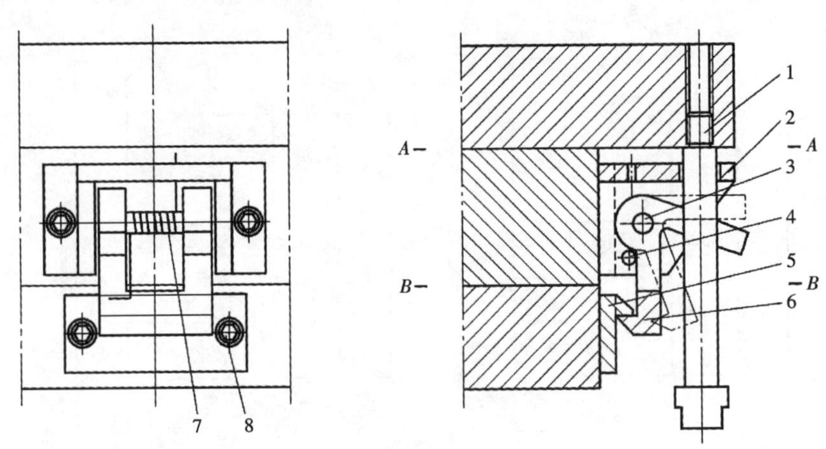

图 3-32　摆钩定距分型机构

1—拉杆；2—支座；3—转轴；4—挡销；5—挂钩；6—摆钩；7—弹簧；8—螺钉

(3)滑块式顺序定距分型机构

滑块式双分型面注射模利用滑块的移动控制双分型面注射模分型面的打开顺序。图

3-33 所示为一种滑块式定距分型机构,模具闭合时滑块 3 在弹簧 8 的作用下伸出模外,被挂钩 2 钩住,分型面 $B-B$ 被锁紧,如图 3-33(a)所示。开模时,由于挂钩 2 钩住滑块 3,分型面 $B-B$ 被锁紧,首先从 $A-A$ 分型面分型,当打开到一定距离后,拨杆 1 与滑块 3 接触,并压迫滑块 3 后退与挂钩 2 脱开,同时由于限位螺钉 6 的作用,使定模板 5 停止运动,继续开模时,$B-B$ 分型面开始分型,如图 3-33(b)所示。

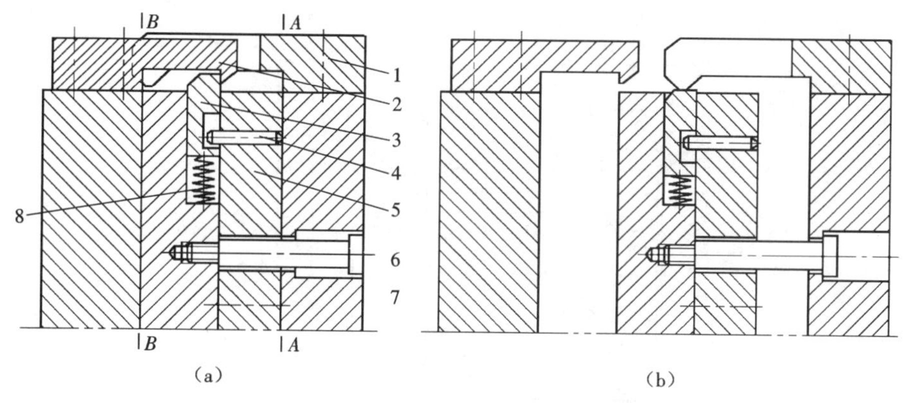

图 3-33　滑块式定距分型机构一(双分型面注射模)

(a)模具闭合;(b)模具分型

1—拨杆;2—挂钩;3—滑块;4—限位销;5—定模板;6—限位螺钉;7—定模座板;8—弹簧

图 3-34 为另一种滑块式定距分型机构。如图 3-34(a)所示,模具闭合时,在弹簧 3 的作用下,滑块 5 伸出与挂钩 1 锁住,因此模具打开时,$A-A$ 分型面被锁紧,$B-B$ 分型面首先分型。当模具打开到一定距离后,拨杆 2 压迫滑块 5 移动,使滑块 5 与挂钩 1 脱开,在模具内定距限位装置的作用下,使 $A-A$ 分型面被打开,如图 3-34(b)所示。滑块式分型机构,动作可靠,适用范围广。

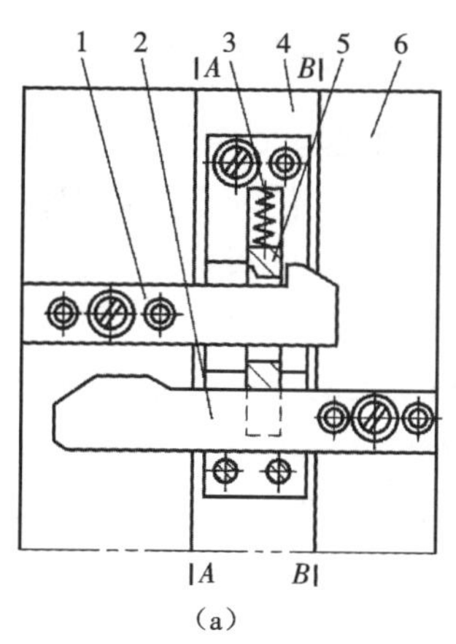

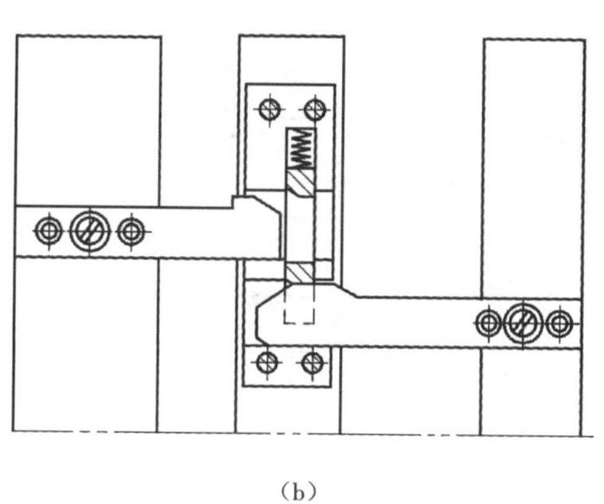

图 3-34　滑块式定距分型机构二

(a)模具闭合;(b)模具分型

1—挂钩;2—拨杆;3—弹簧;4—定模板;5—滑块;6—定模座板

(4)导柱顺序定距分型机构

图 3-35 所示为导柱定距式双分型面注射模。开模时,由于弹簧 16 的作用使顶销 14 压

紧在导柱 13 的半圆槽内，以便模具在 A 分型面分型。当定距导柱 8 上的凹槽与定距螺钉 7 相碰时，中间板停止移动，强迫顶销 14 退出导柱 13 的半圆槽。接着，模具在 B 分型面分型。继续开模时，在推杆 4 的作用下，推件板 9 将塑件推出。这种定距导柱，既起定距作用，又是中间板的支承和导向，使模板面上的杆孔大为减少。对模面比较紧凑的小型模具来说，这种结构是经济合理的。

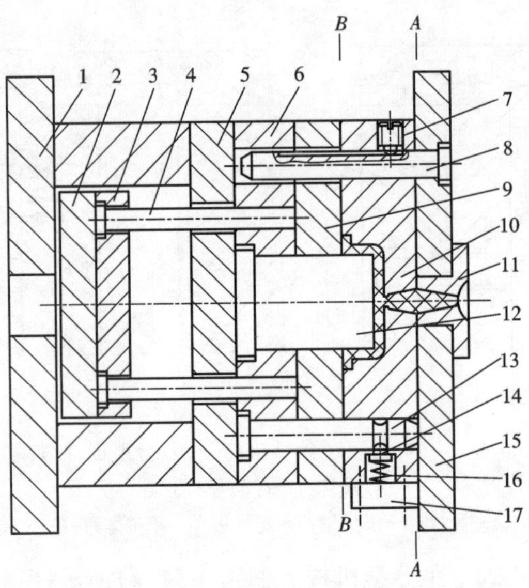

图 3-35　导柱定距分型机构

1—支架；2—推板；3—推杆固定板；4—推杆；5—支承板；6—型芯固定板；7—定距螺钉；8—定距导柱；9—推件板；10—中间板；11—浇口套；12—型芯；13—导柱；14—顶销；15—定模板；16—弹簧；17—压块

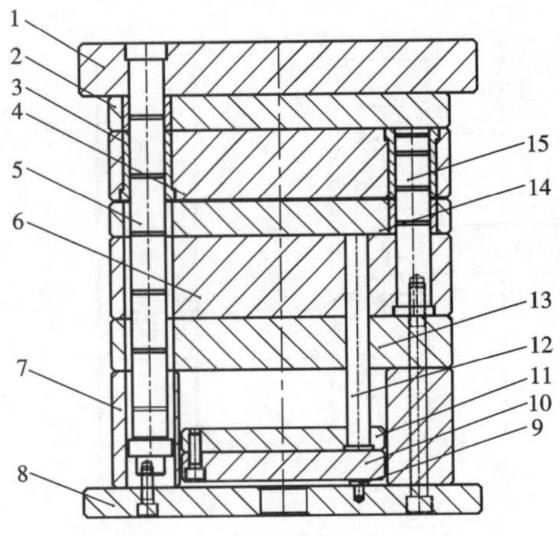

图 3-36　三板模模架图

1—定模座板；2—剥料板；3—导套；4—A 板；5—拉杆；6—B 板；7—方铁；8—动模座板；9—垃圾钉；10—推板；11—推杆固定板；12—复位杆；13—垫板；14—推件板；15—导柱

五、模架及标准件的选用

1. 三板模模架

三板模模架又称细水口模架，适用于需要采用点浇口进料的投影面积较大制品，桶形、盒形、壳形制品都可以采用三板模模架。采用三板模模架时制品可在任何位置进料，制品成型质量较好，并且有利于自动化生产；但这种模架结构较复杂，成本较高，模具的质量增大，制品和流道凝料从不同的分型面取出。因三板模的浇注系统较长，故很少用于大型制品或流动性较差的塑料成型。

三板模模架也由动模部分和定模部分组成，定模包括定模座板、剥料板和定模板，比两板模模架多一块剥料板和四根长导柱；动模部分与两板模的动模部分组成相同，图

3-36 所示为 DBI 型细水口模架结构示意图。16 种龙记细水口模架如图 3-37 所示。

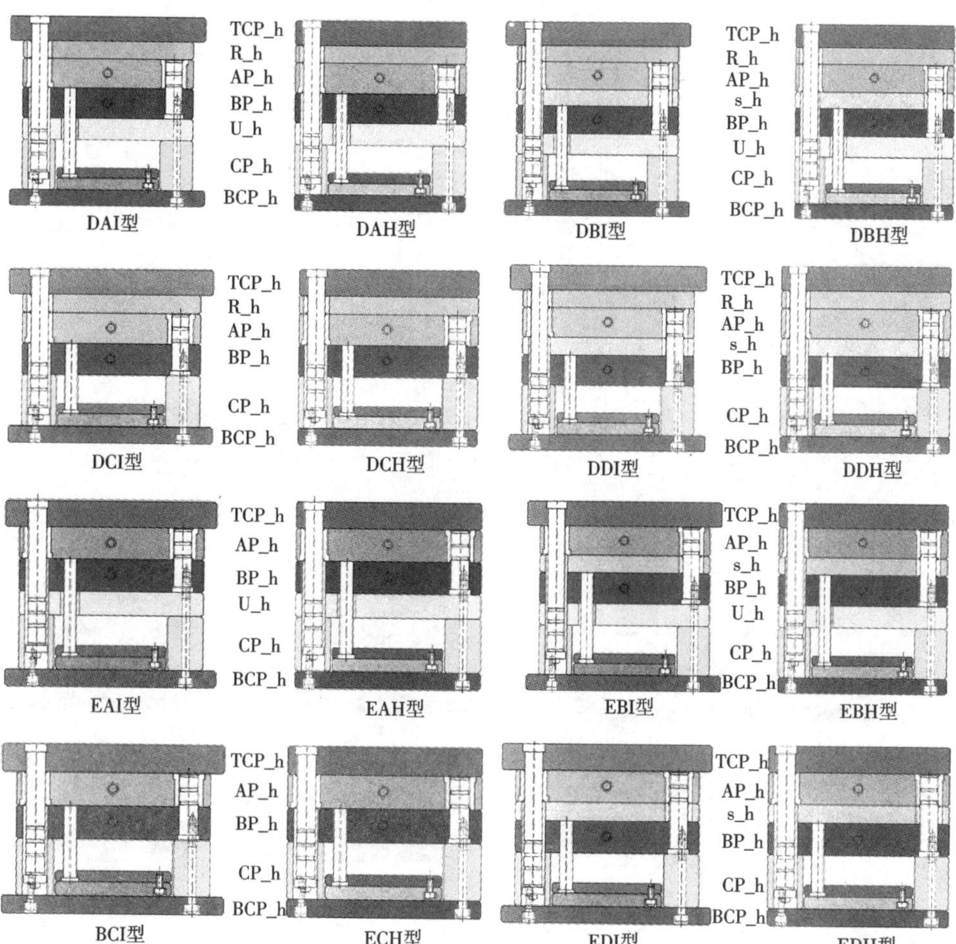

图 3-37 龙记细水口模架

2. 简化三板模模架

简化三板模模架又叫简化细水口模架，系由三板模模架演变而来，比三板模模架少四根动模、定模板之间的短导柱。

简化三板模模架的定模部分和三板模模架的定模部分相同，而动模部分比三板模模架少一块推板，也无动模、定模板导柱。图 3-38 所示为 FCI 型简化细水口模架结构示意图。8 种龙记简化细水口模架如图 3-39 所示。

3. 标准件的选用

(1)支承柱的设计

为了防止锁模力或注射时的注射压力(胀型力)将动模模板压弯变形而造成成型制品的品质不能达到要求，需要在模具底板与动模板之间加支承柱，以提高模具的刚性和寿命。支承柱(撑柱)必须用螺丝或管针与底板固定，支承柱直径一般为 25 ~ 50 mm，支承柱孔需大于撑头 2 mm 左右。

支承柱的设计要点如下：

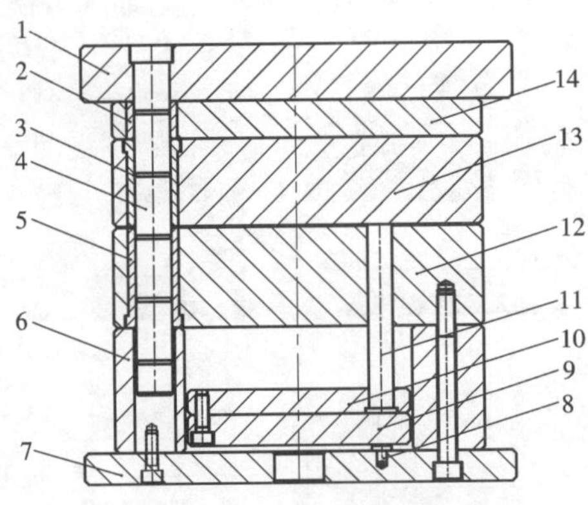

图 3-38　简化三板模模架

1—定模座板;2—直身导套;3—带法兰导套;4—拉杆;5—带法兰导套;6—方铁;7—动模座板;8—垃圾钉;9—推板;10—推杆固定板;11—复位杆;12—B 板;13—A 板;14—剥料板

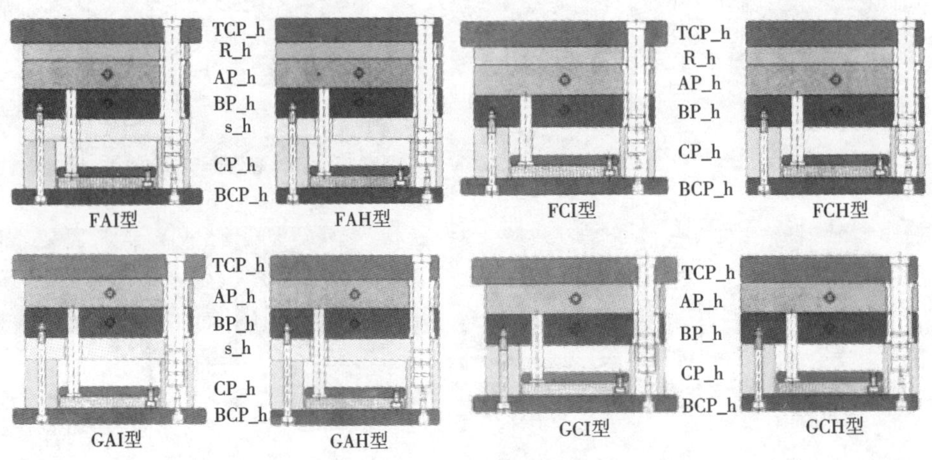

图 3-39　龙记简化细水口模架

①支承柱的位置。支承柱位置应放在动模板所受注塑压力集中处,且尽量布置在模板的中间位置,或对称布置。注意撑柱不要与推杆、顶棍孔、斜推杆、复位弹簧、推件板导柱等零件发生干涉。支承柱不要落在成品的边上,支承柱通常为圆形,也可以是方形或其他形状。

②支承柱的数量。数量越多,效果越好。

③支承柱的大小。支承柱外径越大,效果越好。直径一般为 25 ~ 60 mm。

④支承柱的长度 H_1。当模宽小于 300 mm 时,$H_1 = H + 0.05$ mm;当模宽在 400 mm 以下时,$H_1 = H + 0.1$ mm;当模宽为 400 ~ 700 mm 时,$H_1 = H + 0.15$ mm;当模具尺寸大于 700 mm 时,$H_1 = H + 0.2$ mm。其中,H 为模具方铁高度。

⑤支承柱的装配。支承柱必须用螺丝安装在底板上,支承柱材料为合金钢或高碳钢。其装配图见图 3-40。

(2)模架板吊环螺丝孔的规定

①模架动模板和定模板都必须钻吊环螺丝孔(至少上、下 2 个),规格大小按标准模架

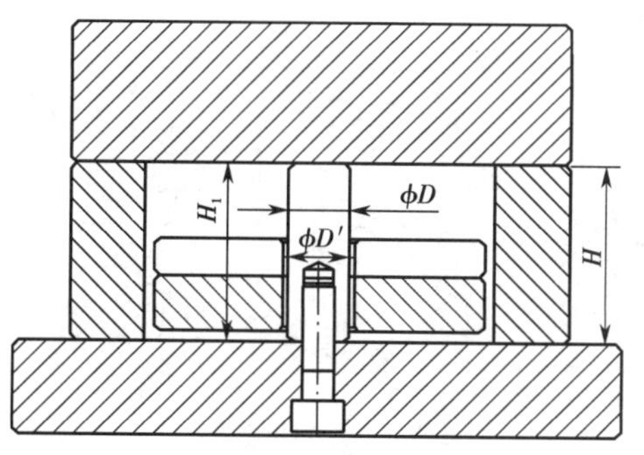

图 3-40　支承柱装配图

质量确定，如表 3-3 所示。

表 3-3　螺丝孔的规格与模架质量的关系

吊环螺丝孔规格	质量 G/kg	≤50	50 < G≤100	100 < G≤150	150 < G≤250	210 < G≤300	310 < G≤400
	螺丝规格	M12	M16	M20	M24	M30	M36

②对于 30 kg 以上的模架，每块模架板都必须加上、下吊环螺丝孔，100 kg 以上的模架，模架板四边都必须有螺丝孔。

如果吊环螺丝孔与方定位块、滑块冷却水管等相干涉，螺丝孔须偏移模板中心，此时螺丝孔必须成双且对称加工。

(3)定位圈

定位圈又叫法兰，将模具安装在注射机上时，它起初定位作用，保证注射机料筒喷嘴与模具浇口套同轴。同时定位圈还有压住浇口套的作用。其尺寸见图 3-41。

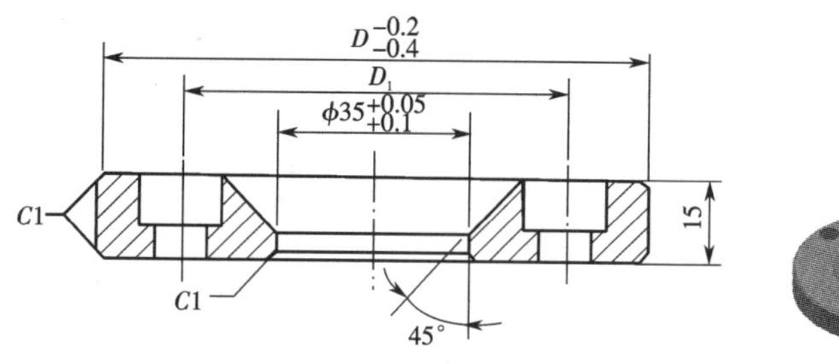

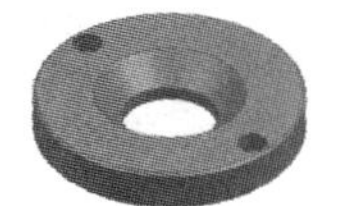

图 3-41　定位圈

定位圈的直径 D 一般为 100 mm，另外还有 120 mm 和 150 mm 两种规格。

定位圈采用自制或外购标准件，常用规格为 $\phi35$ mm × $\phi100$ mm × 15 mm。当定模有 5 mm 隔热板时，选用规格为 $\phi35$ mm × $\phi100$ mm × 25 mm。

定位圈可以装在模具面板表面，也可沉入面板 5 mm(图 3-42 所示)。连接螺钉规格为 M6 × 20.0 mm，数量为 2 ~ 4 个。

(4)顶棍孔

顶棍孔的作用是：模具注射完毕，经冷却、固化后开模，注射机顶棍通过顶棍孔，推动推

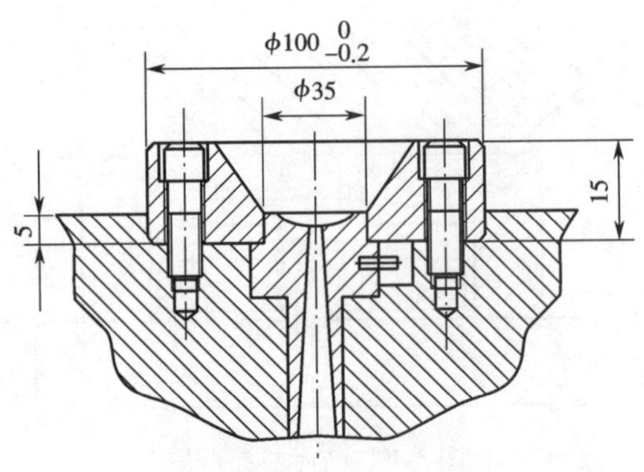

图 3-42　定位圈装配图

杆固定板，将制品推离模具。顶棍孔加工在模具底板上，见图 3-43(a)；当注射机有推杆固定板拉回功能时，在推杆底板上还要加工连接螺孔，见图 3-43(b)。

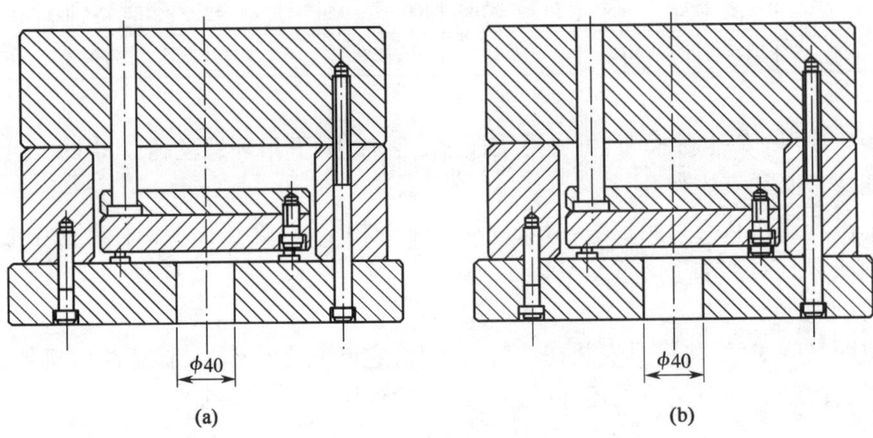

图 3-43　顶棍孔

(a)无拉回功能顶棍孔；(b)有拉回功能顶棍孔

顶棍孔的直径一般为 40 mm，或按客户提供的资料加工。正常情况下顶棍孔为 1 个，但有下列情况时最少为 2 个，以保持推出平稳可靠：

①模具型腔配置偏心；

②斜推杆数量众多；

③模具尺寸大；

④浇口套偏离模具中心；

⑤推杆数量严重不平衡，一边多，一边少，或推杆一边大一边小。

(5)限位钉

在推杆固定板和模具底板之间按模架大小或高度加设小的圆形支承柱，其作用是减少推杆和模具底板的接触面积，防止因掉入垃圾或模板变形，导致推杆复位不良。这些小圆形支承柱称限位钉，俗称垃圾钉。限位钉通过过盈配合固定于模具底板上，见图 3-44。

限位钉大端直径一般取 ϕ10 mm、ϕ15 mm、ϕ20 mm。限位钉的数量设计则取决于模具大小，一般来说，模长 350 mm 以下时取 4 个，模长为 350 ~ 550 mm 时取 6 ~ 8 个，模长在 550

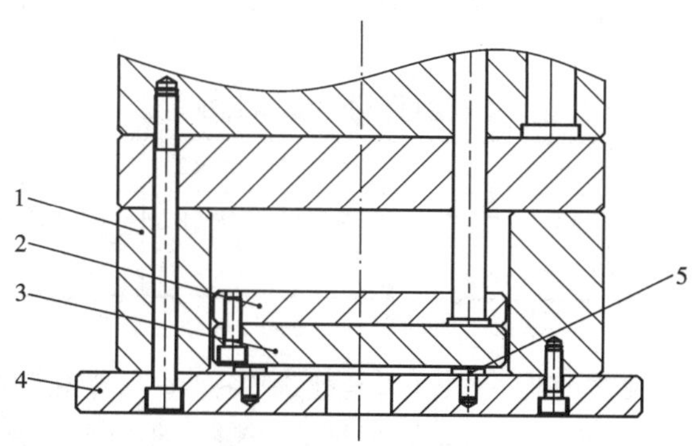

图 3-44　限位钉的设计

1—方铁;2—推杆固定板;3—推杆底板;4—模具底板;5—限位钉

mm 以上时宜取 10 ~ 12 个。限位钉的位置设计原则是:当限位钉数量为 4 个时,其位置就在复位杆下面;当数量大于 4 个时,限位钉除复位杆下 4 个外,其余尽量平均布置于推杆底板的下面。

(6)紧固螺钉

模具中的零件按其在工作过程中是否要分开,分成相对活动零件和相对固定零件两大类。相对活动零件必须加导向件或导向槽,使其按既定轨迹运动;相对固定的零件通常都用螺钉来连接。

模具中常用紧固螺钉分为内六角圆柱头螺钉(内六角螺钉)、无头螺钉、杯头螺钉及六角头螺栓,而以内六角圆柱头螺钉和无头螺钉用得最多。

螺钉只能用来紧固零件,不能用来定位。

在模具中,紧固螺钉应按不同需要选用不同类型的优先规格,同时保证紧固力均匀、足够。下面仅就内六角圆柱头螺钉和无头螺钉在使用中的情况加以说明。

1)内六角圆柱头螺钉(内六角螺钉)

内六角螺钉规格:公制中优先采用 M4、M6、M10 、M12;英制中优先采用 M5/32″、M1/4″、M3/8″和 M1/2″。

内六角螺钉主要用于动、定模内模料,型芯,小型镶件及其他一些结构组件的连接。除前述定位圈、浇口套所用的螺钉外,其他如镶件、型芯、固定板等所用螺钉以适用为主,并尽量满足优先规格,用于动、定模内模料紧固的螺钉,选用时应依照下述要求。

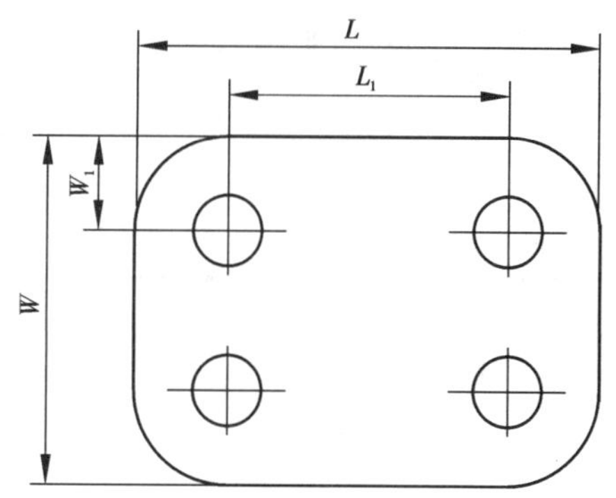

图 3-45　螺钉孔的设计

①螺钉位置的确定。螺钉尽量布置在内模四个角上,见图 3-45 所示,但有时为方便通冷却水,动模螺钉要布置在镶件的中间,但又不可以放在型腔底下。螺钉距离应与 3R 夹具吻合,以方便加工时装夹。螺钉中心离内模边最小距离 $W_1 \geqslant 1d \sim 1.5d$,螺钉孔与冷却水孔之间的厚 $\geqslant 3$ mm。

②螺钉大小和数量的确定。连接螺钉的大小和数量可按表 3-4 所列经验值确定。

表 3-4　螺钉大小和数量的确定

镶件大小/mm	≤50×50	50×50～100×100	100×100～200×200	200×200～300×300	>300×300
螺钉大小	M6(或 M1/4″)	M6(或 M1/4″)	M8(或 M5/16″)	M10(或 M3/8″)	M12(或 M1/2″)
螺钉数量	2	4	4	4～6	4～8

③螺钉长度及螺孔深度的确定。螺钉头至孔面 1～2 mm,螺孔的深度 H 一般为螺孔直径 2～2.5 倍,标准螺钉螺纹部分的长度 L_1 一般都是螺钉直径的 3 倍,所以在画模具图时,不可把螺钉的螺纹部分画得过长或过短,在画螺丝时必须按正确的装配关系画。螺钉长度 L 不包括螺钉的头部长度(见图 3-46)。

螺牙旋入螺孔的长度 $h=(1.5～2.5)d$(d 为螺钉的直径)。

2)无头螺钉

无头螺钉主要用于型芯、拉料杆、推管的紧固。如图 3-47 所示,在标准件中,直径 d 和 D 相互关联,d 是实际上所用尺寸,所以通常以 d 作为选用的依据,并按下列范围选用。

①当 $\phi d \leqslant 3.0$ mm 或 9/64″时,无头螺钉选用 M8;

②当 $\phi d \leqslant 3.5$ mm 或 5/32″时,无头螺钉选用 M10;

③当 $\phi d \leqslant 7.0$ mm 或 3/16″时,无头螺钉选用 M12;

④当 $\phi d \leqslant 8.0$ mm 或 5/16″时,无头螺钉选用 M16;

⑤当 $\phi d \geqslant 8.0$ mm 或 5/16″时,用压板固定。

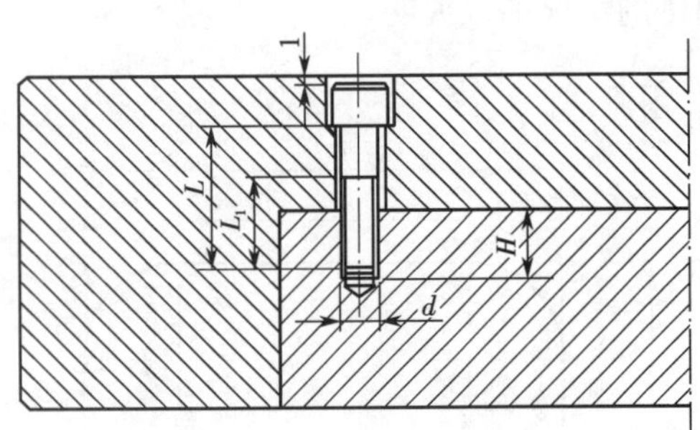

图 3-46　内六角圆柱头螺钉连接

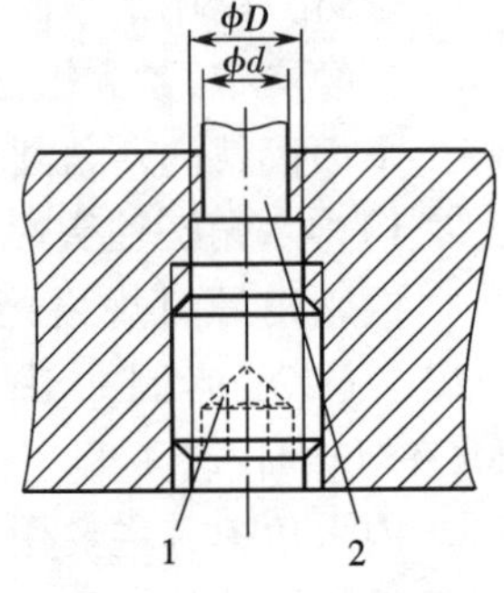

图 3-47　无头螺钉连接

1—无头螺钉;2—司筒针

任务三　项目实施

一、确定成型工艺

见项目一。

二、初选注射机型号

1. 注射量的计算

通过计算或三维软件建模分析,可知塑件单个体积约 6. 59 cm^3,两个约 13. 18 cm^3。按经验公式计算得出注射体积为 $1.6 \times 13.18\ cm^3 = 21.088\ cm^3$。

2. 锁模力的计算

通过计算或三维软件建模分析,可知单个塑件在分型面上的投影面积约 3 533 mm^2,两个约 7 066 mm^2。按经验公式计算得出总面积为 $1.35 \times 7\ 066\ mm^2 = 9\ 539.1\ mm^2$。聚丙烯成型时型腔的平均压强为 25 MPa(经验值),故所需锁模力

$$F_m = 9\ 539.1\ mm^2 \times 25\ MPa \approx 239\ kN$$

3. 注射机的选择

根据以上计算决定选用 XS－ZY－125 注射机,其主要技术参数见表 3-5。

表 3-5 XS－ZY－125 注射机的主要参数

额定注射量/cm^3	125	锁模力/kN	900
螺杆直径/mm	42	拉杆内间距	260 mm × 290 mm
注射压力/MPa	120	开模行程/mm	300
注射时间/s	1. 6	最大模厚/mm	300
注射方式	螺杆式	最小模厚/mm	200
喷嘴球半径/mm	12	定位圈尺寸/mm	100
锁模方式	液压－机械	喷嘴孔直径/mm	4

4. 注射机有关参数的校核

(1)最大注射量的校核

为了保证正常的注射成型,注射机的最大注射量应稍大于制品的质量或体积(包括流道凝料)。通常注射机的实际注射量最好在注射机的最大注射容量的 80% 以内。XS－ZY－125A 注射机允许的最大注射容量为 125 cm^3。

$0.8 \times 125\ cm^3 = 100\ cm^3 > 21.088\ cm^3$,因此最大注射量符合要求。

(2)注射压力的校核

安全系数取 1. 3,注射压力根据经验取为 85 MPa。

$1.3 \times 85\ MPa = 110.5\ MPa < 150\ MPa$,因此注射压力校核合格。

(3)锁模力校核

安全系数取 1. 2,$1.2 \times 239\ kN = 287\ kN < 900\ kN$,锁模力校核合格。

三、分型面的选择及型腔布局

1. 分型面的选择

根据分型面的选择原则,考虑不影响塑件的外观质量、成型后能顺利取出塑件及便于模具零件加工,选择如图 3-48 所示的曲面分型方案。为了满足制件表面质量要求与提高成型

效率,采用点浇口,并采用三板模。

图 3-48　纸杯托分型面

2. 型腔数目的确定及型腔的排列

该塑件精度要求一般,尺寸不大,可以采用一模多腔的形式。考虑到模具制造成本和生产效率,初定为一模两腔成型,型腔布置在模具的中心,这样也有利于浇注系统的排列和模具的平衡。模型布局如图 3-49 所示。

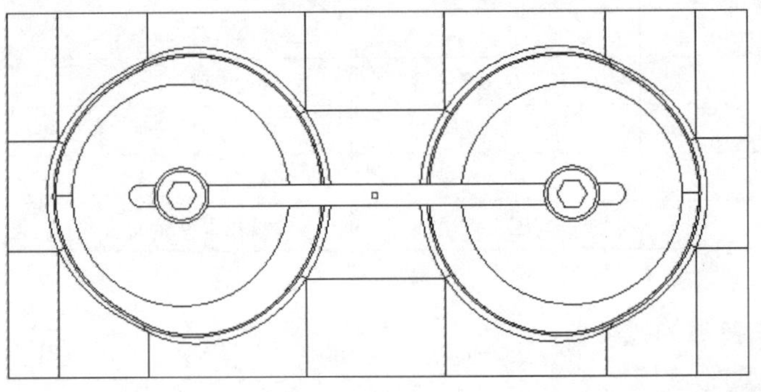

图 3-49　模具布局

四、成型零件结构设计

由于塑件采用的是曲面分型,因此为了便于加工,型腔和型芯采用镶嵌式结构,采用螺钉与模板固定。

1. 型腔

塑件表面光滑,无其他特殊结构。塑件总体尺寸为 $\phi60$ mm × 72 mm,考虑到浇注系统和结构零件的设置,型腔镶件尺寸取 174 mm × 90 mm,深度根据模具的情况进行选择。为了安装方便,在定模板上开设相应的型腔切口,并在直角上钻直径为 12 mm 的孔以便装配。型腔的零件图和三维造型如图 3-50 所示。

2. 型芯

与型腔相对应,型芯镶件用螺钉固定在动模板上。型腔的零件图和三维造型如图 3-51 所示。

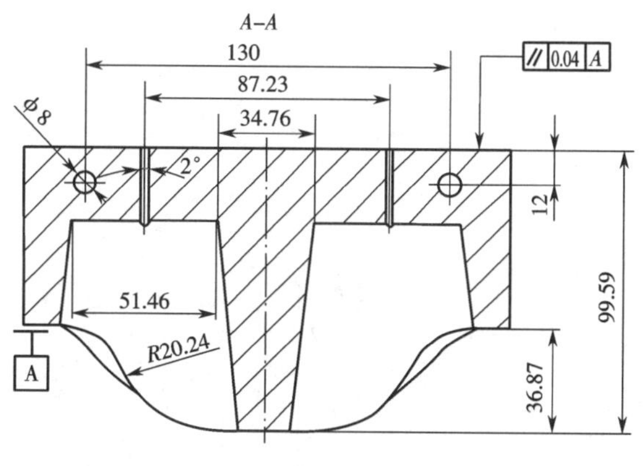

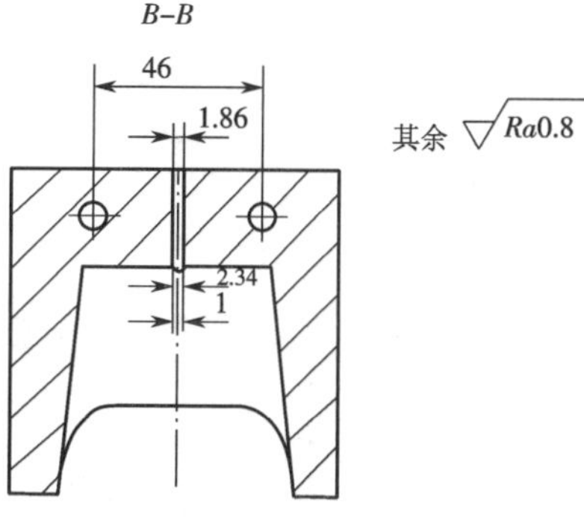

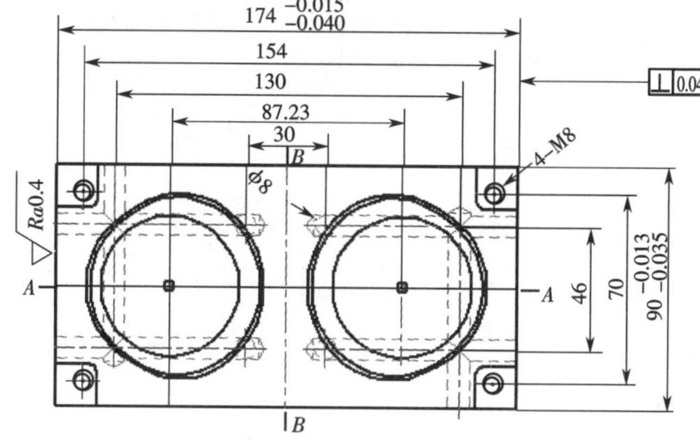

技术要求

1.去除毛刺飞边。
2.零件加工表面上不应有划痕、擦伤等损伤零件表面的缺陷。
3.热处理淬火，保证硬度为55~58HRC。
4.未注公差按IT7~IT8。

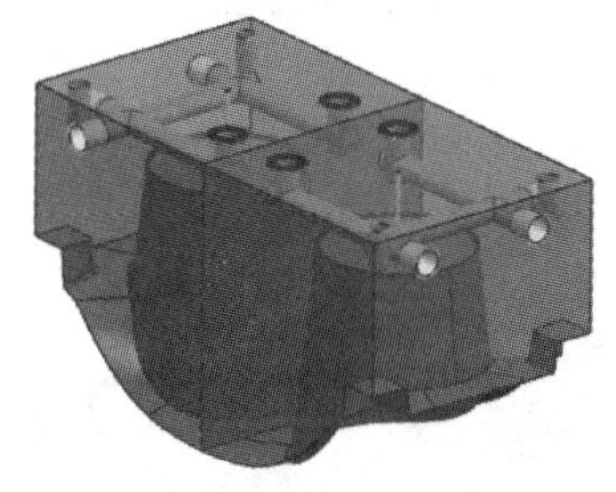

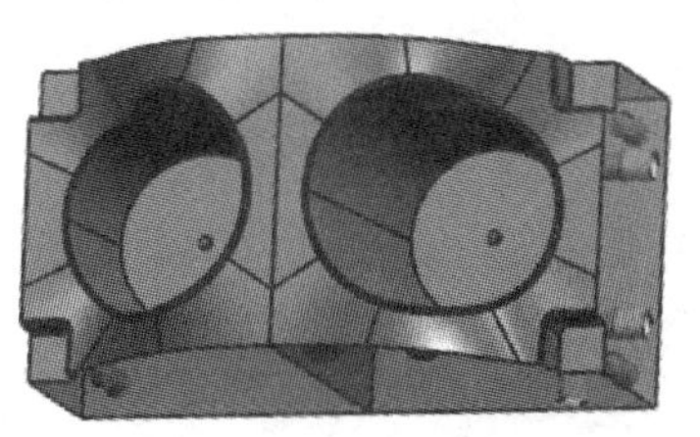

图 3-50 型腔的零件图和三维造型

五、浇注系统设计

浇注系统的组成部分如图 3-52 所示。

1. 主流道设计

采用一体式浇口套，有利于缩短主流道，材质为 S45C，头部热处理；浇口衬套前端做一倒锥，锥角为 90°，其作用是把冷凝料拉在浇口套上，浇口套与脱料板接触的前部做出锥度配合的形式，其作用是脱料板与浇口套接触时便于导向，其结构尺寸如图 3-53 所示。

2. 分流道的设计

模具是一模两腔的结构，分流道应该采用平衡布置方式，且设计有二级分流道，各流道

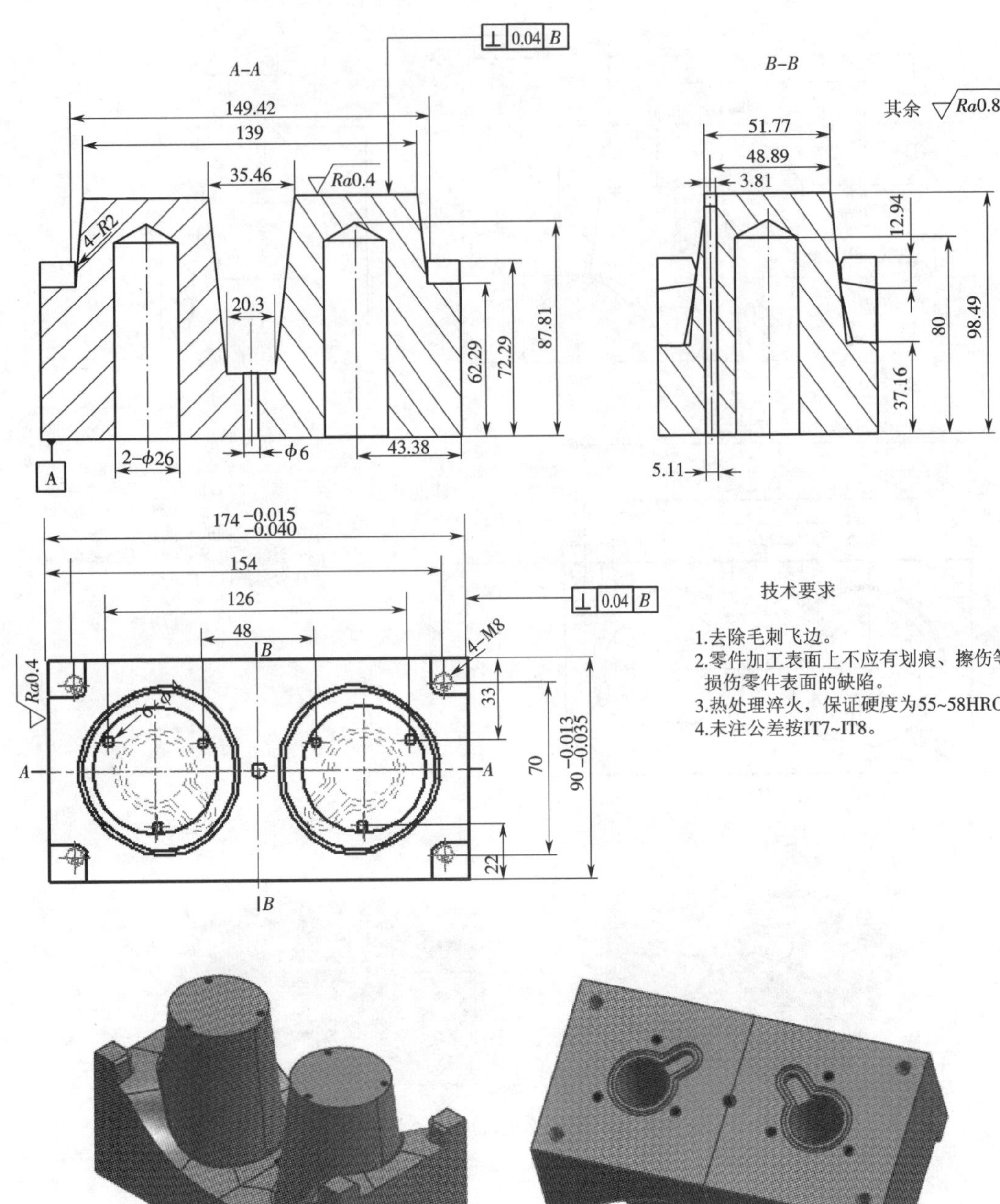

图 3-51 型芯零件图和三维造型

长度应尽量短，才能有利于塑件的成型和外观质量的保证。分流道的平衡布置方式如图 3-52 所示。分流道的形状一般为圆形、梯形、U 形或半圆形等，工程设计中常采用梯形，截面加工工艺性好，且塑料熔体的热量散失、流道阻力均不大，其截面形状及尺寸如图 3-54

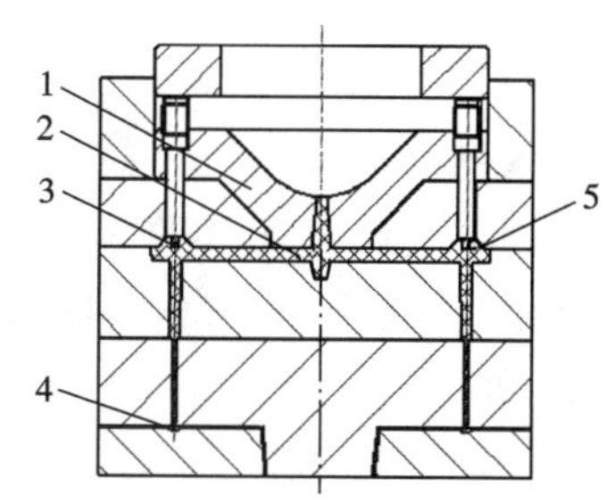

图 3-52　浇注系统的组成

1—主流道衬套;2—分流道;3—球形拉料杆;4—点浇口;5—凝料穴

所示。

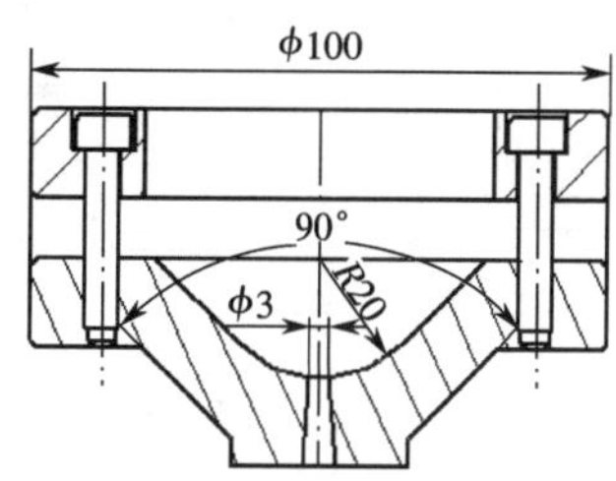

图 3-53　主流道尺寸图

3. 浇口设计

(1)浇口形式。对塑料成型性能和浇口的分析比较,确定该塑件的成型模具采用点浇口。

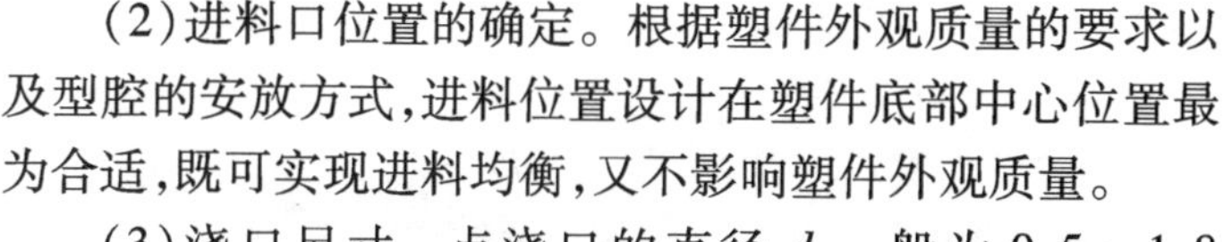

(2)进料口位置的确定。根据塑件外观质量的要求以及型腔的安放方式,进料位置设计在塑件底部中心位置最为合适,既可实现进料均衡,又不影响塑件外观质量。

(3)浇口尺寸。点浇口的直径 d 一般为 0.5 ~ 1.8 mm,取 $d=1$ mm。点浇口的长度一般为 0.5 ~2 mm,取 1 mm,结构如图 3-55 所示。

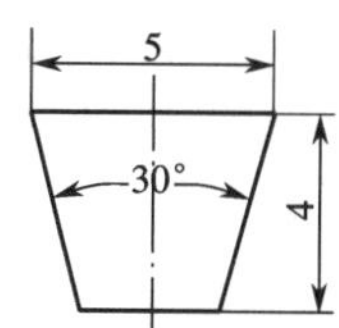

图 3-54　分流道形状

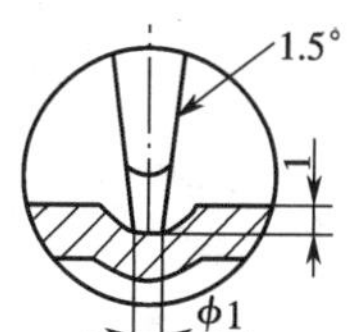

图 3-55　点浇口设计

4. 冷料穴的设计

冷料穴是用来储存注射间隔期内由于喷嘴端部温度低造成的冷料。

5. 拉料杆的设计

由于三板式注塑模是利用中间板将流道凝料强行从拉料杆推出,使流道凝料能自动脱落,所以,拉料杆的设计宜采用球形拉料杆。如图 3-56 所示,塑料进入冷料穴后,紧包在拉料杆的球形头部,开模时,先通过拉料杆拉出在两点浇口套内凝料;然后通过中间板将流道凝料从拉料杆上和主流道内剥出,从而使流道凝料能自动脱落。球形拉料杆的缺点是球形头部加工较困难,采用数控车床编程来加工球形拉料杆,很好地解决了这个问题。

六、推出机构设计

该塑件采用推杆推出方式,考虑到要将塑件变形降到最低,所以塑件被推出时须受力均匀,推杆应设置在塑件壁厚较厚的位置,推杆数量为 6 根,直径为 4 mm,直径为 6 mm 的拉料杆 1 根,如图 3-57 所示。

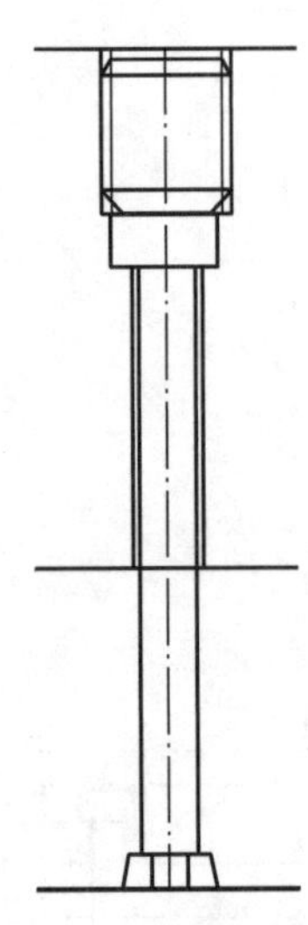

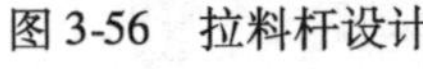

图 3-56 拉料杆设计

七、冷却系统设计

由于冷却水道的位置、结构形式、孔径、表面状态、水的流速、模具材料等很多因素都会影响模具的热量向冷却水传递，精确计算比较困难。实际生产中，通常都是根据模具的结构确定冷却水路，通过调节水温、水速来满足要求。

1. 型腔的冷却

在型腔上设计 2 条一进一出的内循环式冷却水道，为了防止漏水，在型腔上开设密封槽，采用 O 形密封圈进行密封，水管接头安装在定模板上，如图 3-58 所示。

2. 型芯的冷却

型芯大而高，故采用喷射式冷却装置，如图 3-59 所示，在型芯的中心制出一个盲孔，在孔中插入一根管子，冷却水从中心管子流入，喷射到浇口附近型芯盲孔的底部对型芯进行冷却，然后经过管子与型芯的间隙从出口处流出。

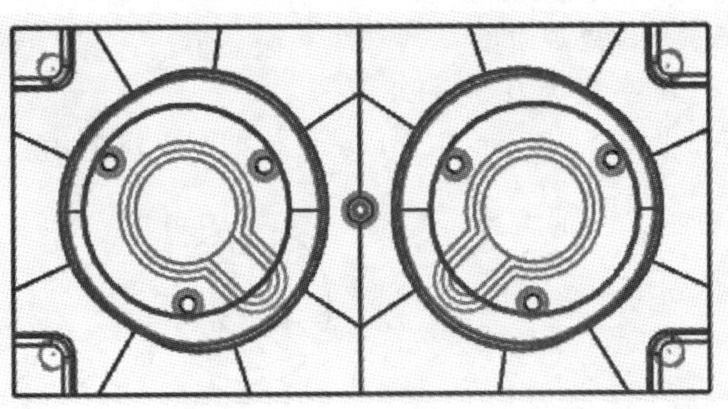

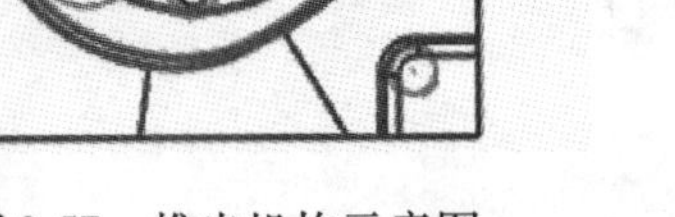

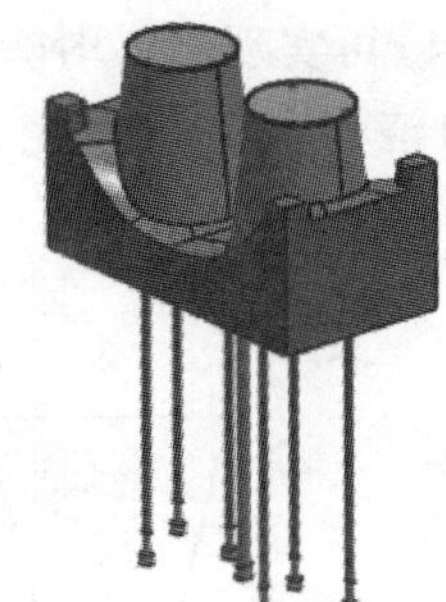

图 3-57 推出机构示意图

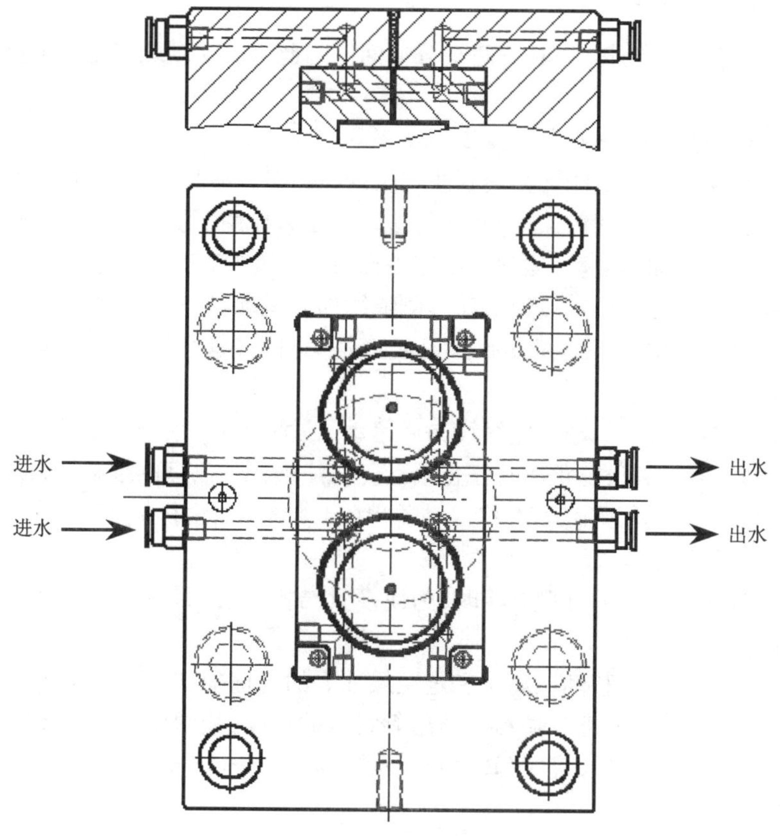

图 3-58　型腔的冷却水道

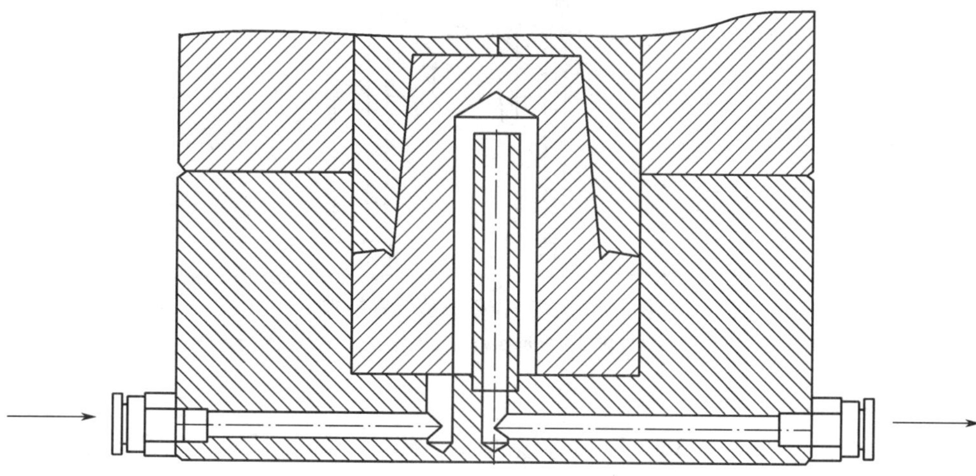

图 3-59　型芯的冷却水道

八、顺序定距开模机构设计

已确定采用三板模结构，模具有两个分型面。因此必须实现顺序定距分型与推出，以使塑件制品顺利脱模。

纸杯托注塑模分型过程有以下几步。

①第一次分型。当动模侧起初受到注塑机的拉力时，动定模板之间由于装有开闭器，而剥料板与定模板之间没有任何连接和阻碍，这时在拉力作用下剥料板与定模板首先分开，定模板随着动模板一起向后运动，运动到设定距离时，被小拉杆限位块挡住。

②第二次分型。定模板随注塑机动模侧继续向后运动，这样小拉杆也被带动，它又带动剥料板运行一个设定距离（常为 8 mm），以便将料头打下，这个设定距离运动完后，小拉杆和定模板都停止运动。

③第三次分型。注塑机动模侧继续向后运动，拉力不断增大，超过开闭器锁紧力，定模板与动模板分开，分开到设定距离时停止不动。在注塑机顶出杆的推动下，顶出板带动顶出机构（顶针、斜销等）开始顶出运动，将成品顶出（自动落下或由机械手取走）。

1. 定距分型机构设计

在设计纸杯托注射模的分型机构时，为使模具结构紧凑，采用了内置式定距分型机构，如图 3-60 所示。

设计时应注意剥料板移动距离 a 和定距尺寸 L 的合理确定。

a = 定模座板上沉孔深度 > 拉料杆伸出剥料板的长度（通常取 5 ~ 8 mm），取 a = 8 mm。

L = 浇注系统凝料的总长度 + (10 ~ 15 mm) = 40 + 15 = 55 mm。

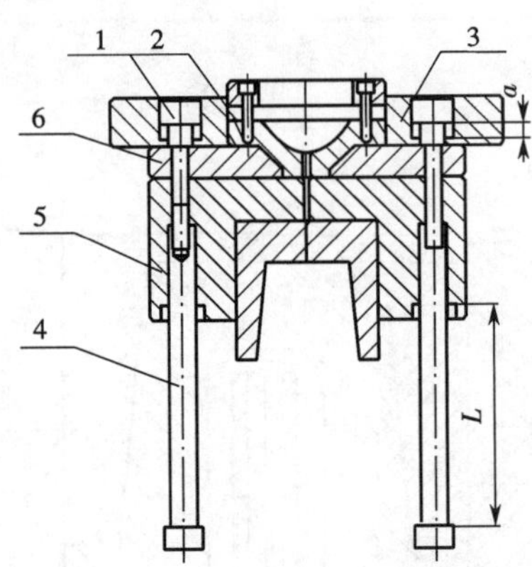

图 3-60　定距拉杆分型装置结构

1—小拉杆；2—浇口套；3—定模座板；4—大拉杆；5—A 板；6—脱料板

2. 开闭器设计

开闭器的工作原理如图 3-61 所示，调整前部带锥度的螺栓可使尼龙栓的直径增大，合模后在尼龙栓与 A 板接触孔间形成摩擦力。开模后，B 板通过尼龙栓带动 A 板移动。为了保证开闭器工作正常，在 B 板上设计有 ϕ16.5 mm、深 5 mm 的沉孔，使尼龙栓在 B 板上正确定位，在 A 板上设有 ϕ16 mm 的铰制孔。

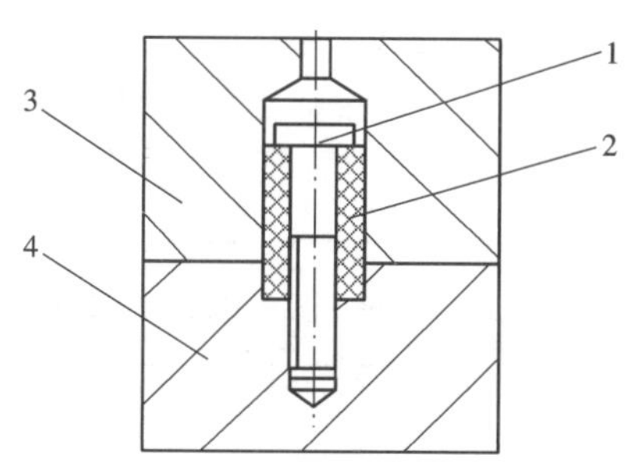

图 3-61　开闭器设计

1—螺栓;2—尼龙栓;3—A 板;4—B 板

九、模架及标准件的选择

1. 模架的选用

由于三板式注射模采用点浇口,有两个分型面,因此选择点浇口式模架,即细水口或简化型细水口模架,考虑到一模两件的型腔布置以及模具内的拉杆定距的顺序分型机构也需要占据一定的空间,故选定标准模架上海龙记公司的简化型细水口 FAI 系列,规格为 200 mm×300 mm。A、B、C 板分别为 50 mm、80 mm、100 mm,以满足纸杯托注射模的需要。如图 3-62 所示。

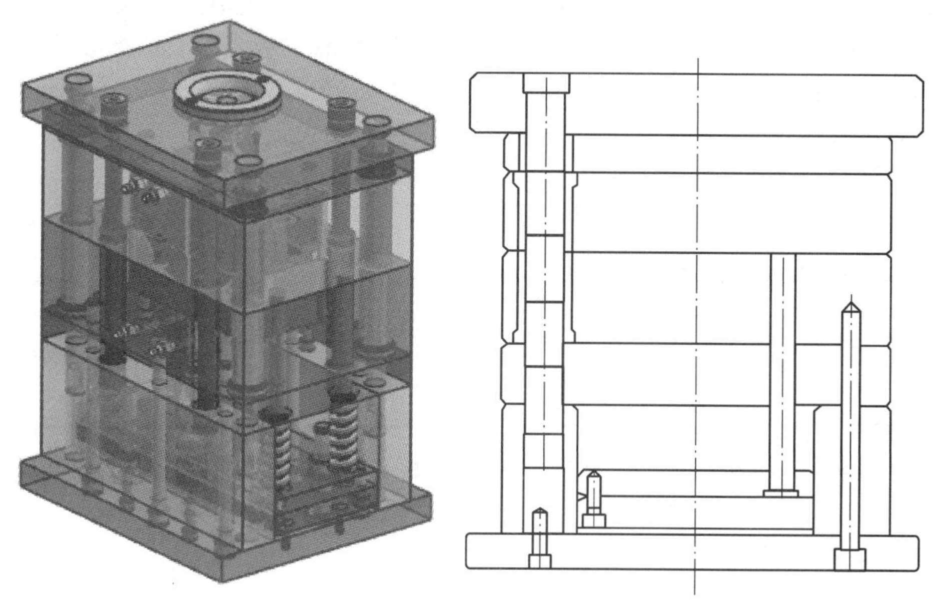

图 3-62　纸杯托模架的选择

2. 模架中其他结构件的设计

模架中其他结构件的设计如图 3-63 所示。

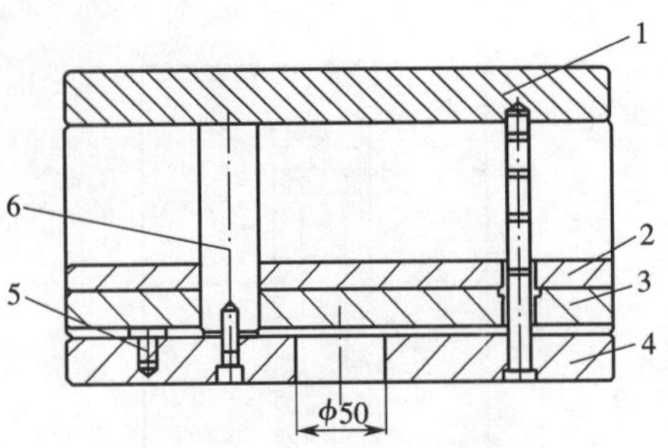

图 3-63　模架中其他结构件的设计

1—支承板；2—推杆固定板；3—推板；4—动模座板；5—垃圾钉；6—撑头

（1）撑头的设计

如图 3-64 所示，撑头用螺钉与动模座板固定，直径为 30 mm，撑头孔大于撑头 2 mm 左右。撑头用高碳钢制成。

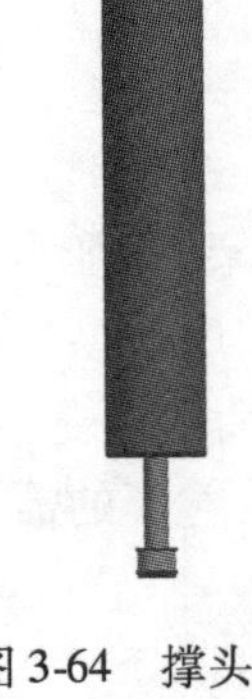

图 3-64　撑头设计

（2）顶棍孔

顶棍孔的作用是：模具注射完毕，经冷却，固化后开模，注射机顶棍通过顶棍孔加在模具底板上，当注射机有推杆固定板拉回功能时，在拉杆底板上还要加工连接螺孔。

本模架选用一个直径为 50 mm 的顶棍孔，如图 3-63 所示。

（3）垃圾钉

在推杆固定板和模具底板之间按模架大小或高度加设小圆形支承柱，作用是减少推杆底板和模具底板的接触面积，防止因掉入垃圾或模具变形，导致推杆复位不良。这些小圆形支承柱称垃圾钉。垃圾钉通过过盈配合固定于模具底板上。

本模架垃圾钉大端直径取 ϕ20 mm，个数取 4 个，位置放在复位杆正下方。如图 3-65 所示。

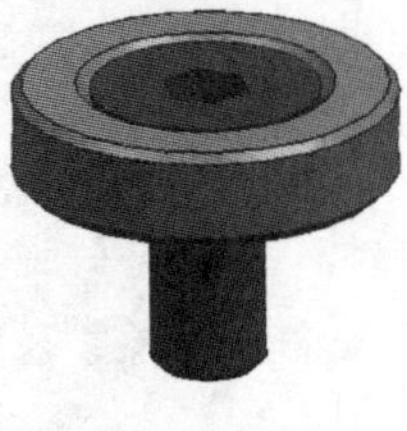

图 3-65　垃圾钉

十、有关注射机的校核

1. 模具闭合高度的确定

组成模具闭合高度的模板及其他零件的尺寸有：定模座板 H_1 = 30 mm、定模板 H_2 = 90 mm、推件板 H_3 = 0、动模板 H_4 = 90 mm、支承板 H_5 = 30 mm、垫铁 H_6 = 75 mm、动模座板 H_7 = 25 mm。则该模具闭合高度 $H = H_1 + H_2 + H_3 + H_4 + H_5 + H_6 + H_7 = 340$ mm。

2. 模具闭合高度的校核

由于 XS－ZY－125 型注射机所允许的模具最小厚度为 200 mm，模具最大厚度为 300 mm。因此计算得模具闭合高度 H = 340 mm，所以模具闭合高度不满足 $H_{min} \leqslant H \leqslant H_{max}$ 的安装条件。

故另选注射机，型号为 XS－ZY－500。

3. 模具安装部分的校核

模具外形的最大部分尺寸为 250 mm × 300 mm，XS - ZY - 500 型注射机模板最大安装尺寸为 700 mm × 850 mm，故能满足模具安装的要求。

4. 模具开模行程的校核

开模行程也叫合模行程，指模具开合过程中动模固定板的移动距离，用符号 s 表示。XS - ZY - 500 型注射机的最大开模行程为 $s_{max}=500$ mm，为了使塑件成型后能够顺利脱模，并结合该模具的双分型面特点，确定该模具的开模行程 s 应满足下式要求：

$s \geqslant H_1 + H_2 + a + (5 \sim 10) = 64 + 73 + 70 + (5 \sim 10) = 212 \sim 217 < s_{max}$。

式中 s——注塑机的开模行程，mm；

a——定模板与剥料板之间的分开距离，mm；

H_1——脱模时塑件移动距离，mm；

H_2——浇注系统和塑件的总高度，mm。

综上所述，该注射机的型号选用 XS - ZY - 500。

十一、绘制装配图

根据前面所确定的模架、模具零件结构及模具装配图的要求，绘制模具工程图，见附图 2 三板式注射模装配图。

项目四　侧抽芯注射模设计

一、知识目标

1. 能按照有利于模具加工、排气、脱模及成型操作、塑件的表面质量等选择分型面。

2. 了解各种分型抽芯机构的工作原理。

3. 掌握简单抽芯机构结构图。

4. 掌握侧分型与抽芯机构类型，掌握斜导柱侧抽芯机构设计与计算。

二、能力目标

1. 能读懂各种侧抽芯机构结构图、动作原理和模具结构图。

2. 能设计简单的斜导柱分型抽芯机构。

3. 会设计典型的侧抽芯注塑模结构。

任务一　项目导入

零件名称：线圈骨架，见图4-1。

生产批量：中等批量。

材料：增强聚丙烯（0.6%）。

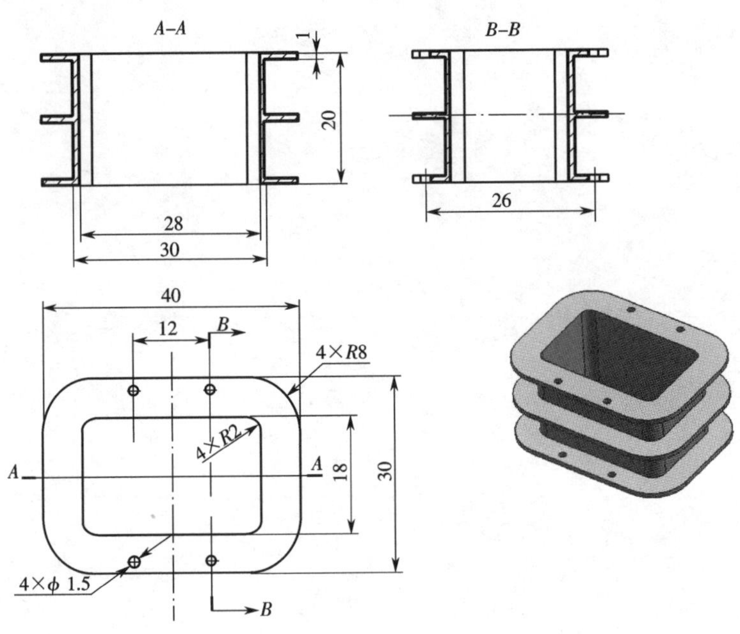

图4-1　线圈骨架零件图和三维造型

任务二　相关知识

一、侧抽芯机构的基本结构

当注射成型侧壁带有孔、凹穴、凸台等的塑料制件时，如图4-2所示，模具上成型该处的零件一般都要制成可侧向移动的零件，以便在脱模之前先抽掉侧向成型零件，否则就可能无法脱模。带动侧向成型零件做侧向移动（抽拔与复位）的整个机构称为侧向分型与抽芯机构。其中，对于成型侧向凸台的情况（包括垂直分型的瓣合模），常常称为侧向分型；对于成型侧孔或侧凹的情况，往往称为侧向抽芯。在一般的设计中，统称为侧向分型抽芯。将可侧向移动的成型零件称为侧型芯（通常又称活动型芯）。

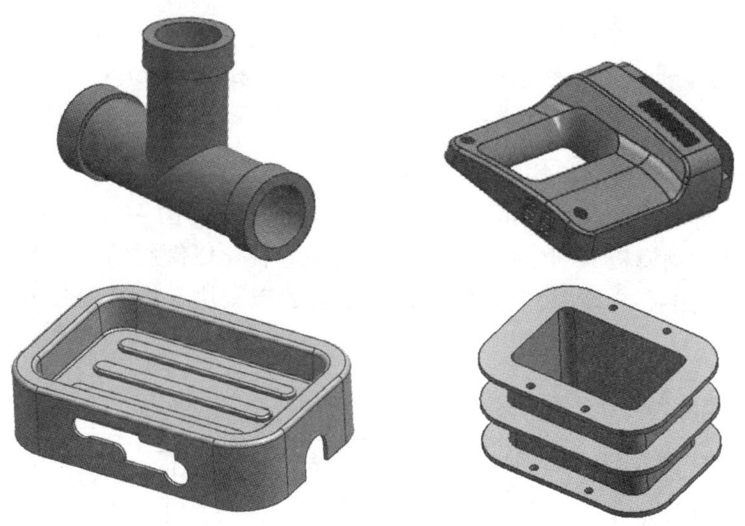

图4-2　有侧向孔、侧向凸台、侧向凹槽的塑件及其侧向抽芯

1. 侧向分型和抽芯机构的构成

侧向分型和抽芯机构按功能划分，一般由成型元件、运动元件、传动元件、锁紧元件及限位元件等部分组成，图4-3所示为典型的斜导柱侧向分型和抽芯机构示意图。以此为例，侧向分型和抽芯机构的构成主要包括以下几部分。

①侧向成型原件。侧向成型原件是成型塑件侧向凹凸（包括侧孔）形状的零件，包括侧型芯、侧向成型块等，如图4-3中的侧型芯3。

②运动元件。安装并带动侧向成型元件在模具导滑槽内运动的零件称为运动元件，如图4-3中的滑块9。

③传动元件。传动元件是指开模时带动运动元件作侧向分型或抽芯，合模时又使之复位的零件，如图4-3中的斜导柱8。

④锁紧元件。锁紧元件是指为了防止注射时运动元件（侧向成型元件）受到侧向压力而产生位移所设置的零件，如图4-3中的楔紧块10。

⑤限位元件。为了使运动元件在侧向分型或抽芯结束后停留在所要求的位置上，以保证合模时传动元件能顺利使其复位，必须设置运动元件在侧向分型或抽芯结束时的限位元

件,如图 4-3 中的弹簧拉杆挡块机构(限位块 11、弹簧 12、垫圈 13、螺母 14、拉杆 15)。

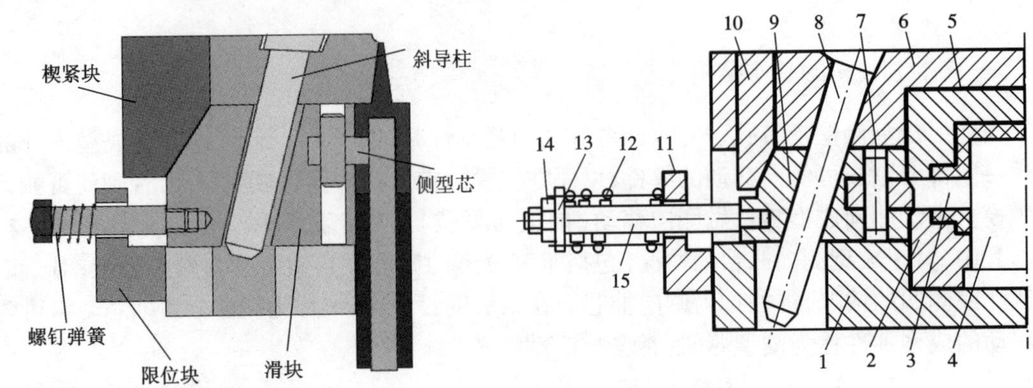

图 4-3 侧向分型和抽芯机构的构成

1—动模板;2—动模镶块;3—侧型芯;4—型芯;5—定模镶块;6—定模座板;7—销钉;8—斜导柱;9—滑块;10—楔紧块;11—限位块;12—弹簧;13—垫圈;14—螺母;15—拉杆

2. 侧向分型机构和抽芯机构的动作过程

典型的侧向分型和抽芯机构的动作过程如图 4-4 所示。图 4-4(a)为合模时的位置状态。滑块 3 安装在动模板 12 上的 T 形导滑槽中,斜导柱 4 以倾斜角 α 安装在定模板 1 上,插入滑块 3 的斜孔中。合模时,安装在定模板 1 上的锲紧块 5 将侧型芯 10 锁紧在成型位置上。

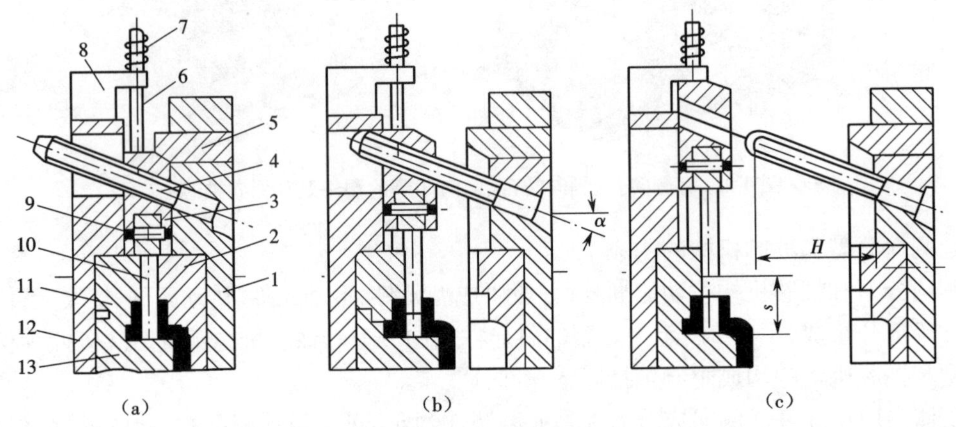

图 4-4 侧向分型和抽芯机构的动作过程

(a)合模状态;(b)开模过程;(c)抽芯

1—定模板;2—定模镶块;3—滑块;4—斜导柱;5—楔紧块;6—限位螺钉;7—弹簧;8—限位块;9—销钉;10—侧型芯;11—动模镶块;12—动模板;13—型芯

当注射成型后,开模过程中,在开模力作用下,斜导柱 4 带动滑块 3 沿动模板 12 上的 T 形导滑槽作抽芯动作,如图 4-4(b)所示。图 4-4(c)为抽芯动作完成。当开模行程达到 H 时,侧型芯的抽出行程为 s,并停留在抽芯的最终位置上。在下一注射成型周期的合模过程中,滑块 3 则在斜导柱 4 的驱动下,进行插芯动作,并由锲紧块 5 定位锁紧。为了确保在合模时斜导柱 4 能顺利地插入滑块 3 的斜孔中,滑块 3 的最终位置由限位元件(图中螺钉 6、弹簧 7 和限位块 8)加以限位或定位。

二、侧抽芯机构分类

根据成型件的结构、形状和复杂程度及技术要求可将侧向抽芯机构分为内侧抽芯机构和外侧抽芯机构两大类。若根据动力来源不同,可分为手动、机动及液压(气动)等三大类。

1. 手动式

手动式侧抽芯机构利用人力进行,操作不方便,劳动强度大,生产率低,但模具结构简单,加工制造成本低,适用于新产品试制或小批量生产,如图 4-5 所示。

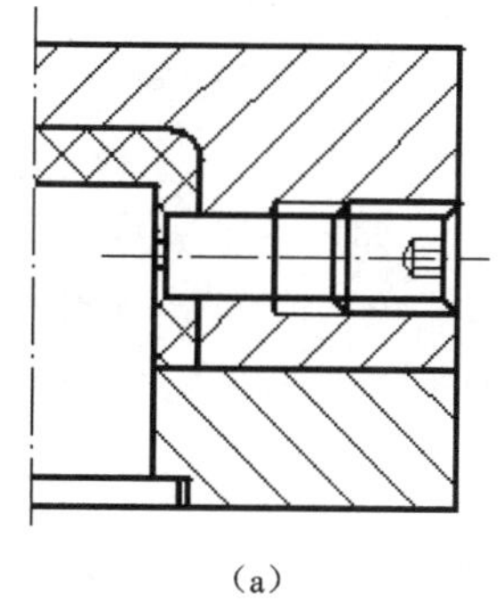

(a)

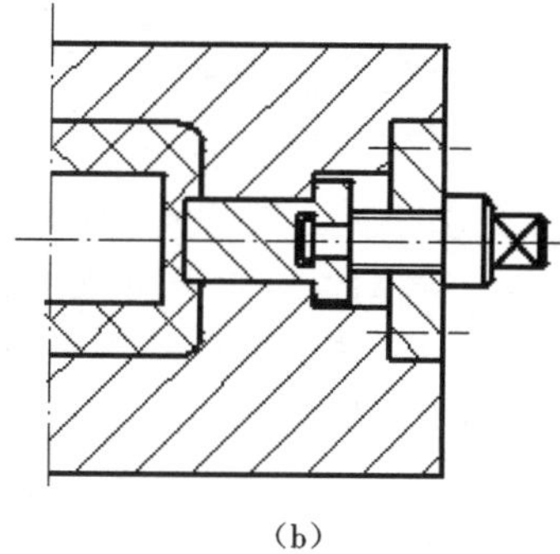

(b)

图 4-5　手动式侧抽芯机构

(a)内六角螺栓丝杆抽芯;(b)螺塞带动抽芯

2. 机动式

机动式侧抽芯机构利用机器的开模运动改变其运动方向,使模具侧向脱模或把侧向型芯从制件中抽出,机构虽比较复杂,但操作方便,生产率高,目前在生产中应用最多。根据传动零件的不同,这类机构可分为斜导柱式、弯销式、斜滑块式和齿轮齿条式等许多不同类型,其中斜导柱式最为常用,如图 4-3 中所示。

3. 气动或液压式

液压抽芯机构的抽拔力是靠油液的压力推动活塞而实现的。液压抽芯的特点是:由于抽芯的受力点均设在侧抽拔力的中心,又是直线平移运动,所以在抽芯时运动平稳,不容易产生扭曲和上翘等运动障碍。同时抽拔力和抽芯距可以设得很大,而且模具结构较为简单,便于制造,在大型模具,特别是抽芯距很大的长塑料管状制品的抽芯中均得到应用。其缺点是需要整套液压装置,模具占有空间也较大,因其工作控制烦琐,故在应用时受到了限制。

(1)液压抽芯机构的组成及其动作原理

液压抽芯机构的组成如图 4-6 所示。液压抽芯机构借助支架 7 固定在模具上,连接器 6 将滑块型芯 4 与液压缸 8 连成一体。

开模时,高压液由液压缸 8 前腔进入,开始抽出滑块型芯 4,抽芯完毕,然后开模,由顶杆 5 顶出制品。抽芯器的动作在调试时可以手动操作,试模到正常后,即可按行程开关的信号进行程序控制。

合模时,高压液从液压缸 8 后腔进入,推动活塞,将滑块型芯 4 插入型腔。由定模楔紧块(未画出)锁紧滑块型芯 4,模具处于注塑状态。

(2)液压缸抽芯机构的适用场合

①定模抽芯。定模抽芯用液压缸驱动,可简化模具结构,但需要注意动作顺序的控制和

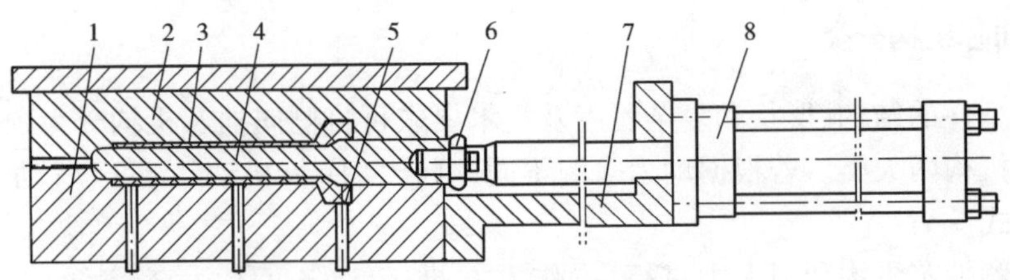

图 4-6 液压抽芯机构的组成

1—动模板;2—定模板;3—制品;4—滑块型芯;5—顶杆;6—连接器;7—支架;8—液压缸

滑块的锁紧,以免动作错乱损坏模具,或者液压缸锁紧力不足而无法封胶,抽拔力不足而抽不动滑块。

当制品外观不允许有分型线时,需要采用定模抽芯,如图 4-7 所示。由于滑块型芯较小,所需要的锁模力较小,也可以采用液压缸直接抽芯,避免二次分型,简化模具结构。开模前,先启动液压缸 5 对滑块 3 进行抽芯,由滑块 3 再带动滑块型芯 2 完成抽芯,抽芯完毕再开模,最后由动模顶出机构顶出制品。

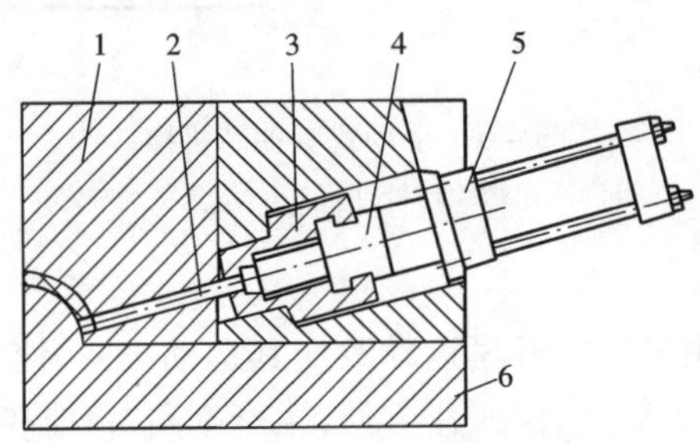

图 4-7 定模抽芯

1—定模板;2—滑块型芯;3—滑块;4—连接器;5—液压缸;6—动模板

②大行程或大角度滑块抽芯。当滑块行程较大或动模滑块向动模方向倾斜较大时,如用斜导柱抽芯,势必要增加斜导柱的长度,受力较差,降低斜导柱的刚度,容易变形或者损坏。同时,抽芯长度还受到注塑机开模行程的限制,另外对于抽拔力较大的侧抽芯,斜导柱机构很难提供足够大的抽拔力,采用液压缸抽芯机构,行程容易调节,与注塑机的开模行程没有关联,抽拔力的大小通过选择合适的液压缸即可满足。

无特殊要求时,不宜将抽芯器的抽拔力作为锁紧力,而需另设楔紧块。

(3)液压缸驱动力的计算

一般情况下在模具设计时,设计师通过类比的办法来选择液压缸,对液压缸抽芯动力不作动力计算。

如果没有类比对象或在一些不常见的场合,必须对液压缸驱动力进行正确的计算,才能选择大小合适的液压缸。其力学模型如图 4-8 所示。

$$F = pS \tag{4-1}$$

式中 p——压强;

S——受压面积。

由于液压缸在作推动和拉动动作时受压面积不同,从上面公式可以看出,其所产生的力

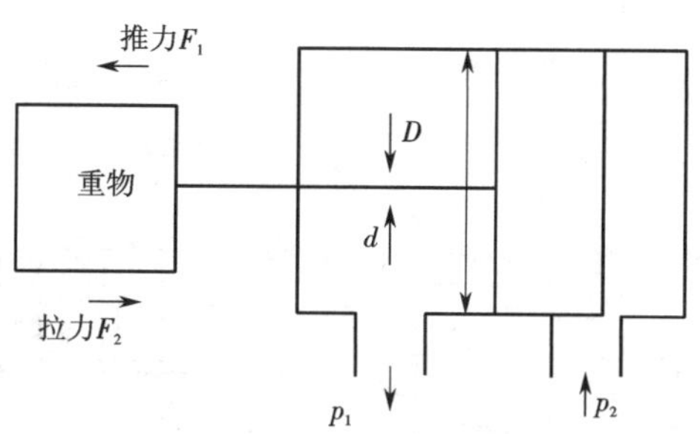

图 4-8　液压缸力学模型

也是不同的，即

$$推力\ F_1 = p \times \pi\,(D/2)^2 = p \times \pi D^2/4$$

$$拉力\ F_2 = p \times \pi[\,(D/2)^2 - (d/2)^2\,] = p \times \pi(D^2 - d^2)/4 \quad (4\text{-}2)$$

式中　D——液压缸内径；

　　d——活塞杆直径。

而在实际应用中，还需加上一个负荷率β。因为液压缸所产生的力不会100%用于推或拉，负荷率β常选0.8，故公式变为

$$推力\ F_1 = 0.8 \times p \times \pi D^2/4$$

$$拉力\ F_2 = 0.8 \times p \times \pi(D^2 - d^2)/4 \quad (4\text{-}3)$$

从以上公式可以看出，只要知道液压缸内径 D 和活塞杆直径 d 以及压强 p（一般为常数）就可以计算出该型号液压缸所能产生的力。

例如：标准液压缸 p 值均可耐压至 14 MPa，液压缸型号为 FA－30。

查资料得知：液压缸内径 D = 100 mm，活塞杆直径 d = 56 mm。计算时，直径的单位需化为 cm。则

$$推力\ F_1 = 0.8 \times P \times \pi D^2/4 = 140 \times \pi \times 10^2/4 \times 0.8\ \text{kgf} \approx 8\ 796\ \text{kgf} \approx 87.960\ \text{kN}$$

拉力

$$F_2 = 0.8 \times P \times \pi(D^2 - d^2)/4 = 140 \times \pi(10^2 - 5.6^2) \times 0.8\ \text{kgf} \approx 6\ 037\ \text{kgf} \approx 60.370\ \text{kN} \quad (4\text{-}4)$$

（4）液压缸行程的确定

液压缸行程是根据运动部件的抽芯距离来确定的。确定液压缸行程时还须考虑液压缸的活塞与端盖间隙。活塞与端盖间隙的作用是使液压缸在启动时有足够的油压面积，使液压缸能顺利启动，避免因启动时油压面积不够而无法启动液压缸，此外，减少活塞与液压缸的冲击。

为了保证制品完全脱出，出于安全考虑，要多抽一段距离，当需手工在抽芯上安放嵌件时，此距离要更大些。在液压缸启动合模或开始抽芯脱模时能有足够大的驱动力实现运动，活塞与端盖之间应留有间隙，取 5 mm 以上，如图 4-9 所示。

$$L = s + s_1 + A + B \quad (4\text{-}5)$$

式中　L——液压缸的行程，mm；

　　s——侧抽芯的总长，mm；

　　s_1——安全距离，一般取 2 ～3，mm；

A、B——活塞与端盖的间隙,mm。

选取标准的液压缸还要对 L 进行取整,使之成为标准行程的液压缸。

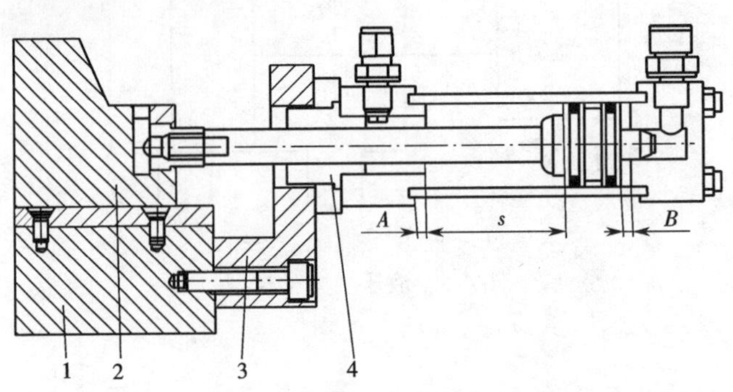

图 4-9 液压缸行程的确定

1—动模板;2—滑块;3—支承座;4—液压缸

(5)液压缸行程控制

液压缸抽芯动作与模具的开合模、顶出机构或多个侧抽芯之间有着一定的动作顺序,对于动作顺序要求严格的模具,如果违反了这个顺序,就可能造成制品粘在定模,侧抽芯与模芯、顶出机构或其他侧抽芯之间发生碰撞,而造成模具损坏。

液压缸行程控制主要有三种方式:手动控制、时间控制及信号控制。

①手动控制。抽芯动作和时间依靠手动控制,主要用于模具调试或半自动生产,动作过程依靠人为控制,生产效率低,易产生误操作。

②时间控制。抽芯与开合模、顶出机构、其他液压抽芯的动作先后顺序由系统设定的时间来定,当某一动作设定的时间到达时,不管动作是否到位,注塑机都将执行下一个动作。对于模具动作顺序要求不是很高时,可以采用此方式,可将设定的时间比抽芯实际需要的时间稍长一些,可确保抽芯动作到位。

③信号控制。抽芯与开合模、顶出机构、其他液压抽芯的动作先后顺序由模具设定的行程开关进行信号控制,当某一动作压到行程开关时,注塑机才执行下一个动作,否则注塑机将停止动作,对于模具动作顺序要求很高时,可以采用此方式。

在模具结构中,液压缸应有行程限位开关,确保活塞与端盖的间隙;同时应具备模具生产时自动控制所必须的信号源。当顶出零件与滑块抽芯机构有干涉时,液压缸抽芯的进出位置都必须设置可调节行程开关。

(6)举例

以型芯内置液压缸模具结构为例。图 4-10 所示为液压缸设置于型芯内部的模具结构,对于抽芯直径较大且抽芯距离较长的模具,可以将抽芯零件作为液压缸的缸体(要进行强度校核),活塞缸 8、活塞杆 17 分别固定在支架 10 和支架 16 上,当液压油从油口 14 进入有杆腔时,无杆腔液压油排回油箱,有杆腔体积在油压的作用下要增加,无杆腔体积要减小,缸体及液压抽芯 4 和液压抽芯 18 向内抽出。反之,当液压油从油口 13 进入无杆腔时,缸体及液压抽芯 4 和液压抽芯 18 向内抽入。定位板 15 上的槽与端盖 7 台阶的凸起配合限制了两个液压抽芯沿径向的转动。两个液压缸的动作顺序由行程开关 11 控制,可提高动作的可靠性。动作顺序为:模具合模,同时机动抽芯滑块 1 合模→液压抽芯 4 合模→液压抽芯 18 合模→注射→保压→冷却→液压抽芯 18 抽芯→液压抽芯 4 抽芯→模具开模,同时机动抽芯滑块 1 抽芯→塑件 3 脱模→顶出机构复位。

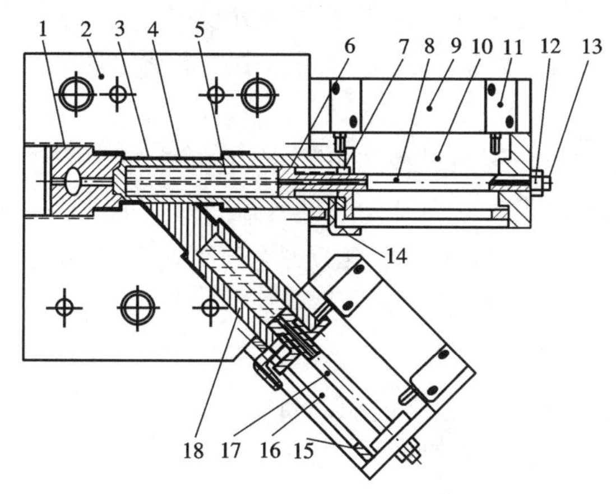

图 4-10　液压缸内置于型芯中的结构

1—机动抽芯滑块;2—动模板;3—塑件;4—液压抽芯Ⅰ;5—液压油;6—密封圈;7—端盖;8—活塞杆Ⅰ;9—行程开关固定板;10—支架Ⅱ;11—行程开关;12—螺母;13—油口Ⅰ;14—油口Ⅱ;15—定位板;16—支架Ⅱ;17—活塞杆Ⅱ;18—液压抽芯Ⅱ

三、抽芯距和抽芯力计算

在进行侧向抽芯机构设计时,需作计算。

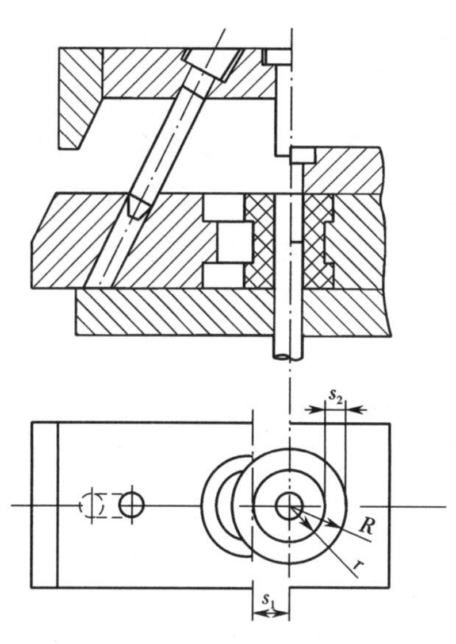

图 4-11　圆形骨架塑件的抽芯距

1. 抽芯距 s

抽芯距是指将侧向型芯或侧向瓣合模块从成型位置抽到不妨碍制件取出的位置所需的空间距离,即型芯(滑块)移动的最小距离。一般抽芯距等于侧孔深度或凸台高度再加 2 ~ 3 mm 安全距离,即

$$s = s_2 + (2 \sim 3)\text{mm} \qquad (4\text{-}6)$$

式中　s—抽芯距,mm;

s_2—塑件侧孔深度或凸台高度,mm。

当塑件结构比较特殊时,抽芯距的计算则有所不同。如图 4-11 所示的圆形线圈骨架类塑件,其抽芯距就不等于骨架的侧凹深度 s_2。因为滑块抽至 s_2 时,塑件的外形仍不能脱出滑块的内径。只有当抽至 s_1 的距离时(还要加上 2 ~ 3 mm 安全距离),塑件才能被脱出。用计算式表达如下:

$$s = s_1 + (2 \sim 3)\text{mm} \qquad (4\text{-}7)$$

$$s_1 = \sqrt{R^2 - r^2}$$

式中　s——抽芯距,mm;

s_1——有效的抽芯距,mm;

r——骨架制件圆筒外圆半径,mm;

R——骨架制件外圆半径,mm 。

该式仅适用于两瓣分模的情况。当采用多瓣分模时,s_1 值还与拼块数量有关。对于一些复杂的塑件,在计算抽芯距较困难时,还可用作图法来确定抽芯距。

2. 抽芯力

制件在模腔内冷却收缩时逐渐对型芯包紧,产生包紧力。因此,抽芯力必须克服包紧力和由于包紧力而产生的摩擦阻力。在开始脱模的瞬间所需抽芯力最大。影响脱模力的因素要考虑周到较为困难,在生产实际中常常只考虑主要因素即可,按下式进行计算:

$$F_c = Aq(\mu\cos\alpha - \sin\alpha) \tag{4-8}$$

式中 F_c——抽芯力,N;

A——活动型芯被制件包紧包络面积,mm^2。

q——单位面积的挤压力,一般取 8 ~ 12 MPa;

μ——摩擦系数,取 0.1 ~ 0.2;

α——斜导柱倾斜角,(°)。

四、侧抽芯机构设计

由于斜导柱侧向抽芯机构在生产现场使用较为广泛,其零件与机构的设计计算方法也较为典型,因此作详细讲述。

1. 斜导柱

(1)斜导柱的形状及技术要求

斜导柱的形状如图 4-12 所示。工作端可以是半球形也可以是锥台形,由于车削半球形较困难,所以绝大部分斜导柱设计成锥台形。设计成锥台形时,其斜角 θ 应大于斜导柱的倾斜角 α,一般 $\theta = \alpha + (2° \sim 3°)$,否则,其锥台部分也会参与侧抽芯,导致侧滑块停留位置不符合设计计算的要求。固定端可设计成图 4-12(a)或图 4-12(b)的形式。斜导柱固定端与模板之间可采用 H7/m6 过渡配合,斜导柱工作部分与滑块上斜导孔之间的配合采用 H11/b11 或两者之间采用 0.4 ~ 0.5 mm 的大间隙配合。在某些特殊的情况下,为了让滑块的侧向抽芯迟于开模动作,即开模分型一段距离后再侧抽芯(抽芯动作滞后于开模动作),这时斜导柱与侧滑块上的斜导孔之间间隙可放大至 2 ~ 3 mm。斜导柱的材料多为 T8、T10 等碳素工具钢,也可采用 20 钢渗碳处理。热处理要求硬度 HRC≥55,表面结构为 Ra0.8 μm 以下。

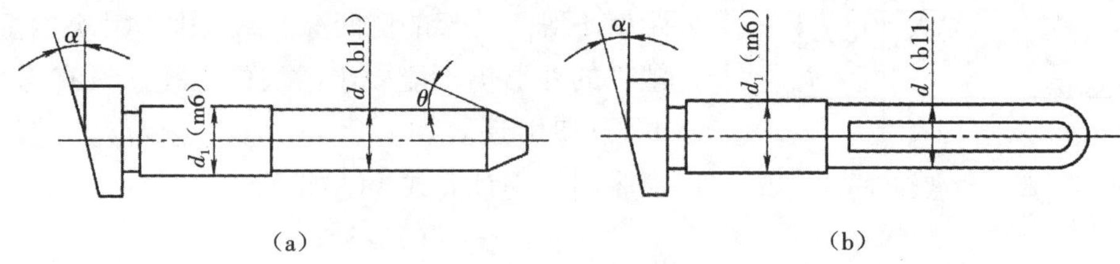

图 4-12 斜导柱的结构形式

(2)斜导柱的倾斜角

斜导柱侧向分型与抽芯机构中斜导柱与开合模方向的夹角称为斜导柱的倾斜角 α,它是决定斜导柱抽芯机构工作效果的重要参数,α 的大小对斜导柱的有效工作长度、抽芯距、受力状况等有直接的重要影响。

斜导柱的倾斜角可分三种情况,如图 4-13 所示。图 4-13(a)为侧型芯滑块抽芯方向与开合模方向垂直的状况,也是最常采用的一种方式。通过受力分析与理论计算可知,斜导柱的倾斜角 α 取 22°33′比较理想,一般在设计时取 $\alpha \leqslant 25°$,最常用的是$12° \leqslant \alpha \leqslant 22°$。在这种情况下,楔紧块的楔紧角 $\alpha' = \alpha + (2° \sim 3°)$。图 4-13(b)为侧型芯滑块抽芯方向向动模一侧倾斜 β 角度的状况。影响抽芯效果的斜导柱的有效倾斜角为 $\alpha_1 = \alpha + \beta$,斜导柱的倾斜角 α 取值应在 $\alpha + \beta \leqslant 25°$内选取,应比不倾斜时取得小些,此时楔紧块的楔紧角为 $\alpha' = \alpha + (2° \sim 3°)$。图 4-13(c)为侧型芯滑块抽芯方向向定模一侧倾斜 β 角度的状况。影响抽芯效果的斜导柱的有效倾斜角为 $\alpha_2 = \alpha - \beta$, 斜导柱的倾斜角 α 值应在 $\alpha - \beta \leqslant 25°$内选取,应比不倾斜时取的大些,此时楔紧块的楔紧角仍为 $\alpha' = \alpha + (2° \sim 3°)$。

在确定斜导柱倾角时应注意:通常抽芯距长时 α(或 α_1、α_2)可取大些,抽芯距短时,可适当取小些;抽芯力大时 α 可取小些,抽芯力小时 α 可取大些。

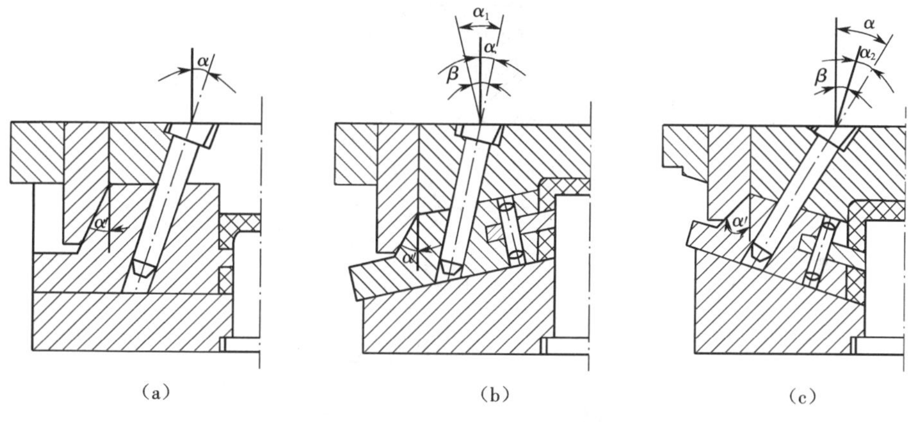

图 4-13 侧型芯滑块抽芯方向与开模方向的关系

(a)垂直;(b)向动模倾斜 β 角;(c)向定模倾斜 β 角

(3)斜导柱长度计算

斜导柱长度的计算见图 4-14。在侧型芯滑块抽芯方向与开合模方向垂直时,斜导柱的工作长度 L 与抽芯距 s 及倾斜角 α 有关,即

$$L = \frac{s}{\sin \alpha} \tag{4-9}$$

当型芯滑块抽芯方向向动模一侧或定模一侧倾斜 β 角度时,斜导柱的工作长度为

$$L = s\frac{\cos \beta}{\sin \alpha} \tag{4-10}$$

斜导柱的总长为

$$L_z = L_1 + L_2 + L_3 + L_4 + L_5$$

$$= \frac{d_2}{2}\tan\alpha + \frac{h}{\cos\alpha} + \frac{d_1}{2}\tan\alpha + \frac{s}{\sin\alpha} + (5 \sim 10)\,\text{mm} \tag{4-11}$$

式中 L_z——斜导柱总长度,mm;

d_2——斜导柱固定部分大端直径,mm;

h——斜导柱固定板厚度,mm;

d_1——斜导柱工作部分的直径,mm;

s——抽芯距,mm。

斜导柱安装固定部分的尺寸为

$$L_g = L_2 - l - (0.5 \sim 1)\,\text{mm}$$

$$= \frac{h}{\cos\alpha} - \frac{d_1}{2}\tan\alpha - (0.5 \sim 1)\,\text{mm} \tag{4-12}$$

式中 L_g——斜导柱安装固定部分的尺寸;

d_1——斜导柱固定部分的直径。

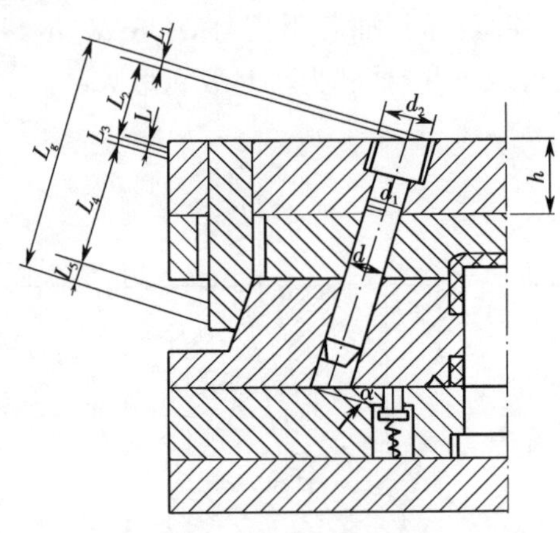

图 4-14 斜导柱的长度

(4)斜导柱受力分析与直径计算

在设计斜导柱侧向分型与抽芯机构时,需要选择合适的斜导柱直径,也就是要对斜导柱的直径进行计算或对已选择好的直径进行校核。在斜导柱直径计算之前,应该对斜导柱的受力情况进行分析,计算出斜导柱所受的弯曲力 F_w。

斜导柱抽芯时所受弯曲力 F_w 如图 4-15(a)所示。图 4-15(b)所示为侧型芯滑块的受力分析图。图中 F 是抽芯时斜导柱通过滑块上的斜导孔对滑块施加的正压力,F_w 是它的反作用力;抽拔阻力(即脱模力)F_t 是抽拔力 F_c 的反作用力;F_k 是开模力,它通过导滑槽施加于滑块;F_1 是斜导柱与滑块间的摩擦力,它的方向与抽芯时滑块沿斜导柱运动的方向相反;F_2 是滑块与导槽间的摩擦力,它的方向与抽芯时滑块沿导滑槽移动方向相反。另外,假设斜导柱与滑块、导滑槽与滑块间的摩擦系数均为 μ,可以建立如下力的平衡方程:

$$\sum F_x = 0 \quad 则\ F_t + F_1\sin\alpha + F_2 - F\cos\alpha = 0 \tag{4-13}$$

$$\sum F_y = 0 \quad 则\ F\sin\alpha + F_1\cos\alpha - F_k = 0 \tag{4-14}$$

式中　$F_1=\mu F, F_2=\mu F_k$。

由式(4-13)、式(4-14)解得：

$$F=\frac{F_t}{\sin\alpha+\mu\cos\alpha}\times\frac{\tan\alpha+\mu}{1-2\mu\tan\alpha-\mu^2} \tag{4-15}$$

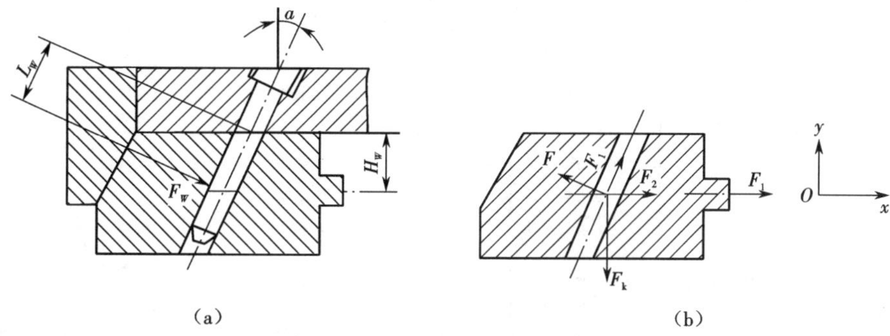

图4-15　斜导柱的受力分析

由于摩擦力与其他力相比一般很小，常可略去不计(即 $\mu=0$)，这样上式变为

$$F=F_w=\frac{F_t}{\cos\alpha}=\frac{F_c}{\cos\alpha} \tag{4-16}$$

由图4-15(a)可知，斜导柱所受的弯矩为

$$M_w=F_wL_w \tag{4-17}$$

式中　M_w——斜导柱所受弯距；

F_w——斜导柱所受弯曲力；

L_w——斜导柱弯曲力臂。

由材料力学的知识可知：

$$M_w=[\sigma_w]W \tag{4-18}$$

式中　$[\sigma_w]$——斜导柱所用材料的许用弯曲应力(可查阅有关手册)，一般碳钢可取 3×10^8 Pa；

W——抗弯截面系数。

斜导柱的截面一般为圆形，其抗弯截面系数为

$$W=\frac{\pi}{32}d^3\approx0.1d^3 \tag{4-19}$$

由式(4-16)～式(4-19)可推导出斜导柱的直径为

$$d=\sqrt[3]{\frac{F_wL_w}{0.1[\sigma_w]}}=\sqrt[3]{\frac{10F_tL_w}{[\sigma_w]\cos\alpha}}=\sqrt[3]{\frac{10F_cH_w}{[\sigma_w]\cos^2\alpha}} \tag{4-20}$$

式中　H_w——侧型芯滑块受到脱模力的作用线与斜导柱中心线交点到斜导柱固定板的距离，它并不等于滑块高度的一半。

由于计算比较复杂，有时为了方便，也可用查表的方法确定斜导柱的直径。先按已求得的抽拔力 F_c 和选定的斜导柱倾斜角 α 在表4-1中查出最大弯曲力 F_w，然后根据 F_w 和 H_w 以及斜导柱倾斜角 α 在表4-2中查出斜导柱的直径 d。

表 4-1　最大弯曲力与抽芯力和斜导柱倾斜角

最大弯曲力 F_w/kN	斜导柱倾角 α					
	8°	10°	12°	15°	18°	20°
	脱模力(抽芯力) F_w/kN					
1.00	0.99	0.98	0.97	0.96	0.95	0.94
2.00	1.98	1.97	1.95	1.93	1.90	1.88
3.00	2.97	2.95	2.93	2.89	2.85	2.82
4.00	3.96	3.94	3.91	3.86	3.80	3.76
5.00	4.95	4.92	4.89	4.82	4.75	4.70
6.00	5.94	5.91	5.86	5.79	5.70	5.64
7.00	6.93	6.89	6.84	6.75	6.65	6.58
8.00	7.92	7.88	7.82	7.72	7.60	7.52
9.00	8.91	8.86	8.80	8.68	8.55	8.46
10.00	9.90	9.85	9.78	9.65	9.50	9.40
11.00	10.89	10.83	10.75	10.61	10.45	10.34
12.00	11.88	11.82	11.73	11.58	11.40	11.28
13.00	12.87	12.80	12.71	12.54	12.35	12.22
14.00	13.86	13.79	13.69	13.51	13.30	13.16
15.00	14.85	14.77	14.67	14.47	14.25	14.10
16.00	15.84	15.76	15.64	15.44	15.20	15.04
17.00	16.83	16.74	16.62	16.40	16.15	15.93
18.00	17.82	17.73	17.60	17.37	17.10	17.80
19.00	18.81	18.71	18.58	18.33	18.05	
20.00	19.80	19.70	19.56	19.30	19.00	18.80
21.00	20.79	20.68	20.53	20.26	19.95	19.74
22.00	21.78	21.67	21.51	21.23	20.90	20.68
23.00	22.77	22.65	22.49	22.19	21.85	21.62
24.00	23.76	23.64	23.47	23.16	22.80	22.56
25.00	24.75	24.62	24.45	24.12	23.75	23.50
26.00	25.74	25.64	25.42	25.09	24.70	24.44
27.00	26.73	26.59	26.40	26.05	25.65	25.38
28.00	27.72	27.58	27.38	27.02	26.60	26.32
29.00	28.71	28.56	28.36	27.98	27.55	27.26
30.00	29.70	29.65	29.34	28.95	28.50	28.20
31.00	30.69	30.53	30.31	29.91	29.45	29.14
32.00	31.68	31.52	31.29	30.88	30.40	30.08
33.00	32.67	32.50	32.27	31.84	31.35	31.02
34.00	33.66	33.49	33.25	32.81	32.30	31.96
35.00	34.65	34.47	34.23	33.77	33.25	32.00
36.00	35.64	35.46	35.20	34.74	34.20	33.81
37.00	36.63	36.44	36.18	35.70	35.15	34.78
38.00	37.62	37.43	37.16	36.67	36.10	35.72
39.00	38.61	38.41	38.14	37.63	37.05	36.66
40.00	39.60	39.40	39.12	38.60	38.00	37.60

表 4-2 斜导柱倾斜角 α、高度 H_w、最大弯曲力与斜导柱直径之间的关系

斜导柱倾斜角 α/(°)	H_w /mm	最大弯曲力/kN																													
		1	2	3	4	5	6	7	8	9	10	11	12	13	14	15	16	17	18	19	20	21	22	23	24	25	26	27	28	29	30
		斜导柱直径/mm																													
8°	10	8	10	10	12	12	14	14	14	15	15	16	16	18	18	18	18	18	18	20	20	20	20	20	20	20	22	22	22	22	22
	15	8	10	12	14	14	15	16	16	18	18	18	20	20	20	20	20	22	22	22	22	22	24	24	24	24	24	24	24	25	25
	20	10	12	14	14	15	16	18	18	20	20	20	20	22	22	22	24	24	24	24	24	24	25	25	25	26	26	26	28	28	28
	25	10	12	14	15	18	18	18	20	20	22	22	22	24	24	24	24	24	25	25	26	26	26	28	28	28	28	28	30	30	30
	30	10	14	15	16	18	18	20	20	22	22	24	24	24	24	25	26	26	28	28	28	28	28	28	30	30	30	30	32	32	32
	35	12	14	16	18	18	20	20	20	22	24	24	25	25	26	26	28	28	28	28	30	30	30	30	30	32	32	32	34	34	34
	40	12	14	16	18	20	20	22	22	24	24	25	26	26	28	28	28	28	30	30	30	30	32	32	32	32	34	34	34	34	35
10°	10	8	10	12	12	12	14	14	14	15	15	16	18	18	18	18	18	18	20	20	20	20	20	20	22	22	22	22	22	22	22
	15	8	12	12	14	14	15	16	16	18	18	18	20	20	20	20	22	22	22	22	22	22	24	24	24	24	24	24	25	25	25
	20	10	12	14	14	15	16	18	18	20	20	20	22	22	22	22	24	24	24	24	24	25	25	25	26	26	28	28	28	28	28
	25	10	12	14	15	18	18	18	20	20	22	22	22	24	24	24	24	25	25	26	26	28	28	28	28	28	30	20	30	30	30
	30	12	14	15	16	18	20	20	22	22	22	24	24	24	25	25	26	26	28	28	28	28	30	30	30	30	30	32	32	32	32
	35	12	14	16	18	20	20	20	22	22	24	24	25	25	26	26	28	28	28	30	30	30	30	32	32	32	32	32	34	34	34
	40	12	14	18	18	20	22	22	24	24	24	25	26	26	28	28	28	30	30	32	30	32	32	32	32	34	34	34	34	34	36
12°	10	8	10	12	12	12	14	14	14	15	16	16	16	18	18	18	18	18	20	20	20	20	20	20	22	22	22	22	22	22	22
	15	8	12	12	14	14	15	16	16	18	18	18	20	20	20	20	22	22	22	22	22	22	24	24	24	24	24	24	24	25	25
	20	10	12	14	14	16	16	18	18	20	20	20	22	22	22	22	24	24	24	24	26	26	26	25	26	26	26	28	28	28	28
	25	10	12	15	16	18	18	20	20	20	22	22	22	24	24	24	24	25	25	26	26	6	28	28	28	28	30	30	30	30	30
	30	12	14	15	16	18	20	20	22	22	22	24	24	24	25	25	25	26	28	28	28	28	30	30	30	30	30	32	32	32	32
	35	12	14	16	18	20	20	22	22	24	24	24	25	25	25	28	28	28	28	30	30	30	30	32	32	32	32	32	34	34	34
	40	12	14	16	18	20	22	22	24	24	24	25	26	26	28	28	28	30	30	30	32	32	32	32	32	34	34	34	34	34	35

续表

斜导柱倾斜角 α/(°)	H_w /mm	最大弯曲力/kN																													
		1	2	3	4	5	6	7	8	9	10	11	12	13	14	15	16	17	18	19	20	21	22	23	24	25	26	27	28	29	30
		斜导柱直径/mm																													
15°	10	8	10	12	12	12	14	14	14	15	16	16	16	18	18	18	18	18	20	20	20	20	20	20	22	22	22	22	22	22	22
	15	10	12	12	14	14	15	16	16	18	18	20	20	20	20	20	22	22	22	22	22	24	24	24	24	24	24	25	25	25	25
	20	10	12	14	14	16	16	18	18	20	20	20	22	22	22	22	22	22	24	24	24	25	25	26	26	26	28	28	28	28	28
	25	10	12	14	16	18	18	20	20	20	22	22	22	24	24	24	24	25	25	26	26	28	28	28	28	28	30	30	30	30	80
	30	12	14	15	16	18	20	20	22	22	22	24	24	24	25	25	26	26	28	28	28	28	30	30	30	30	30	32	32	32	32
	35	12	14	16	18	20	20	22	22	24	24	24	24	25	26	28	28	28	28	28	30	30	30	32	32	32	32	32	34	34	34
	40	12	15	16	18	20	22	22	24	24	24	25	26	28	28	28	30	30	30	30	32	32	32	32	34	34	34	34	34	35	36
18°	10	8	10	12	12	14	14	14	16	15	16	16	18	18	18	18	18	20	20	20	20	20	20	22	22	22	22	22	22	22	22
	15	10	12	12	14	14	14	16	18	18	18	18	20	20	20	20	22	22	22	22	22	24	24	24	24	24	24	25	25	25	25
	20	10	12	14	15	16	18	18	20	20	20	20	22	22	22	22	24	24	24	24	25	25	25	26	26	26	28	28	28	28	28
	25	10	14	14	16	18	18	20	20	20	22	22	22	24	24	24	25	25	26	26	26	28	28	28	28	28	30	30	30	30	30
	30	12	14	15	18	18	20	20	22	24	22	24	24	24	25	25	26	26	28	28	28	30	30	30	30	30	32	32	32	32	32
	35	12	14	16	18	20	20	22	24	24	24	24	24	26	26	28	28	28	30	30	30	30	30	32	32	32	32	34	34	34	34
	40	12	15	18	18	20	22	22	24	24	25	25	26	28	28	28	30	30	30	30	32	32	32	32	34	34	34	34	34	34	35
20°	10	8	10	12	12	14	14	14	14	15	16	16	18	18	18	18	18	20	20	20	20	20	20	22	22	22	22	22	22	22	22
	15	10	12	12	14	14	15	16	18	18	18	18	20	20	20	20	22	22	22	22	22	24	24	24	24	24	25	25	25	25	25
	20	10	12	14	14	16	18	18	18	20	20	20	22	22	22	22	24	24	24	24	25	25	25	26	26	28	28	28	28	28	28
	25	10	14	14	16	18	18	20	20	20	22	22	22	24	24	24	25	25	26	26	26	28	28	28	28	30	30	30	30	30	30
	30	12	14	15	18	18	20	20	2	22	22	24	24	24	25	25	26	28	28	28	28	30	30	30	30	30	32	32	32	32	32
	35	12	14	16	18	20	20	22	22	24	24	24	24	26	26	28	28	28	28	30	30	30	32	32	32	32	32	34	34	34	34
	40	12	14	18	18	20	22	22	24	24	25	25	26	28	28	28	30	30	30	30	32	32	32	32	34	34	34	34	34	35	35

2. 侧滑块的设计

侧滑块是斜导柱侧向分型与抽芯机构中的一个重要的零部件，一般情况下，它与侧向型芯（或侧向成型块）组合成侧滑块型芯，称为组合式侧滑块。在侧型芯简单且容易加工的情况下也有将侧滑块和侧型芯制成一体的，称为整体式侧滑块。在侧向分型或抽芯过程中，塑件的尺寸精度和侧滑块移动的可靠性都要靠其运动的精度来保证。图 4-16 是常见的几种侧型芯与侧滑块的连接形式。图 4-16(a)、(b)为小的侧型芯在固定部分适当加大尺寸后插入侧滑块再用圆柱销定位的形式，前者使用单个圆柱销，后者使用两个骑缝圆柱销，如果侧型芯足够大，在其固定端就不必加大尺寸；图 4-16(c)是侧型芯采用燕尾槽直接镶入侧滑块中的形式；图 4-16(d)为小的侧型芯从侧滑块的后端镶入后再使用螺塞固定的形式；图 4-16(e)是片状侧型芯镶入开槽的侧滑块后再用两个圆柱销定位的形式；图 4-16(f)是适用于多个小型芯的形式，即把各个型芯镶入一块固定板后，用螺钉和销钉将其从正面与侧滑块连接和定位，如果影响成型，螺钉和销钉也可从侧滑块的背面与侧型芯固定板连接和定位。

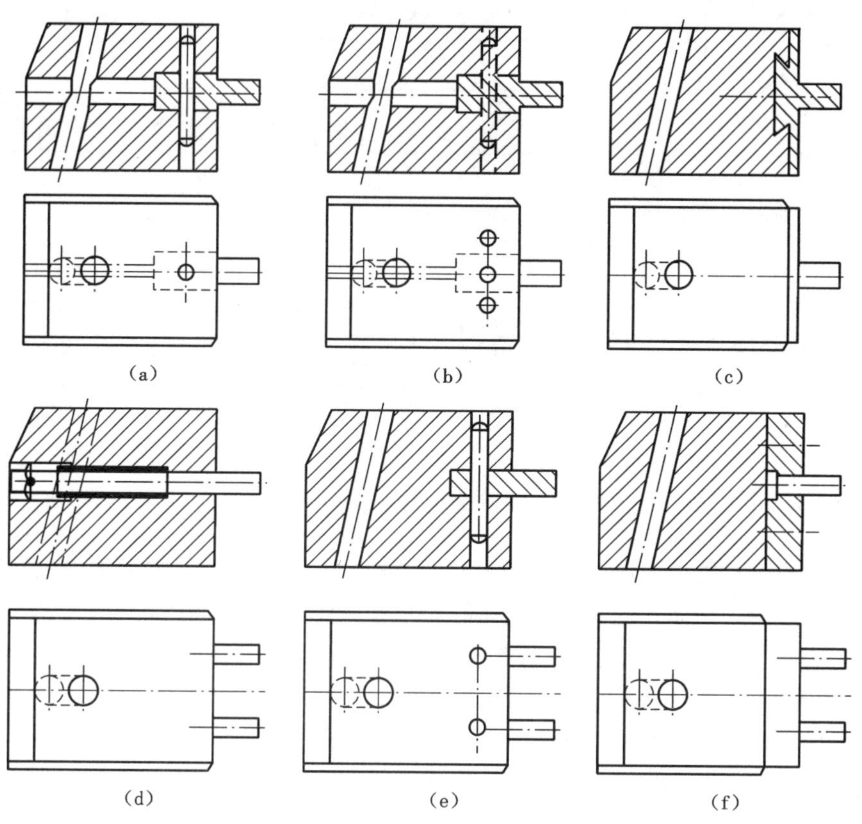

图 4-16　侧型芯与滑块的连接形式

(a)侧型芯嵌入单销固定；(b)侧型芯嵌入双销固定；(c)燕尾槽嵌入固定；
(d)侧型芯嵌入螺塞固定；(e)扁型芯嵌入双销固定；(f)螺栓压板固定

侧型芯是模具的成型零件，常用 T8、T10、45 钢、CrWMn 钢等材料制造，热处理硬度要求 HRC≥50(对于 45 钢，则要求 HRC≥40)。侧滑块采用 45 钢、T8、T10 等制造，硬度要求 HRC≥40。镶拼组合的材料表面结构为 *Ra*0. 8 μm，镶入的配合精度为 H7/m6。

3. 导滑槽的设计

斜导柱的侧抽芯机构工作时,侧滑块是在有一定精度要求的导滑槽内沿一定的方向作往复移动的。根据侧型芯的大小、形状和要求不同,以及各工厂的使用习惯不同,导滑槽的形式也不相同,最常用的是T形槽和燕尾槽。图4-17为导滑槽与侧滑块的导滑结构形式。图4-17(a)为整体式T形槽,结构紧凑,槽体用T形铣刀铣削加工,加工精度要求较高;图4-17(b)、(c)是整体的盖板式,不过前者导滑槽开在盖板上,后者导滑槽开在底板上;盖板也可以设计成局部有盖板的形式,甚至设计成侧型芯两侧的单独压块,前者如图4-17(d)所示,后者如图4-17(e)所示,这导致了加工困难的问题;在图4-17(f)的形式中,侧滑块的高度方向仍由T形槽导滑,而其移动方向则由中间所镶入的镶块导滑;图4-17(g)是整体式燕尾槽导滑的形式,导滑精度较高,但加工更困难,为了使燕尾槽加工方便,可将其中一侧的燕尾槽改用局部镶件的形式。

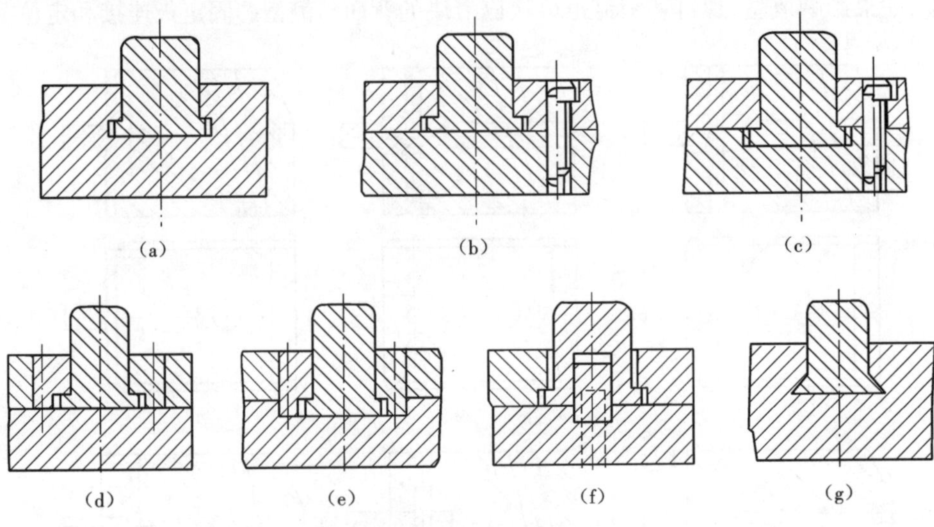

图4-17　导滑槽的结构形式

由于注射成型时要求滑块在导滑槽内来回移动,因此,对组成导滑槽零件的硬度和耐磨性是有一定要求的。整体式的导滑槽通常在定模板或动模板上直接加工出来,由于动、定模板常用材料为45钢,为了便于加工,故常常调质至28~32 HRC,然后再铣削成型。盖板的材料常用T8、T10或45钢,热处理硬度要求HRC≥50(45钢HRC≥40)。

在设计导滑槽与侧滑块时,要正确选用它们之间的配合。导滑部分的配合一般采用H8/f8。如果在配合面上成型时与熔融材料接触,为了防止配合处漏料,应适当提高配合精度,可采用H8/f7或H8/g7的配合,其余各处均应留0.5 mm左右的间隙。配合部分的表面结构$Ra \leqslant 0.8$ μm。

为了让侧滑块在导滑槽内移动灵活,不被卡死,导滑槽和侧滑块要求保持一定的配合长度。滑块完成抽芯动作后,其滑块部分仍应全部或部分长度留在导滑槽内。滑块的滑动配合长度通常要大于滑块宽度的1.5倍,而且保留在导滑槽内的长度不应小于这个数值的2/3。否则,滑块开始复位时容易倾斜,甚至损害模具。如果模具尺寸较小,为了保证导滑槽长度,可以把导滑槽局部加长伸出模外,如图4-18所示。

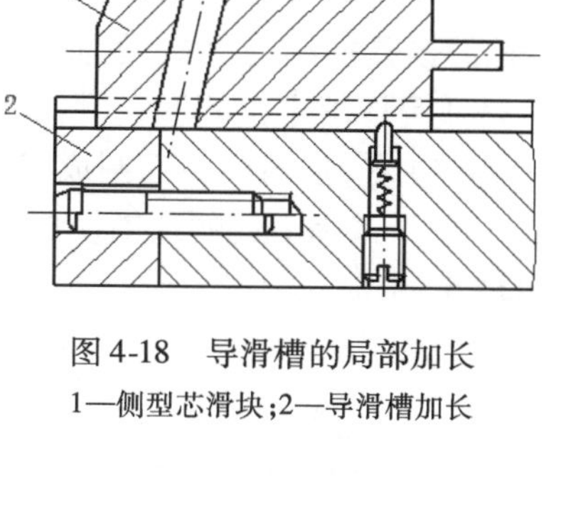

图 4-18　导滑槽的局部加长

1—侧型芯滑块；2—导滑槽加长

4. 楔紧块的设计

在注射成型的过程中，侧向成型零件在成型压力的作用下会使侧滑块向外位移，如果没有楔紧块锁紧，侧向力就会通过侧滑块传给斜导柱，使斜导柱发生变形。如果斜导柱与侧滑块上的斜导孔采用较大的间隙(0.4～0.5 mm)配合，侧滑块的外移会极大降低塑件侧向凹凸处的尺寸精度，因此，在斜导柱侧向抽芯机构设计时，必须考虑侧滑块的锁紧。楔紧块的结构形式如图 4-19 所示。图 4-19(a)是将楔紧块与模板制成一体的整体式结构，牢固、可靠、刚性大，但浪费材料，耗费加工工时，并且加工的精度要求很高，适合于侧向力很大的场合；图 4-19(b)是采用销钉定位、螺钉固定的形式，结构简单，加工方便，应用较为广泛，其缺点是承受的侧向力较小；图 4-19(c)是楔紧块以 H7/m6 配合镶入模板中的形式，其刚度比图4-19(b)的形式有所提高，承受的侧向力也略大；图 4-19(d)是在图 4-19(b)形式的基础上在楔紧块的后面又设置了一个挡块，对楔紧块起加强作用；图 4-19(e)是采用双楔紧块的形式，这种结构适用于侧向力较大的场合。

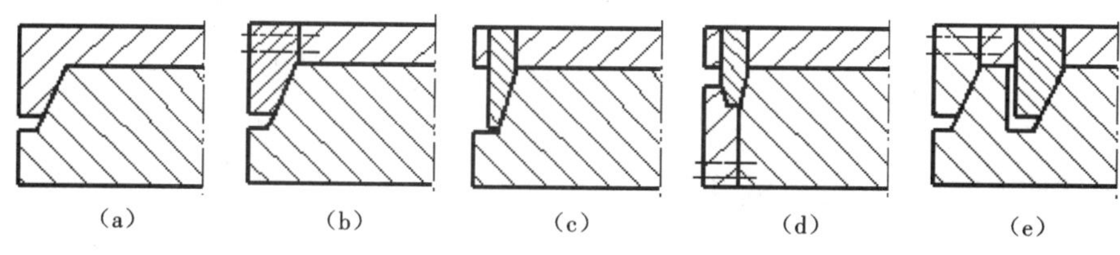

图 4-19　楔紧块的结构形式

(a)整体式楔紧块；(b)螺栓销钉紧固式；(c)嵌入式楔紧块；(d)嵌入式下方紧固；(e)双锁紧式楔紧块

楔紧块的楔紧角 α'的选择在前面已经介绍过，这里再重复提一下(图 4-13)。当侧滑块抽芯方向垂直于合模方向时，$\alpha' = \alpha + (2° \sim 3°)$；当侧滑块抽芯方向向动模一侧倾斜 β 角度时，$\alpha' = \alpha + (2° \sim 3°) = \alpha_1 - \beta + (2° \sim 3°)$；当侧滑块抽芯方向向定模一侧倾斜 β 角度时，$\alpha' = \alpha + (2° \sim 3°) = \alpha_2 + \beta + (2° \sim 3°)$。

5. 侧滑块定位装置的设计

为了合模时让斜导柱能准确地插入侧滑块的斜导孔中，在开模过程中侧滑块刚脱离斜导柱时必须定位，否则合模时会损坏模具。根据侧滑块所在的位置不同，可选择不同的定位形式。图 4-20 所示为侧滑块定位装置常见的几种不同形式。图 4-20(a)是依靠压缩弹簧的弹力使侧滑块留在限位挡块处，俗称弹簧拉杆挡块式，它适合于任何方位的侧向抽芯，尤其适于向上方向的侧向抽芯，但它的缺点是使模具空间的尺寸增大，模具放置、安装有时会受

到阻碍；弹簧定位的另一种形式见图4-20(b)，它是将弹簧(至少一对)安置在侧滑块的内侧，侧抽芯结束，在此弹簧的作用下，侧滑块靠在外侧挡块上定位，它适用于抽芯距不大的小模具；图4-20(c)是适于向下侧抽芯模具的结构形式，侧抽芯结束，利用侧滑块的自重停靠在挡块上定位；图4-20(d)、(e)是弹簧顶销定位的形式，俗称弹簧顶销式，适于侧面方向的侧抽芯动作，弹簧的直径可选1 mm左右，顶销的头部制成半球头形，侧滑块上的定位穴设计成90°锥穴或球冠状；图4-20(f)的形式是上述的顶销换成了钢珠，使用的场合与其相同，称为弹簧钢珠式，钢珠的直径可取5～10mm。

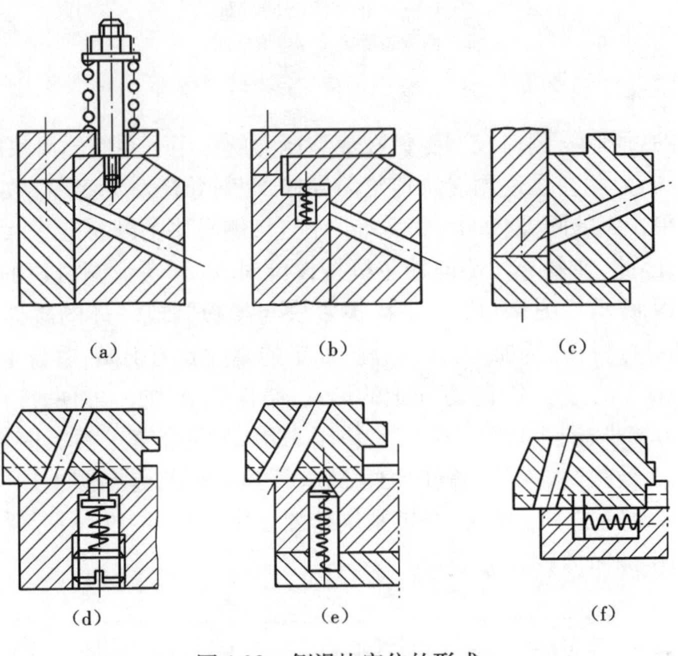

图4-20 侧滑块定位的形式

五、斜导柱侧抽芯机构的应用形式

斜导柱和侧滑块在模具上的不同安装位置，组成了侧向分型与抽芯机构的不同应用形式，各种不同的应用形式具有不同的特点和需要注意的问题，在设计时应根据塑料制件的具体情况和技术要求合理选用。

1. 斜导柱固定在定模、侧滑块安装在动模

斜导柱固定在定模、侧滑块安装在动模的结构是斜导柱侧向分型与抽芯机构的模具应用最广泛的形式，它既可用于单分型面注射模，也可用于双分型面注射模，模具设计者在设计具有侧抽芯塑件的模具时，应当首先考虑采用这种形式。图4-21所示的结构是属于双分型面侧向分型与抽芯的形式。斜导柱5固定在中间板8上，为了防止在*A*分型面分型后侧向抽芯时斜导柱往后移动，在其固定端设置一块垫板10加以固定。开模时，*A*分型面首先分型，当分型面之间达到可从中取出点浇口浇注系统的凝料时，拉杆导柱11的左端与导套接触，继续开模，接着*B*分型面分型，斜导柱5驱动侧型芯滑块6在动模板的导滑槽内作侧向抽芯，斜导柱脱离滑块后继续开模，最后推出机构开始工作，推管2将塑件从型芯1和动模镶件3中推出。在双分型面的斜导柱侧向抽芯机构中，斜导柱也可以固定在定模座板上，

这样在 A 分型面分型时斜导柱就会受力，驱动侧型芯滑块作侧向分型抽芯。为了保证 A 分型面先分型，必须在定模部分采用定距顺序分型机构，这会增加模具结构的复杂性，所以在设计时应尽量不采用这种方式。

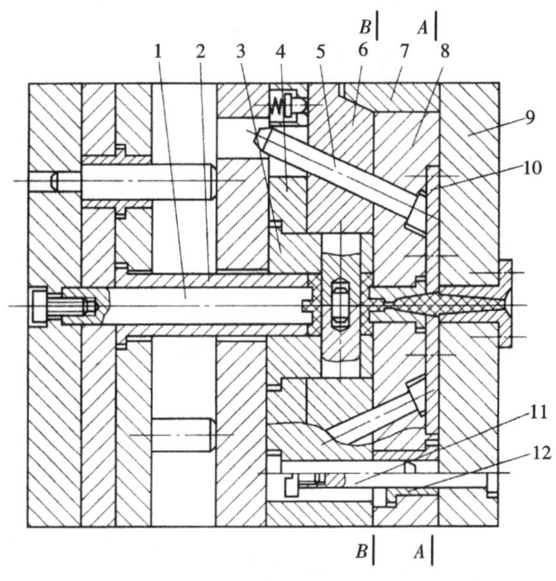

图 4-21　斜导柱固定在定模、侧滑块安装在动模的双分型面注射模

1—型芯；2—推管；3—动模镶块；4—动模板；5—斜导柱；6—侧型芯滑块；7—楔紧块；8—中间板；9—定模座板；10—垫板；11—拉杆导柱；12—导套

设计斜导柱固定在定模、侧滑块安装在动模的侧抽芯机构时，必须注意侧滑块与推杆在合模复位过程中不能发生“干涉”现象。干涉现象是指在合模过程中侧滑块的复位先于推杆的复位而致使活动侧型芯与推杆相碰撞，造成活动侧型芯或推杆损坏的事故。侧向滑块型芯与推杆发生干涉的可能性会出现在两者在垂直于开合模方向平面（分型面）上的投影发生重合的情况，如图 4-22 所示。图 4-22（a）为合模状态在侧型芯的投影下面设置有推杆；图 4-22（b）为合模过程中，斜导柱刚插入侧滑块的斜导孔中时，斜导柱向右边复位的状态，而此时模具的复位杆还未使推杆复位，这就会发生侧型芯与推杆相碰撞的干涉现象。

在模具结构允许的条件下，应尽量避免在侧型芯的投影范围内设置推杆。如果受到模具结构的限制而在侧型芯下一定要设置推杆，应首先考虑能否使推杆在推出一定距离后仍低于侧型芯的最低面（这一点往往难以做到），当这一条件不能满足时，就必须分析产生干涉的临界条件并采取措施使推出机构先复位，然后才允许侧型芯滑块复位，这样才能避免产生干涉。

图 4-23 为分析发生干涉临界条件的示意图。图 4-23（a）为开模侧抽芯后推杆推出塑件的状态；图 4-23（b）是合模复位时，复位杆使推杆复位、斜导柱使侧型芯复位而侧型芯与推杆不发生干涉的临界状态；图 4-23（c）是合模复位完毕的状态。从图中可知，在不发生干涉的临界状态下，侧型芯已经复位了长度 s'，还需复位的长度为 $s-s'=s_C$ 而推杆需复位的长度为 h_C。如果完全复位，应满足如下条件：

$$h_C = s_C \cot\alpha$$

即

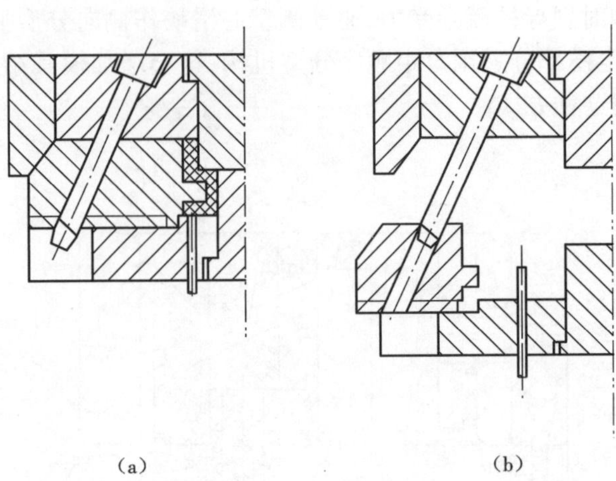

图 4-22　干涉现象

$$h_C \tan \alpha = s_C \tag{4-21}$$

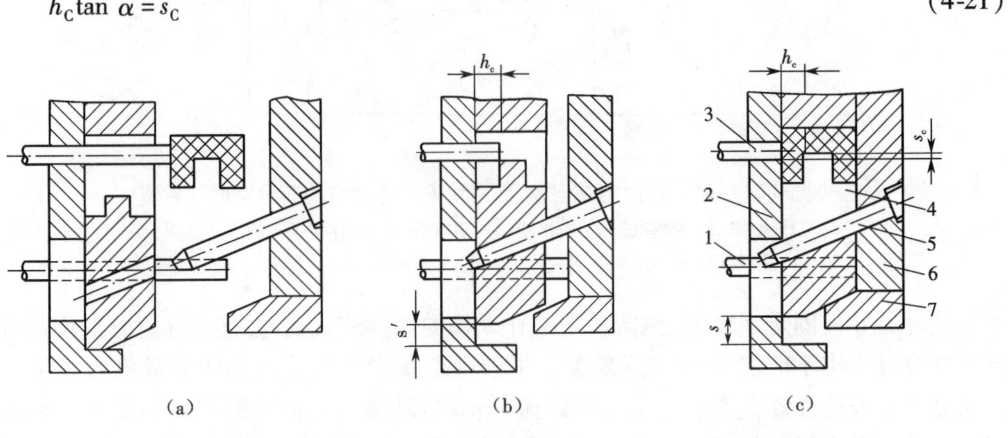

图 4-23　不发生干涉的条件

1—复位杆；2—动模板；3—推杆；4—侧型芯滑块；5—斜导柱；6—定模座板；7—楔紧块

在完全不发生干涉的情况下，需要在临界状态时，侧型芯与推杆还应有一段微小的距离 Δ，因此，不发生干涉的条件为

$$h_C \tan \alpha = s_C + \Delta$$

或者

$$h_C \tan \alpha > s_C \tag{4-22}$$

式中　h_C——在完全合模状态下推杆端面离侧型芯的最近距离；

s_C——在垂直于开模方向的平面上，侧型芯与推杆投影在抽芯方向上重合的长度；

Δ——在完全不干涉的情况下，推杆复位到 h_C 位置时，侧型芯沿复位方向距推杆侧面的最小距离，一般取 $\Delta = 0.5$ mm 即可。

在一般情况下，只要使 $h_C \tan \alpha - s_C > 0.5$ mm 即可避免干涉，如果实际的情况无法满足这个条件，则必须设计推杆的先复位机构。下面介绍几种推杆的先复位机构。

①弹簧式先复位机构。弹簧先复位机构是利用弹簧的作用力使推出机构在合模之前进行复位的一种先复位机构，即弹簧被压缩地安装在推杆固定板与动模支承板之间，如图 4-24

所示。图 4-24(a)为弹簧安装在复位杆上的形式,这是中小型注射模最常用的形式;在图 4-24(b)中,弹簧安装在另外设置的立柱上,立柱又起到支承动模支承板的作用,这是大型注射模最常采用的形式;如果模具的几组推杆(一般为 2 组 4 根)分布比较对称,而且距离较远,这时,也可以将弹簧直接安装在推杆上,如图 4-24(c)—所示。在弹簧式先复位机构中,一般需设置 4 根弹簧并均匀布置在推杆固定板的四周,以便让推杆固定板受到均匀的弹力而使推杆顺利复位。开模时,塑件包在凸模上一起随动模后退,当推出机构开始工作时,注射机上的顶杆顶动推板,使弹簧进一步压缩,直至推杆推出塑件。一旦开始合模,当注射机顶杆与模具上的推板脱离接触时,在弹簧回复力的作用下推杆迅速复位,并在斜导柱尚未驱动侧型芯滑块复位之前推杆便复位结束,因此避免了与侧型芯的干涉。弹簧先复位机构结构简单,安装方便,所以模具设计者都喜欢采用,但弹簧的力量较小,而且容易疲劳失效,可靠性会差一些,一般只适合于复位力不大的场合,并需要定期检查和更换弹簧。

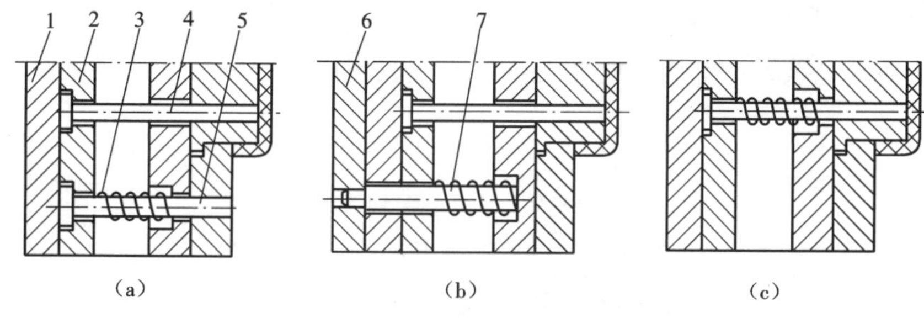

图 4-24　弹簧式先复位机构

(a)弹簧安装在复位杆上;(b)弹簧安装在立柱上;(c)弹簧安装在推杆上

1—推板;2—推杆固定板;3—弹簧;4—推杆;5—复位杆;6—立柱

②楔杆三角滑块式先复位机构。楔杆三角滑块式先复位机构如图 4-25 所示。楔托固定在定模内,三角滑块安装在推管固定板 6 的导滑槽内,在合模状态,楔杆 1 与三角滑块 4 的斜面仍然接触,如图 4-25(a)所示。开始合模时,楔杆与三角滑块的接触先于斜导柱与侧型芯滑块 3 的接触。图 4-25(b)所示为楔杆接触三角滑块的初始状态,在楔杆作用下,在推管固定板上的导滑槽内的三角滑块在向下移动的同时迫使推管固定板向左移动,使推管的复位先于侧型芯滑块的复位,从而避免两者发生干涉。

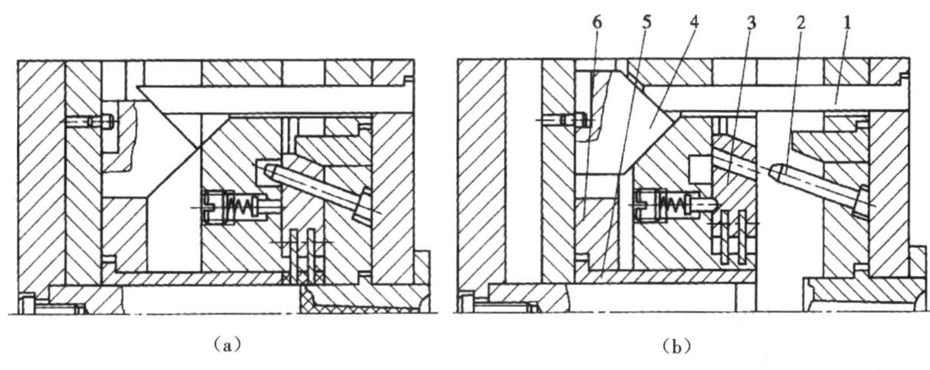

图 4-25　楔杆三角滑块式先复位机构

(a)合模状态;(b)楔杆接触三角滑块的初始状态

1—楔杆;2—斜导柱;3—侧型芯滑块;4—三角滑块;5—推管;6—推管固定板

③楔杆摆杆式先复位机构。楔杆摆杆式先复位机构如图 4-26 所示，其结构与楔杆三角滑块式先复位机构相似，所不同的是摆杆代替了三角滑块。图 4-26(a)所示的结构为合模状态。摆杆 4 一端用转轴固定在支承板 3 上，另一端装有滚轮。合模时，楔杆推动摆杆上的滚轮，迫使摆杆绕着转轴作逆时针方向旋转，同时它又推动推杆固定板 5 向左移动，使推杆的复位先于侧型芯滑块的复位。为了防止滚轮与推板 6 之间的磨损，在推板 6 上常常镶有淬过火的垫板。

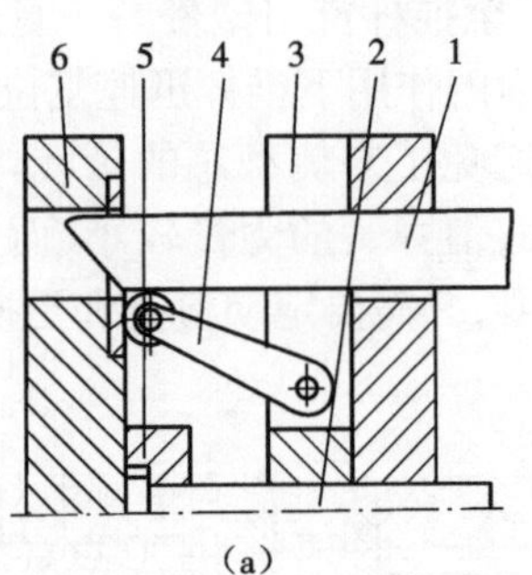

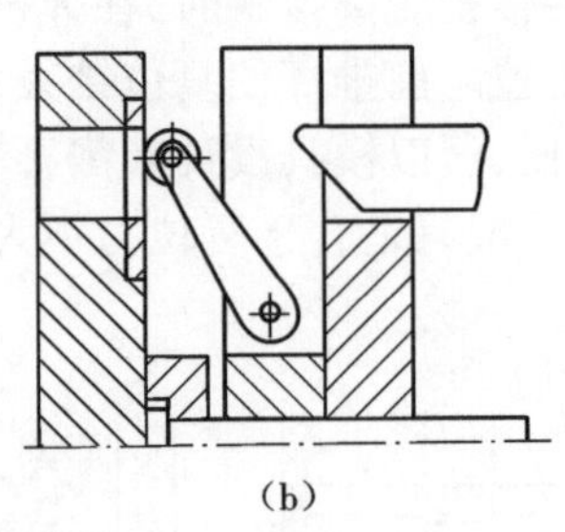

图 4-26　楔杆摆杆式先复位机构

(a)合模状态；(b)开模顶出状态

1—楔杆；2—推杆；3—支承板；4—摆杆；5—推杆固定板；6—推板

图 4-27 所示的结构为楔杆双摆杆式先复位机构，其工作原理与楔杆式先复位机构相似，读者可自行分析。

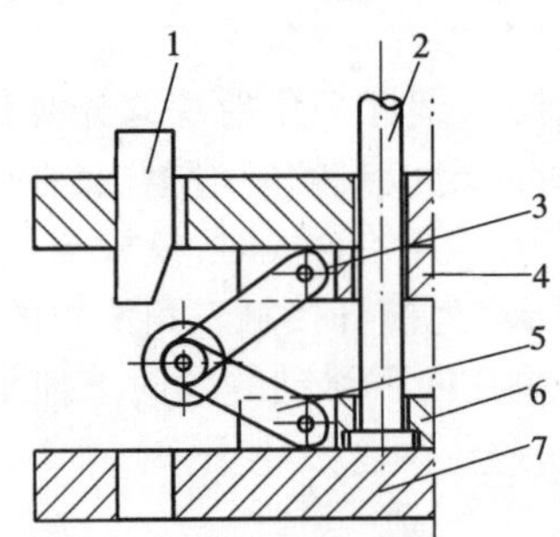

图 4-27　楔杆双摆式先复位机构

1—楔杆；2—推杆；3、5—摆杆；4—支承板；6—推杆固定板；7—推板

④楔杆滑块摆杆式先复位机构。楔杆滑块摆杆式先复位机构如图 4-28 所示。图 4-28(a)所示的结构为合模状态，楔杆 4 固定在定模部分的外侧，下端带有斜面的滑块 5 安装在动模支承板 3 内，滑销 6 也安装在动模支承板内，但它的运动方向与滑块的运动方向垂直，摆杆 2 上端用转轴固定在与支承板连接的固定块上，合模时，楔杆向滑块靠近；图 4-28(b)是合模过程中楔杆接触滑块的初始状态，楔杆的斜面推动支承板内的滑块 5 向下滑动，滑块的下移使滑销 6 左移，推动摆杆 2 绕其转轴作顺时针方向旋转，从而带动推杆固定板 1 左移，完成推杆 7 的先复位动作；开模时，楔杆脱离滑块，滑块在弹簧 8 的作用下上升，同时，摆杆在本身重力的作用下回摆，推动滑销右移，从而挡住滑块继续上升。

⑤连杆式先复位机构。连杆式先复位机构如图 4-29 所示。图 4-29(a)的结构为合模状

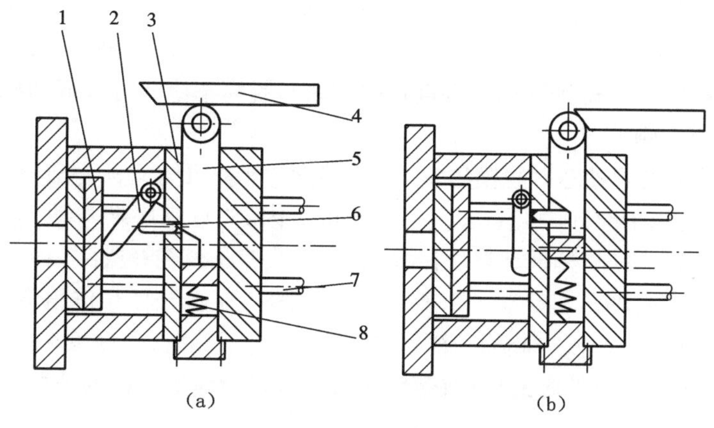

图 4-28　楔杆滑块摆杆式先复位机构

(a)合模状态;(b)合模过程中楔杆接触滑块的初始状态

1—推杆固定板;2—摆杆;3—支承板;4—楔杆;5—滑块;6—滑销;7—推杆;8—弹簧

态,连杆 4 以固定在动模板 10 上的圆柱销 5 为支点,一端用转轴 6 安装在侧型芯滑块 7 上,另一端与推杆固定板 2 接触,合模时,固定在定模部分的斜导柱 8 向滑块 7 靠近;图 4-29(b)是斜导柱接触滑块的初始状态,斜导柱一旦开始驱动侧型芯滑块复位,则连杆 4 必须发生绕圆柱销 5 作顺时针方向的旋转,迫使推杆固定板 2 带动推杆 3 迅速复位,从而避免侧型芯与推杆发生干涉。

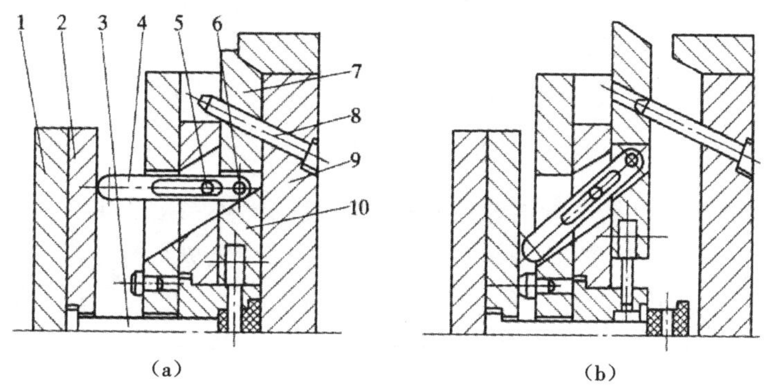

图 4-29　连杆式先复位机构

(a)合模状态;(b)斜导柱接触滑块的初始状态

1—推板;2—推杆固定板;3—推杆;4—连杆;5—圆柱销;

6—转轴;7—侧型芯滑块;8—斜导柱;9—定模板;10—动模板

2. 斜导柱固定在动模、侧滑块安装在定模

斜导柱固定在动模、侧滑块安装在定模的结构从表面上看似乎与斜导柱固定在定模、侧滑块安装在动模的结构相似,即随着开模动作的进行,斜导柱与侧滑块之间发生相对运动而实现侧向分型与抽芯,其实不然。由于开模时一般要求塑件包紧在动模部分的凸模上留在动模,而侧型芯则安装在定模上,这样就会产生以下几种情况:一种情况是如果侧抽芯与脱模同时进行的话,由于侧型芯在开模方向的阻碍作用使塑件从动模部分的凸模上强制脱下而留在定模,侧抽芯结束后,使塑件无法从定模型腔中取出;另一种情况是由于塑件包紧于

动模凸模上的力大于侧型芯使塑件留于定模型腔的力,则可能会出现塑件被侧型芯撕裂或细小的侧型芯被折断的现象,导致模具损坏或无法工作。从以上分析可知,斜导柱固定在动模、侧滑块安装在定模的模具结构的特点是侧抽芯与脱模不能同时进行,要么是先侧抽芯后脱模,要么先脱模后侧抽芯。

图 4-30 所示为先侧抽芯后脱模的一个典型例子,这种机构又称为凸模浮动式斜导柱定模侧抽芯。凸模 3 以 H8/f8 的配合安装在动模板 2 内,并且其底端与动模支承板的距离为 h。开模时, 由于塑件对凸模 3 具有足够的包紧力,致使凸模在开模距离 h 内和动模后退的过程中保持静止不动,即凸模浮动了距离 h,使侧滑块 7 在斜导柱 6 作用下侧向抽芯移动距离 s。继续开模,塑件和凸模一起随动模后退,推出机构工作时,推件板 4 将塑件从凸模上推出。凸模浮动式斜导柱侧抽芯的机构在合模时,应考虑凸模 3 复位的情况。

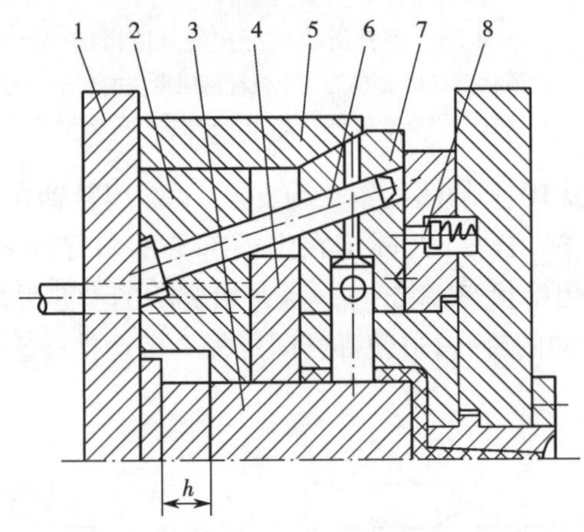

图 4-30　凸模浮动式斜导柱定模侧抽芯

1—支承板;2—动模板;3—凸模;4—推件板;5—楔紧块;6—斜导柱;7—侧型芯滑块;8—限位销

图 4-31 所示的结构也是先侧抽芯后脱模的结构,称为弹压式斜导柱定模侧抽芯,其特点是在动模部分增加一个分型面,靠该分型面中设置的弹簧进行分型。开模时,在弹簧 5 的作用下,A 分型面先分型,在分型过程中,固定在动模支承板上的斜导柱 1 驱动侧型芯滑块 2 进行侧向抽芯,抽芯结束后,定距螺钉 4 限位,动模继续后退,接着 B 分型面分型,塑件包在凸模 6 上随动模后移,直至推出机构将塑件推出。

图 4-32 所示的结构为先脱模后斜导柱定模侧抽芯的模具结构。该模具不需设置推出机构,其凹模为可侧向移动的对开式侧滑块,斜导柱 5 与凹模侧滑块 3 上的斜导孔之间存在着较大的间隙 c($c=2\sim4$ mm)。开模时,在凹模侧滑块侧向移动之前,动、定模将先分开一段距离 h($h=c/\sin\alpha$),同时由于凹模侧滑块的约束,塑件与凸模 4 也脱开一段距离 h,然后斜导柱才与侧滑块接触,侧向分型抽芯动作开始。这种模具的结构简单,加工方便,但塑件需用人工从对开式侧滑块之间取出(包括要从浇口套中拔出),操作不方便,劳动强度较大,生产率也较低,因此仅适合于小批量简单塑件的生产。

3. 斜导柱与侧滑块同时安装在定模

在斜导柱与侧滑块同时安装在定模的结构中,一般情况下斜导柱固定在定模座板上,侧滑块安装在定模板上的导滑槽内。为了造成斜导柱与侧滑块两者之间的相对运动,还必须

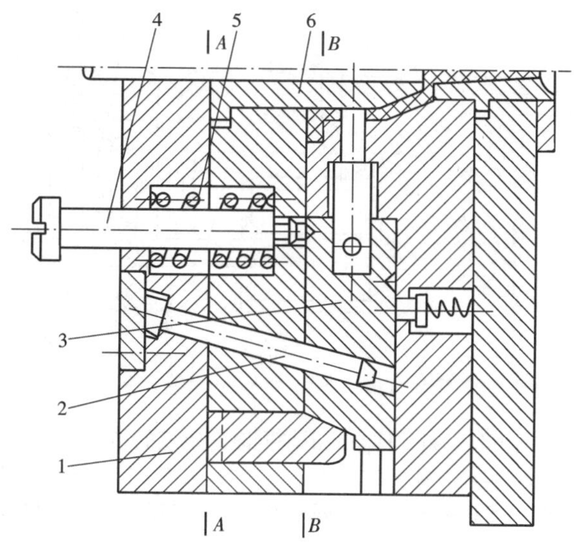

图 4-31 弹压式斜导柱定模侧抽芯

1—斜导柱;2—侧型芯滑块;3—动模支承板;4—定距螺钉;5—弹簧;6—凸模

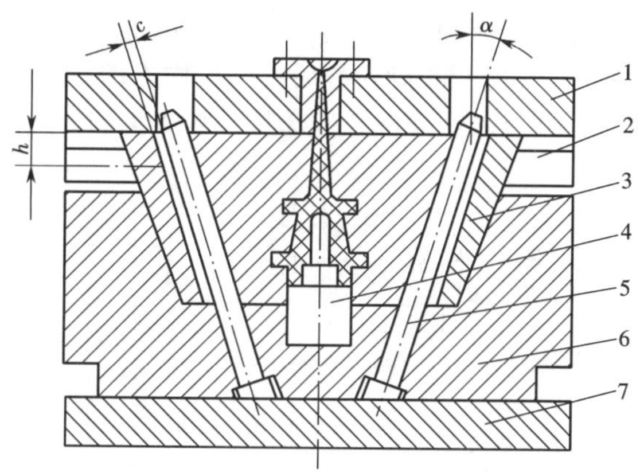

图 4-32 先脱模后斜导柱定模侧抽芯

1—定模座板;2—导滑槽;3—凹模侧滑块;4—凸模;5—斜导柱;6—动模板;7—动模座板

在定模座板与定模板之间增加一个分型面,因此,需要采用定距顺序分型机构,即开模时主分型面暂不分型,而让定模部分增加的分型先定距分型并让斜导柱驱动侧滑块进行侧抽芯,抽芯结束后,然后主分型面分型。由于斜导柱与侧型芯同时设置在定模部分,设计时斜导柱可适当加长,保证侧抽芯时侧滑块始终不脱离斜导柱,所以不需设置侧滑块的定位装置。

图 4-33 所示的结构是摆钩式定距顺序分型的斜导柱抽芯机构。合模时,在弹簧 7 的作用下,由转轴 6 固定在定模板 10 上的摆钩 8 勾住固定在动模板 11 上的挡块 12。开模时,由于摆钩 8 勾住挡块,模具首先从 *A* 分型面先分型,同时在斜导柱 2 的作用下,侧型芯滑块 1 开始侧向抽芯,侧抽芯结束后,固定在定模座板上的压块 9 的斜面压迫摆钩 8 作逆时针方向摆动而脱离挡块,在定距螺钉 5 的限制下 *A* 分型面分型结束,动模继续后退,然后 *B* 分型面分型,塑件随凸模 3 保持在动模一侧,最后推件板 4 在推杆 13 的作用下使塑件脱模。

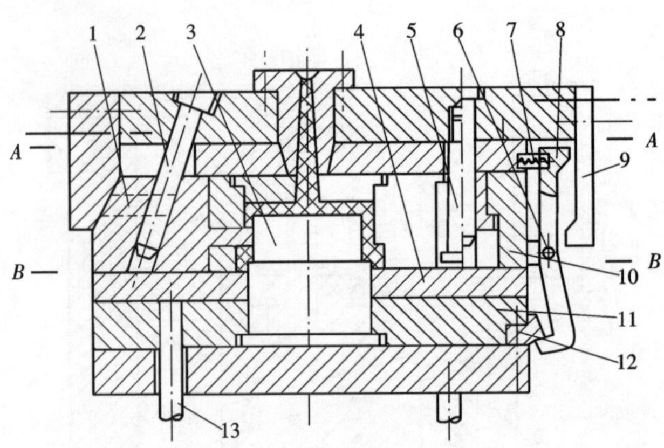

图 4-33　斜导柱与侧滑块同时在定模的结构之一

1—侧型芯滑块；2—斜导柱；3—凸模；4—推件板；5—定距螺钉；6—转轴；7—弹簧；8—摆钩；9—压块；10—定模板；11—动模板；12—挡块；13—推杆

图 4-34 所示的结构是弹压式定距顺序分型的斜导柱侧抽芯机构，其定距螺钉 6 固定在定模板上。合模时，弹簧被压缩。弹簧的设计应考虑到弹簧压缩后的回复力要大于由斜导柱驱动侧型芯滑块侧向抽芯所需要的开模力（忽略摩擦力时）。开模时，在弹簧 7 的作用下，分型面 *A* 首先分型，斜导柱 2 驱动侧型芯滑块 1 作侧向抽芯，侧抽芯结束，定距螺钉 6 限位，动模继续向后移动，然后 *B* 分型面分型，最后推出机构工作，由推杆 8 推动推件板 4 将塑件分型面分型，最后推出机构工作，由推杆 8 推动推件板 4 将塑件从凸模 3 上脱出。

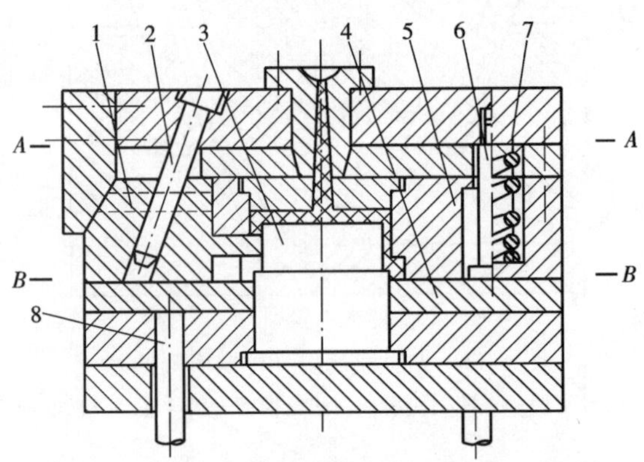

图 4-34　斜导柱与侧滑块同时在定模的结构之二

1—侧型芯滑块；2—斜导柱；3—凸模；4—推件板；5—定模板；6—定距螺钉；7—弹簧；8—推杆

4. 斜导柱与侧滑块同时安装在动模

斜导柱与侧滑块同时安装在动模的结构，一般是通过推件板推出机构来实现斜导柱与侧型芯滑块的相对运动。在图 4-35 所示的斜导柱侧抽芯机构中，斜导柱固定在动模板 5 上，侧型芯滑块安装在推件板 4 的导滑槽内，合模时靠设置在定模板上的楔紧块 1 锁紧。开模时，侧型芯滑块 2 和斜导柱 3 一起随动模部分后退，当推出机构工作时，推杆推动推件板 4 使塑件脱模，同时，侧型芯滑块 2 在斜导柱的作用下在推件板 4 的导滑槽内向两侧滑动进行侧向抽芯。这种结构的模具，由于斜导柱与侧滑块同在动模一侧，设计时同样可适当加长斜导柱，使在侧抽芯的整个过程中斜滑块不脱离斜导柱，因此也不需设置侧滑块定位装置。另外，这种利用推件板推出机构造成斜导柱与侧滑块相对运动的侧抽芯机构，主要适合于抽拔距离和抽芯力均不太大的场合。

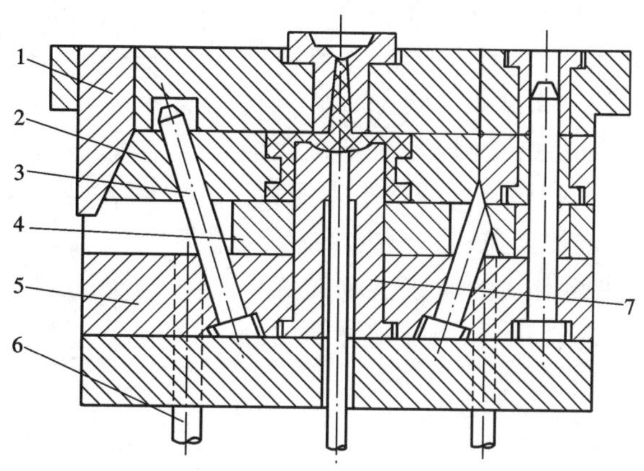

图 4-35　斜导柱与侧滑块同时在动模的结构

1—楔紧块；2—侧型芯滑块；3—斜导柱；4—推件板；5—动模板；6—推杆；7—凸模

5. 斜导柱的内侧抽芯

斜导柱侧向分型与抽芯机构除了可以对塑件进行外侧分型与抽芯外，同样还可对塑件进行内侧抽芯。

图 4-36 所示结构为靠弹簧的弹力进行定模内侧抽芯的结构。开模后，在压缩弹簧 5 的弹性作用下，定模部分的分型面先分型，同时斜导柱 3 驱动侧型芯滑块 2 进行塑件的内侧抽芯，内侧抽芯结束后，侧型芯滑块在小弹簧 4 的作用下靠在型芯 1 上定位，同时限位螺钉 6 限位，接着继续开模，塑件被带到动模，最后推出机构工作，由推杆将塑件推出模外。

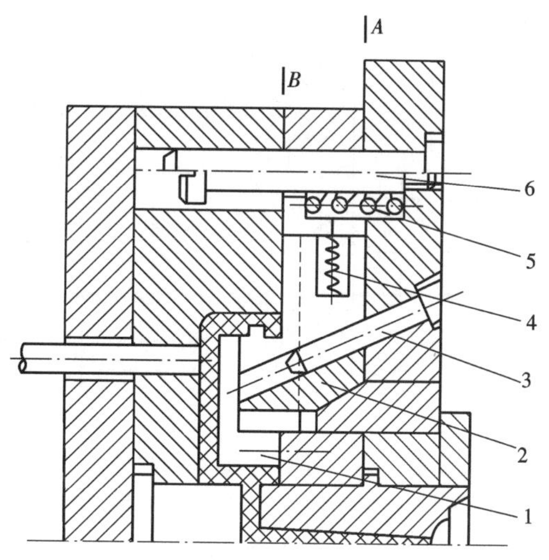

图 4-36　斜导柱定模内侧抽芯

1—型芯；2—侧型芯滑块；3—斜导柱；4—小弹簧；5—弹簧；6—限位螺钉

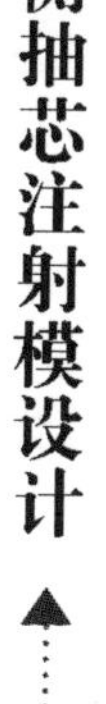

图4-37所示结构为斜导柱动模内侧抽芯的结构。斜导柱2固定在定模板1上，侧型芯滑块3安装在动模板6上。开模时，塑件包紧在凸模4上随动模部分向后移动，斜导柱驱动侧型芯滑块在动模板的导滑槽内移动进行内侧抽芯，最后推杆5将塑件从凸模4上推出。设计这类模具时，侧型芯滑块脱离斜导柱时的定位有两种办法：一种办法是将侧滑块设置在模具位置的上方，利用侧滑块的重力定位，图4-37所示的结构就是这种定位；另一种办法是当侧型芯安装在下方时，在侧滑块的非成型端设置压缩弹簧，在斜导柱内侧抽芯结束后，靠压缩弹簧的弹力使侧滑块紧靠动模大型芯定位。

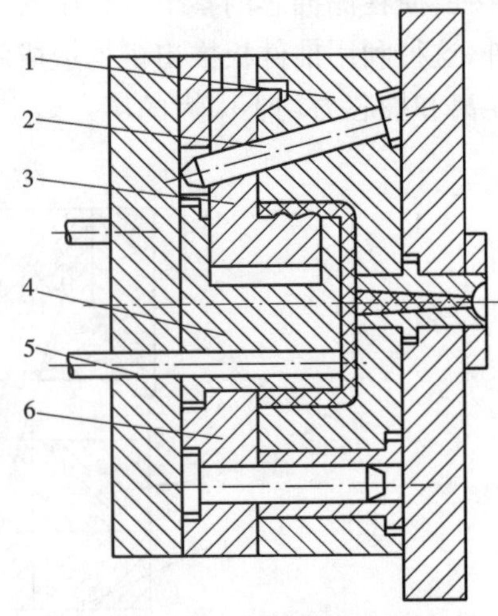

图4-37 斜导柱动模内侧抽芯

1—定模板；2—斜导柱；3—侧型芯滑块；4—凸模；5—推杆；6—动模板

六、其他类型侧抽芯注射模

1. 弯销侧向分型与抽芯机构

弯销侧向分型与抽芯机构的工作原理和斜导柱侧向分型与抽芯机构工作原理相似，所不同的是在结构上以矩形截面的弯销代替了斜导柱，因此，该抽芯机构仍然离不开侧向滑块的导滑，注射时侧型芯的锁紧开模时侧型芯的抽芯和侧抽芯结束时侧滑块的定位这三大设计要素。图4-38所示的结构为弯销侧抽芯的典型结构。弯销4和锲紧块3固定于定模板2内，侧型芯滑块5安装在动模板6的导滑槽内，弯销与侧型芯滑块上孔的间隙通常取0.5 mm左右。开模时，动模部分后退，在弯销作用下侧型芯滑块作侧向抽芯，抽芯结束后，侧型芯滑块由弹簧拉杆挡块装置定位，最后塑件由推管推出。

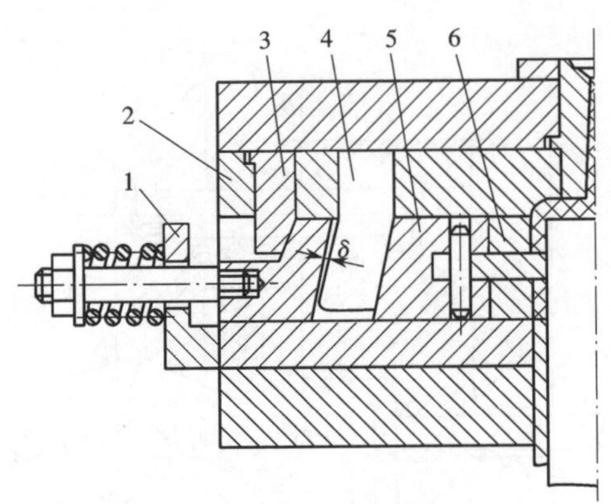

图4-38 弯销侧向抽芯机构

1—挡块；2—定模板；3—楔紧块；4—弯销；5—侧型芯滑块；6—动模板

弯销侧向抽芯机构有几个比较明显的特点。一个特点是由于弯销是矩形截面，其抗弯截面系数比圆形的截面斜导柱要大，因此可采用比斜导柱稍大的倾斜角 α，所以在开模具相同的情况下可获得较大的抽芯距；另一个特点是弯销可以延时抽芯，弯销与侧滑块之间的间

隙 δ 根据延时抽芯的需要而设计，如图 4-39 所示。由于塑件对定模型芯 3 有较大的包紧力，且塑件内不允许有斜度，所以在开模时，空驶一段距离后斜销才开始侧抽芯。这样延时抽芯后，塑件在侧抽芯之前在侧滑块限制下已基本脱开型芯，模具注射生产可顺利进行。再一个特点就是弯销侧抽芯机构也可以变角度侧抽芯，如图 4-39 所示。由于被抽的侧抽芯 3 较长，且塑件的包紧力也较大，因此采用了变角度弯销抽芯。开模过程中，弯销 1 首先由较小的倾斜角 α_1 起作用，以便具有较大的起始抽拔力，在带动侧滑块 2 移动 s_1 后，再由较大倾斜角 α_2 起作用，以抽拔较长的抽芯距 s_2，从而完成整个侧抽芯动作。

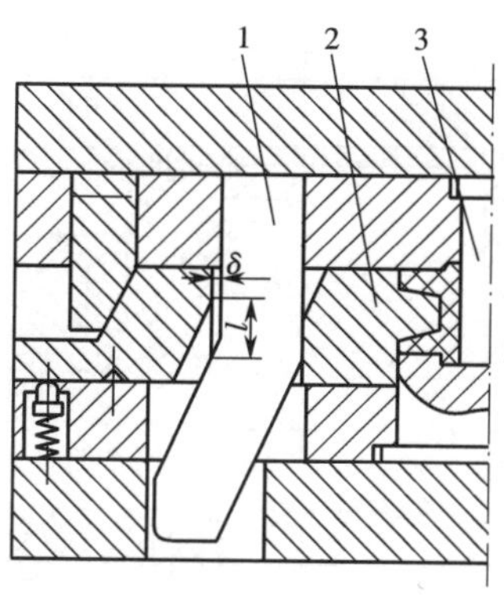

图 4-39　弯销的延时抽芯

1—弯销；2—侧滑块；3—定模型芯

根据安装方式的不同，弯销在模具上的安装可分为模内安装和模外安装，图 4-38 和图 4-40 所示的结构均为弯销安装在模内的形式，图 4-41 所示的结构为弯销安装在模外的形式。塑件的下面外侧有侧型芯滑块 9 成型，滑块抽芯结束时的定位由固定在动模板 5 上的挡块 6 完成，固定在定模座板 10 上的止动销 8 在合模状态时对侧型芯滑块起锁紧作用，止动销的斜角（锥度的一半）应大于弯销倾斜角 1°～2°，如图 4-41 所示。弯销安装在模外的方式优点是，在安装配合时人们能够看得清楚，便于安装时操作。

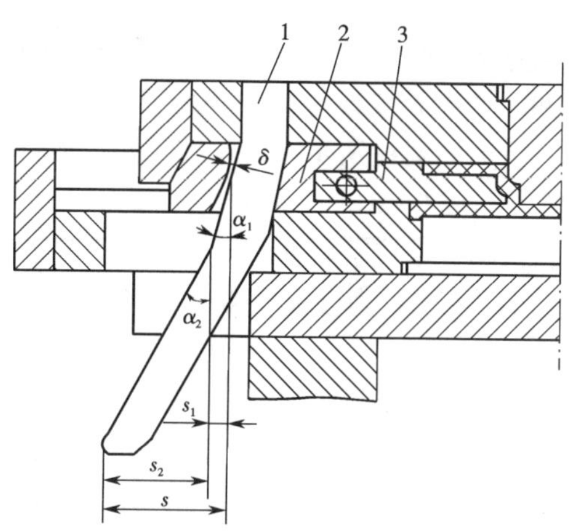

图 4-40　变角度弯销抽芯

1—弯销；2—侧滑块；3—侧型芯

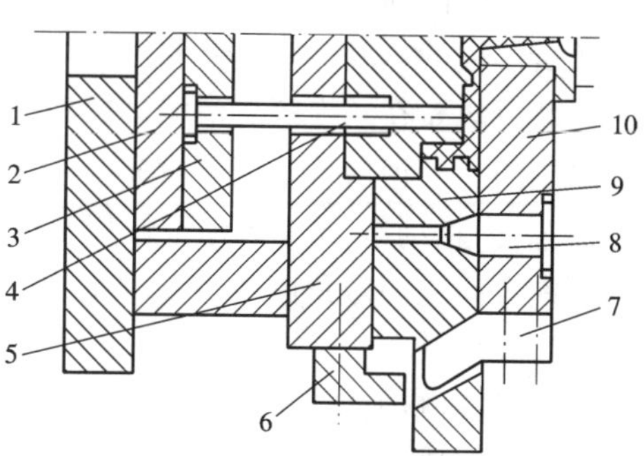

图 4-41　弯销安装在模外的结构

1—动模座板；2—推板；3—推杆固定板；4—推杆；5—动模板；6—挡块；7—弯销；8—止动销；9—侧型芯滑块；10—定模座板

弯销与斜导柱一样，不仅可以外侧抽芯，同样也可作内侧抽芯，如图4-42所示。弯销5固定在弯销固定板1内，侧型芯4安装在凸模6的斜向方形孔中。开模时，由于顺序定距分型机构的作用，拉钩9拉住滑块11，模具从A分型面先分型，弯销5作用于侧型芯4抽出一定距离，斜侧抽芯结束后，压块10的斜面与滑块11接触并使滑块后退而脱钩，限位螺钉3限位，接着动模继续后退使B分型面分型，最后推出机构工作，推件板7将塑件推出模外。由于侧向抽芯结束后弯销工作端部仍有一部分长度留在侧型芯4的孔中，所以完成侧抽芯后弯销不脱离滑块并起锁紧作用。合模时，弯销使侧型芯复位与锁紧。

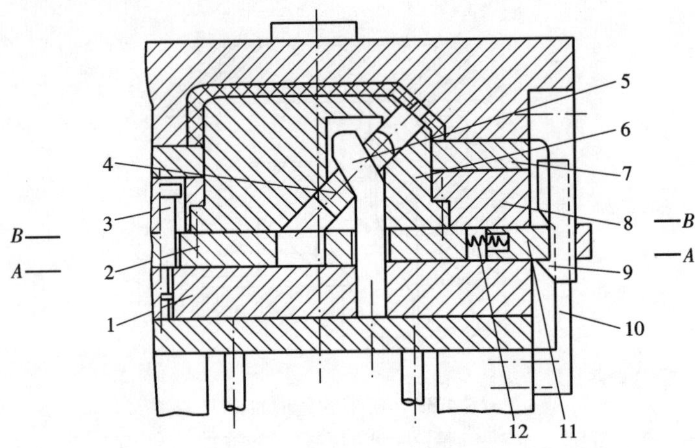

图4-42　弯销的斜向内侧抽芯

1—弯销固定板；2—垫板；3—限位螺钉；4—侧型芯；5—弯销；6—凸模；
7—推件板；8—动模板；9—拉钩；10—压块；11—滑块；12—弹簧

实际上，弯销侧向分型抽芯机构也可分成弯销固定在定模侧型芯安装在动模、弯销固定在动模侧型芯安装在定模、弯销与侧型芯同时安装在定模和同时安装在动模等四种类型，在这里就不再一一分析了。

2. 斜导槽侧向分型与抽芯机构

斜导槽侧向分型与抽芯机构是由固定于模外的斜导槽与固定于侧型芯滑块上的圆柱销连接所形成的，如图4-43所示。斜导槽用四个螺钉和两个销钉安装在固定模板9的外侧，侧型芯滑块6在动模板导滑槽内的移动是受固定在其上面的圆柱销8在斜导槽内的运动轨迹限制的。开模后，由于圆柱销先在斜导槽板与开模方向成0°角的方向移动，此时只分型不抽芯，当止动销7（亦起锁紧作用）脱离侧型芯滑块后，圆柱销接着就在斜导槽内进行沿着与开模方向成一定角度的方向移动，此时作侧向抽芯，图4-43（a）为合模状态，图4-43（b）为抽芯后推出状态。

斜导槽侧向抽芯机构抽芯动作的整个过程，实际上是受斜导槽的形状控制的。图4-44所示为斜导槽板的三种不同形式。图4-44（a）的形式，斜导槽板上只有倾斜角为α的斜槽，所以开模一开始便开始侧向抽芯，但这时的倾斜角α应小于25°。图4-44（b）的形式，开模后圆柱销先在直槽内运动，因此有一段延时抽芯的动作，直槽有多长，延时抽芯的动作就有多长，直至进入斜槽部分，侧抽芯才开始。图4-44（c）的形式，先在倾斜角α_1较小的斜导槽内侧抽芯，然后再进入倾斜角α_2较大的斜导槽内抽芯，这种形式适于抽拔力较大和抽芯距较长的场

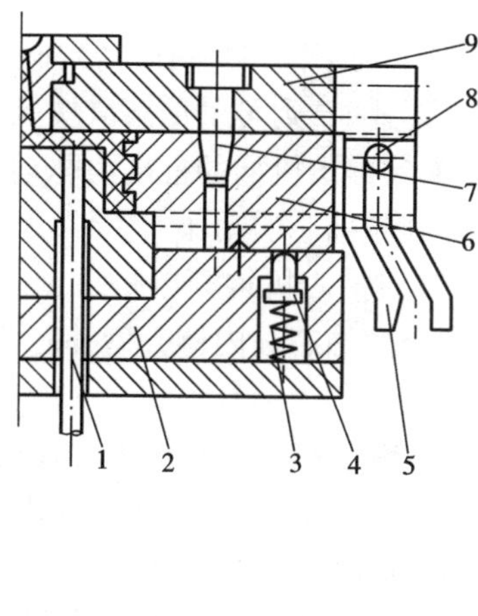

(a)

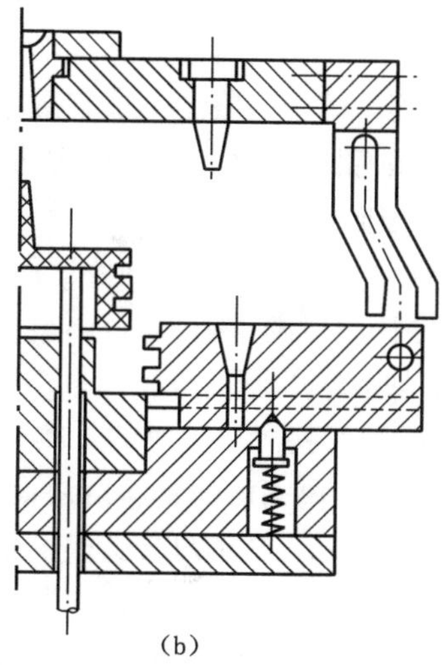
(b)

图 4-43　斜导槽侧向抽芯机构

(a)合模状态;(b)抽芯后推出状态

1—推杆;2—动模板;3—弹簧;4—顶销;5—斜导槽板;

6—侧型芯滑块;7—止动销;8—圆柱销;9—定模板

合。由于起始抽拔力较大,第一阶段的倾斜角一般在 $\alpha_1<25°$内选取,一旦侧型芯与塑件松动,以后的抽拔力就比较小,故第二阶段的倾斜角可适当增大,但仍应 $\alpha_2<40°$。图中第一阶段抽芯距为 s_1,第二阶段抽芯距为 s_2,总的抽芯距为 s,斜导槽的宽度一般比圆柱销大 0.2 mm。

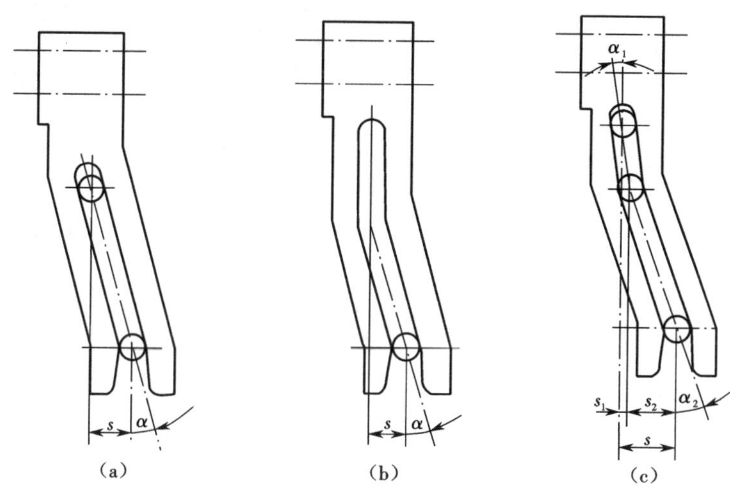

(a)　(b)　(c)

图 4-44　斜导槽的形式

(a)单倾角;(b)直槽加单倾角;(c)双倾角

设计斜导槽侧向分型与抽芯距时,同样要注意滑块驱动时的导滑、注射时的锁紧和侧抽芯结束时的定位等三大设计要素;另外,斜导槽板与圆柱销通常用 T8、T10 等材料制造,热处理要求与斜导柱相同,一般 HRC≥55,工作部分表面结构为 $Ra0.8\ \mu m$ 以下。

3. 斜滑块侧向分型与抽芯机构

当塑件的侧凹较浅,所需抽芯距不大,但侧凹的成型面积较大,因而需要较大的抽芯力时,或者由于模具结构的限制不适宜采用其他侧抽芯形式时,则可采用斜滑块侧向分型与抽芯机构。斜滑块侧向分型与抽芯机构的特点是利用模具推出机构的推出力驱动斜滑块斜向运动,在塑件被推出脱模的同时由斜滑块完成侧向分型与抽芯的动作。

斜滑块侧向分型与抽芯机构要比斜导柱侧向分型与抽芯机构简单得多,一般可以分为斜滑块和斜导杆导滑两大类,而每一类均可分为外侧分型抽芯和内侧分型抽芯两种形式。

(1)斜滑块导滑的侧向分型与抽芯

图 4-45 所示为斜滑块导滑的外侧分型与抽芯的结构形式。该塑件为绕线轮型产品,外侧有较浅但面积较大的侧凹。斜滑块设计成两块对开式的凹模镶块,即型腔由两个斜滑块组成,它们与动模板上的斜向导滑槽的配合为 H8/f8。成型塑件内部大孔(包紧力大)的型芯设置在动模部分。开模后,塑件包紧在动模型芯 5 上和斜滑块一起向后移动,在推杆 3 的作用下,斜滑块 2 在相对向前运动的同时在动模板的斜向导滑槽内向两侧分型,在斜滑块的限制下,塑件在斜滑块侧向分型的同时从动模型芯上脱出。限位销 6 是为防止斜滑块在推出时从动模板中滑出而设置的。合模时,斜滑块的复位是靠定模板靠压斜滑块的上端面进行的。

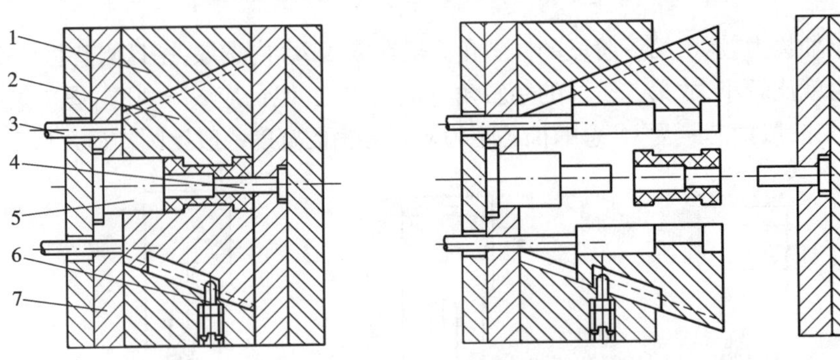

图 4-45 斜滑块的外侧分型与抽芯

1—动模板;2—斜滑块;3—推杆;4—定模型芯;5—动模型芯;6—限位销;7—动模型芯固定板

图 4-46 所示为斜滑块导滑的内侧抽芯的结构形式。斜滑块 1 的上端为成型塑件内侧的凹凸形状,镶块 4 的上侧呈燕尾状并可在型芯 2 的燕尾槽中滑动,另一侧则嵌入斜滑块中。推出时,斜滑块 1 在推杆 5 的作用下推出塑件的同时向内侧收缩而完成内侧抽芯的动作,限位销 3 对斜滑块的推出起限位作用。

斜滑块在动模板内导滑部分的基本形式如图 4-47 所示。图 4-47(a)为 T 形导滑结构,加工相对简单,结构紧凑,适于中小型模具;图 4-47(b)为燕尾式导滑结构,这种形式制造较为困难,但位置比较紧凑,适于小模具多滑块的形式;在图 4-47(c)中,用斜向镶入的导柱导滑的导轨,制造方便,精度容易保证,但要注意导柱的倾斜角要小于模套的倾斜角;图 4-47(d)为以斜向圆柱销为滑块导滑的形式,制造方便,精度容易保证,仅用于局部抽芯的地方,但这种形式的圆柱销要有较大的直径。

在斜滑块导滑的侧向分型与抽芯机构中,有许多地方在设计时必须加以重视。

①斜滑块刚性好,能承受较大的抽拔力。由于这一特点,斜滑块的倾斜角 α 可较斜导

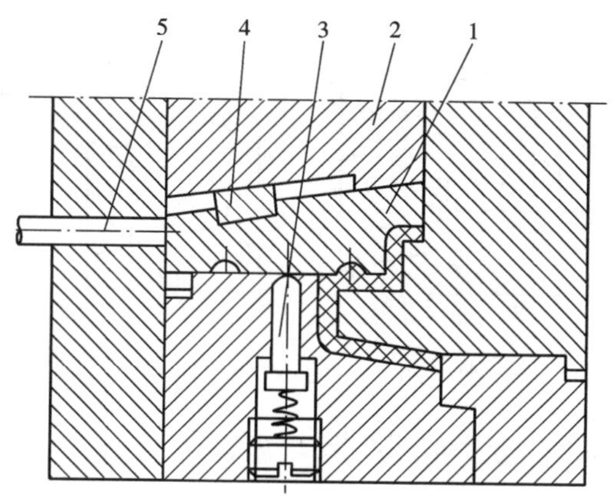

图 4-46　斜滑块的内侧分型与抽芯

1—斜滑块;2—型芯;3—限位销;4—镶块;5—推杆

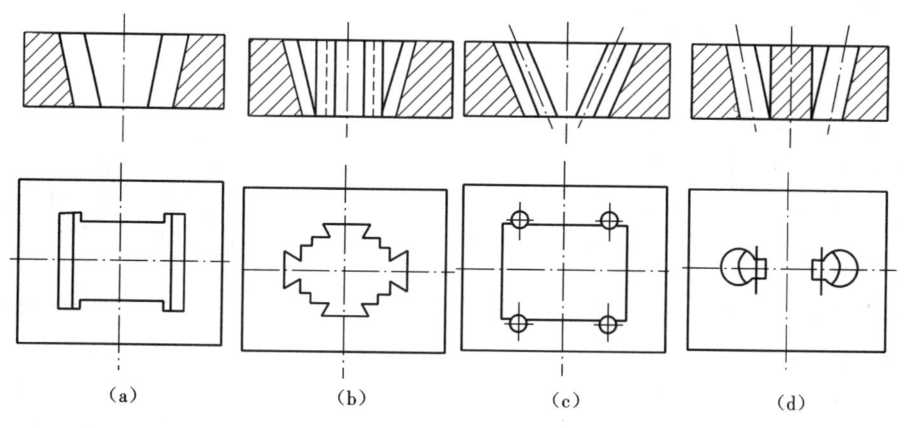

图 4-47　斜滑块导滑部分的基本形式

(a)T 形;(b)燕尾式;(c)斜向导柱;(d)斜向圆柱销

柱的倾斜角大,最大可达到 40°,通常不超过 30°,此时导滑接触面要长。

②正确选择主型芯的位置。主型芯位置选择恰当与否,直接关系到塑件能否顺利脱模。图 4-48(a)中,主型芯设置在定模一侧,开模后会出现两种情况:如果定模主型芯脱模斜度较大,开模后立即从塑件中抽芯,然后推出机构推动斜滑块侧向分型,则塑件很容易粘附于某一斜滑块上(收缩值较大的部分),不能顺利从斜滑块中脱出,如图 4-48(b)所示;如果塑件对定模主型芯的包紧力较大,会导致分模时,斜滑块从导滑槽中滑出,而使模具无法工作。图 4-48(c)中主型芯设置在动模一侧,分模时斜滑块随动模后移,在脱模侧抽芯的过程中,塑件虽与主型芯松动,但在侧向分型抽芯时对塑件仍有限制侧向移动的作用,所以塑件不可能粘附在某一斜滑块内,塑件容易取出,如图 4-48(d)所示。

如果动模和定模的型芯包络面积大小差不多,为了防止斜滑块在开模时从导滑槽中拉出,可设斜滑块的止动装置。图 4-49 所示为弹簧顶销止动装置,开模时,在弹簧作用下,顶销紧压在斜滑块上防止其与动模导滑槽分离;图 4-50 所示为导销止动装置,在定模上设置的导销 3 与斜滑块上有部分配合(h8/f8),开模时,在导销的限制下,斜滑块不能作侧向运动,所以开模动作无法使斜滑块与动模滑槽之间产生相对运动,继续开模后,导销脱离斜导

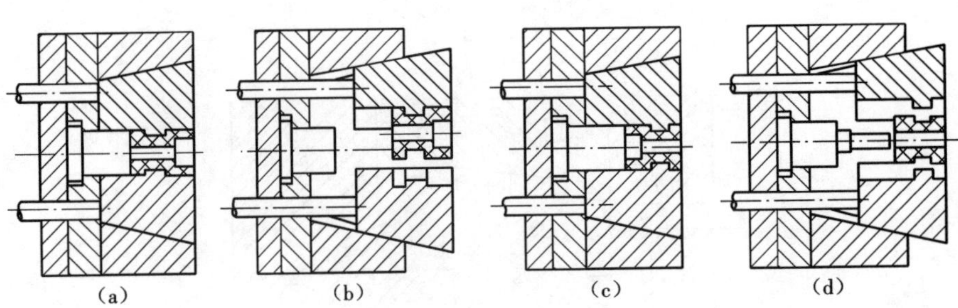

图 4-48　主型芯位置的选择

块,推出机构工作,斜滑块侧向分型抽芯并推出塑件。

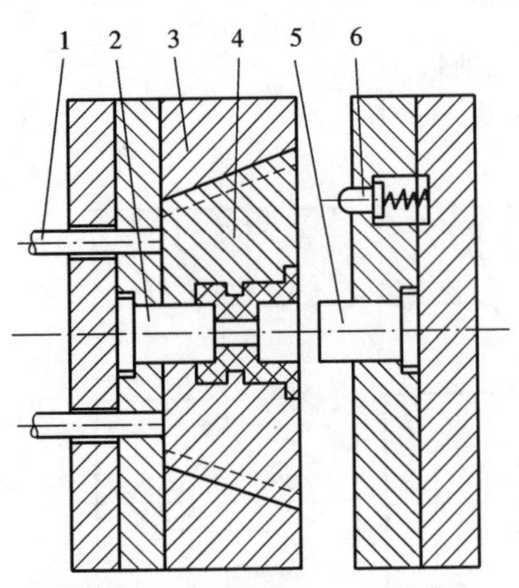

图 4-49　弹簧顶销止动装置

1—推杆;2—动模型芯;3—动模板;
4—斜滑块;5—定模型芯;6—弹簧顶销

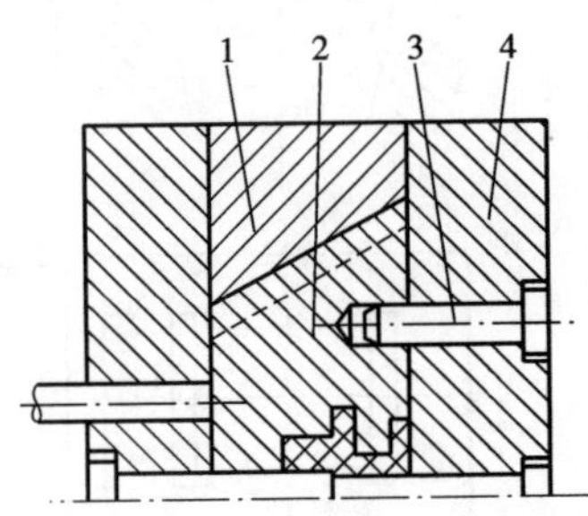

图 4-50　导销止动装置

1—动模板;2—斜滑块;
3—止动导销;4—定模板

③斜滑块的推出行程。斜滑块的推出距离可由推杆的推出距离来决定。但是,斜滑块在动模板导滑槽中推出的行程有一定的要求,一般情况下,立式模具不大于斜滑块高度的 1/2,卧式模具不大于斜滑块高度的 1/3,如果必须使用更大的推出距离,可加长斜滑块导向的长度。

④推出位置的选择。在侧向抽芯距较大的情况下,应注意在侧抽芯过程中斜滑块移出推杆顶端的位置,该位置如不合适会造成斜滑块无法完成预期的侧向分型或抽芯的工作,所以在设计时,推杆的位置选择应予以重视。

⑤斜滑块的装配要求。对于斜滑块底部非分型面的状况,为了保证斜滑块在合模时的拼合面密合,避免注射成型时产生飞边,斜滑块装配时必须使其底面离动模板有 0.2 ~ 0.5 mm 的间隙,上面高出动模板 0.4 ~ 0.6 mm(应比底面的间隙略大些为好),如图 4-51(a)所示。这样做的好处在于,当斜滑块与导滑槽之间有磨损后,再通过修磨斜滑块的下端面来保持其密合性。另外,当斜滑块的底面用作分型面时,底面是不能留间隙的,如图 4-51(b)所示,但这种形式一般很少采用,因为滑块磨损后很难修整,采用图 4-51(c)所示的形式较为合理。

⑥斜滑块推出后的限位。在卧式注射机上使用斜滑块侧向抽芯机构时,为了防止斜滑块在工作时从动模板上的导滑槽中滑出去,影响该机构的正常工作,因此,应在斜滑块上制

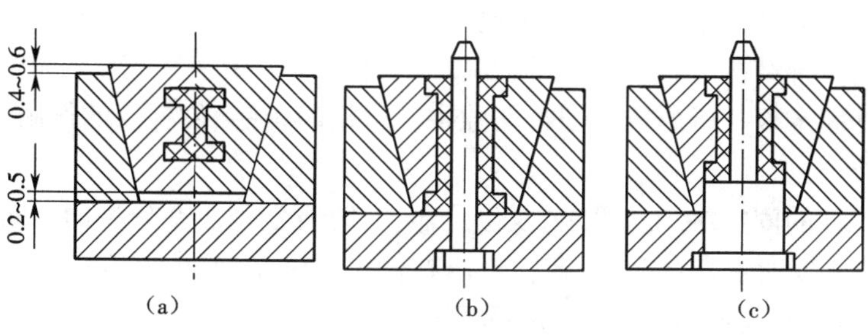

图 4-51　斜滑块的装配要求

出一个长槽，动模板上设置一挡块定位，如图 4-41 所示。

(2)斜导杆导滑的侧向分型与抽芯

斜导杆导滑的侧向分型与抽芯机构也称为斜推杆式侧抽芯机构，它是由斜导杆与侧型芯制成整体式或组合式机构后与动模板上的斜导向孔配合(H8/f8)，斜导杆侧向抽芯机构亦可分成外侧抽芯与内侧抽芯两大类。

图 4-52 所示为斜导杆外侧抽芯的结构形式，斜导杆的成型端由侧型芯 6 与该机构组合而成，在推出端装有滚轮 2，以滚动摩擦代替滑动摩擦，用来减少推出过程中的摩擦力。推出过程中的侧抽芯动作靠斜导杆 3 与动模板 5 之间的斜孔导向，合模时，定模板压住斜导杆成型端使其复位。

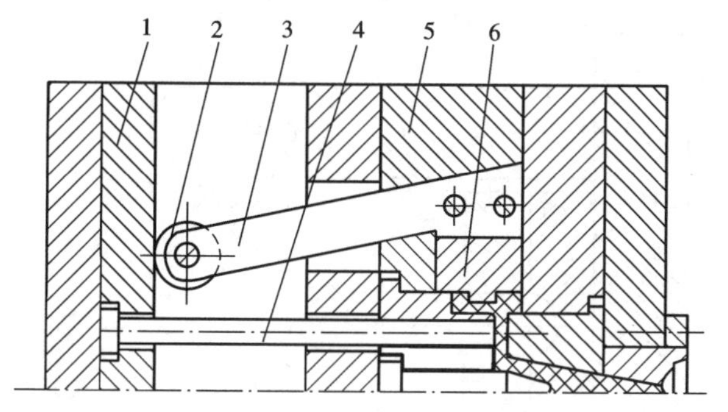

图 4-52　斜导杆的外侧抽芯

1—推杆固定板；2—滚轮；3—斜导杆；4—推杆；5—动模板；6—侧型芯

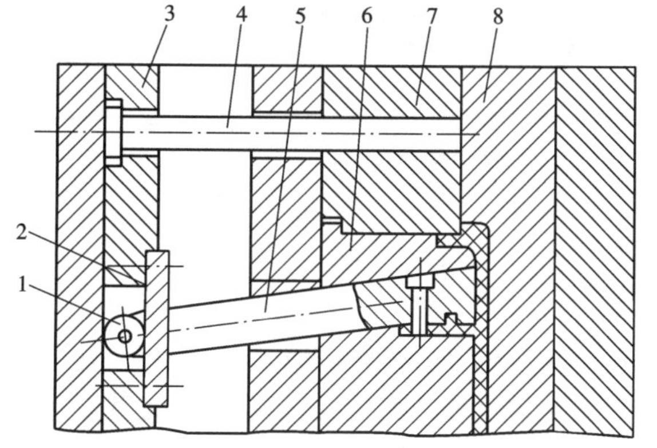

图 4-53　斜导杆内侧抽芯结构之一

1—滚轮；2—压板；3—推杆固定板；4—复位杆；5—斜导杆；6—凸模；7—动模板；8—定模板

在斜导杆内侧抽芯的结构设计中,关键的问题是斜导杆的复位措施。图 4-53 所示为斜导杆内侧抽芯的一种结构形式,侧型芯镶在斜导杆内,后端用转轴与滚轮相连,然后安装在由压板 2 和推杆固定板 3 所形成的配合间隙中。合模时,在复位杆 4 的作用下,压板迫使滚轮使斜导杆复位。

为了使斜导杆的固定端结构简单,复位可靠,有时将侧型芯在分型面上向塑件的外侧延伸,如图 4-54 中 *A* 处所示。合模时,定模板压在侧型芯 4 的 *A* 处使其复位。此外还有采用弹簧或连杆形式使斜导杆复位的,如图 4-55 所示。

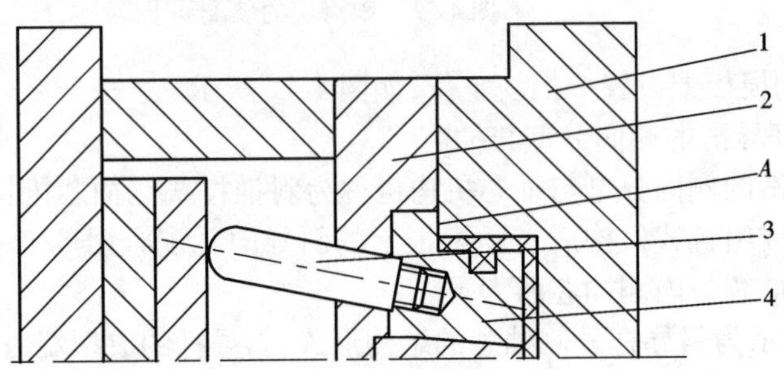

图 4-54　斜导杆内侧抽芯结构之二

1—定模板;2—动模板;3—斜导柱;4—侧抽芯

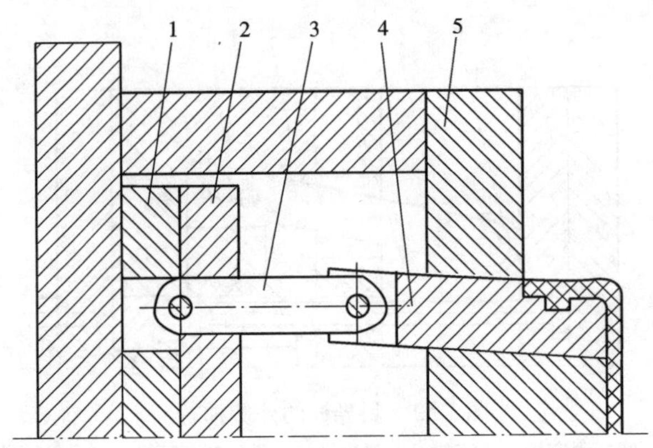

图 4-55　斜导杆内侧抽芯结构之三

1—推板;2—推杆固定板;3—连杆;4—斜导柱;5—动模板

任务三　项目实施

一、塑件工艺性分析

1. 塑件的原材料分析

塑件的材料采用增强型聚丙烯,属热塑性塑料。从使用性能上看,该塑料具有刚度好、耐水、耐热性强,其介电性能与温度和频率无关,是理想的绝缘材料;从成型性能上看,该塑料吸水性小,方向性明显,凝固速度较快,易产生内应力。因此,在成型时应注意控制成型温度,浇注系统应缓慢散热,冷却速度不宜过快。

2. 塑件的结构分析

从零件图上分析，该零件总体形状为长方形，中间有贯穿孔，零件上下各有 4 个直径为 1.5 mm 的孔，侧面有环形凹槽，因此，模具设计时必须设置侧向分型抽芯机构。该零件属于中等复杂程度。

二、初选注射机型号

1. 注射量的计算

通过三维软件建模分析，可知单个塑件的体积为 3.605 115 4 cm^3，两个约为 7.21 cm^3。查相关表得到密度为 0.90 g/cm^3。按公式计算得注射量，浇口系统的体积约占塑件体积的 15%，为 1.0815 cm^3。所以该种塑料的理论注塑量为 $7.21\ cm^3 + 1.0815\ cm^3 = 8.291\ 5\ cm^3$

2. 锁模力的计算

通过三维软件建模分析，可知单个塑件在分型面上的投影面积约为 660.53 mm^2，两个约为 1 321.06 mm^2。按经验公式计算得总面积为 $1.35 \times 1\ 321.06\ mm^2 = 1\ 783.431\ mm^2$。聚丙烯成型时型腔的平均压力为 25 MPa（经验值），故所需锁模力为 $F_m = 1\ 783.431\ mm^2 \times 25\ MPa = 44.586\ kN \approx 45\ kN$

3. 注射机的选择

本设计选用 XS－ZY－125 注射机，其主要参数如表 4-3 所示。

表 4-3　XS－ZY－125　注射机的主要参数

额定注射量/cm^3	125	螺杆直径/mm	42
注射压力/MPa	120	注射行程/mm	115
注射时间/s	1.6	注射方式	螺杆式
合模力/kN	900	动、定模固定板尺寸/mm	428×458
喷嘴球半径/mm	12	锁模方式	液压－机械
拉杆内间距/mm	290×260	移模行程/mm	300
最大模厚/mm	300	最小模厚/mm	200
喷嘴孔直径/mm	4	定位圈尺寸/mm	4

4. 塑件模塑成型工艺参数的确定

查表得出工艺参数如表 4-4 所示，试模时可根据实际情况作适当调整。

表 4-4　塑件成型工艺参数

增强型聚丙烯	预热和干燥	温度 t/℃	80～100	成型时间	注射时间/s	0～3
		时间 τ/h	1～2		保压时间/s	15～40
	料筒温度 t/℃	后段	140～160		冷却时间/s	15～30
		中段	—		总周期/s	40～90
		前段	170～190	螺杆转速 n/($r \cdot min^{-1}$)		—
	喷嘴温度 t/℃	160～170		后处理	方法	
	模具温度 t/℃	20～60			温度 t/℃	
	注射压力 p/MPa	60～100			时间 τ/h	

5. 编制制件的成型工艺卡片

该制件的注射成型工艺卡如表 4-5 所示。

表 4-5　线圈骨架注射成型工艺卡

车间				塑料注射后成型工艺卡	资料编号	
零件名称	线圈骨架			材料牌号	设备型号	XS－ZY－125
装配图号				材料定额	每模件数	1 件
零件图号				单件重量 27.7 g	工装号	
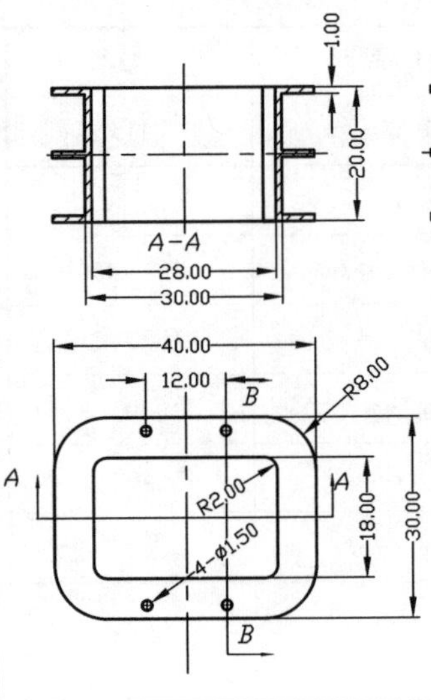				材料干燥	设备	
					湿度/℃	110～120
					时间/h	
				料筒温度(℃)	后段/℃	140～160
					中段/℃	—
					前段/℃	170～190
					喷嘴/℃	160～170
				模具温度/℃		20～60
				时间	注射/s	0～3
					保压/s	15～40
					冷却/s	15～30
				压强	注射压/MPa	60～100
					筒压/MPa	
后处理	温度			时间定额	辅助/min	
	时间				单件/min	
检验						
编制	校对	审核	组长	车间主任	检验组长	主管工程师

二、分型面的选择及型腔布局

1. 分模面的选择

根据零件的特殊结构，此结构采用三次分型。两个水平分型，即分出型腔和型芯部分。然后垂直分型，即从两个大滑块对开处分型。选择如图 4-56 所示的分型方式既可降低模具的复杂程度，减少模具加工难度，又便于成型后出件。

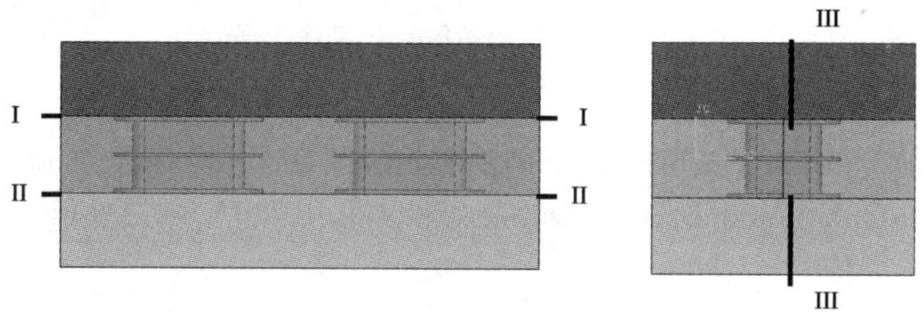

图 4-56　分型面的选择

2. 型腔数目的确定及型腔的排列

采用一模两件直线式型腔布局，如图 4-57 所示，此种布局方便设置侧向分型与侧抽芯机构，模具结构紧凑，模具大小适中，虽然料流长度较长，但塑件尺寸较小，不会对成型造成影响。

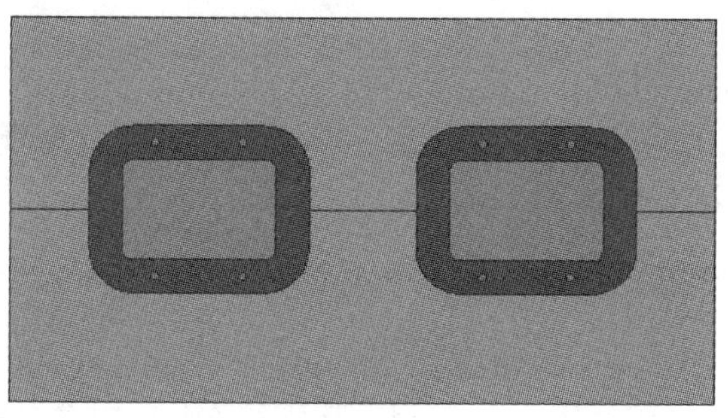

图 4-57　型腔布局

三、浇注系统设计

浇注系统如图 4-58 所示。

1. 主流道设计

(1)主流道尺寸设计

根据所选 XS－ZY－125 型注射机，主流道小端尺寸为

$$d = 注射机喷嘴尺寸 + (0.5 \sim 1)\,\text{mm} = 2\ \text{mm} + 1\ \text{mm} = 3\ \text{mm} \tag{4-23}$$

主流道球面半径为

$$SR = 注射机喷嘴半径 + (1 \sim 2)\,\text{mm} = 12\ \text{mm} + 2\ \text{mm} = 14\ \text{mm} \tag{4-24}$$

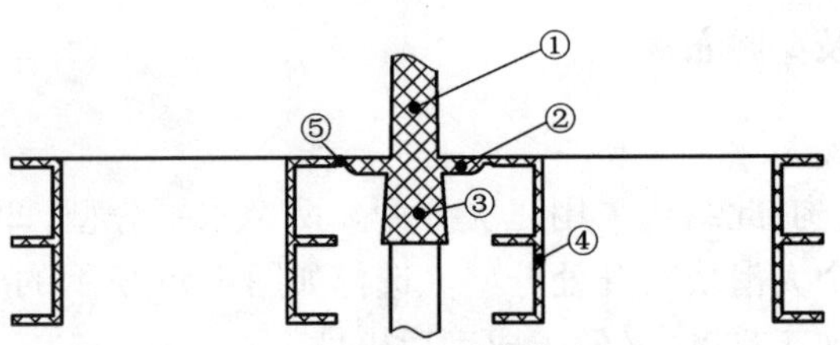

图 4-58 浇注系统

1—主流道;2—分流道;3—冷料穴;4—塑件;5—侧浇口

(2)主流道衬套形式

为了便于加工和缩短主流道长度,将衬套和定位圈设计成分体式,主流道设计成圆锥形,锥角取 2°,内壁表面结构取 *Ra*0. 4 μm。衬套材料采用 T10A 钢,热处理淬火后表面硬度为 50 ~ 55 HRC。

2. 分流道设计

为了便于机械加工和凝料脱模,分流道的截面形状及尺寸,应根据塑件的体积、壁厚、形状的复杂程度、注射速率、分流道长度等因素来确定。本塑件的形状不算复杂,熔料填充型腔比较容易。根据型腔的排列方式可知分流道的长度较短,为了便于加工,本模具选用截面形状为 $R=2.5$ mm 的半圆形分流道。

3. 浇口设计

根据塑件的成型要求及型腔的排列方式,本模具选用侧浇口较为理想,尺寸为 1 ×0. 8 ×0. 6 mm。

4. 冷料穴和拉料杆的设计

在分型时靠动模板上的反锥度穴和浅圆环槽的作用,将主流道凝料拉出浇口套,然后靠后面的推杆强制地将其推出。如图 4-58 所示。

四、成型零件结构设计

1. 型腔设计

型腔结构比较简单,采用整体嵌入式结构,用螺钉将其固定在定模板上。型腔零件图和三维造型如图 4-59 所示。

2. 型芯设计

采用整体嵌入式结构,用螺钉将型芯固定在动模板上。型芯零件图和三维造型如图 4-60所示。

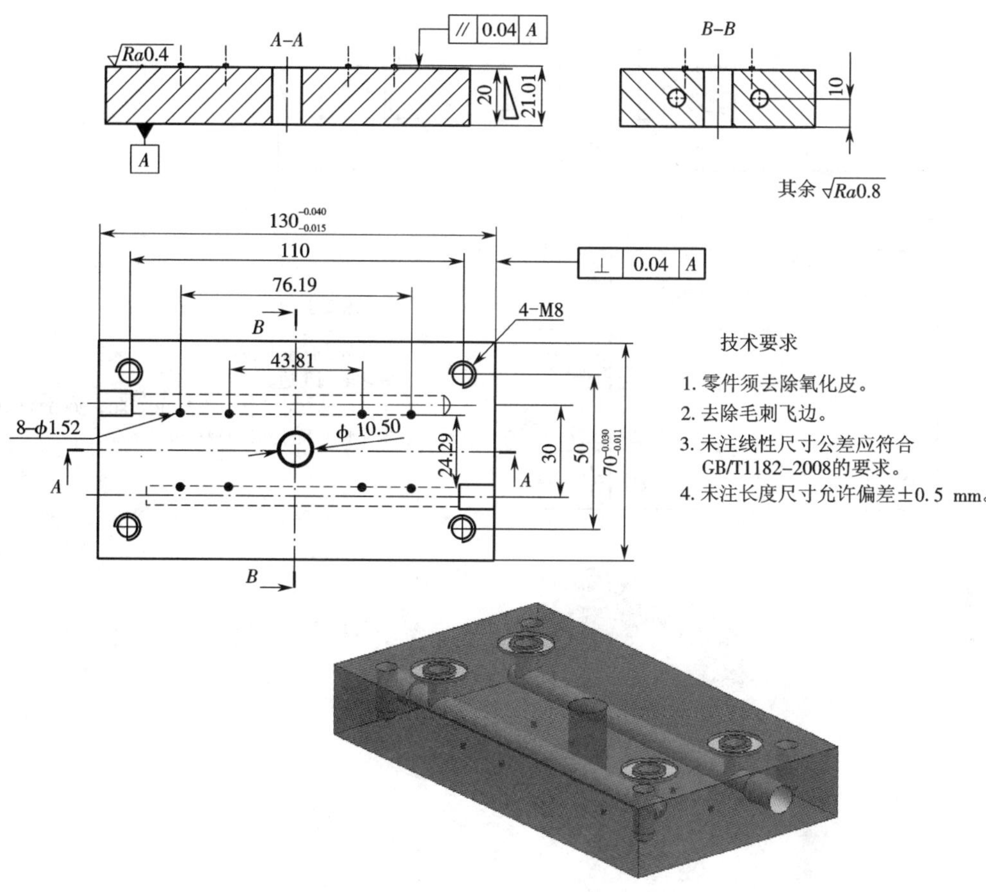

图 4-59 型腔零件图和三维造型

五、侧抽芯机构设计

本例的塑件侧面有环形凹槽,垂直于脱模方向,阻碍成型后塑件从模具脱出。因此成型凹槽的零件必须做成活动的型芯,即须设置抽芯机构。本模具采用最常用的斜导柱侧抽芯机构且选用斜导柱、滑块均在动模的形式,侧抽芯机构的总体结构如图 4-61 所示。

1. 侧滑块抽芯距的计算

塑件两侧是环形凹槽,侧滑块设计成对开式结构,凹槽的深度为 15 mm,圆角半径为 8 mm,如图 4-62 所示。为了安全脱出,抽芯距设定为 $s=15$ mm。

2. 斜导柱的设计

侧滑块的长度为 130 mm,根据经验设置两个斜导柱。

(1)确定倾斜角

斜导柱的倾斜角 α 是斜抽芯机构的主要技术数据之一,它与抽拔力以及抽芯有直接关系,一般取 $\alpha=15°\sim25°$,本例选取 $\alpha=18°$。

(2)确定斜导柱尺寸

斜导柱的直径取决于抽拔力及其倾斜角度,可按设计资料的有关公式进行计算,本例按

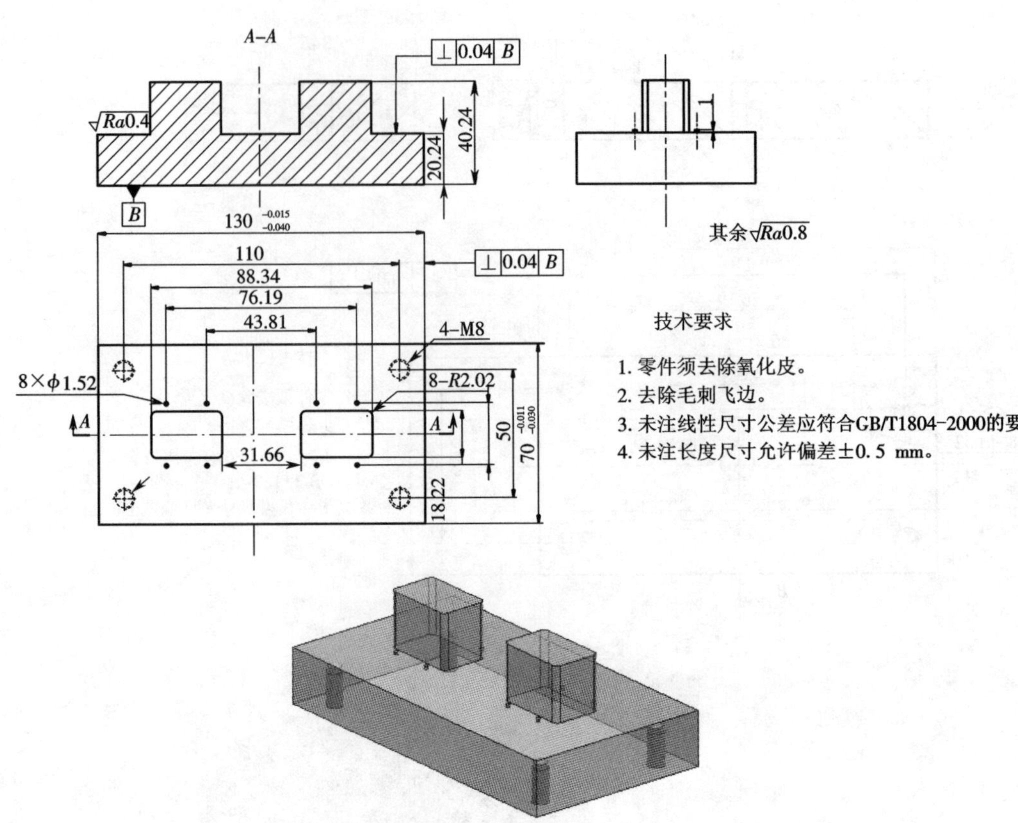

图 4-60　型芯零件图和三维造型

经验估值，取斜导柱的直径 $d=\phi 12$ mm。

有效长度 L：根据侧抽芯机构的运动原理，斜导柱的有效长度和斜角符合以下关系：

$$L=s/\sin\alpha=15/\sin 18^\circ=48.57\ \text{mm}$$

斜导柱其他部分的长度可在加载模架以后直接从图中量取。

3. 滑块的设计

本例中侧向抽芯机构主要是用于成型零件的侧面凹槽，其凹槽尺寸较大，考虑到型芯强度和装配问题，拟采用如图 4-63 所示的整体式滑块结构。

4. 导滑装置的设计

设计两块 L 形压板，用螺钉和销钉固定在动模板上，形成 T 形导滑槽，其结构如图 4-64 所示。

5. 限位装置的设计

选用标准结构形式的限位钉。设计时需要注意的一个问题是，模具合模后，限位钉和滑块底边的距离应该大于抽芯距 2 ~ 3 mm，如图 4-61 所示。

6. 楔紧块的设计

楔紧块的结构如图 4-65 所示。与滑块配合的斜面的倾斜角为 20°。使用螺钉安装在定模板上。

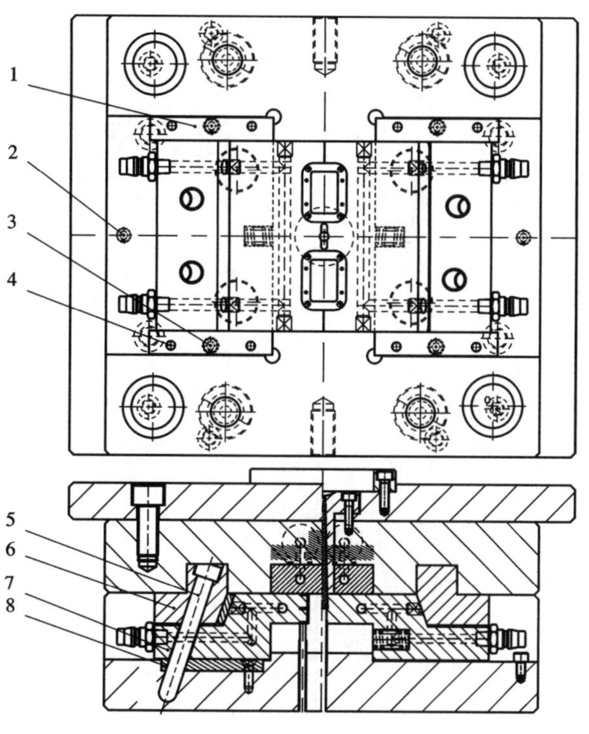

图 4-61　线圈骨架侧抽芯模具图

1—压板;2—限位螺钉;3—压板螺钉;4—压板销钉;5—斜导柱;6—楔紧块;7—滑块;8—耐磨块

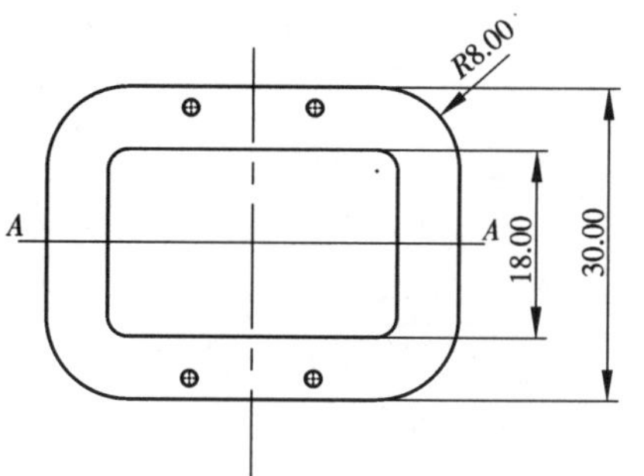

图 4-62　抽芯距的计算

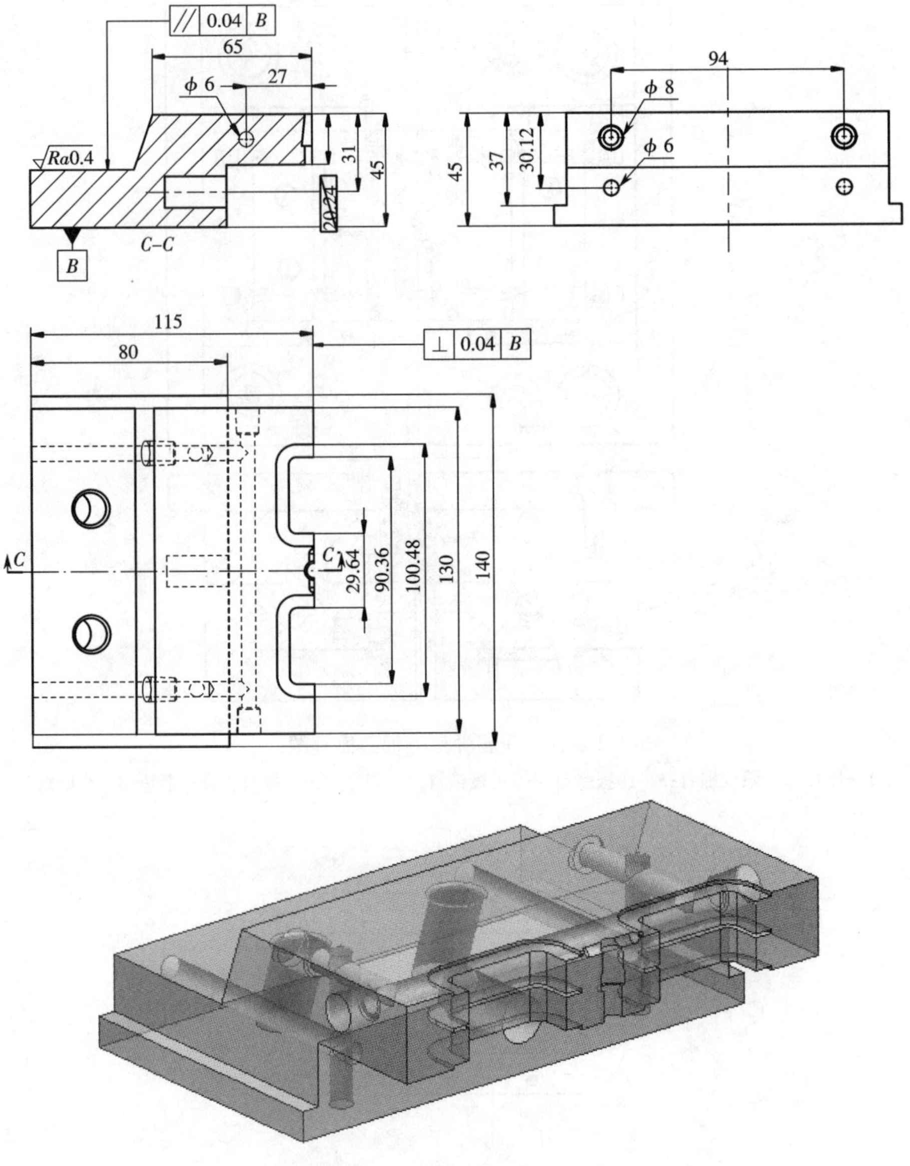

图 4-63　滑块零件图和三维造型

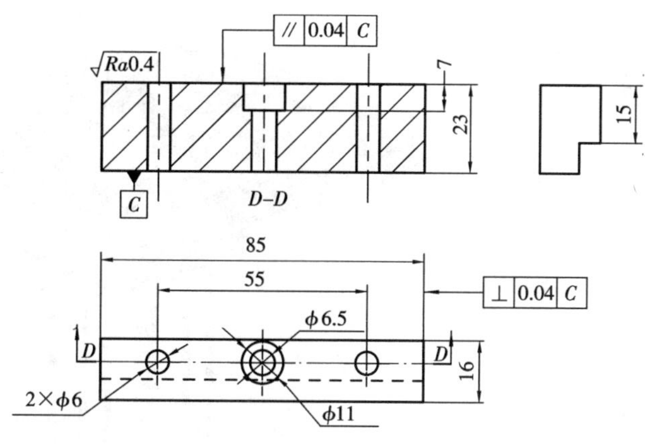

图 4-64　压板设计

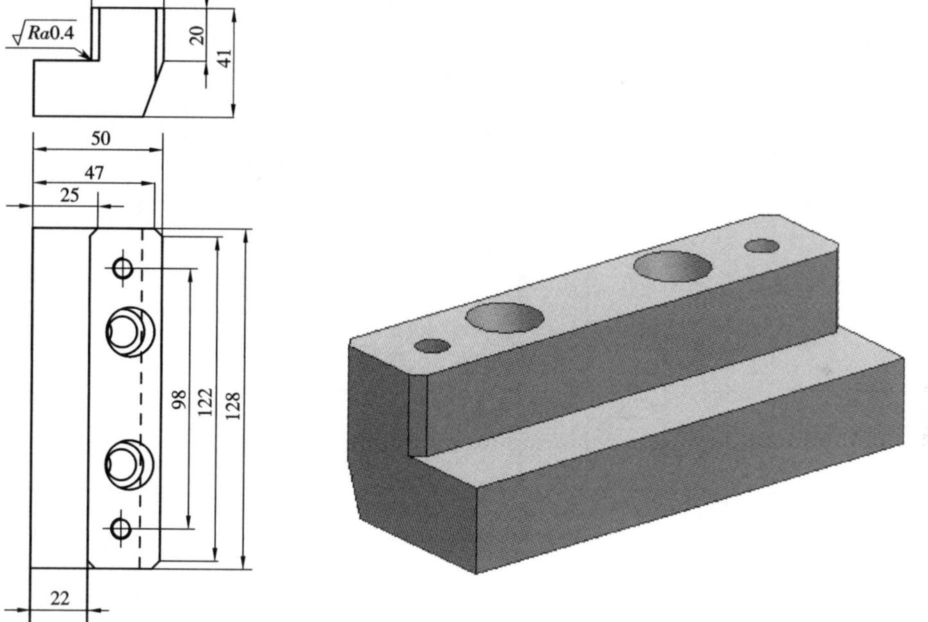

图 4-65　楔紧块的设计

六、推出机构设计

采用最简单的推杆推出机构，每个塑件推杆数量为 4 根，共 8 根，直径为 4 mm；直径为 6 mm 的拉料杆 1 根，如图 4-66 所示。

七、冷却系统设计

由于型腔体积小，形状简单，因此为降低加工成本，本设计采用直通式冷却水道。水道的直径为 8 mm，如图 4-67 所示。

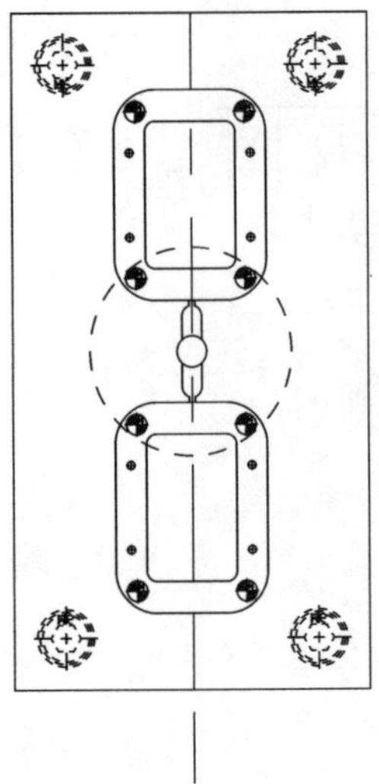

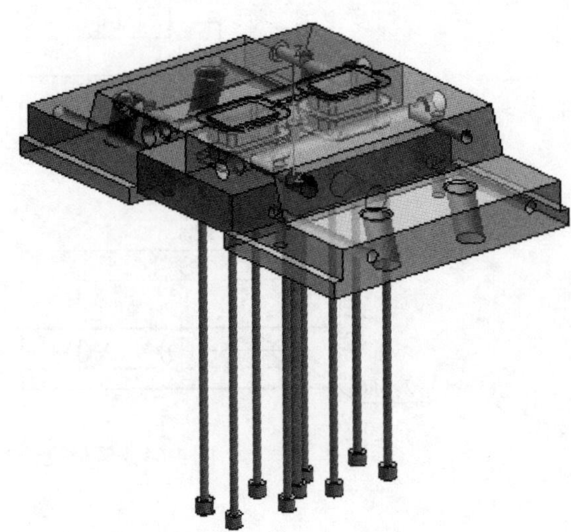

图 4-66　推出机构设计

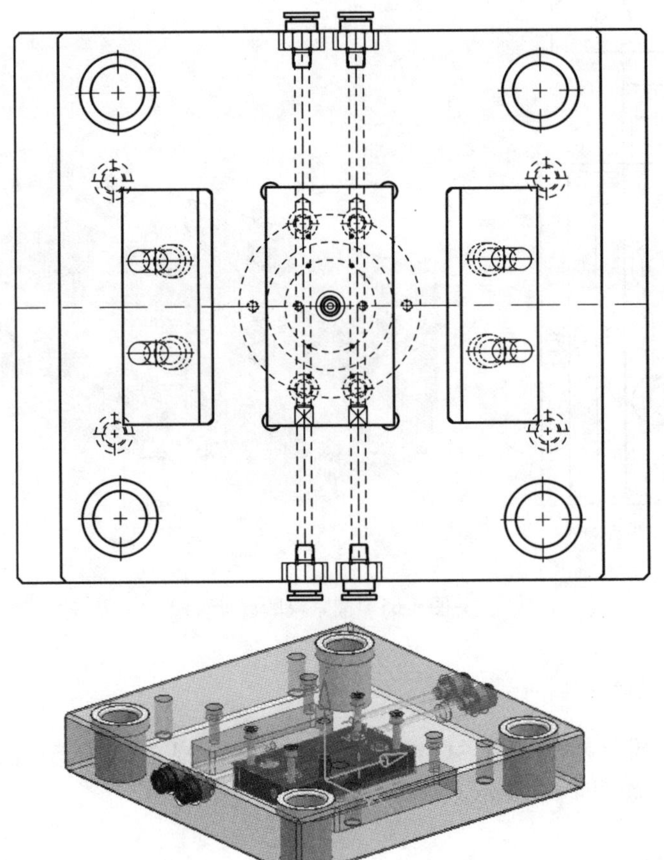

图 4-67　定模板设计的冷却回路

当侧型芯需要冷却时，可以在侧型芯和滑块上设计冷却回路，本例侧型芯和滑块为一体，图 4-68 所示为滑块上设计的冷却回路。

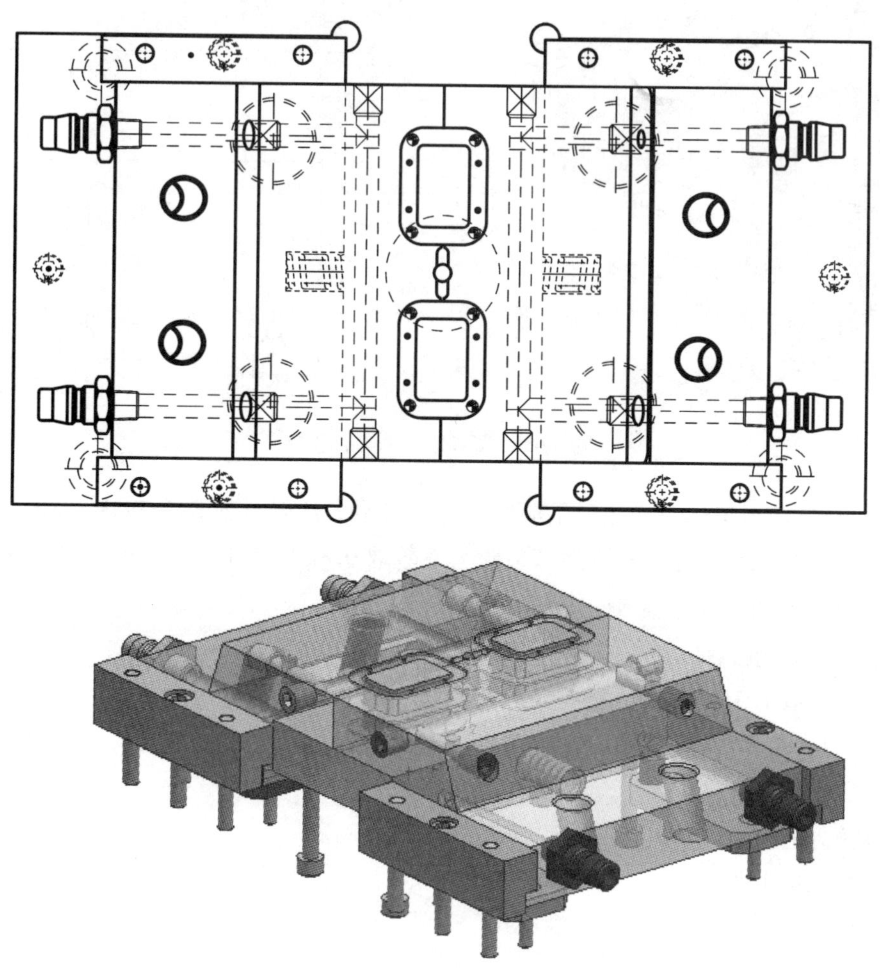

图 4-68　滑块上设计的冷却回路

八、标准模架的选择

根据型腔的布局可看出，采用一模两腔的排布形式，塑件的尺寸为 40 mm × 30 mm × 20 mm。查有关表可得型腔和型芯的尺寸为 130 mm × 70 mm × 20 mm、130 mm × 70 mm × 40 mm。再考虑到导柱、导套及连接螺钉布置应占的位置和采用的推出机构等各方面的问题，确定模架为 300 mm × 350 mm，结构为龙记公司的大水口 AI 系列，A、B、C 板分别为 50 mm、80 mm、100 mm，以满足线圈骨架注射模的需要。线圈骨架模架如图 4-69 所示。

九、模具的校核

1. 最大注射量的校核

为了保证正常的注射成型，注射机的最大注射量应稍大于制品的质量和体积（包括流

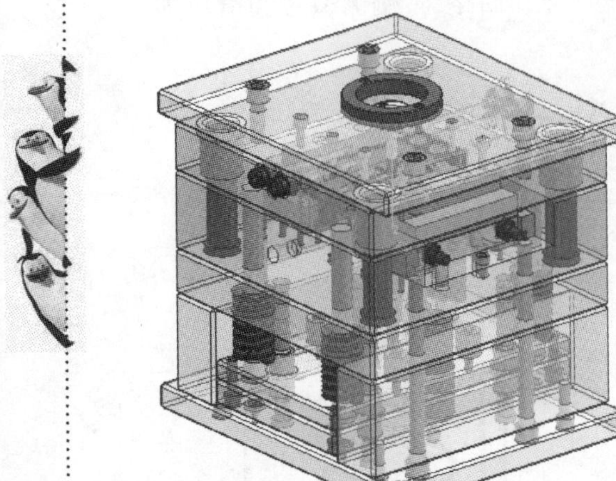

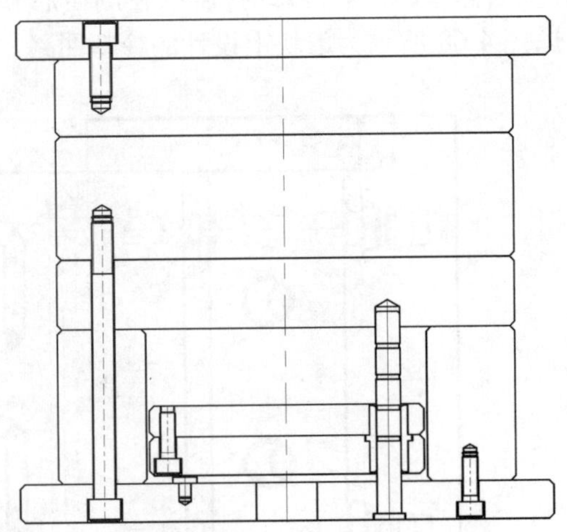

图 4-69　线圈骨架模架的选择

道凝料)。通常注射机的实际注射量最好在注射机最大注射量的 80% 以内。XS - ZY - 125 型注射机允许的最大注射容量约为 125 cm^3,系数取 0.8,则 $0.8 \times 125\ cm^3 = 100\ cm^3$,$8.295\ cm^3 < 100\ cm^3$,因此最大注射量符合要求。

2. 注射压力的校核

安全系数取 1.3,注射压力根据经验取为 80 MPa。

$$1.3 \times 80\ MPa = 104\ MPa, 104\ MPa < 120\ MPa$$

因此注射压力校核合格。

3. 锁模力的校核

安全系数取 1.2,则

$$1.2 \times 36\ kN = 43.2\ kN < 900\ kN$$

因此锁模力校核合格。

4. 模具闭合高度的确定和校核

模具各模板尺寸如下:

定模座板 $H_1 = 25$ mm、定模板 $H_2 = 50$ mm、动模板 $H_3 = 80$ mm、支承板 $H_4 = 45$ mm、垫板 $H_5 = 100$ mm、动模座板 $H_6 = 25$ mm。

模具的闭合高度:

$$H = H_1 + H_2 + H_3 + H_4 + H_5 + H_6 = 325\ mm$$

由于 XS - ZY - 125 型注射机所允许模具的最小厚度为 $H_{min} = 200$ mm,最大厚度 $H_{max} = 300$ mm,而计算得模具闭合高度 $H = 325$ mm,所以模具不满足 $H_{min} \leqslant H \leqslant H_{max}$ 的安装条件。

故另选注塑机型号为 G54 - S200/400。

5. 模具安装部分的校核

该模具的外形最大部分尺寸为 350 mm × 300 mm,G54 - S200/400 型注射机模板最大安装尺寸为 532 mm × 634 mm,故能满足模具安装的要求。

6. 模具开模行程校核

G54 - S200/400 型注射机的最大开模行程 $s_{max}=260$ mm，为了使塑件成型后能够顺利脱模，并结合该模具的单分型面特点，确定该模具的开模行程 s 应满足：

$s \geqslant H_1+H_2+(5\sim10)=20.24+20+(5\sim10)=46\sim51<s_{max}$。

式中 s——注塑机的开模行程，mm；

H_1——脱模时塑件移动距离，mm；

H_2——浇注系统和塑件的总高度，mm。

综上所述，该注射机的型号选用 G54 - S200/400。

十、绘制装配图

根据前面所确定的模架、模具零件结构及模具装配图的要求，绘制模具工程图，结果见附图 3 侧抽芯注射模装配图。

项目五　斜顶注射模设计

一、知识目标

1. 了解各种斜顶机构的工作原理；
2. 掌握简单斜顶机构结构图；
3. 掌握斜顶的尺寸、角度的计算以及斜滑块与斜顶杆的连接方式。

二、能力目标

1. 能读懂各种斜顶机构结构图、动作原理和模具结构图；
2. 能进行简单的斜顶机构的设计；
3. 能绘制模具装配图和零件图。

任务一　项目导入

该塑件为保鲜盒盖，其零件图和三维图如图 5-1 所示。本塑件的材料为 ABS，尺寸精度为 4 级，生产类型为小批量。

任务二　相关知识

一、斜顶机构概述

1. 斜顶机构的定义

当制品侧面（相对开模方向而言）带有凹、凸形状等倒扣结构时，在成型后凹穴和凸台的模具零件将会阻碍制品从模内顶出，除了弹性制品且倒扣量较小时（一般小于 0.8 mm），可以用强制脱模外，大部分必须在顶出前将凹穴和凸台的成型零件先行退出，这些成型零件一般做成可以移动的组件，开模时先将成型侧面的组件有序地抽出，制品顶出后再将组件恢复原位，这种借助顶出力与合模力进行模具抽芯及其复位动作的机构称为斜顶机构，如图 5-2 所示。

2. 斜顶结构的组成

斜顶机构按功能划分，一般由成型元件、顶出元件、滑动元件、导向元件及限位元件五部分组成，见表 5-1。

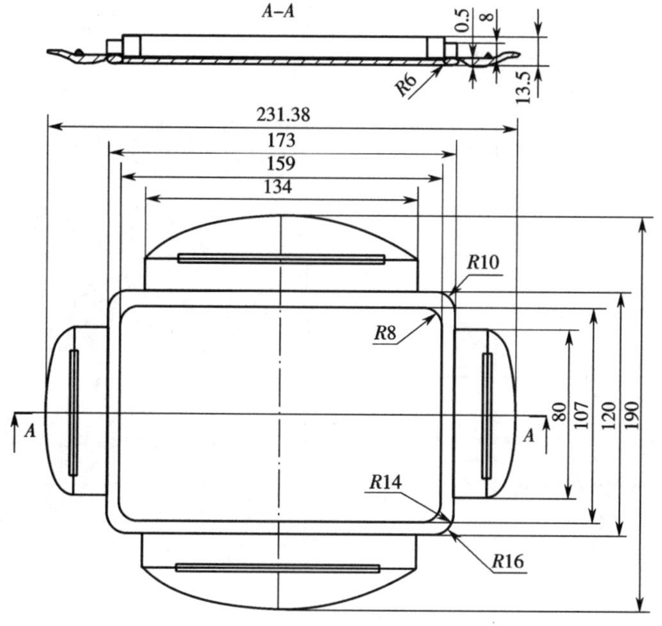

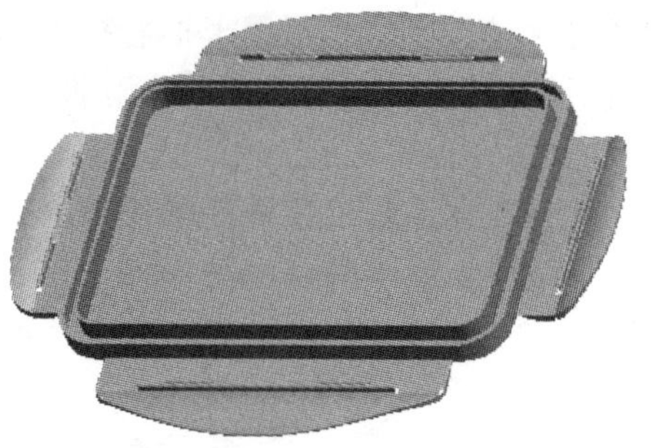

图 5-1　保鲜盒盖零件图和三维造型

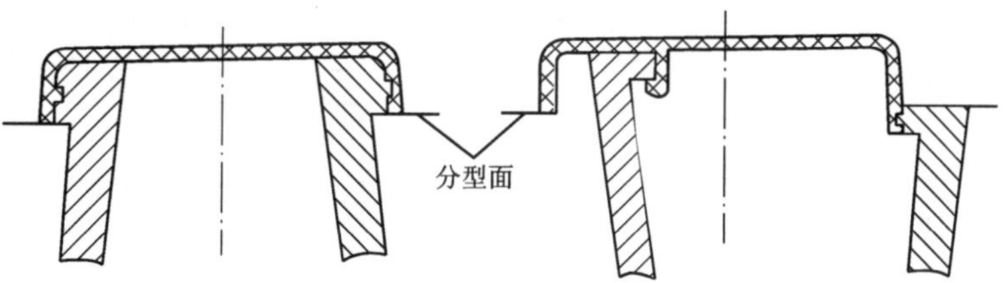

图 5-2　斜顶机构

表 5-1　斜顶机构的组成

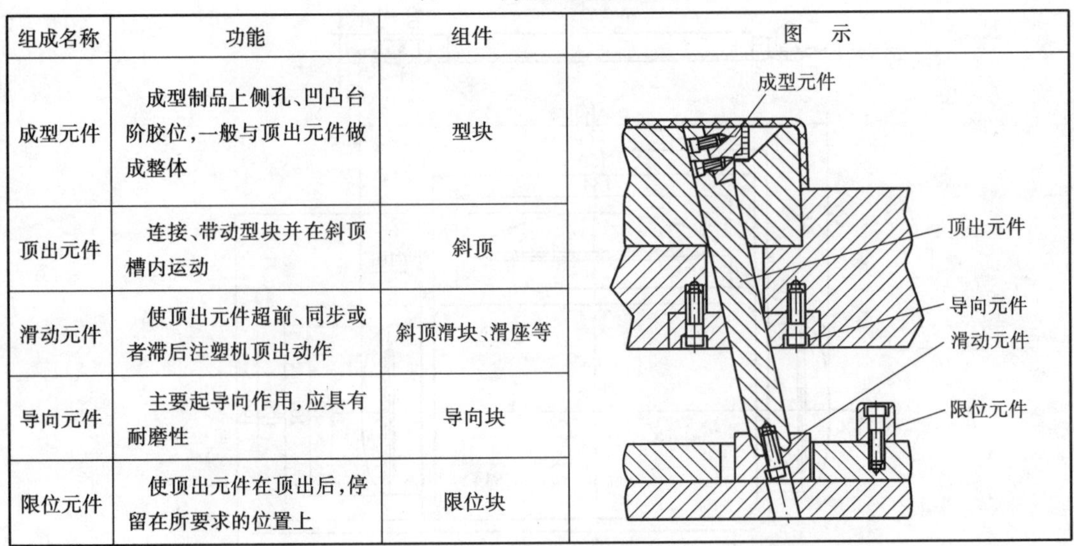

组成名称	功能	组件	图　示
成型元件	成型制品上侧孔、凹凸台阶胶位，一般与顶出元件做成整体	型块	
顶出元件	连接、带动型块并在斜顶槽内运动	斜顶	
滑动元件	使顶出元件超前、同步或者滞后注塑机顶出动作	斜顶滑块、滑座等	
导向元件	主要起导向作用，应具有耐磨性	导向块	
限位元件	使顶出元件在顶出后，停留在所要求的位置上	限位块	

3. 斜顶工作原理

由斜顶的定义来看，斜顶是一种抽芯结构，它的动作是由模具的顶出系统来完成的。一般来说，在产品的内表面有倒扣结构，产品周围用于抽芯机构的空间比较小时，可优先考虑采用斜顶来完成。根据斜顶所处的模具位置，斜顶划分为动模斜顶、定模斜顶及滑块斜顶三类，其中以动模斜顶最为常见。

动模斜顶的工作原理：顶出时，在注塑机顶棍 8 的作用下，推动顶针推板 7，带动斜顶 2 斜向上顶出。由于动模镶块 1 及导向块 3 的斜向导向槽作用，斜顶 2 在顶出制品的同时作横向移动，从而使制品脱离斜顶 2 的成型部分，最后由限位柱 4 限位完成顶出工作，如图 5-3 所示。

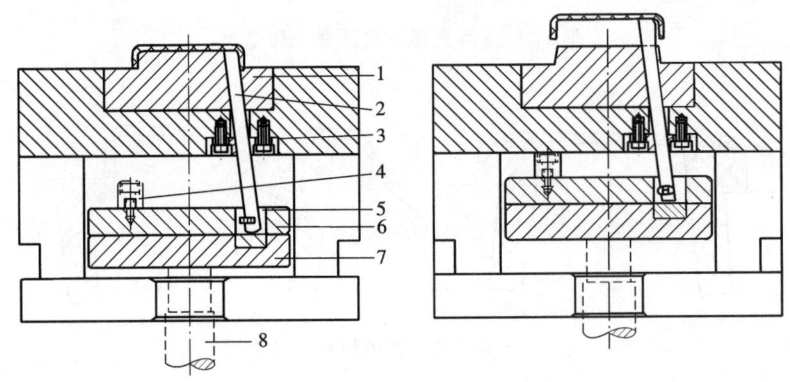

图 5-3　斜顶工作原理图

1—动模镶块；2—斜顶；3—导向块；4—限位柱；5—斜顶滑块；6—推杆固定板；7—推板；8—注塑机顶棍

定模斜顶的工作原理：与动模斜顶的工作原理类似，只不过顶出侧在定模一侧，一般定模斜顶需要采用弹簧作为替代注塑机的顶出力。

滑块斜顶的工作原理：与动模斜顶的工作原理类似，只不过顶出侧在滑块一侧，一般滑块斜顶也需要采用弹簧作为替代注塑机的顶出力。

4. 斜顶受力分析

大部分的斜顶一般不设置冷却水路，在稳定模压状态下，其预计温度可比周围的镶件平均高出 50 ℃。该值随材料、模压及工艺的不同而不同。

下面以 L 形斜顶的热膨胀为例，如图 5-4 所示。

110 mm × 50 ℃ × 0. 000 011 = 0. 06 mm

80 mm × 50 ℃ × 0. 000 011 = 0. 044 mm

60 mm × 50 ℃ × 0. 000 011 = 0. 033 mm

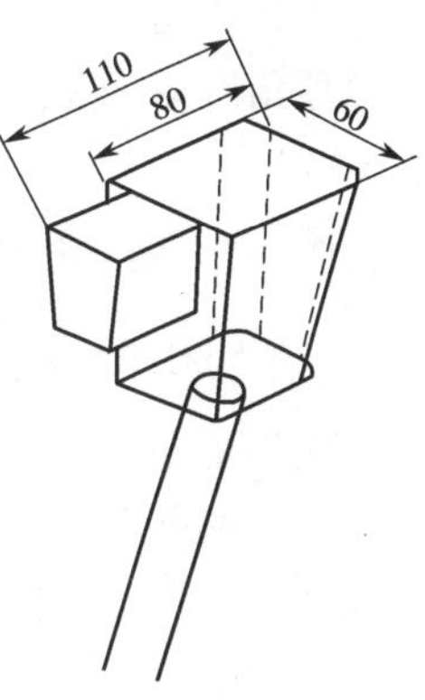

图 5-4　热膨胀原理图

当热膨胀达到某配合的干涉部位时，可形成强大的顶针阻力，从而妨碍斜顶正常运行。如图 5-5 所示是大角度、大行程斜顶存在的缺点，所以一般斜顶的角度不能超过 12°，顶出行程越小越平稳。

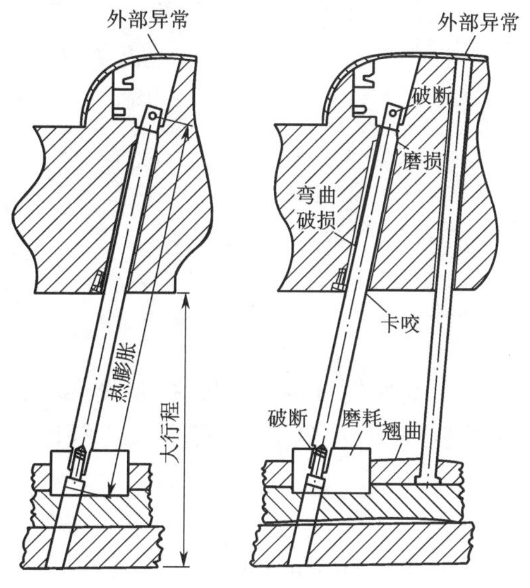

图 5-5　斜顶状况图

二、斜顶的设计要点

1. 斜顶行程的确定

如图 5-6 所示，斜顶行程的计算公式如下：

$$s_{顶} = s + K \quad (5\text{-}1)$$

式中　$s_{顶}$——斜顶行程；

s——倒扣深度；

K——安全值，一般取 1 ~ 2 mm。

需要注意的是，斜顶实际可以移动的空间 L 需要大于 $s_{顶}$。

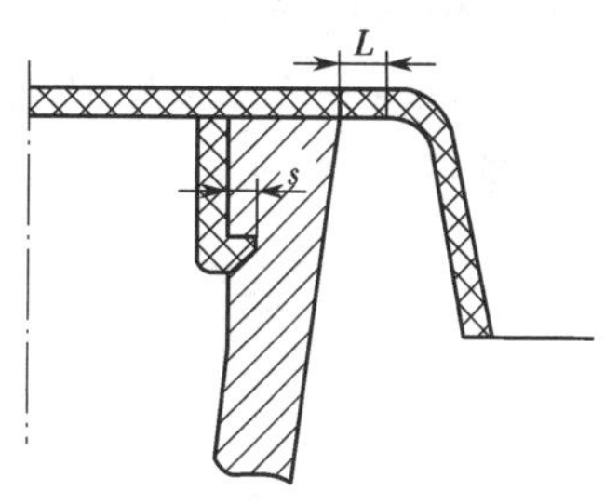

图 5-6　斜顶行程计算

项目五　斜顶注射模设计

2. 斜顶角度的确定

为避免成型斜顶在运动时由于受翻转力矩的作用而发生烧坏，甚至卡死的问题，传统设计的斜顶角度 α 不能做得太大，一般不大于 12°，通常 $3° < \alpha < 8°$，采用特殊设计时，最大不超过 30°。

如图 5-7 所示，斜顶角度在确定斜顶行程及顶出行程后按下式求出：

$$\alpha = \arctan \frac{\text{斜顶行程}}{\text{顶出行程}} \tag{5-2}$$

按此式求得 α 值一般比较小，应进位取整数值。

3. 斜顶的截面

如图 5-8 所示，斜顶的截面尺寸（$A \times B$）应满足斜顶的强度要求。一般来说斜顶长度大于 100 mm 时，截面不能小于 3 mm ×3 mm；长度大于 200 mm 时，截面不小于 6 mm ×6 mm；长度大于 300 mm 时，截面不小于 9 mm ×9 mm。

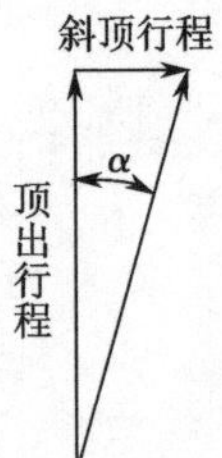

图 5-7　斜顶角度计算

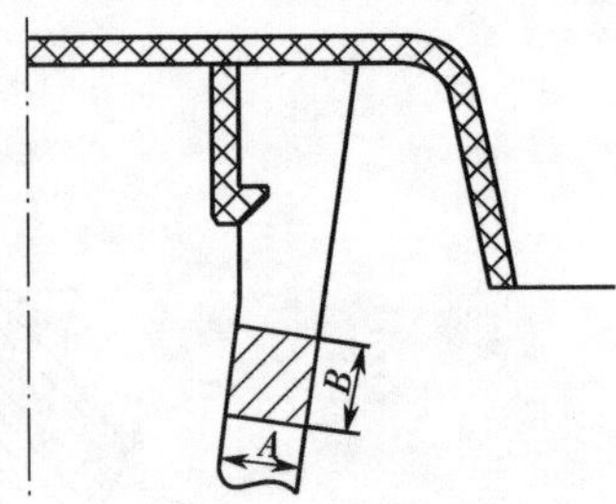

图 5-8　斜顶的截面

4. 斜顶材料

截面小的斜顶要选择比较有韧性的材料，一般选择弹簧钢，同时为保证成型斜顶的强度与耐磨性，应进行表面淬火处理（50 HRC 以上）。截面大的斜顶材料可以选择 638，表面进行氮化处理（50 HRC 以上）。

5. 斜顶的冷却

一般情况下如果斜顶的截面小于 80 mm ×80 mm 时，斜顶上可以不单独加开冷却水路，实际设计中有些斜顶截面较大，应单独加开冷却水路。

6. 保证斜顶运动顺畅

为了保证斜顶运动顺畅，通常斜顶滑动部分应加有油槽，如图 5-9 所示。

7. 避免制品滑伤

为使斜顶在顶出过程中，横向移动顺畅，避免制品表面划伤，在组装时，应使斜顶顶端最少低于型芯（或模板）表面 0. 05 mm，如图 5-10 所示。

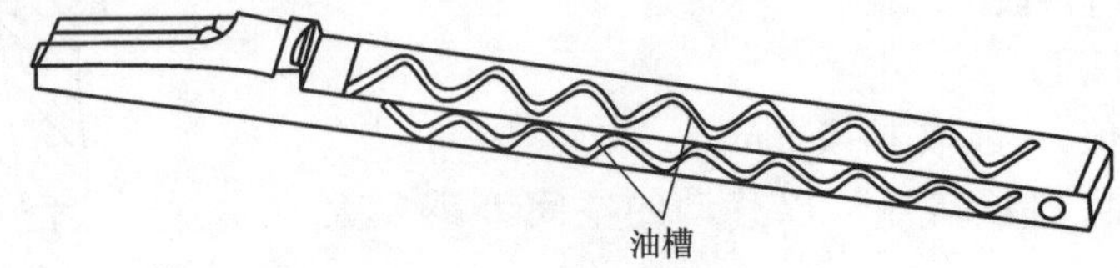

图 5-9　斜顶的油槽

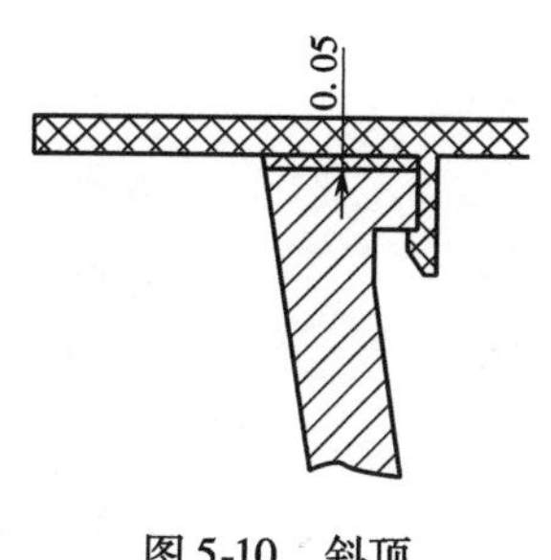

图 5-10　斜顶

三、动模斜顶

1. 同步顶出斜顶

同步顶出斜顶是指斜顶的顶出动作与注塑机的顶出动作是同步进行的。

(1)斜推杆平移式斜顶

斜推杆平移式斜顶是一种最为常见的机械顶出机构，一般分为单段式斜顶及两段式斜顶。

当斜顶截面尺寸比较小，为了防止太长造成变形，或斜顶运动空间不够的场合，一般要做成两段式斜顶，可简化动模顶出机构。图 5-11 所示的斜顶 5 属于单段式斜顶，斜顶 8 及顶杆 10 组成两段式斜顶，顶出过程中，推杆固定板 2 推动斜顶 5 及顶杆 10，同时顶杆 10 又作用于斜顶 8，促使斜顶 5、8 沿着型芯 7 的导向斜孔移动，这样斜顶 5、8 在沿顶出方向运动的时候，同时也向内侧运动，从而实现内侧抽芯。

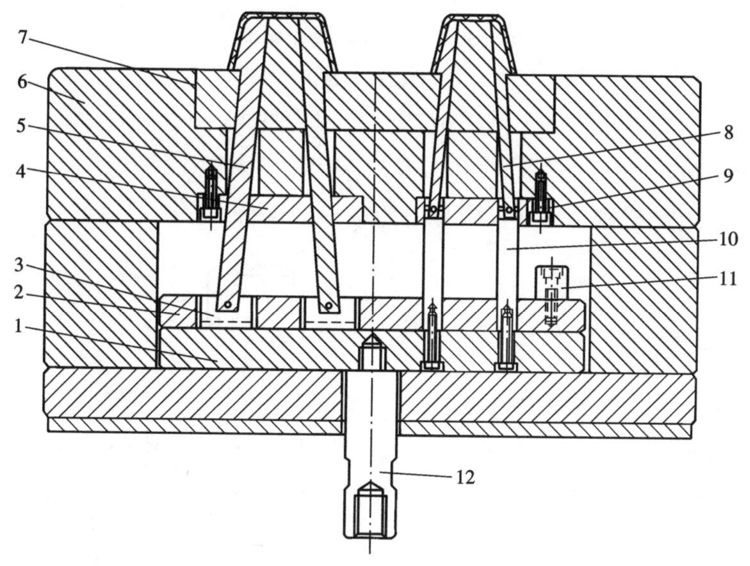

图 5-11　斜推杆平移式斜顶

(a)合模；(b)顶出

1—推板；2—推杆固定板；3—斜顶滑块；4—导向块；5、8—斜顶；6—*B* 板；7—型芯；9—导向块；10—顶杆；11—限位柱；12—拉杆

合模时，由于注塑机拉杆 12 对推板 1 的强拉作用，带动斜顶 5、顶杆 10 及斜顶 8 完成复位。

(2)直推杆平移式斜顶

当斜顶运动空间不够的场合，采用直推杆平移式斜顶，亦可简化动模顶出机构。如图 5-12 所示，顶出过程中，当斜顶 2 移动 *L* 距离后，斜顶 2 的斜面 *A* 已脱开型芯 4 的端面，继续顶出，斜顶 2 的斜面 *B* 与型芯 4 接触，并迫使斜顶 2 向抽芯方向移动，从而在顶出制品的同时，完成内侧抽芯。

合模时，由斜顶 2 的斜面 *A* 使其复位。

需要注意的是：$L > L_1, s > h, s_1 > s$。

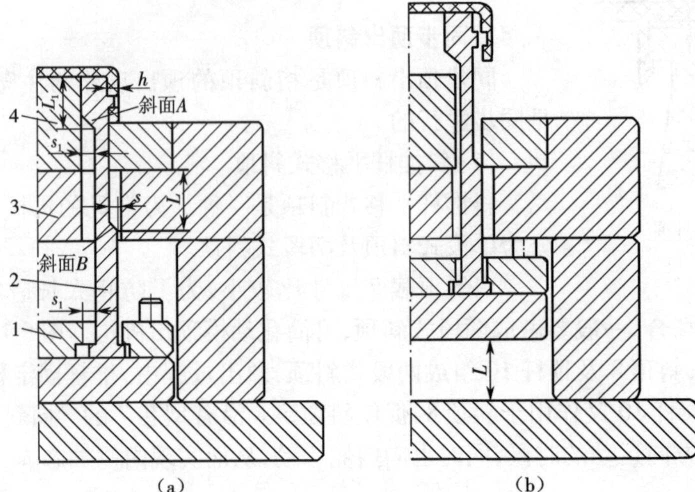

图 5-12　直推杆平移式斜顶

(a)合模；(b)顶出

1—推杆固定板；2—斜顶；3—动模板；4—型芯

(3)摆杆式斜顶

如图 5-13 所示，此机构适用于所需抽芯距较短的场合。

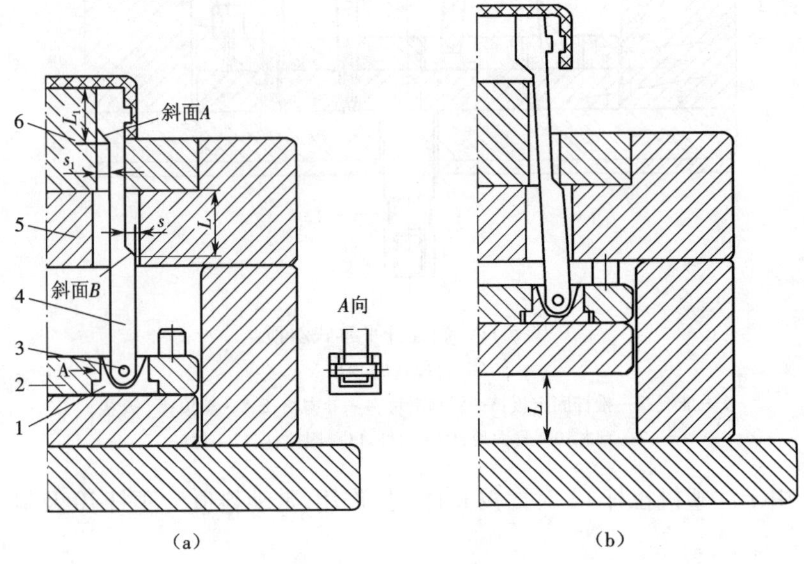

图 5-13　摆杆式斜顶

(a)合模；(b)顶出

1—斜顶固定座；2—推杆固定板；3—轴；4—摆动式斜顶；5—动模板；6—型芯

摆杆式斜顶 4 由轴 3 安装于顶针面板中。顶出过程中，摆杆式斜顶 4 移动 L 距离时，摆杆式斜顶 4 的斜面 A 已脱开型芯 6 的端面，继续顶出时，则摆杆式斜顶 4 的斜面 B 与型芯 6

接触并使其摆动,从而完成抽芯。

合模时,由摆杆式斜顶 4 的斜面 A 使其复位。

(4)弹性斜顶

如图 5-14 所示,此机构适用于所需抽芯距较短且成型面比较小的场合。

弹性斜顶 4 由螺钉固定在顶杆底板中。顶出过程中,弹性斜顶 4 移动 L_3 距离时,弹性斜顶 4 的支承面逐渐脱开动模板 6 的作用面。弹性斜顶 4 一般由弹簧钢制造,顶出时,将释放弹性,从而逐渐脱离制品的倒扣部位而完成抽芯动作。

合模时,由弹性斜顶 4 的支承面使其复位。

需要注意的是:$L_1 \geqslant \frac{1}{3}L_2$,$L_3 \leqslant L_2$,$L_4 \geqslant 15$ mm。

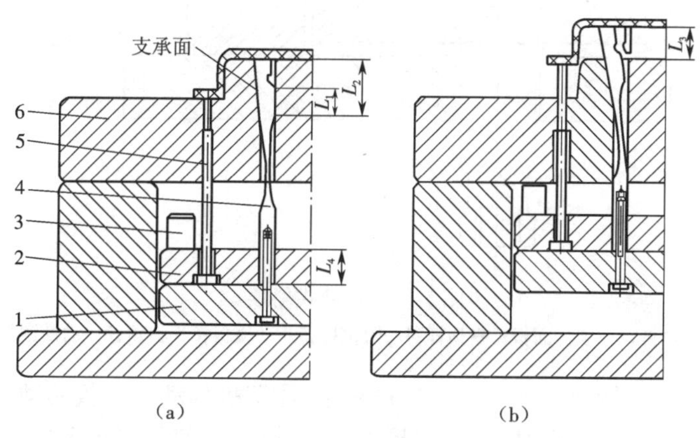

图 5-14　弹性斜顶

(a)合模;(b)顶出

1—推板;2—推杆固定板;3—限位柱;4—弹性斜顶;5—顶杆;6—动模板

(5)自带式斜顶

如图 5-15 所示,此机构适用于所需抽芯距较短的狭小斜顶场合。

顶出过程中,顶杆 3 推出制品,制品依靠顶出力的作用带动斜顶 6 沿着斜面导向 T 槽移动,顶出制品的同时也脱离制品,如果制品变形,脱模会比较困难。

(6)斜顶内布置顶针

由于制品对斜顶的抱紧力作用,容易粘斜顶,导致变形、拉伤等不良情况。比较有效的防止措施是在斜顶内设置顶针,如图 5-16 所示。

顶针 2 由压板 3 固定在斜顶 4 中。顶出过程中,顶针板 7 推动滚轮 6 及斜顶 4,使其沿着动模镶件 10 的斜孔运动,当顶出 L_1 距离时,由于顶针 2 受到动模镶件 10 直段的顶住作用,顶针始终顶住制品,斜顶逐渐脱离制品。继续顶出时,顶针 2 脱离动模镶件后,由压缩状态的弹簧 1 推动顶针,使得顶针同斜顶一起完全脱离制品。

合模时,由动模镶件 10 的圆弧面使其复位。

2. 超前顶出斜顶

当制品倒扣方向与水平方向呈上升角度时(如图 5-17 所示),斜顶的顶出动作需要比注塑机的顶出动作超前,才能安全脱出,此时应采用如图 5-18 所示的机构。

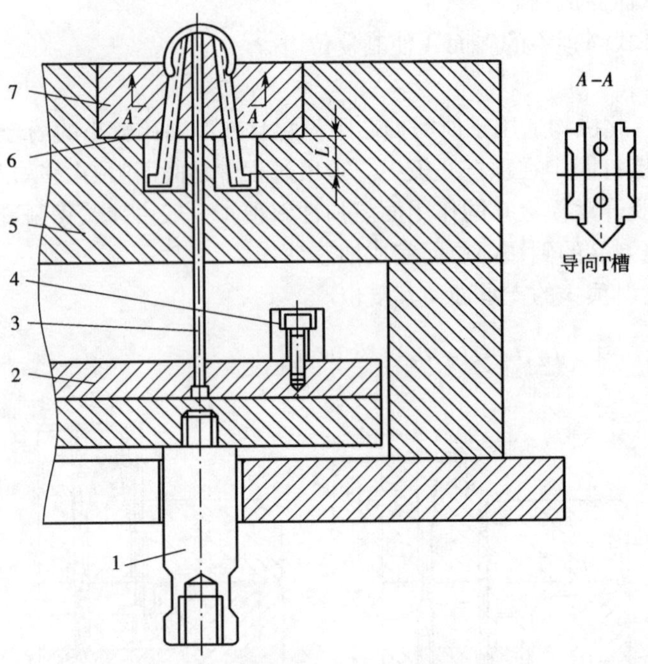

图 5-15　自带式斜顶

1—拉杆;2—顶杆面板;3—顶杆;4—限位柱;5—动模板;6—斜顶;7—动模镶件

斜顶座 8 固定在顶针面板 6 中。顶出过程中,注塑机推动顶针板移动,斜顶滑块 5 一边沿着斜顶孔移动,一边沿着斜顶座 8 的 T 形槽做上升移动,使得斜顶 3 的顶出速度超前于注塑机的顶出动作。当顶出 H 距离时,斜顶平移 s 距离脱离制品倒扣,从而完成抽芯动作。

合模时,由注塑机拉动顶针板,由固定在顶针面板 6 上的斜顶座强拉使得斜顶复位。

设计要点:

1)斜顶下落角度必须大于等于制品上升方向角度,以避免斜顶沿斜顶座导向 T 形槽滑动时有倒扣,导致卡死现象。

2)斜顶行程 s 必须要大于实际倒扣量 2 mm(安全量)以上。

3)$L \geqslant s_1 + 3$,以避免斜顶滑块 5 在滑动过程中与顶针面板 6 干涉。

4)$H_1 \geqslant H + 5$,以避免斜顶滑块与动模板干涉。

超前斜顶的几何模型如图 5-19 所示,则斜顶上升行程

$$s_1 = \frac{s}{\sin \beta} \tag{5-3}$$

注塑机顶出行程:

$$H = \frac{s}{\tan \alpha} \tag{5-4}$$

斜顶顶出行程:

$$H_1 = s_1 \times \cos \beta + \frac{s}{\tan \alpha} \tag{5-5}$$

式中　s——斜顶水平方向行程;

s_1——斜顶上升行程;

α——斜顶角度；

β——斜顶上升角度；

H_1——斜顶顶出行程；

H——注塑机顶出行程。

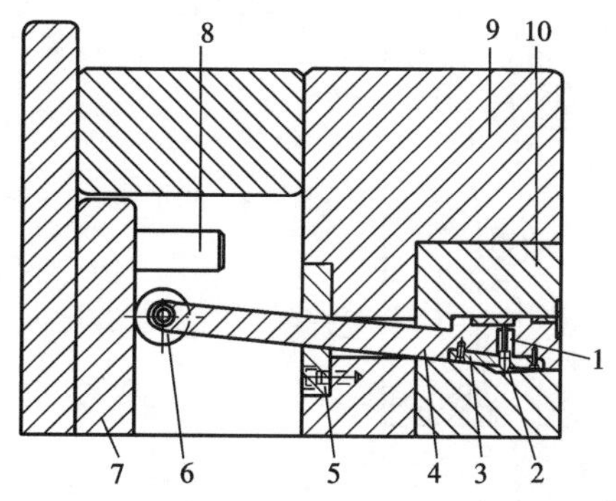

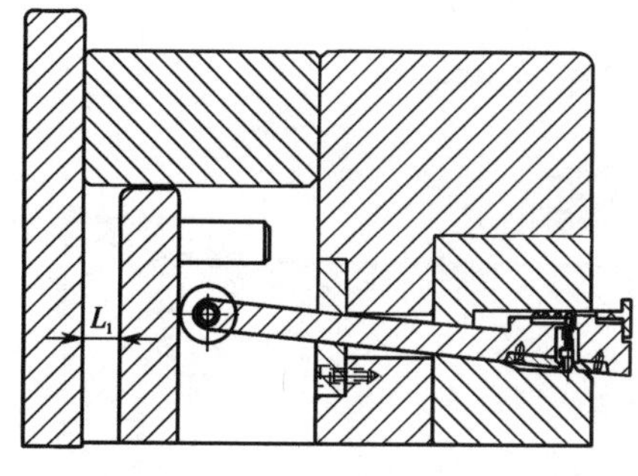

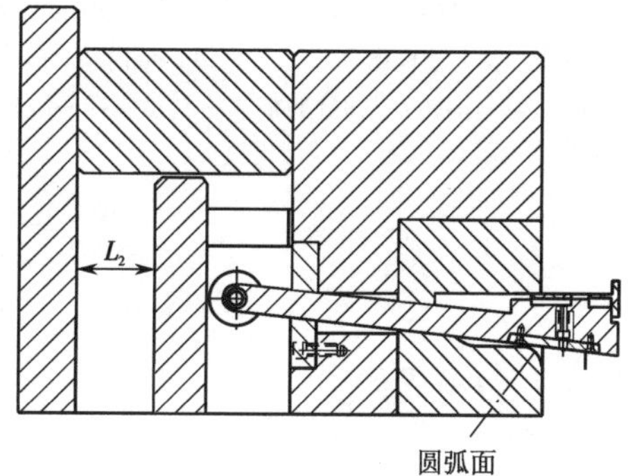

图 5-16　斜顶内布置顶针

1—弹簧；2—顶针；3—压板；4—斜顶；5—导向块；6—滚轮；7—顶针板；8—限位柱；9—动模板；10—动模镶件

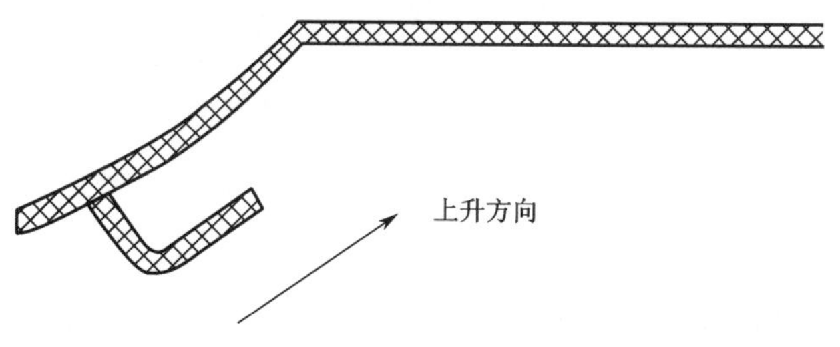

图 5-17　超前顶出的制品图

3. 滞后顶出斜顶

当制品倒扣方向与水平方向呈下落角度（如图 5-20 所示）时，斜顶的顶出动作需要比注塑机的顶出动作来得滞后，才能安全脱出，此时应采用如图 5-21 所示的机构。

斜顶座 8 固定在顶针面板 6 中。顶出过程中，注塑机推动顶针板移动，斜顶滑块 5 一边沿着斜顶孔移动，一边沿着斜顶座 8 的 T 形槽做下落移动，如图 5-21 所示，使得斜顶 3 的顶出速度滞后于注塑机的顶出动作，当顶出 H 距离时，斜顶平移 s 距离脱离制品倒扣，从而完

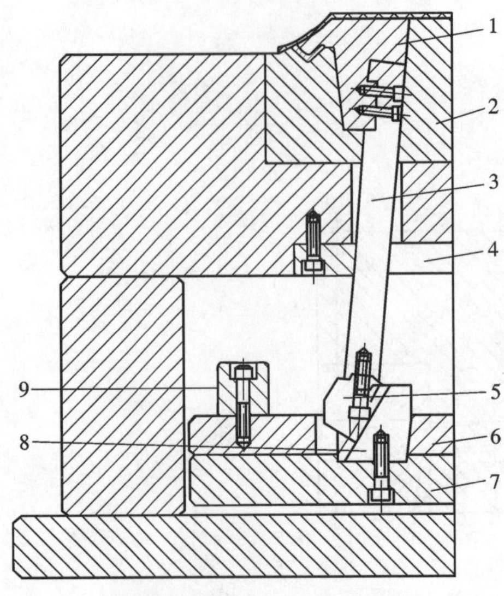

图 5-18　超前顶出斜顶机构

1—斜顶型芯;2—动模镶件;3—斜顶;4—导向块;5—斜顶滑块;
6—顶针面板;7—顶针底板;8—斜顶座;9—限位块

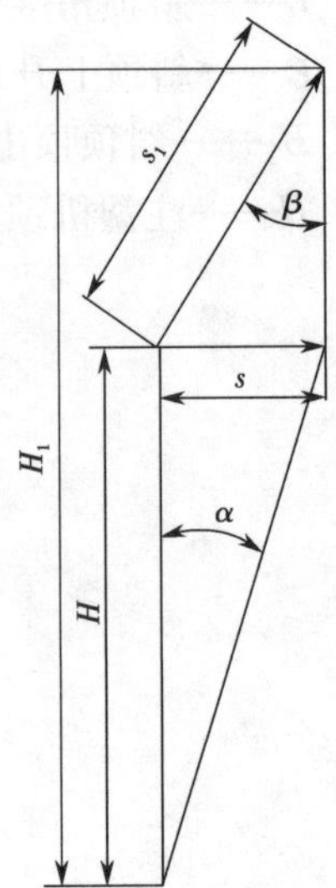

图 5-19　超前斜顶几何模型

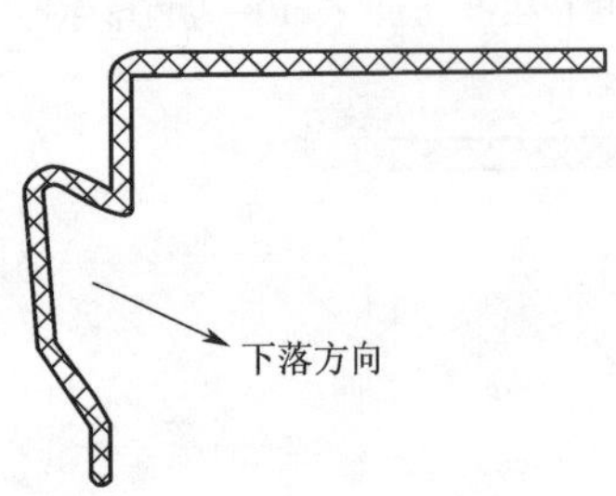

图 5-20　滞后顶出的制品图

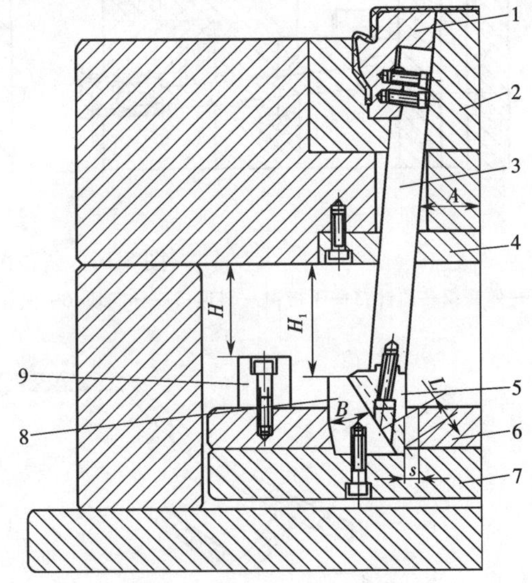

图 5-21　滞后顶出斜顶机构

1—斜顶型芯;2—动模镶件;3—斜顶;4—导向块;5—斜顶滑块;
6—顶针面板;7—顶针底板;8—斜顶座;9—限位块

成抽芯动作。

合模时,由注塑机拉动顶针板,由固定在顶针面板 6 上的斜顶座强拉使得斜顶复位。

设计要点:

1)斜顶下落角度必须大于等于制品下落方向角度,避免斜顶沿斜顶座导向 T 形槽滑动时有倒扣,导致卡死现象。

2）斜顶行程 s 必须大于时间倒扣量 2 mm（安全量）以上。

3）$L \geq s_1 + 3$，以避免斜顶滑块 5 在滑动过程中与顶针面板 6 干涉。

4）$H \geq H_1 + 5$，以避免斜顶滑块与动模板干涉。

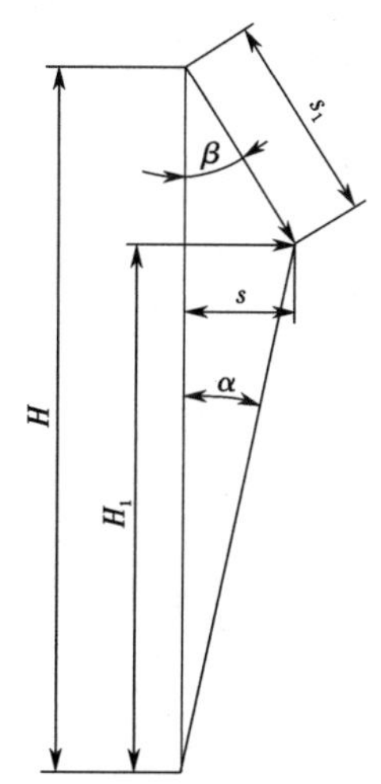

图 5-22　滞后斜顶几何模型

滞后斜顶的几何模型如图 5-22 所示，则

斜顶下滑行程：

$$s_1 = \frac{s}{\sin \beta} \tag{5-6}$$

注塑机顶出行程：

$$H = s_1 \times \cos \beta + \frac{s}{\tan \alpha} \tag{5-7}$$

斜顶顶出行程：

$$H_1 = \frac{s}{\tan \alpha} \tag{5-8}$$

式中　s——斜顶水平方向行程；

s_1——斜顶下滑行程；

α——斜顶角度；

β——斜顶下滑角度；

H_1——斜顶顶出行程；

H——注塑机顶出行程。

四、定模斜顶

1. 靠破复位

如图 5-23 所示，开模时，定模斜顶 6 由处于压缩状态的弹簧 2 弹开，使得定模斜顶 6 沿着型腔 5 中的斜孔移动，这样定模斜顶 6 在沿顶出方向运动的同时也向内侧运动，从而实现内侧抽芯。

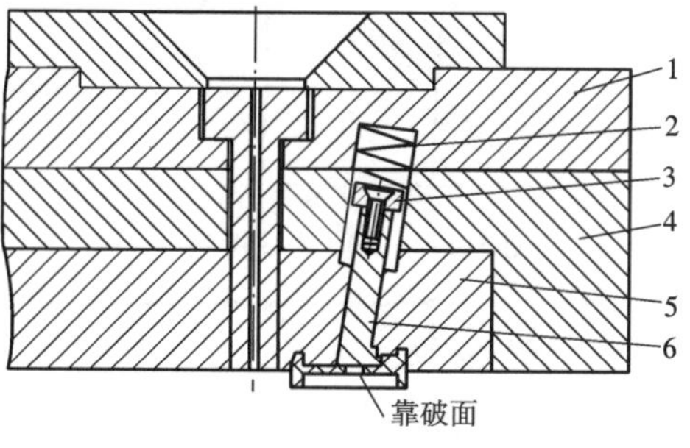

图 5-23　靠破复位

1—定模座板；2—弹簧；3—限位块；4—定模板；5—型腔；6—定模斜顶

2. 复位杆复位

如图 5-24 所示，定模斜顶 8 由轴 7 安装于顶针面板 4 中。开模时，定模斜顶 8 由处于压缩状态的弹簧 2 弹开，使得定模斜顶 8 沿着定模镶件 9 中的斜孔移动，这样定模斜顶 8 在沿

顶出方向运动的同时也向内侧运动,从而实现内侧抽芯。

1
2
3
4
5
6
7
8
9

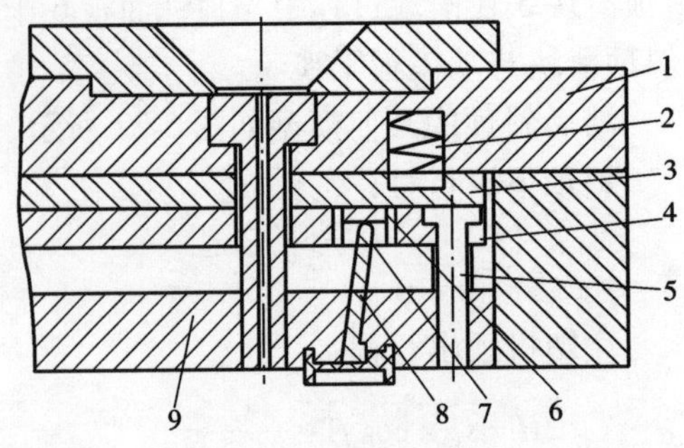

图 5-24　复位杆复位

1—定模座板;2—弹簧;3—顶针底板;4—顶针面板;5—复位杆;
6—斜顶滑块;7—轴;8—定模斜顶;9—定模镶件

合模时,由复位杆 5 与动模分型面对碰使其复位。

五、斜顶的基本拆法

1. 斜顶基本拆法一

如图 5-25 所示。

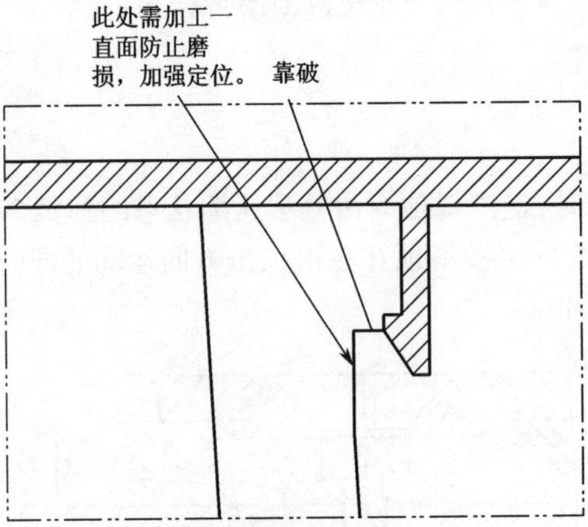

此处需加工一
直面防止磨
损,加强定位。
靠破

图 5-25　斜顶基本拆法一

优点:结构简单,加工方便,不易变形。
缺点:靠破处容易产生毛边。

2. 斜顶基本拆法二

如图 5-26 所示。
缺点:容易变形,有断差和毛边。

3. 斜顶基本拆法三

如图 5-27 所示。
优点:加工方便,毛边少。
缺点:产品容易变形,断裂。(一般少用)

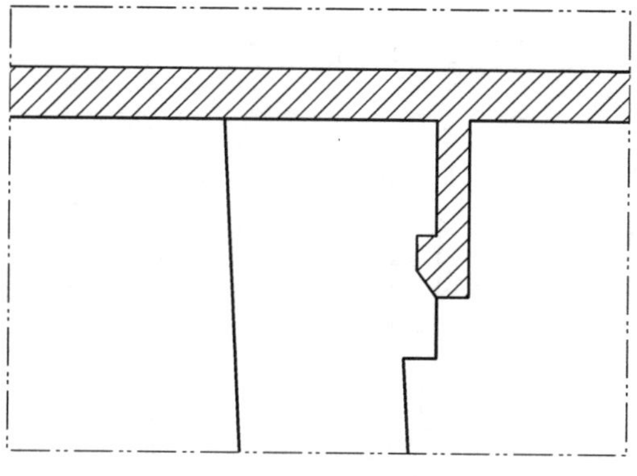

图 5-26　斜顶基本拆法二

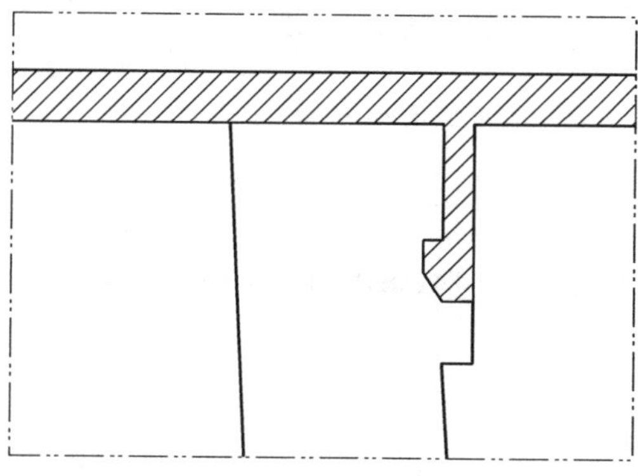

图 5-27　斜顶基本拆法三

4. 斜顶基本拆法四

如图 5-28 所示。

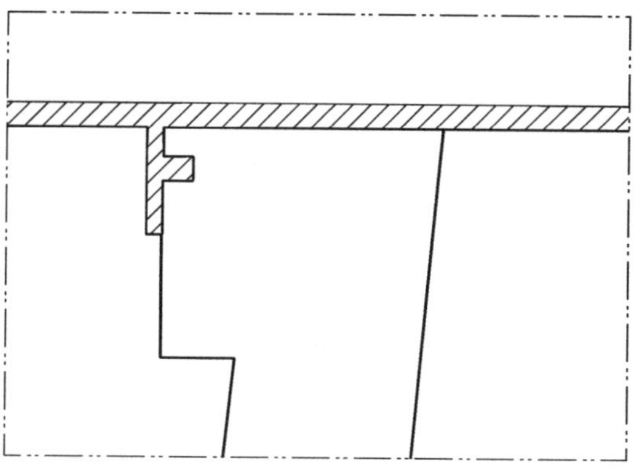

图 5-28　斜顶基本拆法四

优点:结构简单,加工方便,毛边少。

缺点:当 RIB 很高时,容易发生弹性变形

5. 斜顶基本拆法五

当 a 值比较大时,常采用如图 5-29 所示的斜顶。

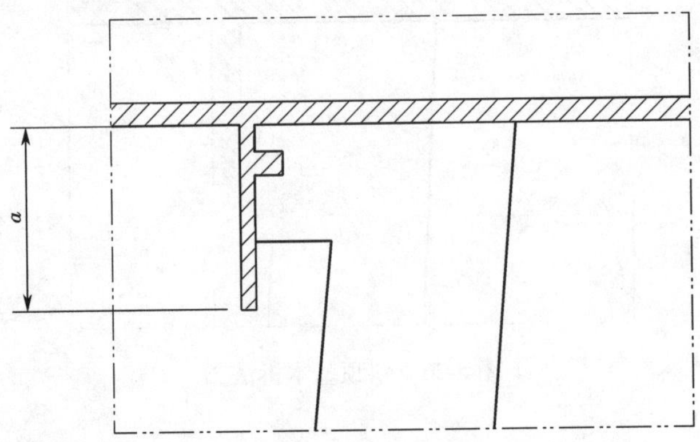

图 5-29　斜顶基本拆法五

优点:结构简单,加工方便,不容易变形。

缺点:容易产生断差。

6. 斜顶基本拆法六

当产品侧壁有孔,且 a 值比较小时,采用如图 5-30 所示的斜顶方式。

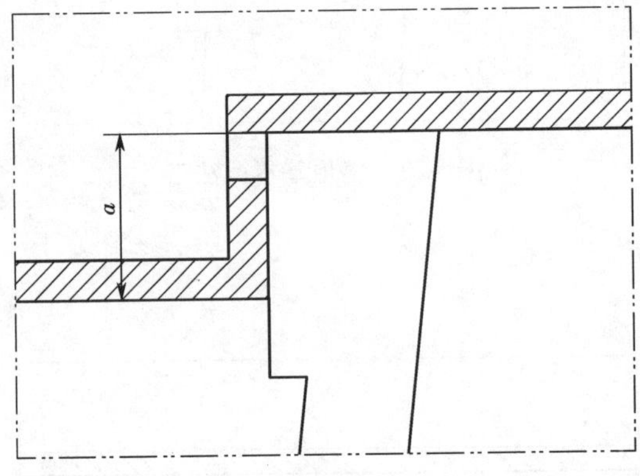

图 5-30　斜顶基本拆法六

优点:结构简单,加工方便。

7. 斜顶基本拆法七

当产品侧壁有孔,且 a 值比较大时,采用如图 5-31 所示的斜顶方式。

优点:结构简单,加工方便。

缺点:容易产生断差,$b \geq =3 \sim 5$ mm

8. 斜顶基本拆法八

如图 5-32 所示。

优点:结构简单,加工方便,无断差。

9. 斜顶基本拆法九

如图 5-33 所示。

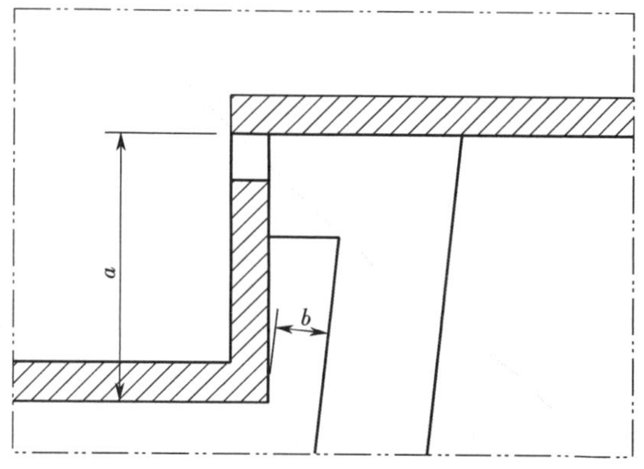

图 5-31 斜顶基本拆法七

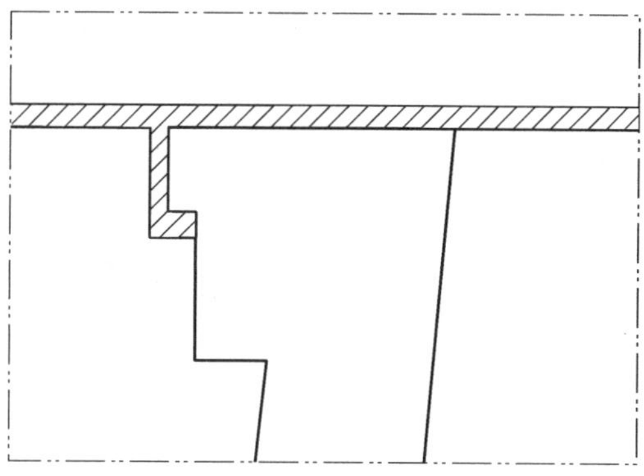

图 5-32 斜顶基本拆法八

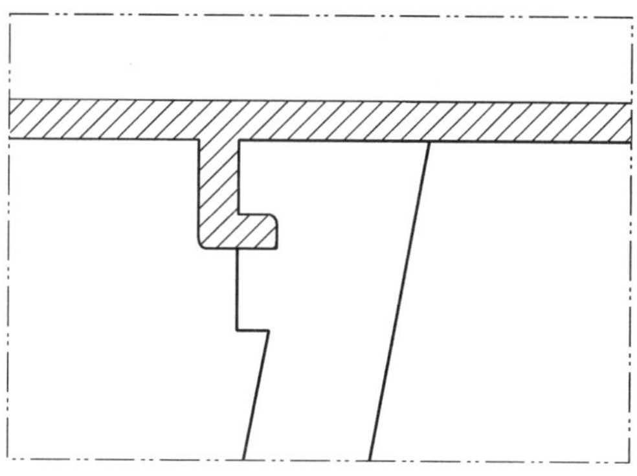

图 5-33 斜顶基本拆法九

优点:结构简单,加工方便。

缺点:容易产生断差。(一般不用)

10. 斜顶基本拆法十

如图 5-34 所示。

优点:当斜顶退出行程不足时,可以采用图 5-34 中的斜顶形式。

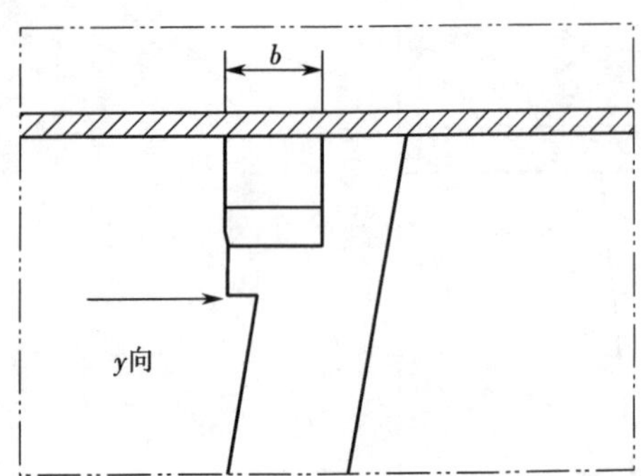

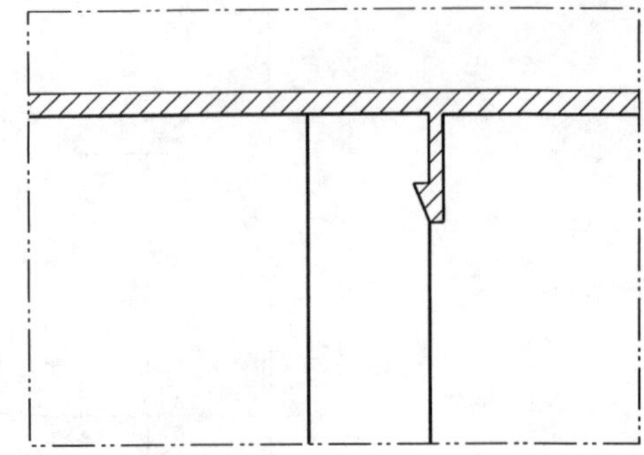

图 5-34　斜顶基本拆法十

缺点:容易拉模,断裂。注意尽量减小 b 值。

11. 斜顶基本拆法十一

当斜顶顶部形状为弧面时,斜顶前端一般设计为直面靠破。此拆法如图 5-35 所示。

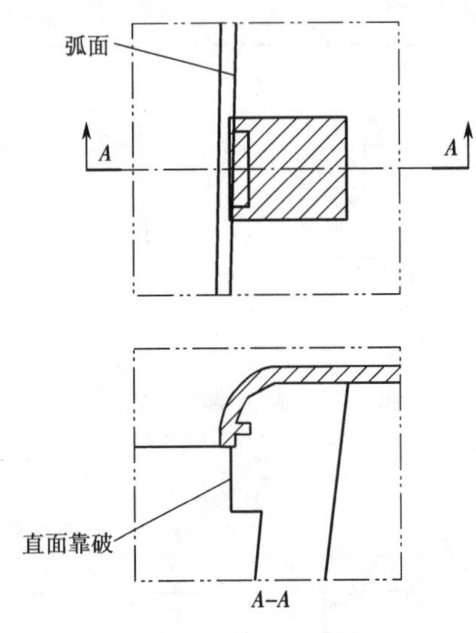

图 5-35　斜顶基本拆法十一

优点:与曲面靠破相比,直面靠破容易加工,合模效果好。

任务三　项目实施

一、塑件工艺性分析

1. 塑件的原材料分析

塑件的材料采用工程塑料 ABS,属热塑性塑料,是由丙烯腈、丁二烯和苯乙烯组成的改性共聚物。ABS 塑料为无定形料,一般不透明,无毒、无味,成型塑件的表面具有较好的光泽,具有优良的综合物理－力学性能,优异的低温抗冲击性能,尺寸稳定性,电性能、耐磨性、抗化学药品性、染色性、成型加工和机械加工性能较好;其成型性能较好,流动性好,成型收缩率较小(通常为 0.3% ~0.8%),比热容较低。在料筒中塑化效率高,在模具中凝固较快,成型周期短，但吸水性较大，成型前必须充分干燥，可在柱塞式或螺杆式卧式注射机上成型。ABS 的表观黏度对剪切速率的依赖性很强，因此模具设计中大都采用点浇口形式。

2. 塑件的结构分析

塑件制品为盒盖，从该塑件制品的图形可知，该制品的形状结构较为复杂，但对尺寸大小、精度和表面质量的要求都不太高。塑件在结构上对称，四侧有凸台，尺寸为 20 mm × 0.8 mm。根据塑件的用途、工作环境，对塑件图上制品形状、尺寸精度、表面质量等要求进行综合性分析，可知该塑件的工艺性较好，比较容易注射成型。

3. 塑件尺寸精度分析

该塑件属于日用品，精度要求不高，配合部位精度为 MT4，其他尺寸精度为 MT6。注射成型尺寸精度容易保证。

4. 塑件表面质量分析

该塑件要求外形美观，表面质量为 $Ra0.1$ μm，要求较高。另外要求塑件不允许有飞边、毛刺、缩孔、气泡裂纹与划伤等缺陷。壁厚为 1.5 mm，容易注射成型，ABS 成型性能较好，塑件外观质量容易保证。

二、初选注射机型号

1. 注射量的计算

通过三维软件建模分析，可知单个塑件的体积为 97.767 cm^3，查相关表得的密度为 0.90 g/cm^3。按公式计算得注射量，浇口系统的体积约占塑件体积的 15%，为 14.665 cm^3。所以该种塑料的理论注塑量为 $m = 97.767\ cm^3 + 14.665\ cm^3 = 112.432\ cm^3$

2. 锁模力的计算

通过三维软件建模分析，可知单个塑件在分型面上的投影面积约为 32 857.92 mm^2。按经验公式计算得总面积为 $1.35 \times 32\,857.92\ mm^2 = 44\,358.192\ mm^2$。增强聚丙烯塑料成型时的型腔压强 $p_{成型} = 25$ MPa（经验值），故所需锁模力为 $F_m = 44\,358.192\ mm^2 \times 30\ MPa = 1\,330.7\ kN \approx 1\,331\ kN$

3. 注射机的选型

初步选择 G54 – S200/400 型注射机，其主要参数如表 5-2 所示。

表 5-2　G54 – S200/400　注射机的主要参数

额定注射量/cm^3	200 ~ 400	螺杆直径/mm	55
注射压力/MPa	109	注射行程/mm	160
注射时间/s	1.6	注射方式	螺杆式
合模力/kN	2 540	动、定模固定板尺寸/mm	532 × 634
喷嘴球半径/mm	18	锁模方式	液压 – 机械
拉杆内间距/mm	290 × 368	移模行程/mm	260
最大模厚/mm	406	最小模厚/mm	165
喷嘴孔直径/mm	4	定位圈尺寸/mm	4

4. 塑件模塑成型工艺参数的确定

查表得出工艺参数如下表，试模时可根据实际情况作适当调整。

表 5-3　塑件成型工艺参数

ABS	预热和干燥	温度 t/℃60～80		成型时间	注射时间/s	3～5
		时间 τ/h 5～7			保压时间/s	15～30
	料筒温度 t/℃	后段	180～200		冷却时间/s	15～30
		中段	210～230		总周期/s	40～70
		前段	200～210	螺杆转速 $n/(r\cdot min^{-1})$		30～60
	喷嘴温度 t/℃	180～190		后处理	方法	
	模具温度 t/℃	50～70			温度 t/℃	
	注射压强 p/MPa	70～90			时间 τ/h	

5. 编制制件的成型工艺卡片

该制件的注射成型工艺卡见表 5-4 所示。

表 5-4　保鲜盒盖注射成型工艺卡

车间			塑料注射后成型工艺卡		资料编号	
零件名称	保鲜盒盖		材料牌号		设备型号	G54－S200/400
装配图号			材料定额		每模件数	1 件
零件图号			单件重量 765.58 g		工装号	
			材料干燥		设备	
					温度/℃	110～120
					时间/h	
			料筒温度℃		后段	180～200
					中段	210～230
					前段	200～210
					喷嘴	180～190
			模具温度/℃			50～70
			时间		注射/s	3～5
					保压/s	15～30
					冷却/s	15～30
			压力		注射压/MPa	70～90
					筒压/MPa	
后处理	温度		时间定额		辅助/min	
	时间				单件/min	
检验						
编制	校对	审核	组长	车间主任	检验组长	主管工程师

三、分型面的选择及型腔布局

1. 分型面的选择

选择如图 5-36 所示的水平分型方式既可降低模具的复杂程度，减少模具加工难度又便于成型后出件。

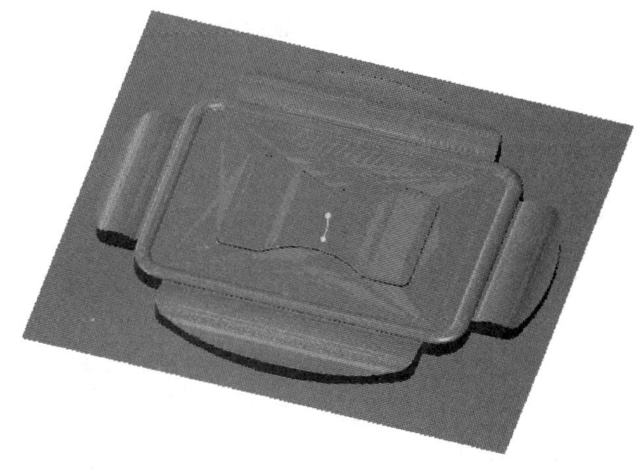

图 5-36　分型面设计

2. 型腔数目的确定及型腔的布局

塑件四周内侧都存在凸台结构，侧抽芯位置较小，采用其他抽芯结构较难实现，模具结构也复杂，因此采用斜顶侧抽芯结构比较合适。采用多腔布局形式，斜顶之间容易产生干涉，故采用一模一腔的布局，如图 5-37 所示。

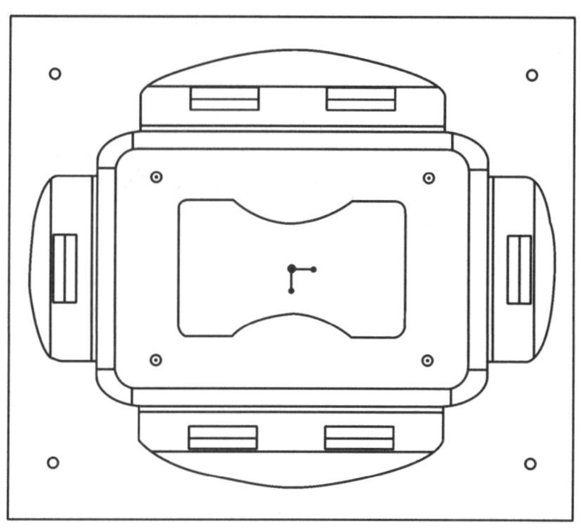

图 5-37　型腔的布局

四、成型零件结构设计

型腔、型芯采用整体嵌入式结构，用螺钉固定在模板上。型腔、型芯零件图和三维造型如图 5-38、图 5-39 所示。

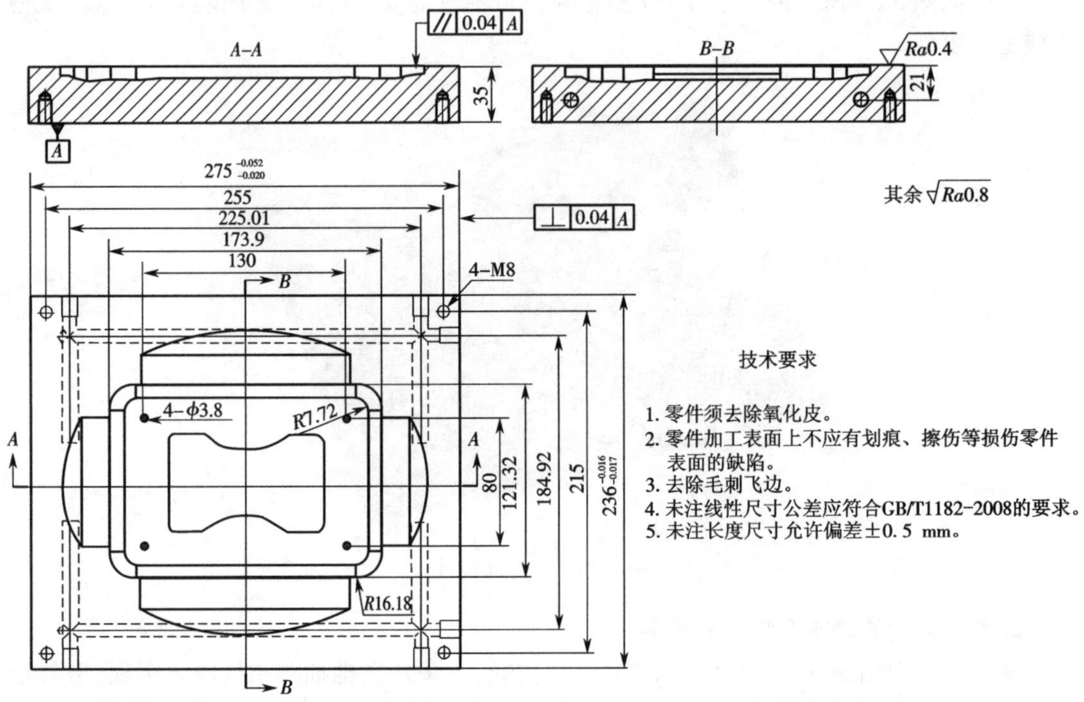

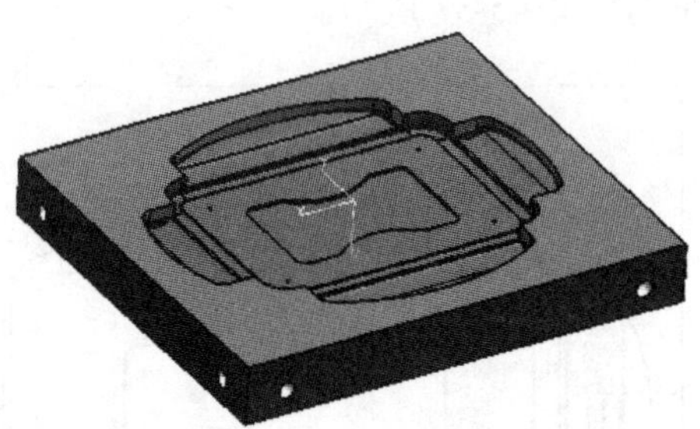

图 5-38　型腔零件图和三维造型

五、浇注系统设计

塑件的材料为 ABS。ABS 的表观黏度对剪切速率的依赖性很强，因此模具设计中大都采用点浇口形式。浇注系统的组成如图 5-40 所示。

1. 主流道设计

采用一体式浇口套，有利于缩短主流道，材质为 S45C，头部热处理；浇口衬套前端做一倒锥，锥角为 90°，其作用是把冷凝料拉在浇口套上，浇口套与脱料板接触的前部做出锥度配合的形式，其作用是脱料板与浇口套接触时便于导向，其结构尺寸如图 5-41 所示。

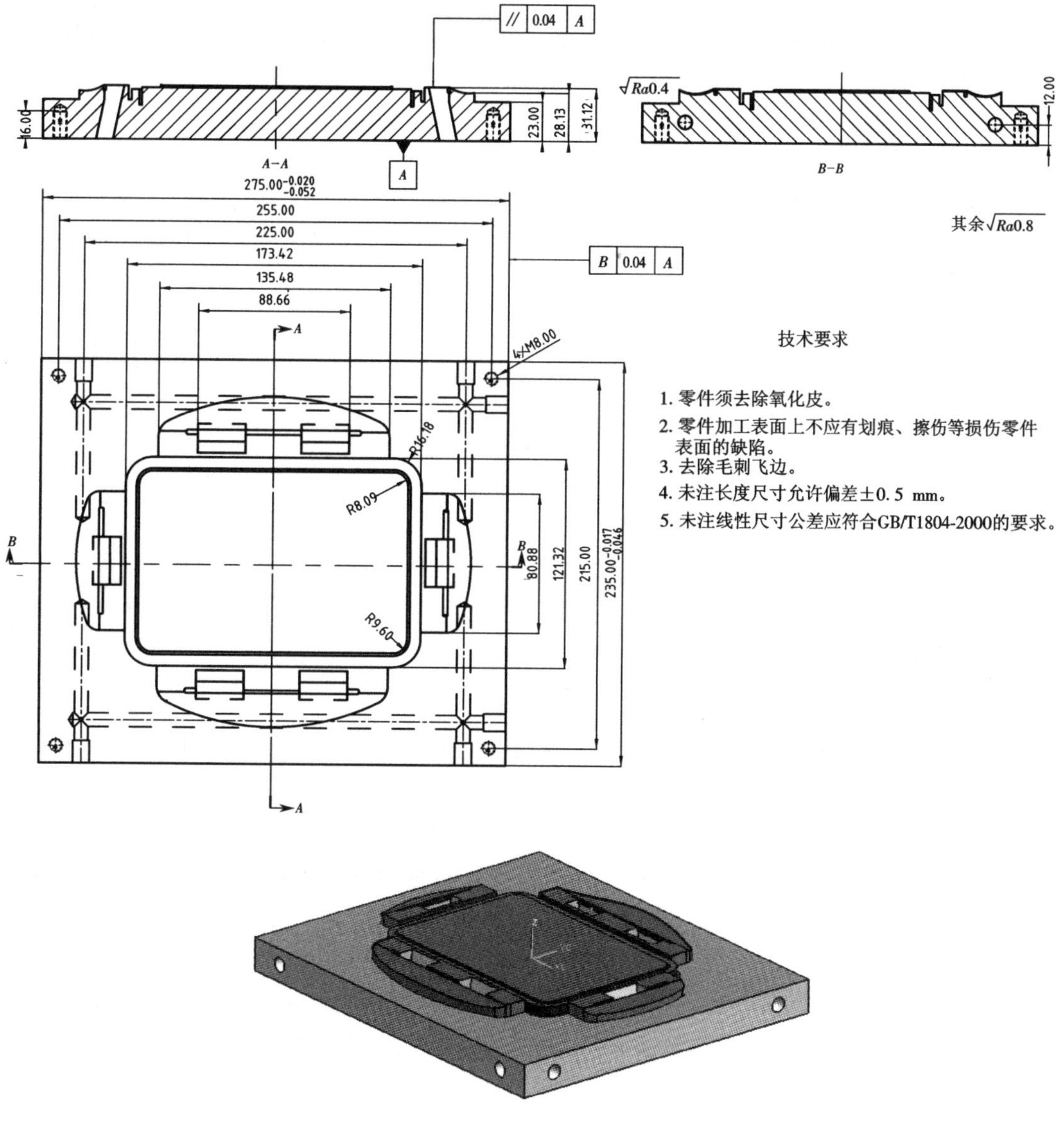

// 0.04 A
A—A
A
$\sqrt{Ra0.4}$
B—B
275.00 $^{-0.020}_{-0.052}$
255.00
225.00
173.42
135.48
88.66
B 0.04 A
4×M8.00
R16.18
R8.09
R9.60
80.88
121.32
215.00
235.00 $^{-0.017}_{-0.046}$
23.00
28.13
31.12
16.00
12.00
其余$\sqrt{Ra0.8}$
技术要求
1. 零件须去除氧化皮。
2. 零件加工表面上不应有划痕、擦伤等损伤零件表面的缺陷。
3. 去除毛刺飞边。
4. 未注长度尺寸允许偏差±0. 5 mm。
5. 未注线性尺寸公差应符合GB/T1804-2000的要求。

图 5-39　型芯零件图和三维造型

1
2
3
4
5

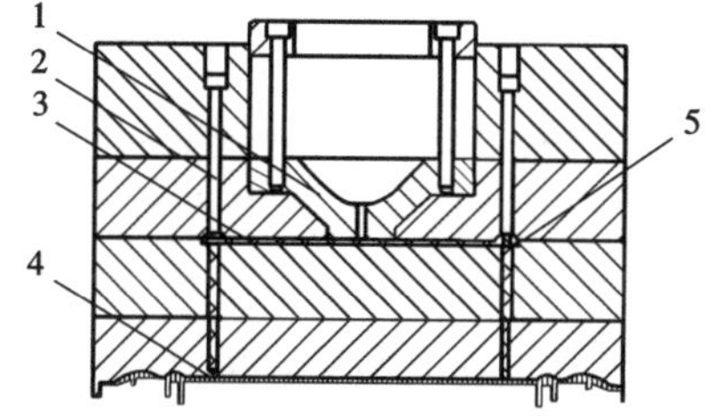

图 5-40　浇注系统的组成

1—主流道衬套;2—球形拉料杆;
3—分流道;4—点浇口;5—凝料穴

ϕ 100
90°
ϕ 3
R20

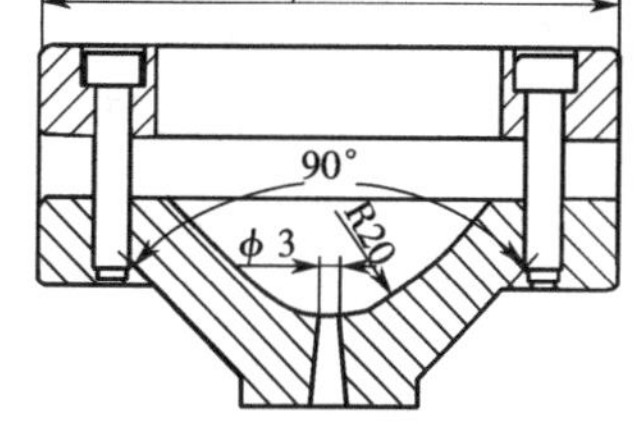

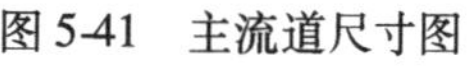

图 5-41　主流道尺寸图

2. 分流道的设计

模具是一模一腔的结构，分流道的布置方式如图 5-40 所示。分流道的形状一般为圆形、梯形、U 形或半圆形等，工程设计中常采用梯形，截面加工工艺性好，且塑料熔体的热量散失，流道阻力均不大，其截面形状及尺寸如图 5-42 所示。

3. 浇口设计

对塑料成型性能和浇口的分析比较，确定成型该塑件的模具采用点浇口。进料位置对称分布在塑件周边四个点，即实现进料均衡，又不影响塑件外观质量。点浇口的尺寸如图 5-43 所示。

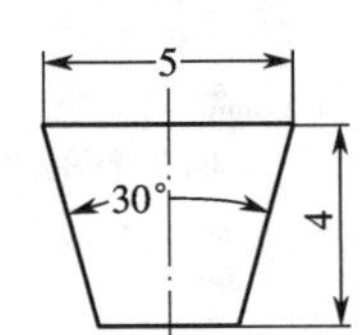

图 5-42　分流道形状

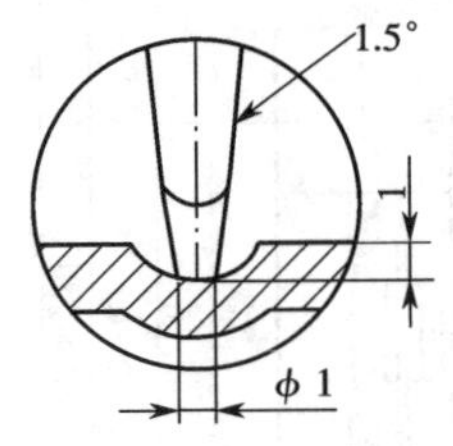

图 5-43　点浇口设计

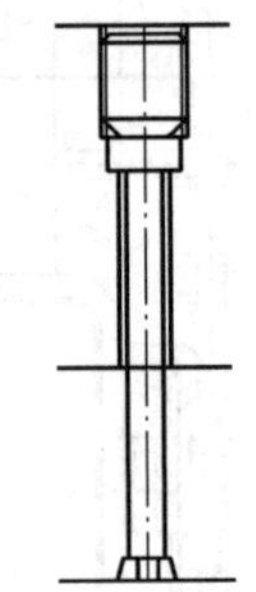

图 5-44　拉料杆设计

4. 冷料穴的设计

冷料穴是用来储存注射间隔期内由于喷嘴端部温度低造成的冷料。其结构如图 5-40 所示。

5. 拉料杆的设计

由于三板式注塑模是利用中间板将流道凝料强行从拉料杆推出，使流道凝料能自动脱落，所以，拉料杆的设计宜采用球形拉料杆。如图 5-44 所示，塑料进入冷料穴后，紧包在拉料杆的球形头部，开模时，先通过拉料杆拉出在两点浇口套内凝料；然后通过中间板将流道凝料从拉料杆上和主流道内剥出，从而使流道凝料能自动脱落。球形拉料杆的缺点是球形头部加工较困难，采用数控车床编程来加工球形拉料杆，很好地解决了这个问题。

六、斜顶机构设计

塑件四周内侧都存在凸台结构，尺寸为 20 mm × 0. 8 mm。侧抽芯位置较小，采用其他抽芯结构较难实现，模具结构也复杂，因此采用斜顶侧抽芯结构比较合适。斜顶机构主要由斜顶杆和斜顶座构成，斜顶在模架中的装配关系如图5-45所示。由于斜顶杆是装在带斜度的孔中，所以在顶出时斜顶杆将产生向前、向内两个方向的运动，其中向内的运动实现塑件内扣的脱模，向前的运动实现塑件的顶出。斜顶杆的复位是由顶针板的复位完成的。

动模板的斜顶杆孔是用专用工装在线切割机床上加工，斜顶杆的粗加工由线切割工序完成，精加工时需按斜顶杆孔的大小来配磨斜顶杆的 4 个配合面，保证斜顶杆能在孔中自由滑动。

1. 抽芯距的计算

该塑件凸台较小，抽芯距取 4 mm，塑件的高度为 13. 5 mm，推出高度 14 mm 已完全脱离动模型芯，取推出距离为 19 mm，用作图法求得斜顶倾斜角度为 11. 89°，圆整为 12°，如图

5-46所示。

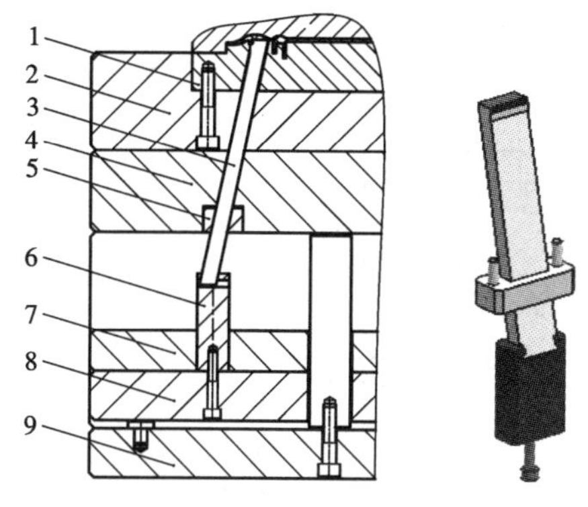

图 5-45　斜顶机构

1—型芯；2—动模板；3—斜顶；4—垫板；5—耐磨块；
6—斜顶座；7—推杆固定板；8—推板；9—定模座板

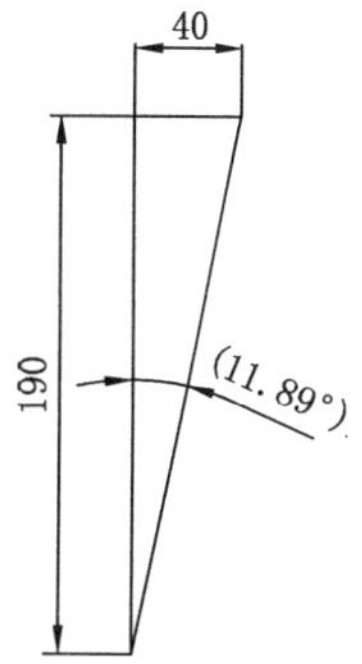

图 5-46　抽芯距的计算

2. 斜顶的设计

如图 5-47 所示，斜顶的直身位为 5 mm，角度为 12°。

3. 斜顶座的设计

为使斜顶在推出时稳定可靠，设计的斜顶座如图 5-48 所示。斜顶座用螺钉固定在推板上。

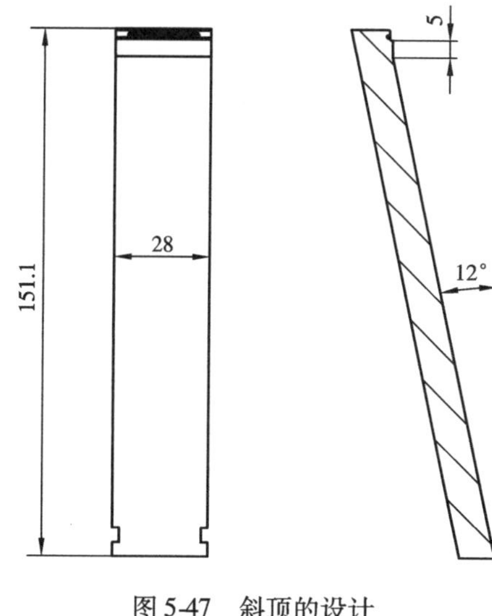

图 5-47　斜顶的设计

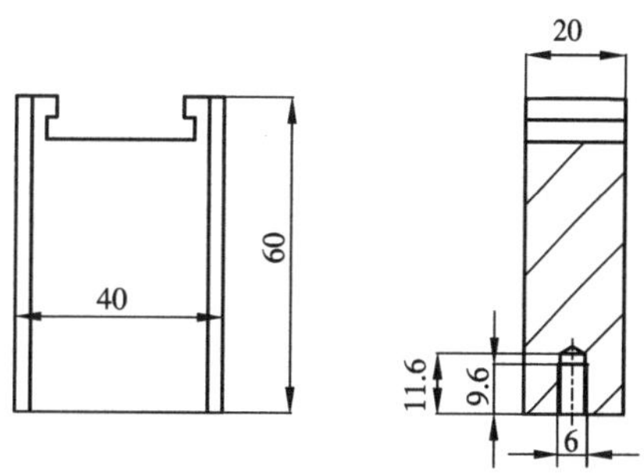

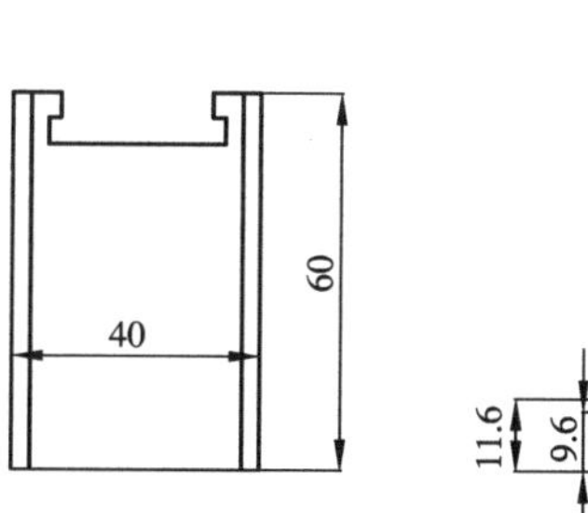

图 5-48　斜顶座设计

七、冷却系统设计

由于冷却水道的位置、结构形式、孔径、表面状态、水的流速、模具材料等很多因素都会影响模具的热量向冷却水传递，精确计算比较困难。因此，实际生产中，通常都是根据模具的结构确定冷却水路，通过调节水温、水速来满足要求。

本塑件的总体尺寸为 230 mm × 190 mm，尺寸较大，在动、定模上都需设置冷却系统。

型腔和型芯上均采用 2 条一进一出的冷却装置。沿镶件四周开设冷却水道，水管直径取 8 mm，如图 5-49 所示。

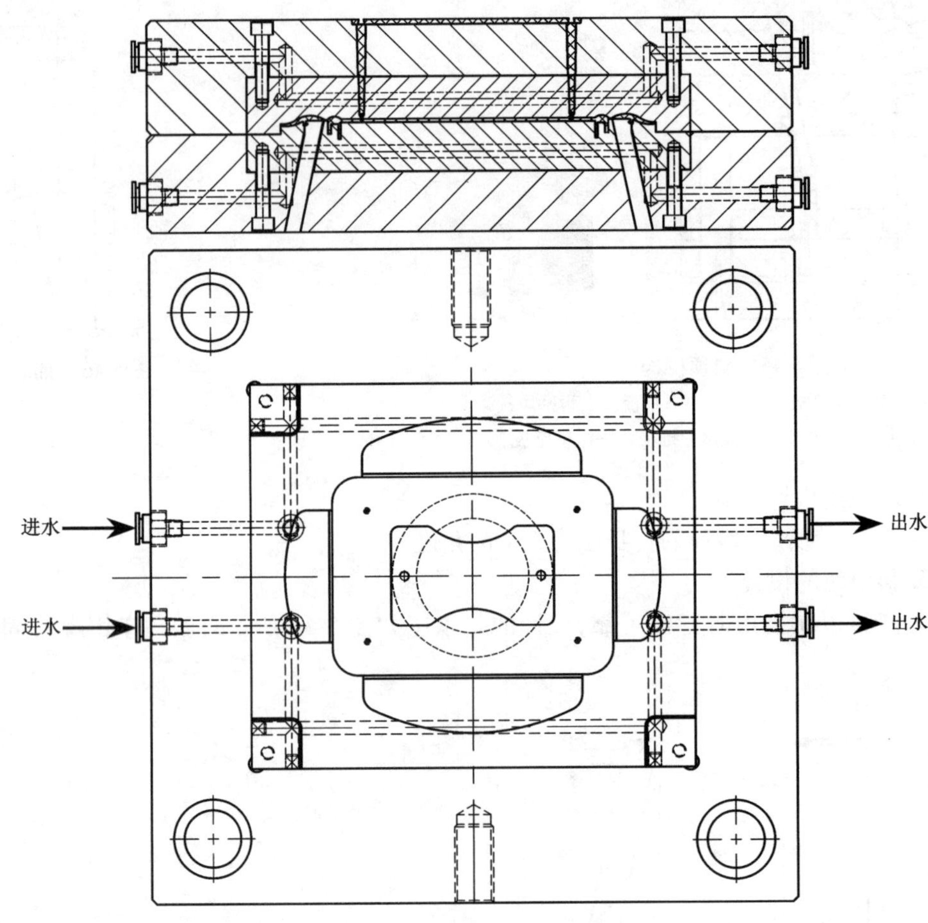

图 5-49　冷却系统设计

八、模具的校核

1. 最大注射量的校核

为了保证正常的注射成型，注射机的最大注射量应稍大于制品的质量和体积（包括流道凝料）。通常注射机的实际注射量最好在注射机最大注射量的 80% 以内。

G54 – S200/400 型注射机允许的最大注射容量为 200 ~ 400 cm^3，系数取 0.8，则 $0.8 \times (200 \sim 400)\ cm^3 = 160 \sim 320\ cm^3$，$112.432\ cm^3 < 160\ cm^3$，因此最大注射量符合要求。

2. 注射压力的校核

安全系数取 1.3，注射压力根据经验取为 80 MPa。

$$1.3 \times 80\ \text{MPa} = 104\ \text{MPa},\ 104\ \text{MPa} < 109\ \text{MPa}$$

因此注射压力校核合格。

3. 锁模力的校核

安全系数取 1.2，则

$1.2 \times 1\ 331\ kN = 1\ 597.2\ kN < 2\ 540\ kN$

因此锁模力校核合格。

4. 模具闭合高度的确定和校核

模具各模板尺寸如下：

定模座板 $H_1 = 50$ mm、定模板 $H_2 = 70$ mm、动模板 $H_4 = 60$ mm、支承板 $H_5 = 50$ mm、垫板 $H_6 = 120$ mm、动模座板 $H_7 = 30$ mm、卸料板 = 35 mm。

模具的闭合高度

$$H = H_1 + H_2 + H_3 + H_4 + H_5 + H_6 + H_7 = 415\ mm$$

由于 G54 - S200/400 型注射机所允许模具的最小厚度为 $H_{min} = 165$ mm，最大厚度 $H_{max} = 406$ mm，而计算得模具闭合高度 $H = 415$ mm，所以模具不满足 $H_{min} \leqslant H \leqslant H_{max}$ 的安装条件。

故另选注射机型号为 XS - ZY - 500。

5. 模具安装部分的校核

该模具的外形最大部分尺寸为 450 mm × 400 mm，XS - ZY - 500 型注射机模板最大安装尺寸为 700 mm × 850 mm，故能满足模具安装的要求。

6. 模具开模行程校核

XS - ZY - 500 型注射机的最大开模行程 $s_{max} = 500$ mm，为了使塑件成型后能够顺利脱模，并结合该模具的单分型面特点，该模具的开模行程 s 应满足：

$s \geqslant H_1 + H_2 + a + (5 \sim 10) = 10.1 + 13.5 + 77 + (5 \sim 10) = 105.6 \sim 110.6\ mm < s_{max}$。

式中 s——注射机的开模行程，mm；

a——定模板与剥料板之间的分开距离，mm；

H_1——脱模时塑件移动距离，mm；

H_2——浇注系统和塑件的总高度，mm。

综上所述，该注射机的型号选用 XS - ZY - 500。

九、绘制装配图

根据前面所确定的模架、模具零件结构及模具装配图的要求，绘制模具装配图，结果见附图 4 斜顶注射模装配图。

参考文献

[1] 屈华昌.塑料成型工艺与模具设计[M].2版.北京:高等教育出版社,2007.

[2] 李学峰.塑料模具设计与制造[M].北京:机械工业出版社,2010.

[3] 张维合.注塑模具设计实用教材[M].2版.北京:化学工业出版社,2011.

[4] 黄虹.塑料成型加工与模具[M].北京:化学工业出版社,2009.

[5] 齐卫东.塑料模具设计与制造[M].北京:高等教育出版社,2008.

[6] 何冰强,高汉华.塑料模具设计指导与资料汇编[M].大连:大连理工大学出版社,2009.

[7] 夏江梅,刘彦国.塑料模设计与实践[M].北京:机械工业出版社,2013.

[8] 刘彦国.塑料成型工艺与模具设计[M].北京:人民邮电出版社,2009.

[9] 霍晗.注塑模具设计及应用实例[M].北京:机械工业出版社,2011.

[10] 李奇.模具设计与制造[M].北京:人民邮电出版社,2012.

[11] 付伟,陈碧龙.注塑模具设计原则、要点及实例解析[M].北京:机械工业出版社,2010.

[12] 吴永锦.塑料成型模具设计[M].北京:电子工业出版社,2012.

[13] 刘彦国,吕永锋.塑料成型工艺与模具设计[M].2版.北京:人民邮电出版社,2011.

[14] 廖月莹,何冰强.塑料模具设计指导与资料汇编[M].大连:大连理工大学出版社,2007.

[15] 伍先明,王群.塑料模具设计指导书[M].北京:国防工业出版社,2008.

[16] 张玉龙.塑料品种与性能手册[M].北京:化学工业出版社,2006.

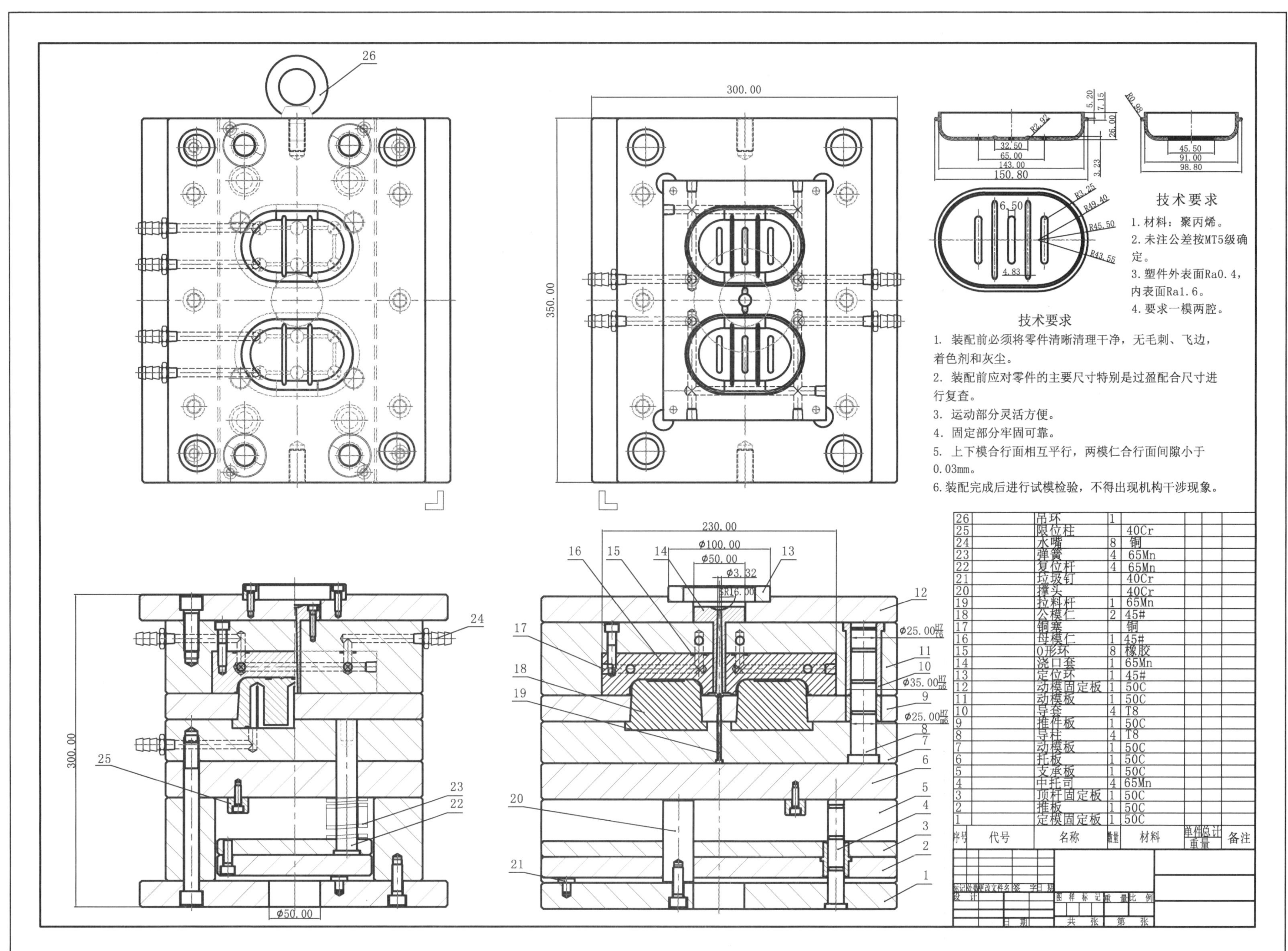

序号	代号	名称	数量	材料	单件 重量	总计 重量	备注
26		吊环	1				
25		限位柱		40Cr			
24		水嘴	8	铜			
23		弹簧	4	65Mn			
22		复位杆	4	65Mn			
21		垃圾钉		40Cr			
20		撑头		40Cr			
19		拉料杆	1	65Mn			
18		公模仁	2	45#			
17		铜塞		铜			
16		母模仁	1	45#			
15		O形环	8	橡胶			
14		浇口套	1	65Mn			
13		定位环	1	45#			
12		动模固定板	1	50C			
11		动模板	1	50C			
10		导套	4	T8			
9		推件板	1	50C			
8		导柱	4	T8			
7		动模板	1	50C			
6		托板	1	50C			
5		支承板	1	50C			
4		中托司	4	65Mn			
3		顶杆固定板	1	50C			
2		推板	1	50C			
1		定模固定板	1	50C			

附图 1　两板式注射模装配图

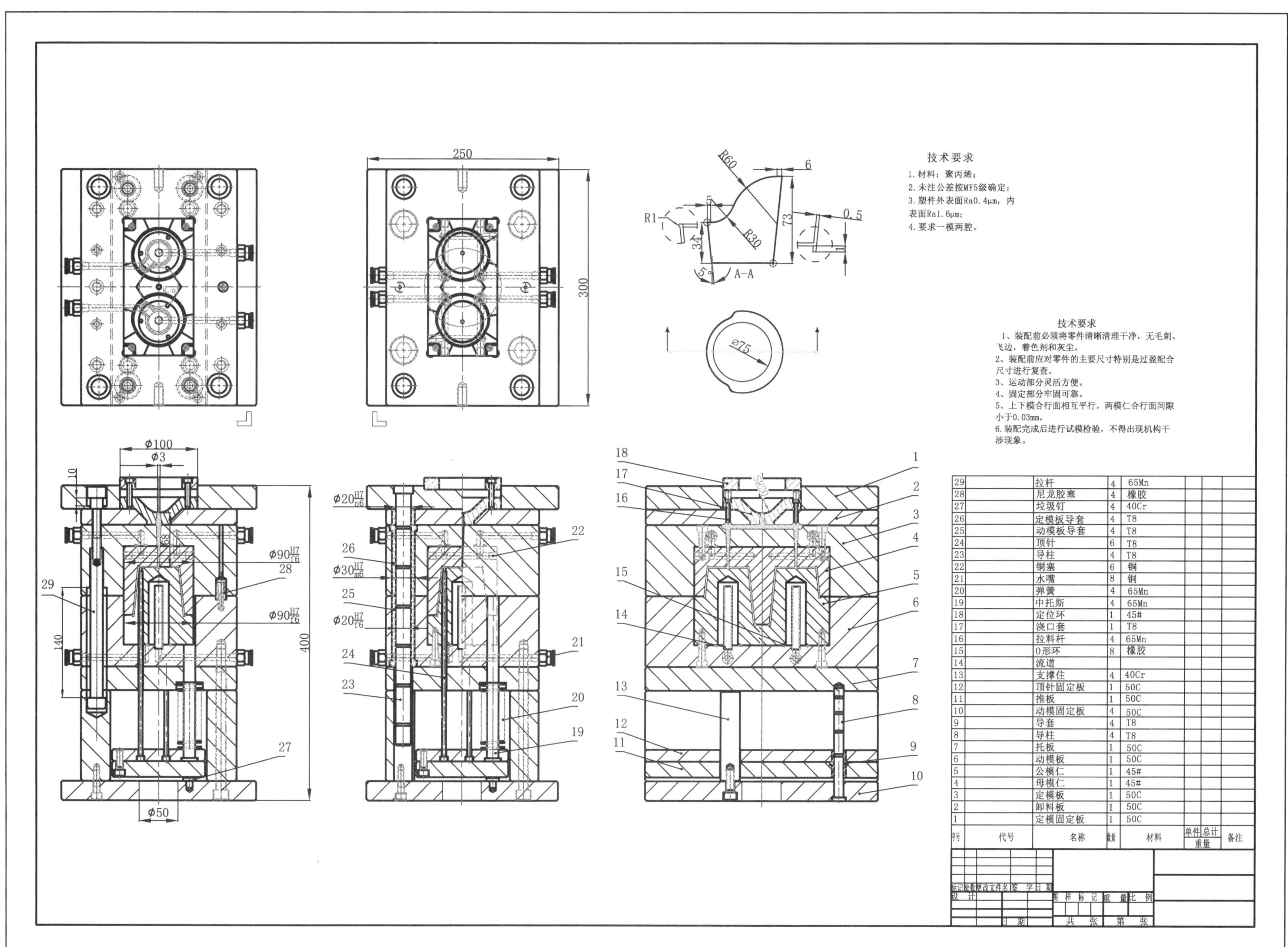

序号	代号	名称	数量	材料	单件重量	总计重量	备注
29		拉杆	4	65Mn			
28		尼龙胶塞	4	橡胶			
27		垃圾钉	4	40Cr			
26		定模板导套	4	T8			
25		动模板导套	4	T8			
24		顶针	6	T8			
23		导柱	4	T8			
22		铜塞	6	铜			
21		水嘴	8	铜			
20		弹簧	4	65Mn			
19		中托斯	4	65Mn			
18		定位环	1	45#			
17		浇口套	1	T8			
16		拉料杆	4	65Mn			
15		O形环	8	橡胶			
14		流道					
13		支撑住	4	40Cr			
12		顶针固定板	1	50C			
11		推板	1	50C			
10		动模固定板	4	50C			
9		导套	4	T8			
8		导柱	4	T8			
7		托板	1	50C			
6		动模板	1	50C			
5		公模仁	1	45#			
4		母模仁	1	45#			
3		定模板	1	50C			
2		卸料板	1	50C			
1		定模固定板	1	50C			

附图2　三板式注射模装配图

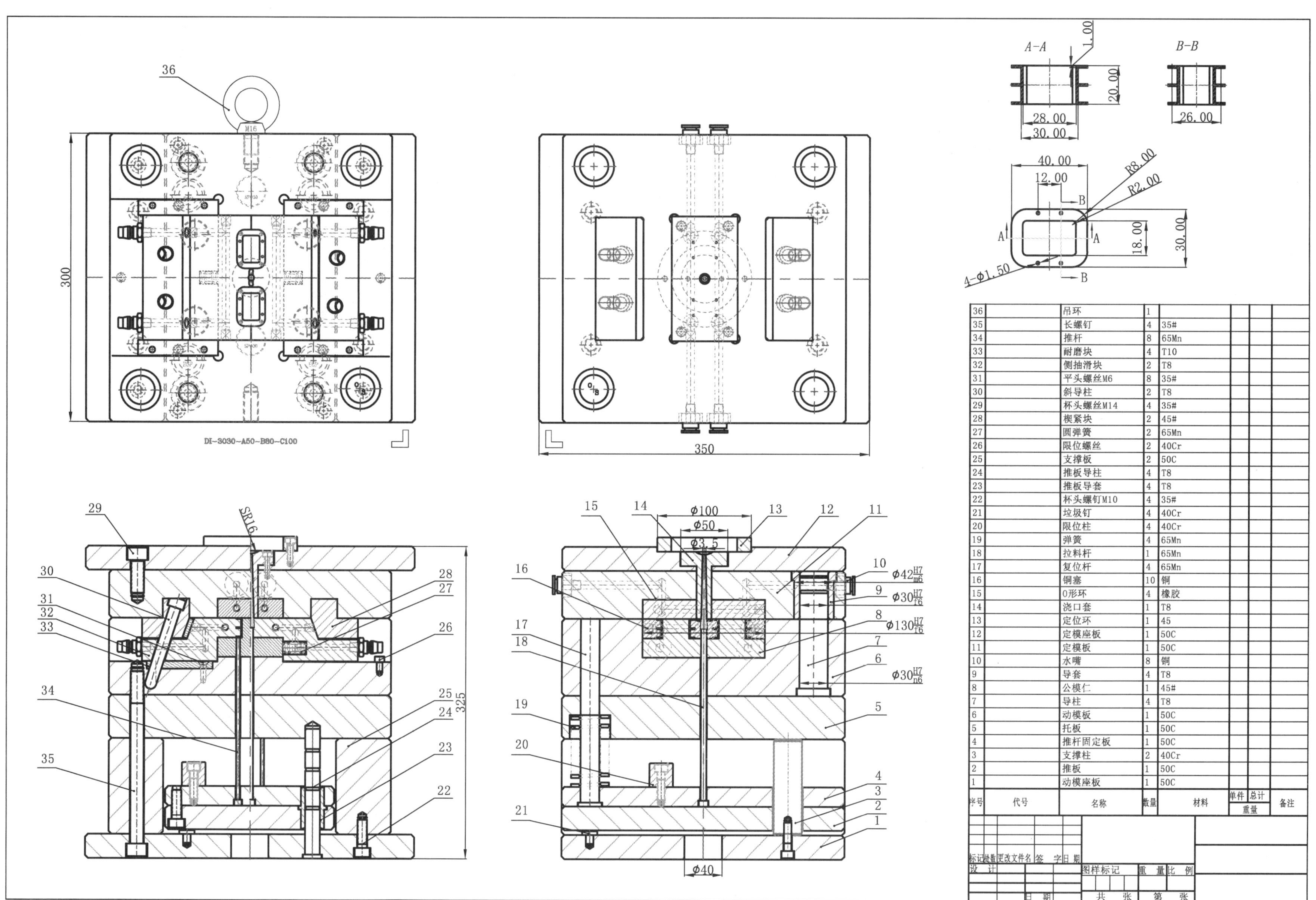

序号	代号	名称	数量	材料	单件重量	总计重量	备注
36		吊环	1				
35		长螺钉	4	35#			
34		推杆	8	65Mn			
33		耐磨块	4	T10			
32		侧抽滑块	2	T8			
31		平头螺丝M6	8	35#			
30		斜导柱	2	T8			
29		杯头螺丝M14	4	35#			
28		楔紧块	2	45#			
27		圆弹簧	2	65Mn			
26		限位螺丝	2	40Cr			
25		支撑板	2	50C			
24		推板导柱	4	T8			
23		推板导套	4	T8			
22		杯头螺钉M10	4	35#			
21		垃圾钉	4	40Cr			
20		限位柱	4	40Cr			
19		弹簧	4	65Mn			
18		拉料杆	1	65Mn			
17		复位杆	4	65Mn			
16		铜塞	10	铜			
15		O形环	4	橡胶			
14		浇口套	1	T8			
13		定位环	1	45			
12		定模座板	1	50C			
11		定模板	1	50C			
10		水嘴	8	铜			
9		导套	4	T8			
8		公模仁	1	45#			
7		导柱	4	T8			
6		动模板	1	50C			
5		托板	1	50C			
4		推杆固定板	1	50C			
3		支撑柱	2	40Cr			
2		推板	1	50C			
1		动模座板	1	50C			

附图3　侧抽芯注射模装配图

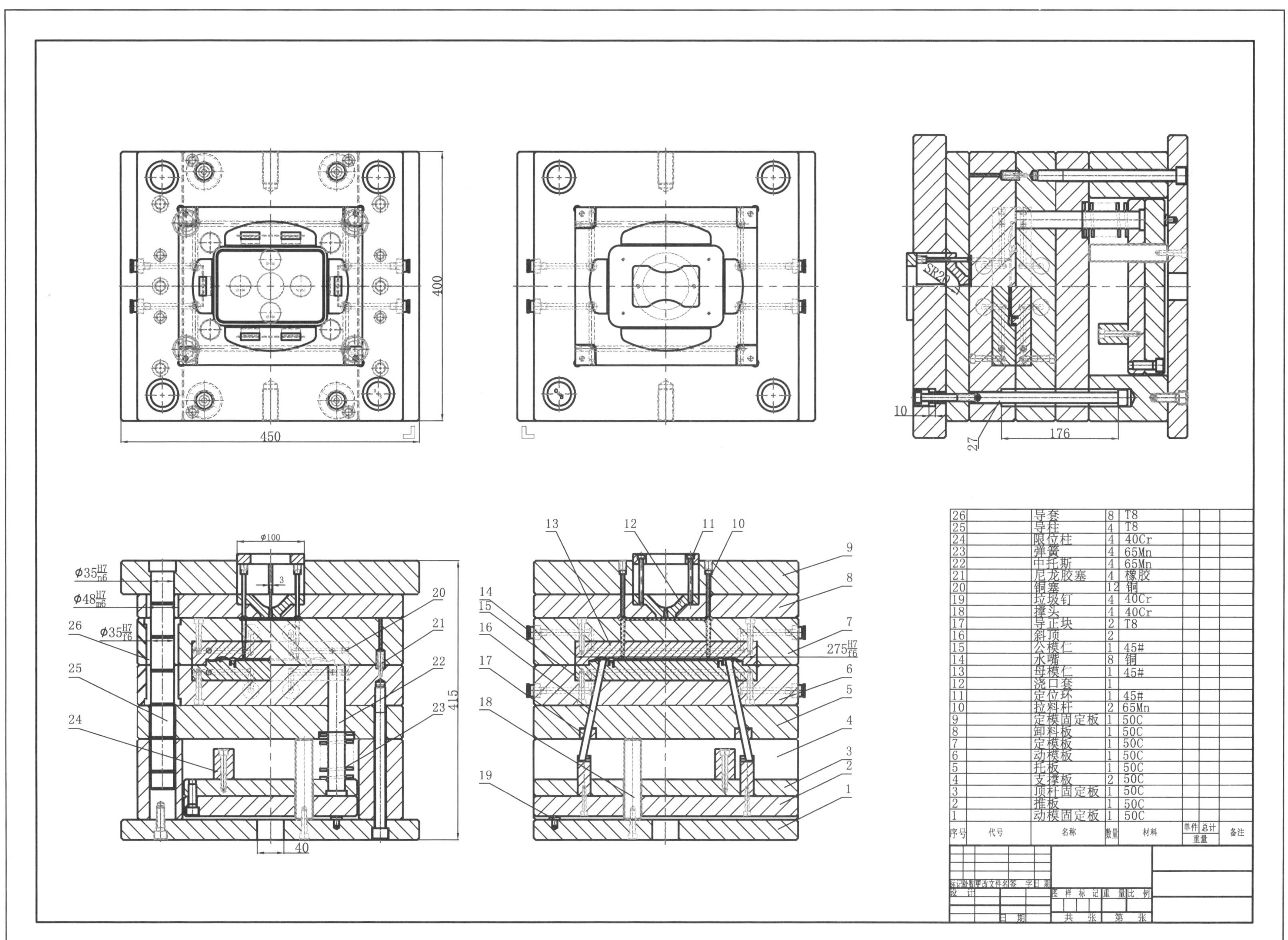

序号	代号	名称	数量	材料	单件重量	总计重量	备注
26		导套	8	T8			
25		导柱	4	T8			
24		限位柱	4	40Cr			
23		弹簧	4	65Mn			
22		中托斯	4	65Mn			
21		尼龙胶塞	4	橡胶			
20		铜塞	12	铜			
19		垃圾钉	4	40Cr			
18		撑头	4	40Cr			
17		导正块	2	T8			
16		斜顶	2				
15		公模仁	1	45#			
14		水嘴	8	铜			
13		母模仁	1	45#			
12		浇口套	1				
11		定位环	1	45#			
10		拉料杆	2	65Mn			
9		定模固定板	1	50C			
8		卸料板	1	50C			
7		定模板	1	50C			
6		动模板	1	50C			
5		托板	1	50C			
4		支撑板	2	50C			
3		顶杆固定板	1	50C			
2		推板	1	50C			
1		动模固定板	1	50C			

标记 处数 更改文件名 签字 日期
设计 图样标记 重量 比例
日期 共 张 第 张

附图4　斜顶注射模装配图